U0381560

翼龙

自然史、演化、解剖学

[美]马克·P.威顿 著

邢立达 来梦露 译

BY Mark·P. Witton

PTEROSAURS

Natural History,
Evolution, Anatomy

华东师范大学出版社

·上海·

PTERO

Natural History,

SAURS

Evolution, Anatomy

图书在版编目（CIP）数据

翼龙：自然史、演化、解剖学 /（美）马克·P. 威顿著；邢立达，来梦露译 . -- 上海：华东师范大学出版社，2024. --（史前生命丛书）. -- ISBN 978-7-5760-5415-6 Ⅰ. Q915.864

中国国家版本馆 CIP 数据核字第 2024E8N450 号

PTEROSAURS: Natural History, Evolution, Anatomy
by Mark P. Witton

上海市版权局著作权合同登记 图字：09-2019-1085 号

翼龙：自然史、演化、解剖学

著　者	[美]马克·P.威顿
译　者	邢立达　来梦露
责任编辑	张婷婷
责任校对	时东明
装帧设计	刘怡霖
出版发行	华东师范大学出版社
社　址	上海市中山北路 3663 号　邮　编 200062
网　址	www.ecnupress.com.cn
电　话	021-60821666　行政传真　021-62572105
客服电话	021-62865537　门市（邮购）电话　021-62869887
地　址	上海市中山北路 3663 号华东师范大学校内先锋路口
网　店	http://hdsdcbs.tmall.com/
印 刷 者	上海中华商务联合印刷有限公司
开　本	889毫米×1194毫米　1/16
印　张	18.5
字　数	460千字
版　次	2025 年 1 月第 1 版
印　次	2025 年 1 月第 1 次
书　号	ISBN 978-7-5760-5415-6
定　价	198.00 元
出版人	王焰

（如发现本版图书有印订质量问题，请寄回本社客服中心调换或电话 021-62865537 联系）

本书献给我的家人，他们一直建议我撰写带插图的著作，想必本书会让他们倍感欣慰。
本书也献给乔治娅，感谢她包容我本人，以及我对翼龙的喋喋不休，
毕竟这些已经灭绝的爬行动物充满趣味。

目 录

Contents

前言		1
致谢		1
1	胁生皮翼的鹰身女妖	1
2	飞行爬行动物入门	4
3	翼龙起源	12
4	翼龙的骨骼	23
5	软组织	38
6	飞行的爬行类	54
7	从天而降	62
8	翼龙的生活方式	72
9	翼龙的多样性	88
10	早期翼龙与双型齿翼龙科	93
11	蛙嘴翼龙科	102
12	"曲颌形翼龙科"	111
13	喙嘴龙科	121
14	悟空翼龙科	133
15	帆翼龙科	141
16	鸟掌翼龙科	150
17	北方翼龙科	162
18	无齿翼龙类	168

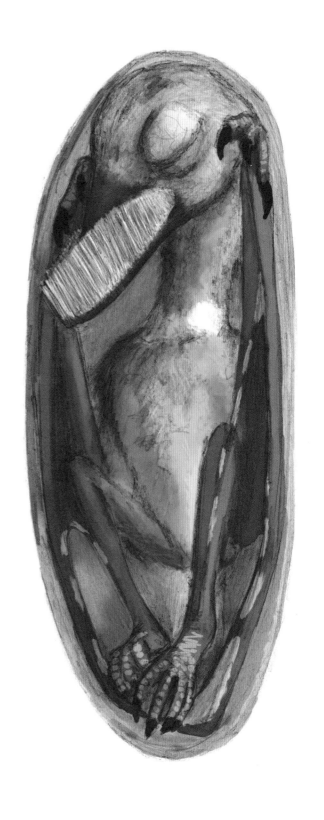

19　梳颌翼龙超科　　　　　181

20　准噶尔翼龙超科　　　　199

21　枪嘴翼龙科　　　　　　209

22　古神翼龙科　　　　　　214

23　朝阳翼龙科　　　　　　226

24　掠海翼龙科　　　　　　232

25　神龙翼龙科　　　　　　242

26　翼龙帝国的兴与衰　　　257

参考文献　　　　　　　　　262

索引　　　　　　　　　　　276

前 言

想象一下。我现在身处亚洲某处（可能是俄罗斯地界）上空，蜷缩在波音767狭窄的座位上，往北京进发。我于昨晚离开伦敦，但已穿越了诸多时区，所以对目前的时间毫无概念。前面的小伙子把座位放得低低的，逼得我差点把笔记本电脑塞进肚子。我的随身行李夹在两脚之间，因为邻座的伙计早就在我头顶的行李架上塞了一大堆箱包（说真的，说好的只能带一件随身行李呢？）*。有两个选择让我可以在飞行中逃避现实，一是欣赏艾迪·墨菲（Eddie Murphy）俄语版配音的儿童电影《怪医杜立德2》（Dr. Doolittle 2），二是用航空公司提供的耳机听舞曲，它们听起来都是一个调子，让人颇为烦闷。在莫斯科机场8个小时的候机时光里，我已经领教了欧洲流行乐的洗脑威力。不管我做什么，耳朵里都充斥着它们的声音，使出浑身解数也没法摆脱。所以你应该不难理解为什么我不愿意再和它们扯上关系。

除去这些烦恼，我在过去大约36个小时只睡了1个小时左右。也许满打满算90分钟。在几趟红眼航班之间，等待我的只有不舒服的机场座位，还有莫斯科转机时令人窒息的热浪，想打个盹都是奢望。虽说晚些时候可以在飞机上补觉，但也得先等我的屁股从胡乱挤进座椅的感觉里恢复过来，而屁股上

苟延残喘的几根神经末梢告诉我，这座椅就像铬钢一般"柔软"。

现在你可能在问自己，这些破事和封面上的野兽到底有什么关系？我之所以要经历眼下的种种不舒适，都是因为北京要召开2010年国际翼龙学术研讨会，全球所有翼龙专家齐聚这场不定期举行的学术大会，为的就是展示新发现，为悬而未决的问题明辨细节，除了观看重要的翼龙标本，还要参观著名的翼龙化石点。这就是一场翼龙盛典，任何新晋翼龙爱好者都不应该错过。也许有人会觉得这场活动有些古怪。与其恐龙表亲不同，翼龙从来没有真正在流行文化或学术界里激起水花。虽然有几十位专门研究它们的学者，它们也会时不时成为猎奇书籍、电影或纪录片里的配角，但翼龙从来没有真正与猛犸象、君王暴龙或其他史前明星并肩。尽管如此，每隔几年就有60—70位性格怪异的翼龙学家从世界各地聚在一起高谈翼龙，昂贵的旅费和旅途的不适都不能阻挡他们的脚步，这肯定事出有因。也许有人认为这完全是怪癖使然，但我们不太可能都发了疯，所以有人就不禁要问了，为什么翼龙让这些人如痴如醉。这些体面聪明的男男女女本来可以当上医生、股票经纪人或者律师，享受更滋润的生活，为

什么他们偏偏要致力于研究早已灭绝的动物，还一头扎进工资不高却必须付出沉重劳动的古生物学？

借着一点运气，你手中的这本书会间接回答这个问题。本书的主角是深受大家热爱的翼膜爬行类，读者可以在字里行间领略它们的多样性和不可抵挡的魅力，直到故事结束，或是直到我由于10万字限制而停笔：以先发生者为准。如果我撞了大运，有些读者说不定还会深挖翼龙的原始文献，所以我附上了大量参考书目。我必须要强调，这些文献背后的作者——其中有不少正是我要去北京会面的同行——对本书的贡献远远超过了我，我衷心感谢他们让我站在巨人的肩膀上。如果我在引用他们的研究成果时有无心之失，那也提前表示歉意。

言归正传，希望各位读者喜欢接下来的内容。

马克·P. 威顿，
位于亚洲上空，某片卷积云北部，
正在听大卫·鲍伊的《中国姑娘》
2010年8月

致　谢

本书的诞生离不开大量热心人士的帮助，字数限制却让我难以一一倾吐心中的感谢。下列人士都为本书做出了巨大贡献，我在此献上最衷心的谢意。排名不分先后。

布莱恩·安德鲁斯（Brian Andres）、克里斯·贝内特（Chris Bennett）、理查德·巴特勒（Richard Butler）、路易斯·奇阿佩（Luis Chiappe）、劳拉·柯多由（Laura Codorniú）、史蒂芬·赛尔卡斯（Stephen Czerkas）、法布里奥·达拉·韦基亚（Fabio Dalla Vecchia）、罗斯·艾尔金（Ross Elgin）、厄诺·恩德伯格（Erno Endenberg）、迈克·哈比卜（Mike Habib）、戴夫·霍恩（Dave Hone）、埃莉诺·海德（Elaine Hyder）、马丁·洛克利（Martin Lockley）、鲍勃·洛夫瑞吉（Bob Loveridge）、吕君昌（Lü Junchang）、卡尔·梅令（Carl Mehling）、马库斯·莫瑟（Markus Moser）、达伦·纳什（Darren Naish）、阿提拉·奥西（Attila Ösi）、凯文·帕迪安（Kevin Padian）、瑞安·里奇利（Ryan Ridgely）、里科·施特歇尔（Rico Stecher）、何塞·萨兹（Jose Sanz）、洛纳·斯蒂尔（Lorna Steel）、戴维·安文（David Unwin）、安德鲁·弗莱德梅杰（Andre Veldmeijer）、拉里·维特默（Larry Witmer）、伊万·沃尔（Ewan Wolff），以及伦敦自然史博物馆图片库的好心人，感谢你们为本书提供建议、创意和图像。感谢朴茨茅斯大学的员工为我提供办公场地和技术文献。编辑罗伯特·柯尔克（Robert Kirk）以及普林斯顿大学出版社的其他工作人员都对本书支持有加，感谢你们！也感谢了不起的史莱·迪安（Sheila Dean）为我松散的作品灌注了科学精神。我应该请你们每一个人都喝上几瓶啤酒。如果感谢名单有所遗漏，我在此表达真挚的歉意。欢迎被遗漏的朋友下次见面的时候给我一拐子，再让我请你喝一杯。

我还要向几位亲朋好友献上特别感谢。赫尔穆特·蒂斯彻林格尔（Helmut Tischlinger）不仅允许我引用他的作品，让本书有幸拥有了多幅震撼人心的佳作，而且不辞辛劳地为我争取到了各个翼龙图片库的使用权。我的博士生导师戴维·马蒂尔（David Martill）在我追逐翼龙的道路上给了我宝贵的帮助，要是没有他，这本书和我在过去几年里很多有趣的项目都会化为泡影。我的新老同事们（人数实在太多，不能一一道来，但他们都懂）都是我办公室里的好战友，也是我不可多得的好朋友。是他们不断地敲打我：生活远比工作重要。我疯癫的理想不切实际，还投身于世界上最古怪的职业，但我的父母、姐妹和其他家人一直对我支持有加。我希望他们为我迄今取得的成就感到骄傲（别担心，爸爸，我总有一天会找到体面的工作，等着瞧吧）。不少网友和熟人也对这个项目给予了极大的热情和支持。这么多素未谋面的朋友都对我的成果翘首以待，着实令我激动万分，希望本书不会令他们失望。

反套路致谢

最后，虽然按照惯例，我应该感谢本书的推动者。但不提及乔治娅·麦克林·亨利（Georgia Maclean Henry）对本书造成的巨大"负面"影响似乎有失公平。她是这部作品最大的"敌人"，不断"分散"我写书的精力，让我"不得不"在写作途中就和她开始一起生活，最终还建立起了家庭。直到今天，她依然让我无法对种种工作全力以赴，老实说，这是我一生的幸事。

1

胁生皮翼的鹰身女妖

电视、电影和过度热心的网友教会我一个道理：史前世界艰险残酷，每天的生活都是生死之战。在这片现代人看来十分陌生的恐怖大地上，只有最大的、最阴险的动物才能生存下来。例如在地球上徘徊的巨鸟，它们生活的年代距今也不过200万年。这些大鸟比篮球运动员还高，小型哺乳动物根本无法招架它们的猛踢猛啄。宠物猫狗的祖先亮出了剑齿和可以咬穿骨骼的颌部，凭这一身本事猎杀起庞大的古象和犀牛。后者也装备着长牙和尖角，在它们面前，就算是最强大的现生亲属也要自惭形秽。而在这些鸟类和哺乳动物诞生之前的世界甚至更加凶残。中生代（2.45亿—6 500万年前）是恐怖的爬行动物的天下，掠食者与猎物之间军备竞赛的激烈程度远胜冷战。肉食性恐龙成群结队地攻击其巨型植食性亲戚。它们用弹簧刀一样的爪子和可以穿透甲板的尖牙与猎物的尖刺、尾锤、盾甲和皮甲一比高下。中生代的海洋也上演着你死我活的争斗，水中遍布尖牙参差的巨型海生爬行动物，《白鲸记》（Moby Dick）里的巨鲸在它们面前不过是一只小海豚。在这个爬行动物的时代里，就连地球本身也脾气暴躁。愤怒的火山不知疲倦地喷出烟雾，大陆把自己扯得四分五裂，巨大的陨石撞击地球，它们抛向天空的尘埃和灰烬足以遮蔽太阳，灾难性的灭绝事件随之而来。

在这个可怕的时代里，天空也一样令人畏惧。天空霸主是一群身体瘦长的怪兽，它们仿佛是鸟类和蝙蝠的混血儿，但又明显带有爬行动物的特征。大得过分的脑袋上要么长着凶暴的牙齿，要么长着凶残的喙，都能用来刺穿原始海洋中的鱼。它们的翼膜伸展开后翼展不亚于小型飞机，其下用作支撑

的却是肌肉薄弱的四肢和小小的身体。它们是弱小脆弱的可怜生物，靠自身的话只能勉强移动，必须依靠悬崖和逆风才能起飞。落到地面会让它们威风扫地，它们使出浑身力气才能推着或拖着身子行动，要是肉食性爬行动物想嚼一口它们小树枝一样中空的骨头，它们也只能任由对方摆布。在后世优雅的鸟类和灵活的蝙蝠接管天空之前，古老的脊椎动物就是依靠这样摇摇欲坠的形态尝试飞翔。既然身体缺陷如此明显，这些被称为翼龙的生物都在中生代末期一股脑灭绝自然不足为奇，所有没能幸运地演化成鸟类的恐龙也和它们一起覆灭。

但都是瞎扯

当然了，上文描述的世界和动物都像漫画一样夸张，这种场景恐怕只能去亚瑟·柯南·道尔（Sir Arthur Conan Doyle）的《失落的世界》（The Lost World）或同类小说里寻找。原始地球充满暴力、和如今完全不同这种看法非常流行，但纯属瞎扯，是科普不力、媒体过度渲染和幻想小说作者共同努力的结果。实际上和现生动物相比，远古动物同样高明聪明，也并没有特别怪异和野蛮。古生物学研究深入探究了许多远古动物的古怪特征，结果发现这些解剖结构和行为虽然是"极端"形态，但都能在如今常见的物种中找到踪迹。这些研究并没有抹去长颈蜥脚类恐龙或巨型兽脚类恐龙的光环，但它们确实不再像过去那样神秘莫测。

翼龙（Pterosaurs）一词来自希腊语的"有翼蜥蜴"（winged lizards），比起其他大多数动物，它们更容易被描绘成远古蛮兽。翼龙只留下了化石骨骼，

图1.1 两只喙嘴龙（*Rhamphorhynchus*）正在进行翼龙最擅长的活动，它们是晚侏罗世的食鱼翼龙。

图1.2 目前已发现130—150种翼龙，本图展示了主要成员的体型。第9—25章会分别介绍各类翼龙。

展现出的比例奇特的骨架，让人很难理解，研究者也时常为此争论不休。它被描绘成粗制滥造的生物悬挂式滑翔机，只能在空中停留，并无其他亮眼的能力。之所以会出现这样的误解，是因为翼龙能够飞翔，但解剖结构奇特、体型通常巨大，还有已灭绝动物天生不如现代物种这种陈旧思想作祟。人们总是毫无理由地将它们与鸟类和蝙蝠做比较，由此推论翼龙是演化失败的产物。它们代表着脊椎动物第一次大胆尝试动力飞行，但最终在后来的身体结构更复杂的飞翔者面前沦为垫脚石。

值得庆幸的是，这些态度在慢慢改变。大多数现代翼龙学家都认为翼龙是成功且多样化的动物，具有复杂有趣的生活史。本书会呈现出使研究者转变态度的证据。我们会看到，翼龙无疑是动力飞行高手（图1.1），但它们也十分擅长步行、奔跑和游泳。它们生活在世界各地不同的栖息地中，会以充满活力的独特方式捕捉猎物，好为活动水平颇高的生活提供动力。翼龙是早成性动物，衰老之前会为社交和求偶投入大量精力，有些翼龙更是得在生病和罹患关节炎之前抓紧行动。我们将见识诸多的翼龙类群（图1.2）和100多个物种，它们的生活年代几乎跨越了整个中生代，包括三叠纪（2.45亿—2.05亿年前）的诞生，侏罗纪（2.05亿—1.45亿年前）的蓬勃发展，最后在6 500万年前的白垩纪末期灭绝。

本书将以三个部分介绍翼龙。首先是一般古生物学，包括解剖学、运动方式和其他生活方式的概述。随后从第9章开始逐章介绍翼龙学家已经发现的各个翼龙类群。最终，在最后一章会探讨它们的演化故事，还会推测现代天空不再和过去一样遍布翼膜爬行动物的原因。

2
飞行爬行动物入门

图2.1　梳颌翼龙超科翼龙中的古老翼手龙（*Pterodactylus antiquus*）的现代复原形象，源自科学家发现的第一件翼龙化石。化石虽然发现于1784年，但其解剖学的许多细节直到本世纪才厘清，包括脊冠、角质喙尖和脚蹼。

翼龙曾以研究难度太大而著称。自从在两个多世纪前获得发现以来，它们就经常让人摸不着头脑，不管是与其他动物的关系（第3章），它们的陆地运动方式（第7章），还是解剖结构中的小小细节（第4章和第5章），都让人无从研究。后续章节会详细介绍这些主题，但我们要先花一点时间来大致梳理一下翼龙研究在头230年里的情况。如果对翼龙研究历史特别感兴趣，那么除了后续章节，现代翼龙学教父彼得·韦尔恩霍费尔（Peter Wellnhofer）对这个主题的精彩论述也值得一读（1991a，2008）。下文会说到，韦尔恩霍费尔几乎是凭借一己之力彻底改变了翼龙研究，并为翼龙的现代研究奠定了基础。他还发现了翼龙古生物学中三个主要时代之间的关键联系。这三个时代可以大致分为硕果累累的19世纪、低迷的20世纪中期，以及目前的翼龙学黄金时代。

1700—1900年：绵绵不绝的发现，接连不断的突破

第一件翼龙化石是保存完好的骨架，后来被称为翼手龙（图2.1和2.2；另见第19章）。它在1767—1784间发现于举世闻名的德国侏罗纪索伦霍芬石灰岩，后来当地更是产出了著名的始祖鸟（*Archaeopteryx*）的化石（Wellnhofer 1991a）。意大利的博物学家科西莫·科利尼（Cosimo Collini）对这具骨架产生了兴趣。一番仔细的研究之后，这件化石的归属仍然让他一头雾水。他认为标本来自两栖动物，两只手上的长长的第Ⅳ指也许是鳍状肢的支撑结构。科利尼在1784年发表了他为化石描绘的插图以及化石描述，这也是翼龙在科学文献中的首次亮相。他的成果很快就引起了乔治·居维叶男爵（Baron Georges Cuvier）的注意，而居维叶是当时最

图2.2　这是科学界发现的第一件翼龙化石，是一件完整的侏罗纪古老翼手龙标本。照片由赫尔穆特·蒂斯彻林格尔拍摄，已获准引用。标本保存于慕尼黑的巴伐利亚国家古生物和地质学收藏馆。

杰出的自然历史学家和比较解剖学家。广博的动物形态知识使居维叶看穿了这件化石的古怪本质，他发现科利尼所绘插图中的细长的第Ⅳ指根本不是鳍状肢，而是古老的飞行爬行动物用来支撑翼膜的结构（Cuvier 1801；详见 Taquet and Padian 2004）。

今天的我们很难想象，科利尼的翼龙对最初的研究者而言有多重要。它的意义远不止揭示翼龙的存在，还有力地证明了灭绝的概念，而即便是19世纪最杰出的研究者也曾以为这个概念太过激进。当时发现的化石都是海洋动物，虽然人类从未亲见，但它们还是可能生活在尚未探索的海洋深处。而科利尼的翼龙体型不小，非常显眼，如果依然留存于世，那就应该会出现在人类的领土上。不论是这种与众不同的生物，还是其他几种刚发现的大型陆生脊椎动物，都没在已有人类踏足的地区显露过踪迹。这就让科利尼和居维叶之类的学者们倍感纠结，但最终他们接受了史前生命和灭绝的概念（Taquet and Padian 2004）。这种观点在此前长达一个世纪的启蒙时代里还是异端邪说。当时18世纪的研究者们才刚刚开始在解释大自然的过程中摒弃宗教教条，转而

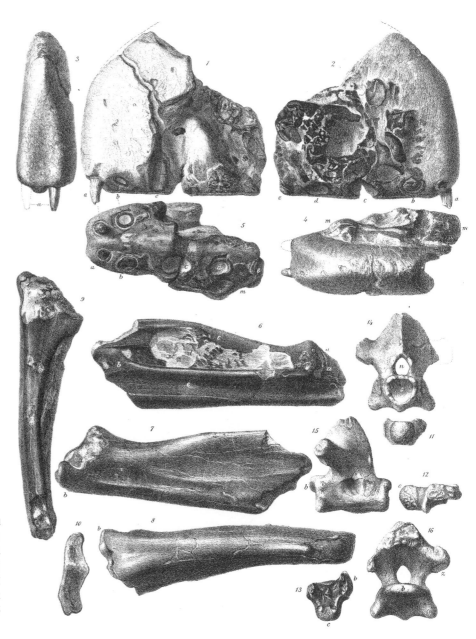

图 2.3　理查德·欧文（Richard Owen）的精细的手绘插图，引自古生物学会1861年出版的白垩纪爬行动物专著。其中描绘了英国剑桥绿砂岩组的零碎的翼龙化石（该地层详见第16章）。欧文在职业生涯中撰写了许多翼龙专著，其中都配有可与此处媲美的插图。

更多地运用起了经验性观察结果和数据。于是翼龙的出现恰逢科学界取得累累硕果，它们也因此成为古生物学和地质学基础的不可或缺的一部分。

19世纪的研究者满怀重新认识世界的激情，对翼龙化石进行了大量记录和分析，不过居维叶对翼龙是爬行动物的论断在19世纪中叶才得到普遍认可。德国南部和欧洲其他地区都不断发现新的翼龙化石（例如，Buckland 1829），到19世纪晚期的时候，北美新开辟的化石富集沉积区中也开始产出翼龙化石（Marsh 1871）。在维多利亚时代，研究者接触到的翼龙化石大多相当残缺，而且他们一度坚信化石标本间的每一个细微差异都是分类依据，因此命名了几十种翼龙。但以现代眼光来看，命名是否有效很值得深思。如今的翼龙学家仍在为命名过度而困扰。但有失亦有得，维多利亚时代的许多古生物学家描述起翼龙标本可谓是炉火纯青（图2.3）。因此即使是在100多年之后，他们的成果对现代研究者而言依然是一笔宝贵的财富，现代文献中也有大量引用。

1900—1970年：中年危机

翼龙研究在20世纪之交本来开局顺利。英国古生物学家哈里·丝莱（Harry Seeley）在1901年出版了世界上第一本通俗翼龙书籍《空中飞龙》（*Dragons of the Air*）（图2.4），不久之后又有人开始研究翼龙飞行的航空原理（Hankin and Watson 1914）。翼龙研究直到20世纪30年代都在不断发力，此后却莫名地几乎陷入停滞30年。这段时间里的翼龙科学文献少得可怜（图2.5），其中大部分都是对零散新化石的简短描述。月球行走、数字技术问世以及吉米·亨德里克斯（Jimi Hendrix）用牙齿弹吉他，都正在播下现代的种子，而我们对翼龙的认识蒙上了遗忘的尘埃，并没有比维多利亚时代末期取得更多进步。

1970年至今：新的黄金时代

研究者在20世纪70年代又燃起了对翼龙的兴趣，这主要归功于上文中的现代翼龙学之父彼得·韦尔恩霍费尔。韦尔恩霍费尔几乎将全部研究生涯都献给了翼龙，他的第一本翼龙著作堪称里程碑，其中确立了索伦霍芬石灰岩翼龙的分类学、生长和功能形态。这片地层正是第一件翼龙化石在将近200年前的发现地（Wellnhofer 1970, 1975）。1978年，他在《古爬行动物手册第19卷：翼龙类》（*Handbuch der Paläoherpetologie, Teil 19: Pterosauria*）（简称《翼龙手册》）中归纳了当时所

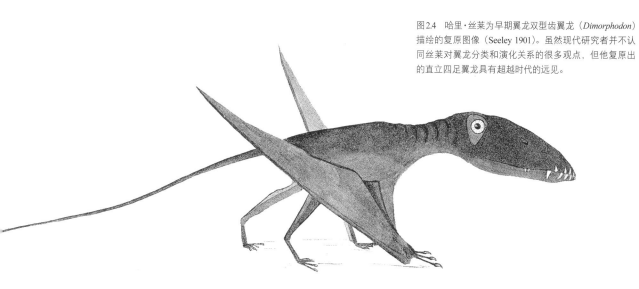

图2.4 哈里·丝莱为早期翼龙双型齿翼龙（*Dimorphodon*）描绘的复原图像（Seeley 1901）。虽然现代研究者并不认同丝莱对翼龙分类和演化关系的很多观点，但他复原出的直立四足翼龙具有超越时代的远见。

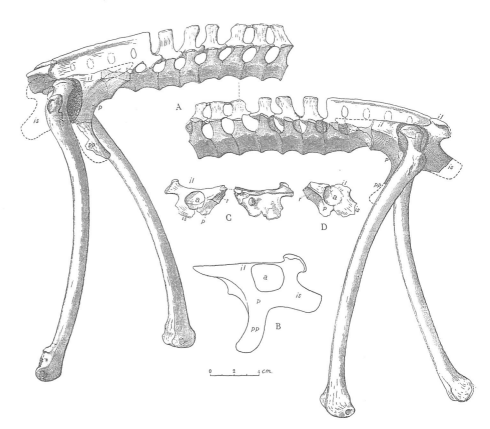

图2.5 杨钟建复原的中国白垩纪魏氏准噶尔翼龙（*Dsungaripterus weii*）的背椎、腰带和股骨。杨钟建的研究是1930—1970年间翼龙学界为数不多的重大成果之一（Young 1964）。

图2.6 白垩纪长头无齿翼龙（*Pteranodon longiceps*）的"休息"姿态的复原图。作者为早期翼龙飞行原理研究者查理·布莱姆威尔和乔治·怀特菲尔德（Cherrie Bramwell and George Whitfield 1974）。当时的研究者认为，大型翼龙飞上天空的方式只有跳下悬崖（如右图所示），或张开翅膀迎接逆风，类似于巨大的风筝。

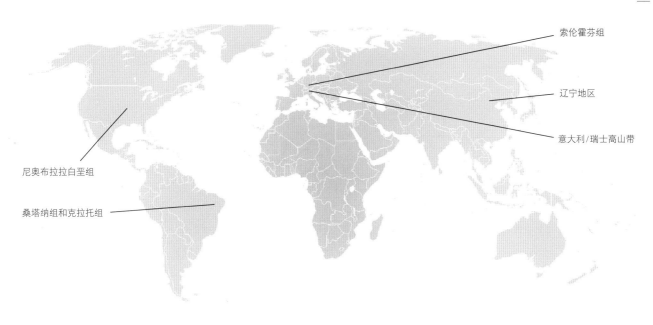

图2.7　翼龙特异埋藏的分布，图中展示了部分对现代翼龙研究者意义最重大的化石埋藏地。

有的翼龙研究成果，并以惯有的精湛细节记录了新标本的解剖结构，这件标本发现于巴西，保存得十分完好（Wellnhofer 1985，1987a，1991b）。韦尔恩霍费尔的《翼龙百科全书》（*Encyclopedia of Pterosaurs*）取得了极大的成功（Wellnhofer 1991a），也将他的事业推向高峰。自丝莱于1901年出版通俗翼龙书籍以来，这还是第一本大受欢迎的翼龙著作，至今仍是学术界和业余人士爱不释手的参考工具。本书只能对他的大量成果略加介绍，但正是他的不懈努力为后来的翼龙研究者建立起了现代框架，而且使翼龙在学术界里再次焕发魅力。到20世纪80年代初的时候，翼龙研究的力度已经超过了1930年以前的全盛时期，研究者对分类学展开了新的讨论，描述了许多新的物种，而且对翼龙的飞行方式燃起了熊熊热情（例如，Bramwell and Whitfield 1974；Stein 1975；另见图2.6）。虽然早期的飞行研究已经过时，但它们为翼龙飞行生物力学的现代研究铺平了道路，仍为现代翼龙研究者所津津乐道。

20世纪80年代和90年代里，巴西和中国都发现了"特异埋藏"（Lagerstätten）（该类化石点出产的化石质量极高），产出了有史以来最完美的翼龙化石（图2.7）。巴西桑塔纳组是第一个特异埋藏，其中完好保存着大型翼龙的三维立体化石（例如，Unwin 1988a），而邻近的克拉托组则保存着压扁的翼龙化石，其中具有大量软组织痕迹（Unwin and Martill 2007）。20世纪90年代末，中国辽宁省也发掘出了类似的被压扁的翼龙化石。但与克拉托组的化石不同，中国的化石通常是完整的（图2.8）。来自这几个组的化石代表着诸多全新的翼龙类群，完全颠覆了我们对翼龙多样性的认知，也为翼龙的解剖结构和系统发育学提供了更多证据。它们也为我们提供了新的机会，让我们能进一步了解非特异埋藏地层中常见的零碎翼龙化石。最终，翼龙的演化史又向前迈进了一大步。

20世纪末的技术大爆炸也改变了我们对翼龙的认识。扫描电子显微镜（SEMs）可以在纳米层面上

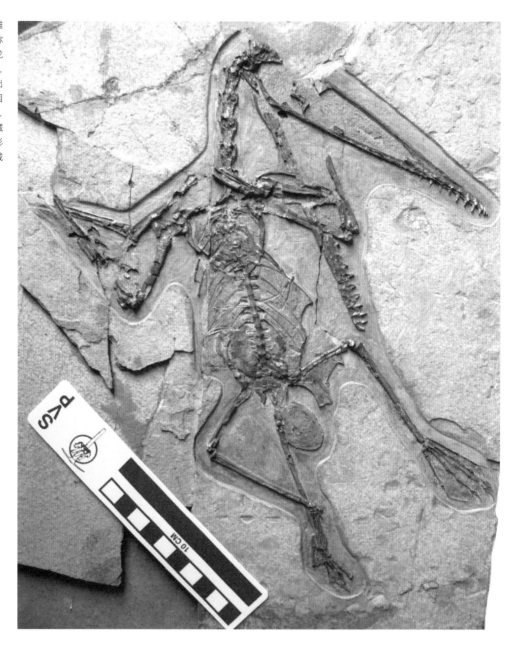

10 图 2.8 唯一可明确为雌性的翼龙标本，是被称为"T夫人"的达尔文翼龙（*Darwinopterus modularis*），其化石内还保存着尚未产出的蛋。这件化石来自中国辽宁省的侏罗纪髫髻山组，是近年来出产自特异埋藏的数百件得以颠覆翼龙形象的化石之一。照片由戴维·安文提供。

观察翼龙标本，而紫外线可以解释无法用肉眼察见的软组织结构（图2.9）。翼龙化石的CT图像展现出其颅内结构和复杂的骨骼内部结构，而此前只能通过破碎化石的断面或破坏性切片才能获得这些信息（图2.10）。翼龙学和古生物学的诸多领域一样，也得益于强大的计算机技术。一台普通的笔记本电脑就能保存两个世纪的翼龙文献、预测翼龙物种之间的关系、计算关节力学的扩展机制、为研究机构提供沟通平台，还能完成化石的描述和绘图。翼龙学开始了前所未有的高速发展，也不再晦涩到令人视为畏途，越来越多的学子都愿意投身于这门古生物学科之中。

翼龙研究的第三个阶段必然会取得最丰硕的成果。和过往相比，如今每一件新老标本都能为翼龙古生物学的研究做出更多贡献。噫吁嚱，成果越多，需要介绍的内容也越多，所以本章的概述就到此为止。现在还是收起我们的怀旧情绪，继续下一个问题：翼龙到底是什么？

图2.9　紫外线下的明氏喙嘴龙（*Rhamphorhynchus muensteri*），标本来自侏罗纪索伦霍芬石灰岩。请注意，翼膜组织清晰可见。照片由赫尔穆特·蒂斯彻林格尔提供。

图2.10　桑塔纳古魔翼龙（*Anhanguera santanae*）头骨的CT图像，显示出颅腔内部的细节（右下角），还不会破坏化石（翼龙大脑的信息见第5章）。图片由俄亥俄大学的拉里·维特默和瑞安·里奇利提供并更新（Witmer et al., 2003）。

3
翼 龙 起 源

图 3.1　翼龙祖先假设的C阶段，也称HyPtA C。尚未发现能够代表成熟翼龙和其潜在祖先之间"中间"形态的化石，因此我们只能对它们的解剖结构和外观进行推测。

翼龙学家的目标之一就是力求明确翼龙是什么类型的爬行动物，但它们的祖先很难确定。翼龙的解剖结构与其他爬行动物大不相同，因此具体演化起源依然成谜。目前也未能发现"原翼龙"（protopterosaur）物种来填补它们与爬行类祖先之间的空白（图3.1）。翼龙研究者们必须克服重重困难解开这个谜题。鉴于翼龙已经灭绝，我们只能依靠现生有亲缘关系的物种来推测它们的肌肉结构、呼吸生理学，以及其他无法通过化石了解的生物学特征。所以要想真正了解翼龙，我们就必须确定它们处于爬行动物的哪个阶段。值得庆幸的是，相关研究近年来取得了重大进展，虽然有些问题存在争议，但翼龙的起源或许已经有了一些眉目。

飞翔的爬行动物

翼龙的大致分类很容易确定。毫无疑问，它们属于脊椎动物。发达的四肢决定了它们是四足总纲

成员（即具有四肢或在演化史上拥有过四肢）这个演化支上的成员，而发育出肩带、腰带和脚踝表明它们属于羊膜动物，也就是能够在水外产蛋的动物。因此，我们可以判断出翼龙与哺乳动物、爬行类及鸟类等主要羊膜动物类群存在关联。但早期翼龙学家耗费了不少时日才厘清到底谁和它们的亲缘关系最近。很多早期的翼龙研究者都认为它们是哺乳动物（例如，Soemmerring 1812；Newman 1843），甚至为它们复原出了类似蝙蝠的骨架、尖耳朵和非常类似哺乳动物的外生殖器（Taquet and Padian 2004）。其他研究者则认为翼龙的骨骼类似鸟类，因此是恐龙和鸟类之间的过渡形态。这个观点的主要支持者哈里·丝莱提出了"鸟龙"（鸟蜥蜴）一名，但并没有得到认可（Seeley 1864，1901）。有人还提出了更怪异的解释，他们认为翼龙是现实生活中的狮鹫*，映射了神话中哺乳类和鸟类的杂交体（Wagler 1830）。

但深入研究翼龙骨骼之后，研究者发现它们的起源和鸟类以及哺乳动物关系不大。尽管它们的骨

13

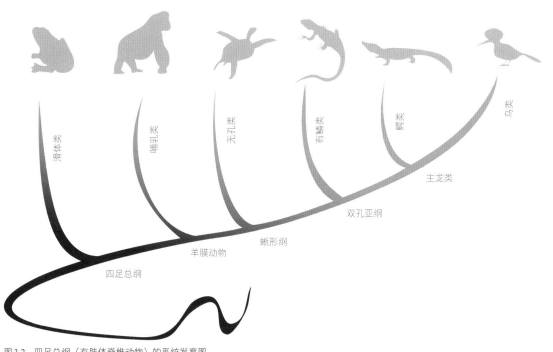

图 3.2 四足总纲（有肢体脊椎动物）的系统发育图

---

* griffin，希腊神话中半狮半鹫的怪兽。——译者

骼和其他羊膜动物相差甚远，但依然保留了许多爬行类祖先的特征。正如第2章所述，这算不上什么新发现。早在1801年里，居维叶就宣称翼龙骨骼具有爬行类特征，此后他还耗费数十年时间与哺乳类翼龙假说的支持者辩论。居维叶特别指出，翼龙的后颅存在类似于支柱的方骨，其与下颌骨成关节的方式不同于哺乳动物，但和爬行动物十分相似。他还指出，翼龙的牙齿远比大多数哺乳动物简单，而且它们一生中都在不断换牙，这都是爬行类的特征。头骨（见下文）、躯干骨架、颈椎和足部的其他特征也支持翼龙归属于爬行类。爬行类学说最终战胜了哺乳动物和鸟类学说，翼龙如今是无可争议的爬行类后裔。

现代爬行动物（正式名称是蜥形纲）包括龟鳖类（水龟和陆龟）、有鳞类（蜥蜴类和蛇类）、喙头类（喙头蜥）（喙头类曾经分布广泛，但目前只剩下喙头蜥）和主龙类（鳄类和鸟类）（图3.2）。但与化石记录相比，现代爬行动物可谓寥寥无几。一般认为爬行动物演化出了两大分支，一支是龟鳖类的祖先，另一支是有鳞类、喙头类和主龙类的祖先。化石还表明这些分支催生了数量远超现生物种的类群（图3.3）。[1]龟鳖类分支不仅包括我们所熟悉的硬壳朋友，还孕育过许多已灭绝的物种，如强大的披甲锯齿龙类、轻盈的水生中龙类，以及许多形似蜥蜴的物种。有鳞类和主龙类分支中包括大量的海生爬行动物（包括著名的蛇颈龙类、鱼龙类和沧龙类）、大量奇异的原龙类（有时也称作原蜥形纲）、多种形似鳄鱼的物种（它们也是主龙类的祖先，即主龙形态类）、数不胜数的真鳄类及其祖先（镶嵌踝类），当然还有非鸟恐龙。（强烈推荐麦克·本顿［Mike Benton］出版于2005年的《脊椎动物古生物学》［Vertebrate Palaeontology］和连姆［Liem］等人出版于2001年的《脊椎动物的功能解剖学》［Functional Anatomy of the Vertebrates］，两者都是研究蜥形纲及其他脊椎动物演化领域的上乘佳作）。

鉴于爬行动物分支众多，确定翼龙属于爬行动物也只不过为其起源划定了一个广阔的范围。要掌握它们的古生物学，就必须得到更精确的答案。龟鳖类很容易排除，因为它们的头骨构造与翼龙完全不同。龟鳖类和它们的亲戚缺少颞孔，即眼眶后面的孔洞，用于颌肌的附着和活动。没有颞孔的动物被称为无孔类，但翼龙属于双孔亚纲成员，每只眼睛后方都有一上一下两个颞孔。（各位读者和其他所有哺乳动物都具有另一种结构，即每只眼睛后方只有一个颞孔，这属于合弓纲的特征。这也是翼龙不属于哺乳类的原因之一。）但排除无孔类也只是在翼龙起源的探索道路上走出了一小步，因为所有非龟鳖类爬行动物都是双孔亚纲成员。翼龙在爬行动物谱系树上的位置依然没有头绪，正如下面所述，厘清它们与哪种双孔亚纲成员的关系最为密切是翼龙演化关系研究中最具争议的环节。

证据渐多

翼龙曾和多数的主要双孔亚纲成员都扯上过关系（图3.3）。彼得斯认为（Peters 2000），从翼龙骨骼的一系列特征来看，它们应该是生活在二叠纪-三叠纪（分别为3亿—2.45亿年前和2.45亿—2.05亿年前）的爬行动物，属于原龙类[2]。他还认为翼龙与三

1　需注意的是，这一爬行动物系统发育的"经典"理论近年来受到了严重质疑。大量研究表明，龟鳖类在爬行动物中的起源可能要比此前观点所认为的早得多。龟及其亲属在爬行动物演化过程中的确切位置争议极大，但支持龟鳖类在爬行动物谱系树中的"经典"位置的研究者越来越少（参见 Rieppel 2008）。幸运的是，这场争论并没有严重影响我们对翼龙起源的看法，但读者应该意识到，本书关于龟鳖类系统发育的说法不一定正确。

2　有人认为"原龙类"不是有效分类，它们可能是延续自主龙形态类的分支（属于不同于本书的原龙类系统发育理论，参见 Dilkes 1998; Modesto and Sues 2004; Hone and Benton 2007）。撰写本书的时候，科学界尚未对此达成共识，所以作者依然使用了"原龙类"一词，以求行文简洁易读。不过，如果读者认为自己对分类学更有见地的话，也可以用"非主龙型类、主龙形态类"等词来代替"原龙类"。

图3.3 蜥形纲系统发育图以及翼龙目可能的位置。

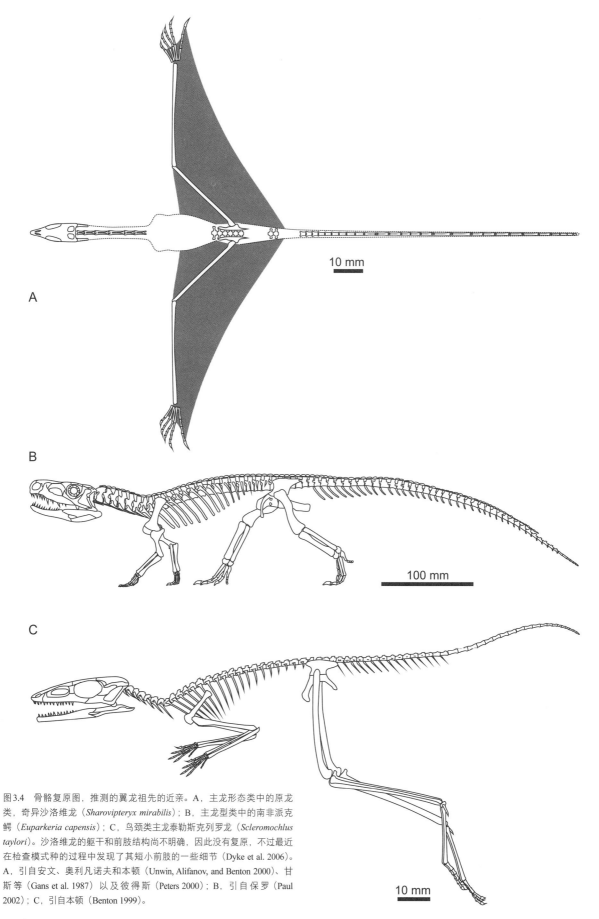

图 3.4 骨骼复原图，推测的翼龙祖先的近亲。A，主龙形态类中的原龙类，奇异沙洛维龙（*Sharovipteryx mirabilis*）；B，主龙型类中的南非派克鳄（*Euparkeria capensis*）；C，鸟颈类主龙泰勒斯克列罗龙（*Scleromochlus taylori*）。沙洛维龙的躯干和前肢结构尚不明确，因此没有复原，不过最近在检查模式种的过程中发现了其短小前肢的一些细节（Dyke et al. 2006）。A，引自安文、奥利凡诺夫和本顿（Unwin, Alifanov, and Benton 2000）、甘斯等（Gans et al. 1987）以及彼得斯（Peters 2000）；B，引自保罗（Paul 2002）；C，引自本顿（Benton 1999）。

叠纪奇特的后肢滑翔者沙洛维龙关系特别密切（图3.4A），兰伯特·霍尔斯泰德（Lambert Halstead）也在几部著作中提出沙洛维龙是翼龙的祖先（例如，Halstead 1975），因为这种生物的身体和后肢之间有宽大的翼膜（Gans et al. 1987；Unwin，Alifanov et al. 2000）。鉴于翼龙有可能具有会滑翔的祖先（见下文），这个假说很有吸引力。

归入原龙类之后，翼龙就处于主龙形态类的底层，该群体包括原龙类和主龙型类。彼得斯（Peters 2008）激进的新研究将翼龙和原龙类置于双孔亚纲系谱的底部，归入了有鳞类。这个观点引起了很大争议，不仅与翼龙起源的其他观点相悖，还推翻了成熟的双孔亚纲演化理论（Gower and Wilkinson 1996）。

大多数研究者都将翼龙放在主龙形态类更进步的位置上。贝内特（Bennet 1996a）和安文（Unwin 2005）认为，翼龙的头骨、脊椎、腰带和后肢表明它们接近派克鳄，后者是和鳄鱼有些相似的小型三叠纪四足总纲成员（图3.4B）。更流行的观点认为，翼龙是主龙类中恐龙的一大姐妹分支，是鸟颈类主龙的一员（有时也被称为鸟跖类）（例如，Padian 1984a，Gauthier 1986；Sereno 1991；Benton 1999；Hone and Benton 2007，2008；Nesbitt et al. 2010；Nesbitt and Hone 2010；Nesbitt 2011）。以这种假设为前提，长腿的斯克列罗龙（图3.4C）就是它们在主龙类中关系最密切的亲属。鸟颈类主龙假说基于的是翼龙的后肢特征，因为它们可以和恐龙一样直立起来。最近的研究提出，翼龙也有很多其他骨骼特征支持这个观点（Hone and Nesbitt 2010；Nesbitt 2011）。

翼龙在双孔亚纲中的各种归属都有支持者和反对者。尽管如此，几乎没人支持彼得斯（Peters 2008）关于翼龙属于有鳞类的看法，这可能也是目前最没有前途的假说。这主要是由于他在分析和解剖学解释中使用了极具争议的方法（见Bennett 2005；批评见Hone and Benton 2007）。翼龙的头骨和有鳞类高度特化的、多变的头骨似乎没有相似之

处，两者的躯干和四肢骨骼也完全不同。鉴于存在这些差异，而且其他假说的证据更充分，有鳞类和翼龙的演化不太可能存在交集。

翼龙源于原龙类的观点可能更为可信，从这个观点来看，它们属于主龙形态类的早期分支。原龙类的颈椎最具特色，要比躯干骨架长得多。它们有高大结实的神经棘（从脊椎上突出的骨骼）和长颈肋（通常呈细棒状且与颈椎横突关联，骨学专业术语详见第4章）（例如，Evans and King 1993；Dilkes 1998）。它们没有典型的下颌孔，而主龙型类具有下颌孔。翼龙的颈部也比许多其他主龙形态类成员更长，而且和原龙类一样，有些翼龙下颌侧面没有开口。不过这些相似之处也不够可靠。早期翼龙的颈椎可能很长，但缺少原龙类所特有的结实的神经棘和长肋骨。而且最近的研究表明，早期翼龙的下颌具有开孔，后来更加进步的物种才失去了开孔（Nesbitt and Hone 2010）。进一步分析显示，两者之间的差异远大于相似之处。例如，翼龙有完全形成的下颞孔，双眼和鼻孔之间也有一个开口，也就是眶前孔。这与原龙类的眶前孔完全不同。它们颅后身体的比例也差异很大。大多数原龙类都是颈椎细长、姿态蹲伏的动物，但翼龙的躯干非常紧实，四肢修长。

翼龙属于基干主龙形态类动物的论据没有太大说服力，原龙类中可以滑翔的沙洛维龙承担起了捍卫该假说的重任。沙洛维龙看似和翼龙具有亲缘关系，例如它们有着类似翼龙的修长后肢，且胫骨最长，骨骼中空，带有放射状内部纤维的翼膜（Gans et al. 1987；Unwin，Alifanov et al.，2000；Unwin 2005）。但几乎没有其他特征可以敲定它们和翼龙的关联，而且它们的解剖结构也和翼龙有极大差异，不太可能是后者的近亲祖先（Sereno 1991；Bennett 1996a；Hone and Benton 2007；Nesbitt et al. 2010）。沙洛维龙的头骨从比例上看较小，颈部与身体和头部相比较长，后肢较长，前肢和原龙类一样很短（但没留下太多证据）。早期翼龙的特征完全相反。

沙洛维龙的头骨上也没有眶前孔，足部骨骼也和翼龙毫无关系。两者都拥有翼膜也不具有太大意义，因为数十种不相关的动物类群都独立演化出过翼膜，包括许多已经灭绝的物种。总而言之，沙洛维龙不太可能和翼龙演化扯上关系，它们更有可能只是另一种经历过滑翔飞行实验的爬行动物。而且它们似乎是唯一会用后肢滑翔的飞行动物，这也与翼龙的飞行方式形成了鲜明对比。

因此，我们似乎必须在爬行动物谱系树上更进步的位置为翼龙寻找起源之处。翼龙归入主龙型类的观点一开始似乎可以成立，因为翼龙与该类群的基干成员有许多共同特征。和翼龙一样，主龙型类的头骨上也有眶前孔，第V趾消失，有小颌孔，二者的其他解剖学结构也有相似之处（Nesbitt and Hone 2010）。这些证据几乎可以确凿地将翼龙归入主龙型类，但一项相当有争议的分析发现，翼龙目是基干主龙型类，而不属于进步的主龙类，虽然后者也具有所有上述特征（Bennett 1996a）。似乎只有在不考虑翼龙为行走做出的演化（即可以用直立的肢体奔跑）时才能将其归入早期主龙型类，而贝内特（Bennett 1996a）确实排除了这个特征，因为他认为这和主龙类相比属于趋同演化。该分析方法受到了批评，批评者认为他忽略了有意义的形态学数据，导致结果出现偏倚（例如，Benton 1999；Hone and Benton 2007）。有趣的是，如果贝内特的分析不排除后肢特征，翼龙就属于比较进步的主龙型类，即主龙类中的鸟跖类。换言之，它们就是恐龙的姐妹族群。

说到这里，我们就必须提到目前证据最有力的翼龙起源——鸟跖类，即和恐龙有关联的"真"主龙类。和姿态蹲伏、身体细长的基干主龙型类或原龙类成员相比，斯克列罗龙及其恐龙祖先修长的身体比例与翼龙的解剖结构更为相似（Sereno 1991），而且它们有很多解剖细节也与翼龙相当吻合。鸟跖类一般通过一系列后肢特征进行分类，包括两个近端踝骨与小腿的骨骼融合；外侧小腿骨（腓骨）退化；足部结构；多个肢骨和腰带比例；以及背部没

有骨质鳞片（Gauthier 1986；Sereno 1991；Benton 1999）。其相似之处最近更是扩展到了全身骨骼上的26个特征，包括神经棘特征；手部、后肢和躯干骨骼的比例；头骨与脊椎的比例；以及骨壁厚度。此前曾有人批评将翼龙归入鸟跖类的依据不过是运动特征，也让我认为这个观点不够牢靠，但上述发现有力地驳斥了批评之声。从这个鸟跖类假说来看，鳄类和鸟类似乎是和翼龙类亲缘关系最近的现生动物，这些主龙类为我们了解翼龙的软组织解剖学和生理学方面提供了最佳帮助。

争论终结？

但这并非意味着鸟跖类假说没有遭遇什么反对。贝内特认为，将翼龙归入鸟跖类的很多特征都浮于表面（Bennett 1996a）。安文指出，翼龙的盾状腰带与其他鸟跖类成员差异很大（Unwin 2005）。但这也不足为奇，因为翼龙的后肢在鸟跖类中十分独特，需要在飞行中为翅膀提供支撑（见第4章和第5章），因此腰带需要大面积区域来附着用以稳定飞行的强壮肌肉。这两位作者还认为另一个观点也有瑕疵，即鸟跖类是趾行两足动物（行走和站立时趾尖触地），而不是翼龙那样的跖行四足总纲成员（和我们一样，行走和站立时踝部触地）。因为最近发现的一些鸟跖类几乎肯定是四足总纲成员（例如，Nesbitt et al. 2010）。包括与翼龙有亲缘关系的斯克列罗龙在内的其他鸟跖类有可能是跖行，会利用足部蹦跳（Sereno and Arcucci 1993，1994；Benton 1999）。这一点很耐人寻味，因为翼龙的后肢具有多种有力跳跃的特征，表明跳跃可能在飞行能力的早期发展中发挥过一定作用（见下文；第7章；Bennett 1997a）。

尽管随着更多鸟跖类和早期恐龙亲属的出现，以及更复杂精密的分析，鸟跖类假说越来越站得住脚，但有关翼龙起源的争论很可能会继续存在，直到有"原翼龙类"物种能填补翼龙和其他爬行动物之间的演化空白。在此之前仍会有很多因素继续推

动这场辩论，例如早期翼龙化石记录的残缺不全，动物出现趋同特征的倾向，以及研究者无法对化石的解释达成共识。

数据不足，大胆猜测

原翼龙类的缺失并没有妨碍翼龙学家对翼龙祖先形态的推测。翼龙在很大程度上是因为飞行特性而与众不同，于是推测工作重在预测翼龙学会飞行的过程。鲁伯特·怀尔德（Rupert Wild）在这个领域中的研究最为深入，他以地质学时间最古老的翼龙为对象发表了一系列论文，这些标本都来自意大利的三叠纪岩层（Wild 1978，1983，1984a）。他认为"原翼龙类"（韦尔恩霍费尔称之为"原翼龙"[*Protopterosaurus*][Wellnhofer 1991a]）是和蜥蜴非常相似而且会爬树的动物，四肢和身体之间有膜，可以充当从树上跌落时的降落伞（图3.5）。这样的肢体和膜在演化中越来越大，发展出了一定的滑翔能力。这催生了效率更高的飞行翼膜，前肢最终发展出能够让原翼龙类鼓翼驱动自身飞行的结构。韦尔恩霍费尔（Wellnhofer 1991a）和安文（Unwin 2005）大体上同意这个概念，不过安文更进一步地表示，捕食飞虫是翼龙飞向天空的动力（见第6章）。

不过几十年之后，怀尔德的原翼龙类概念似乎已经相当过时。在怀尔德埋头研究的年代里，人们对翼龙到底是什么样的爬行动物知之甚少，于是他构想出的蜥蜴样原翼龙类的解剖结构也相当笼统。我们现在对翼龙祖先的认识更为深入，但并没有发现哪种强有力的竞争者和蜥蜴特别相似，可见原翼龙类的形态或许也和蜥蜴没有太大关系。而且在已知的滑翔动物中，几乎没有哪个类群尝试过主动飞行。滑翔飞行和主动飞行之间的区别有重要意义。滑翔完全是依靠重力辅助，只需要大小和形状合适的翅膀以及有高处作为起飞位置。滑翔者本身不需要发力，随后也不会产生显著的升力或推力来延长飞行路径。而主动飞行，也称为动力飞行，则要复

杂得多，需要推进身体前进的鼓翼动作来同时产生升力和推力，以抵抗重力，并延长飞行时间。这种飞行的负担很重，飞行者必须精力充沛，能够不知疲惫地长时间剧烈活动。鸟类和蝙蝠的动力飞行能力似乎是在它们发展出活跃的生活方式和提升新陈代谢之后才演化出来的，翼龙可能也是如此。怀尔德笔下形似蜥蜴的原翼龙看起来不是非常活跃。向

图3.5　鲁伯特·怀尔德设想的"原翼龙类"（1978，1983，1984a），其代表着翼龙的早期演化阶段。基于韦尔恩霍费尔复原的原翼龙（Wellnhofer 1991a）。

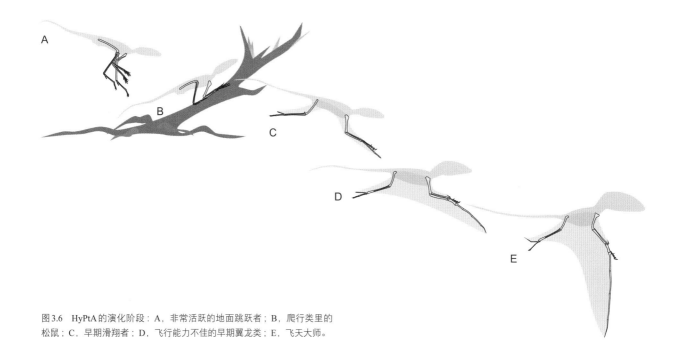

图3.6　HyPtA的演化阶段：A，非常活跃的地面跳跃者；B，爬行类里的松鼠；C，早期滑翔者；D，飞行能力不佳的早期翼龙类；E，飞天大师。

外伸展的四肢、沉重的尾巴、长长的躯干和萎缩的四肢肌肉，都表明它们过着怠惰懒散的生活，这些可能很适合那些擅长降落或滑翔的动物，但孕育不出主动飞行。因此，我们必须把翼龙祖先重新想象成已经具备飞行基本要求的生物。我们也必须承认，飞行不太可能是在弹指一挥间演化出来的。情况很可能是多个不同的演化阶段催生了许多不同的解剖形态。我们对翼龙祖先的了解或许刚好足以推测这些阶段的情况，阐明小型鸟跖类是如何过渡到演化完全的翼龙的。不过为了将这个概念与怀尔德的概念相区别，我们不会使用"原翼龙类"或"原翼龙"这个说法。现在毕竟已经进入了21世纪，这个时代青睐不必要的缩写和可爱的名字，比如"Google"和"iPad"，还有年轻人用网络用语。所以请迎接HyPtAs（"Hypothetical Pterosaur Ancestors"的缩写，意为假设的翼龙祖先）闪亮登场（图3.1、3.6、3.7）。

描绘HyPtA

　　我们的HyPtAs是小型动物，从鼻子到尾尖可能只有200—300毫米长。这不仅符合早期翼龙及推测中的鸟跖类祖先的体型，而且在飞行能力的演化上具有直接优势：小体型似乎更有利于推动演化的车轮。小型动物的繁殖和适应速度都更快，而且体重带来的力学负担比大型动物更小。这些特征使快速演化的飞行能力在生态位和功能上都很灵活。第一个HyPtA（图3.6中的A阶段）的外形和斯克列罗龙略微相似，而且已经具备完全直立的姿势，四肢位于身体正下方。HyPtA A会在高速移动时蹦跳，长长的前肢和后肢交替完成跳跃动作。除了进步的姿态，HyPtA A还演化出了一层绒毛来保持体温。作为活跃的动物，它们需要快速消耗能量来维持较高的体温，并利用保暖绒毛防止身体散热。维持这种新陈代谢的食物来源是生活在森林地面的无脊椎动物。它们主要在地面上活动，只会偶尔爬上低矮的植物体或岩石寻找其他食物或躲避危险。和大多数爬行动物祖先一样，HtPtA A有五根手指，第Ⅳ指最长，还有五根脚趾。

　　HyPtA B是轻盈敏捷的爬树者，与HyPtA A相比，它们的前肢更长、更健壮，以便攀爬。它们依然在地面上觅食，但也经常在树冠和岩石峭壁上寻找无脊椎猎物。它们的肩关节和腰带节更加灵活，

20

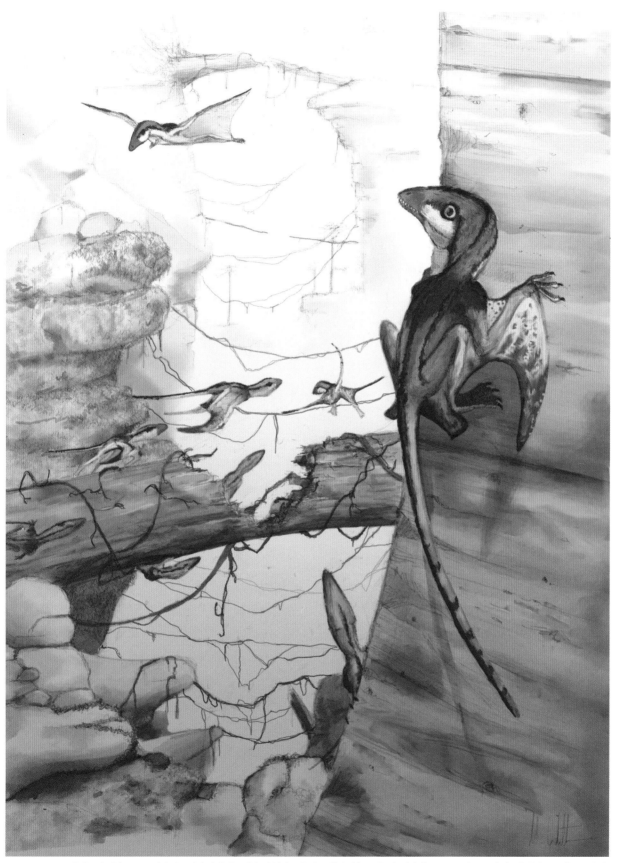

图3.7 HyPtA D的生活方式复原图。它们生活在复杂的分层的栖息地中，如岩石峡谷（如图所示）或森林冠层，可能正是这种环境催生了翼龙的飞行能力。面对裂隙时，跳跃、滑翔或飞翔毕竟比爬到谷底、穿到另一边再爬上去要容易，也更安全。

有利于攀爬，而且手指和脚趾上都具有类似攀登鞋鞋底钉的长爪子，早期翼龙也是如此（见Unwin 1988b；第7章和第10章）。长长的前肢使早期翼龙身体前部相当沉重，迫使它们习惯性地采取四足的姿态。HyPtA B保持了祖先的跳跃步态，不仅会利用强有力的跳跃来快速移动，还能凭借这项能力在高处长距离奔波（贝内特在论文中推测过早期翼龙具有这种行为［Bennett 1997a］）。其祖先中已经很小的第V指对攀爬没有太大帮助，已经退化。HyPtA B的后代会完全失去第V指。不过第V趾则因为可以发挥稳定身体的作用而变得更长更灵活，尾巴可以在攀爬时帮助保持平衡，于是也变得更轻更长。

到了下一阶段，HyPtA C不仅对B阶段的攀爬能力进行了精进，身体和四肢之间还出现了弹性膜状皮肤，使得它们向飞行迈出了重要的一步（图3.1）。在肩部和腕部之间、两条后肢（横跨两侧身体，包括第V趾）之间、身体和前肢之间（包括手部和第IV指）都有皮膜。因此HyPtA C具有不成熟的滑翔和缓降能力，延长了在高处的跳跃距离并为跌落提供了缓冲。皮膜经常用于延长向前运动的时间，因此形状越来越像翅膀，这与只能减缓垂直下降速度的降落伞外形完全不同。第IV指是使皮膜变得更像翅膀的主要原因，它通过拉长皮膜产生了较狭的远端翅膀状结构。手部的第IV掌骨支撑着巨大的第IV指，因此掌骨本身也相当坚固，而且是HyPtA C手部最突出的结构。同样支撑着皮膜的第V趾变得更加灵活修长，以支持后膜被拉长的边缘。HyPtA C的祖先演化出灵活的肢体，此时终于显露出成果：两侧的前后肢都能向外旋转，形成高效的翼形。

HyPtA D（图3.6D和图3.7）改良了HyPtA C的滑翔结构，因此外形更加接近翼龙。前肢、第V趾和第IV指现在更长、更坚固。但第IV指过于巨大，会妨碍陆地上的运动，因此落地之后必须收起来。于是第IV掌骨末端的凹槽也变得更长，使手部后方的远端皮膜可以转动到和身体长轴平行，毕竟正是

这个凹槽决定了"翼指"的活动范围。在平行位置上，翼指不容易受损，HyPtA D也更容易在杂乱的环境中移动（Bennett 2008）。第IV指上的爪子也已经消失，因为它唯一的作用就是在行动时勾住植物（Bennett 2008）。特化的腕骨开始将翼膜最前端的皮肤拉紧，假以时日，它们会演化出改变前翼膜弧度的能力。翼膜本身也变得更加复杂：随着弹性纤维和粗纤维使没有支撑的后缘区域变硬而收紧，减少了皮膜的振动，提高了空气动力性能。

但HyPtA D在解剖结构上进步最大的变化可能位于肩部。HyPtA分支那漫长的攀爬演化史赋予了HyPtA D强大的胸肌，这不仅是抓握树木和峭壁的利器，现在也成了操纵翅膀和控制滑翔方向的工具。运用翅膀垂直运动逐渐演变成自我推进式的鼓翼飞行。此时HyPtA D祖先的代谢功能的提高发挥出了关键作用，因为这是持续鼓翼产生动力的必要条件，也是获得飞行动力的前提。所以HyPtA D的肩部和胸部比其祖先更大更厚，可见演化早期，辅助飞行的肌肉已经出现。肩部和前肢的力量不断增强，最终使它们能够以四足形态从没有隆起的平坦位置跃入空中（见第7章），并实现真正的鼓翼飞行。此时的翼龙祖先或许只能笨拙地飞行片刻，但它们的后代会不断磨炼这项技能，最终随心所欲地长时间高效飞行。HyPtA D并不能依靠笨拙的飞行追逐灵活的昆虫（见第6章），因此只会把飞行当作移动手段，仍然是在陆地上觅食。不过飞行能力表明HyPtA D已经成为真正的翼龙，因为具有动力飞行能力通常是界定鸟类的特征，这同样适用于翼龙。随着时间的推移，支撑翼膜的腕骨会成为翼龙标志性的翼骨（见下一章），其肩部会变得更加粗大，以便附着更粗壮的飞行肌，而翅膀会变得更长更高效。当时中生代的天空还没有可以与它们直接竞争的对手，因此可以想象，最初的翼龙的种类和数量都在迅速增加，也许很快就演化成了如今保存在晚三叠世岩层中的早期翼龙。

4

翼龙的骨骼

翼龙研究的根基是我们对其骨骼解剖结构的解释。除了罕有的软组织和翼龙足迹外，我们对翼龙的了解几乎都来自骨骼化石（图4.1和图4.2）。所有热衷于翼龙的爱好者都必须熟悉它们的骨骼，所以我们将在接下来的几页中专门讨论这个问题。本章有两大主题：构成翼龙骨架的骨骼，以及骨骼本身不寻常的构造。为求简洁易读，本章中基本没有引用具体的文献，也未列出特定的参考标本，不过读者可以参考韦尔恩霍费尔（Wellnhofer 1970，1975，1978，1985，1991a，1991b）、贝内特（Bennett 2001）、安文（Unwin 2003；2005）和凯尔纳（Kellner 2003）等，针对多个翼龙物种总结的综合骨骼学，了解更多细节。希望了解翼龙身体构造细节的读者可以参考第10—25章，其中详细介绍了各种翼龙。

明确方向

在开始讲解之前，我们首先要描述翼龙骨骼的生物学术语。解剖学家会使用一系列标准用语来针对脊椎动物身体结构的研究。虽然其中确实涉及到少数专用术语，但我向各位读者保证，学习术语要比为了规避术语而玩弄语法简单得多！让我们从最容易理解的术语开始，前（anterior）和后（posterior）分别指身体的头部和尾部。腹面（ventral）是指身体的底部，而背面（dorsal）反之。外侧（lateral）是指以垂直的角度远离脊柱，而内侧（medial）反之。近端（proximal）和远端（distal）分别代表着离身体中心更近和更远。这些术语经常同时使用，以便更准确地描述解剖结构。例如，描述一个特征时可以表达成背腹平坦，或向前外侧突

出。虽然不熟悉术语的人可能一开始会感觉到有些难以理解，但它们很快就会促使你产生条件反射。将来谈论动物解剖时，你还会想，没有这些术语的话可如何是好啊？

头骨

翼龙的头骨和颌部可能是身体上形态最多变的部位（图4.3）。所有的翼龙都具有和身体成比例的大脑袋，而且在演化过程中越变越大。与所有脊椎动物的头骨一样，翼龙的头骨也包含一系列骨骼，它们以身体中线为界呈镜像分布，而且有些许种间差异。幼年翼龙的每条骨缝都很清晰，大多数骨骼都容易识别。而成年翼龙的头骨广泛愈合，所有骨缝都无法辨认，具体的骨骼也很难识别。

原始的翼龙头骨比较粗短（图4.3A），但在演化中普遍变得更长，因此大多数翼龙都具有细长的钳状颌尖（图4.3B）。本文将鼻腔开口前的骨骼部分称为喙部（也见Martill and Naish 2006），其通常与下颌的其他部分向同一个方向延伸，但也可能向背面或腹面偏转，甚至有可能产生奇怪的弯曲。翼龙的鼻腔开口是外鼻孔。外鼻孔后面是眶前孔，这是主龙型类的一大特征，在第3章中已讨论过。很多翼龙的外鼻孔和眶前孔都愈合成了单独的开孔，即鼻眶前孔。许多翼龙化石的鼻眶前孔都有朝向开孔后方的不完全分隔，表明其中"鼻成分"所占的部分远大于眶前孔的成分。

眼眶位于头骨靠后的部分，通常呈圆形、椭圆形或梨形，与身体相比显得很大。但很多翼龙的头骨因含气孔结构而比例过大，眼眶看起来也就没有

图4.1　翼龙只在这个世界上留下了遗体腐烂后的化石。尽管古生物学家发现过翼龙的其他组织，但骨骼化石是最常见的标本，例如图中准噶尔翼龙的头骨。

那么夸张了。（下文会提到，翼龙骨骼中许多过大的结构都是因气孔构造而"膨胀"起来的，让人以为它们的骨骼很重。例如，翼龙生前的头骨中，大部分区域都充满了空气，相对于它的体积来说非常轻。）由绕成一圈的一系列小骨板组成的巩膜环支撑着眼球。眼眶后是我们在第3章中提到过的两个颅骨开口，即上、下颞孔。上颞孔通常大于下颞孔，某些翼龙的下颞孔几乎封闭了。颅腔位于眼眶和上颞孔之间，而且与眼眶一样，在巨大的头骨上显得很小。但与同等大小的爬行动物相比，翼龙的颅腔通常要大得多。

上颞孔的内侧缘通常与上枕头骨脊的底部融合，后者是位于部分翼龙头骨后背面区域的形状各异的颅骨饰物。其他类型脊冠的位置可能更靠前，有时从喙部背面出现，沿头骨中线延伸，直至相对隆起的颅区（图4.4）。现在已经发现了多种形态的翼龙

脊冠，大多数翼龙都有某种形态的头骨脊。最近的翼龙研究发现表明，许多脊冠都是由骨骼和软组织构成，其中骨骼通常会演化为纤维状的低矮骨脊，支撑着面积更大的软组织。尽管脊冠侧面的面积通常很大，但脊冠通常只有几毫米厚，从前侧或后侧来看，脊冠突出于颅骨中线。

部分早期翼龙头骨的后部（枕部）与面颌部垂直，但某些翼龙的枕部后来演化成了几乎水平的角度（见图4.3A—B）。翼龙枕骨面的方向种间差异很大，因此枕骨髁的突出角度也各不相同，这个位于后颅面的椭圆形结构与颈椎关联。早期翼龙的枕骨髁直接从头骨后方伸出，而在更进步的翼龙中，枕骨髁有可能朝向后腹面或完全朝向腹面。这就导致各类翼龙的颈部和头骨衔接位置不同，可能反映出了不同翼龙具有不同的习惯性头部姿势。颌关节与颌骨处于同一水平或略低。颌关节区通常是头骨最

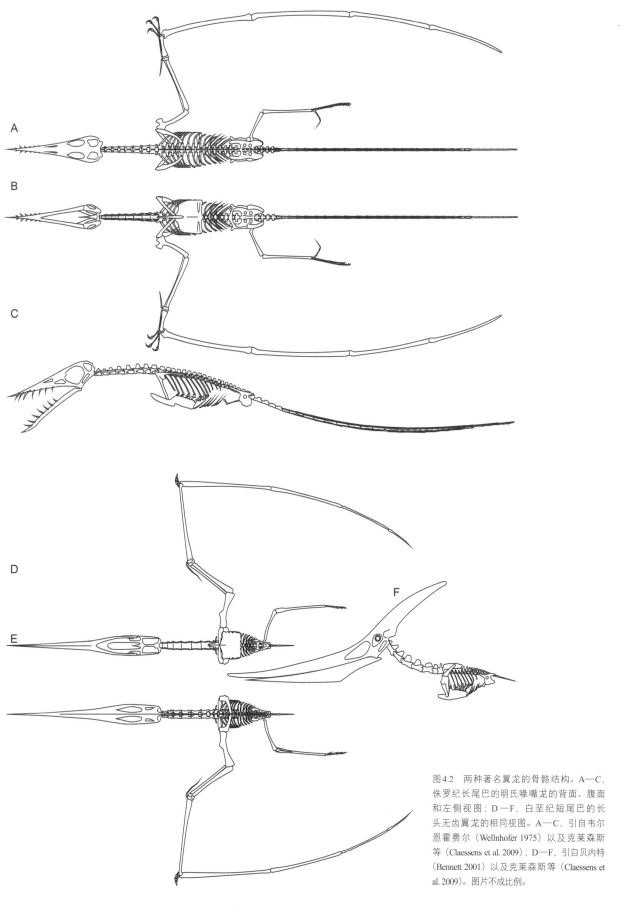

图4.2 两种著名翼龙的骨骼结构。A—C，侏罗纪长尾巴的明氏喙嘴龙的背面、腹面和左侧视图；D—F，白垩纪短尾巴的长头无齿翼龙的相同视图。A—C，引自韦尔恩霍费尔（Wellnhofer 1975）以及克莱森斯等（Claessens et al. 2009）；D—F，引自贝内特（Bennett 2001）以及克莱森斯等（Claessens et al. 2009）。图片不成比例。

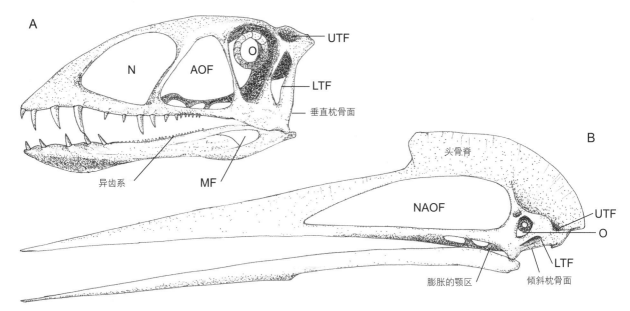

图4.3　翼龙头骨的多样性和骨骼学。A，早期翼龙类，长爪双型齿翼龙（*Dimorphodon macronyx*），其鼻腔开孔和眶前孔刚刚分开；B，更进步的翼手龙亚目翼龙，风神翼龙未定种，鼻腔开孔和眶前孔愈合，颌部无牙。AOF，眶前孔；LTF，下颞孔；MF，下颌孔；N，鼻腔开孔；NAOF，鼻眶前孔；O，眼眶；UTF，上颞孔。A，基于标本；B，引自凯尔纳和朗格斯顿（Kellner and Langston 1996）。图片不成比例。

宽的地方，而眶部和颞部略窄一些。关节本身通常呈略微不对称的滑车状，因此某些翼龙的下颌在张开时略微向外凸出，这可能有利于吞食稍大的猎物。

翼龙颌骨的颚部表面种间差异极大。翼龙颌部的咬合面一般平坦，但也有呈剪刀状并沿腹面向下颌尖部逐渐变尖的种类。某些翼龙分类群具有沿喙部颚中线延伸的突起，并向后延伸至明显膨胀的颚区，突出到远低于颚外侧缘的位置。其他翼龙则完全相反，它们的颚部表面或明显凹陷，或者十分平坦。所有翼龙的下颌肌肉和其他软组织都可以从颚后部的孔中穿出。

颌骨

与头骨一样，下颌也由多块骨骼组成，但比上颌简单得多。下颌包括两侧的下颌支和下颌联合体。前者是从颌骨前部延伸到颌关节的骨支，后者是形成于下颌支前方的愈合处。某些翼龙的下颌联合体很短，使下颌呈U形或V形，也有翼龙下颌前部有60%的愈合。部分翼龙的下颌联合体下方形成龙骨状脊突，其大小和突出程度都有明显的种间差异。

颌关节通过下颌支后部的凹陷与头骨衔接，下颌支后部有一块向后延伸的骨骼，即关节后突。该突起的大小有明显的种间差异，不过在大多数翼龙中都比较小。部分早期翼龙的两侧下颌支后部都有开口，即下颌孔。该特征逐渐在演化早期消失，大多翼龙都没有留下开口的痕迹。

牙齿

有的翼龙没有牙齿，而是具有类似鸟类的无齿喙部。不过有齿翼龙都拥有覆盖牙釉质的具牙冠齿列，而且像所有的爬行动物一样，一生中都在不断换牙。但换牙机制相当不寻常，新牙齿在旧牙后面萌出，而不是像其他主龙类一样直接在旧牙下面萌出。这种机制可能会减轻牙齿脱落的影响，因为新牙齿在旧牙脱落之前就达到了最大尺寸的60%（Fastnacht 2008）。因此，翼龙的颌部始终具有功能基本齐全的齿列。

翼龙牙齿的形状和大小差异很大，因此翼龙学家经常以此区分不同的类群。牙齿的大小，以及不同大小牙齿的分布，都有明显的种间差异，但几乎

27

软组织脊冠
（有/无骨骼支撑）

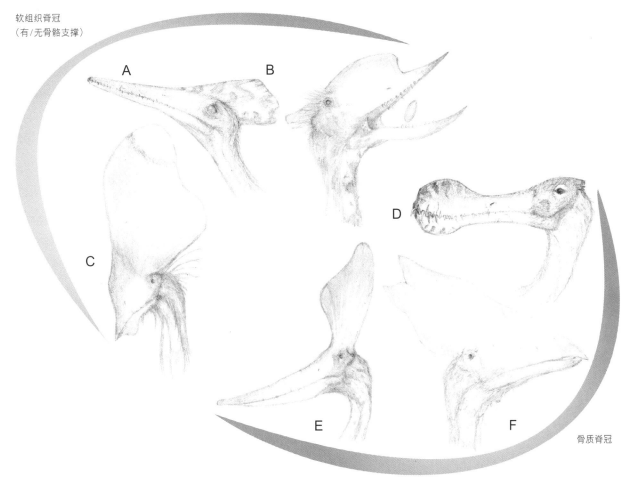

骨质脊冠

图4.4　多种多样的翼龙脊冠：A，古老翼手龙；B，魏氏准噶尔翼龙；C，皇帝雷神翼龙（*Tupandactylus imperator*）；D，南方鸟掌翼龙（*Ornithocheirus mesembrinus*）；E，斯氏无齿翼龙（*Pteranodon sternbergi*）；F，塞氏掠海翼龙（*Thalassodromeus sethi*）。图片不成比例。

所有翼龙的牙齿越靠近颌骨后部越小。但有些翼龙或刚好相反，或最大的牙齿位于齿列中间。不同翼龙的牙齿数量差异很大，有的只有寥寥几颗，有的拥有数百颗，最多甚至能达到上千颗。和其他爬行动物一样，大多数翼龙的牙齿都随着年龄的增长而增加。翼龙牙齿最常见的形态或许是两侧扁平的圆锥体，非常适合啃咬小猎物，但也有翼龙为猎食其他生物演化出了不同的牙齿。部分翼龙具有弯曲的大獠牙，用于刺穿大猎物；有的具有非常紧凑的锯齿或"剃刀"状牙齿，用于切开软组织；有的具有用于咀嚼的多尖牙；还有的具有针一样极细的牙齿，紧密排列在颌部，用于滤食。翼龙类群中最不寻常的牙齿短而宽，外面包裹着骨骼，并且完全陷在颌骨内。

脊柱

与所有爬行动物一样，翼龙的脊柱有四类椎骨：颈椎（图4.5）、躯干的背椎（图4.6）、腰带的荐椎（图4.6），以及尾椎（图4.7）。椎骨共有34—70块，差异主要源自尾椎数量。每种椎骨都有相同的基本形态特征，但发育情况各异。椎骨中心的脊椎体上有神经弓。其两端各有一个开口，形成容纳脊髓的椎管。神经弓顶端是神经棘，呈高大的刀状结构，沿椎体中线延伸。横突从神经弓和椎体向外侧伸出，形成关节面和肋骨衔接。除尾椎外，椎体都向后延伸，越过椎体的其余部分，形成突出的髁状体，与前一个椎体的关节凹衔接。光滑的表面就是椎体相互衔接的部位，而且可以大致体现出每个椎体关节

28

的活动度。翼龙的关节臼通常具有前倾的腹面突起，即椎下突，它限制了椎骨的下弯。部分翼龙的椎下突插入了相应朝向后外侧的球状髁突中。椎体上方的脊椎关节突向前（前关节突）和向后（后关节突）突出，并通过光滑的表面与相邻的脊椎关节突衔接。翼龙脊椎上有多个开口和小孔，但它们的位置、数量和大小都有很大差异。

颈椎

翼龙的颈椎通常是整条脊柱中最大也最复杂的部分。颈椎共9块，其中7块是"自由"的颈椎，两块与背椎"愈合"。颈椎通常是身体中最长的脊椎，在部分长颈翼龙中，颈椎的长度可能是宽度的8倍（例如，图4.5C—E）。许多颈椎的侧面和椎管开口周围都有明显的开孔。这些"充气开孔"是气孔构造进入骨骼的通道（见第5章），它们的分布可用于区分不同的翼龙群体。横突一般较小或完全退化（与背椎愈合的第8颈椎和第9颈椎除外），但神经棘的形态多种多样。有的高大呈刀状，有的长且低矮，有的几乎消失。早期翼龙的颈椎保留有衔接颈肋的关节面（图4.5 A，B），但更进步的类群则不再具有颈肋和关节面。

翼龙颈椎之间的关节面很宽，因此我们认为大多数翼龙的颈部相当灵活。不过部分长颈翼龙的颈椎之间紧密咬合，可能在一定程度上限制了它们的运动（例如，Wellnhofer 1991a；Frey and Martill 1996）。古生物学家经常为两个问题所困扰，一是化石动物的颈部有多灵活，二是它们在日常活动中的惯常的颈部位置。部分原因在于相邻骨骼之间的活动度主要取决于关节面之间的软骨帽，但这个结构一般无法成为化石。无法了解这些关节活动度的重要决定性因素，古生物学家就只能尽量根据骨骼去推测需要的信息。翼龙颈椎关节面的位置表明，颈部的上扬能力强于下弯能力，而每块椎骨之间的紧密结合似乎限制了旋转能力。

保存有关节的翼龙颈部化石证实，多种翼龙都

可以高高扬起颈，而颈椎并不会因此脱位（例如，Wellnhofer 1970；Bennett 2001）。不过无法确定它们会不会时常仰头。只要处于清醒和警觉状态，所有非海生四足总纲成员似乎都会在不需要特别使用脖子时（如进食、某些运动）将脖子保持S形。此时颈椎系统的底部向上倾斜，中段比较直挺，上部骨骼略向下弯曲（Vidal et al. 1986；Graf et al. 1995；Taylor et al. 2009）。和我们熟悉的宠物和牲畜相比，这似乎很不合理，但X光片显示它们依然存在其他非海生四足总纲成员的基本构造（顺带一提，各位读者的脖子也是如此），但被软组织掩盖。这样的颈部姿态在现生四足总纲成员中普遍存在，和有无亲缘关系联系不大，因此这样的形状很可能在四足总纲成员演化的初期就已经出现，可能也适用于所有已灭绝的非海生四足总纲成员，包括翼龙。如果这个假设成立，我们甚至可以认为翼龙大部分时间都在抬高颈部，因为现生四足总纲成员颈部的S形姿态在基本代谢率较高的物种中更为明显（Taylor et al. 2009），翼龙可能正是这样的动物。

背椎

翼龙的最后一节背椎和第1节荐椎一般很难确定，因为早期翼龙的荐椎通常会与背椎"愈合"。这让很多原始翼龙的背椎数量成为谜题，但在部分物种中可以确定为18块。背椎本身的大小和形状基本一致，特征为椎体短，神经棘高，与背肋连接的横突明显，椎体后突较小。在某些成年的大型翼龙中，至少前3个背椎椎体愈合，以加固肩带附近的脊柱系统。可能通过骨化神经棘顶部的肌腱愈合，也可能通过神经棘的同时向前后延伸，直至接触相邻的神经棘。愈合形成了神经棘板，即多神经棘愈合形成的长骨板，而且有可能通过两侧的小凹槽与肩胛骨成关节。前部背椎也与对应的粗壮背肋愈合。愈合造就了复杂的脊椎和肋骨复合体，被称为联合背椎（notarium）（见图4.6），甚至在某些特别原始的翼龙中，前7块背椎都会愈合在一起。

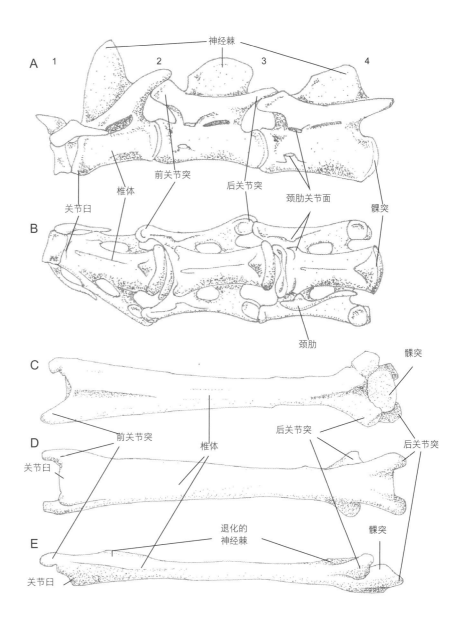

图4.5　翼龙颈椎解剖特征。A—B，明氏喙嘴龙的前部颈椎（数字代表每块颈椎的位置），其中A为左侧视图，B为腹面视图。C—E，某种风神翼龙的第5颈椎，其中C为背面视图，D为腹面视图，E为外侧视图。A—B，改绘自韦尔恩霍费尔（Wellnhofer 1975）；C—E，改绘自威顿和纳什（Witton and Naish 2008）。图片不成比例。

荐椎

荐椎位于成对的腰带之间，彼此完全愈合，并通过横突与腰带背面愈合。愈合在一起的荐椎统称荐骨，在所有翼龙中，荐骨都至少包含3—4块荐椎。但在某些特化的翼龙中，荐骨也与多块后部背椎愈合，使联合体的脊椎总数增加到9块。在联合背椎特别发达的翼龙中，还有第二块神经棘板沿荐骨神经棘向顶部延伸的结构（Hyder el al.，尚未发表）。不过这种结构似乎不会接触联合其他背椎的神经棘板，因此大约有4块背椎没有相互愈合。

尾椎

翼龙的尾椎数量存在种间差异，从10—50块不等。它们的大小和形状也十分多变，包括有极长管状前、后突的细长形态，也包括没有特征的短柱状形态。前者可见于多种长尾翼龙，它们的尾椎椎体下方有细长的脉弧，形成了和马鞭一样灵活的尾巴。据推测，它们的长尾巴天生有一定刚度，但可以在摆动或与其他物体接触时灵活弯曲。和其他脊椎不同，大多数翼龙尾椎的椎体间都没有发育良好的髁或齿状关节，因此或许能够在任何平面上自由移动。　31

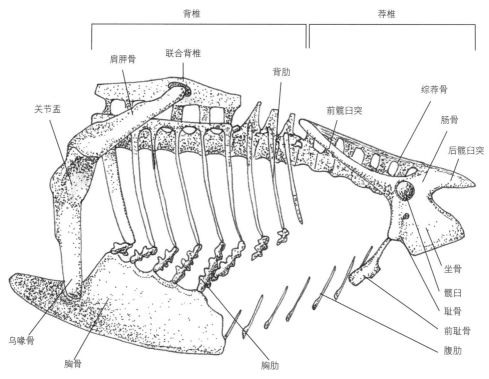

图4.6 某种无齿翼龙的躯干、胸腔和腰带结构。引自贝内特（Bennett 2001）以及克莱森斯等（Claessens et al. 2009）。

肋骨

翼龙只有颈肋和背肋。颈肋必然比背肋短得多，很多翼龙甚至完全失去了颈肋。最近的发现表明，幼年翼龙可能还有这些"消失"的肋骨，但在它们出生后不久这些肋骨就会变小并和椎体愈合（Godfrey and Currie 2005）。它们的背肋较大，尤其是前两对。前几节背肋从背椎横突向胸前延伸，在侧面形成了宽大的弧形，但并没有和胸骨直接衔接，而是和具有分叶边缘的短平骨骼相连，后者被称为胸肋。这些小骨骼在椎骨和胸骨之间形成了完整的肋"笼"，并使躯干前部的骨骼相当坚固（图4.6）。之后的背肋和胸肋与V形腹肋衔接，后者位于腹部的软组织中。最后几节背椎的肋骨要么很小，要么可能完全消失。

肩带

飞行动物通常都有相对较大且坚固的肩带系统，也就是肩部骨骼，翼龙也不例外（图4.6）。肩带的两侧是两组粗壮的骨骼，即背面的肩胛骨和乌喙骨。这些骨骼通常与肩关节或关节盂愈合在一起，形成连续的"肩胛乌喙骨"。肩带形态复杂，在前、后视图中呈宽大的"V"或"U"形，而侧视图一般呈偏斜的回旋镖状。肩胛骨通常长于乌喙骨，一般平行于背肋背面。部分翼龙的肩胛骨直接与联合背椎的神经棘板成关节。在俯视图上，大多数翼龙的肩胛骨向脊柱的前外侧延伸，但也有部分翼龙的肩胛骨和脊柱呈直角。

在原始翼龙中，关节盂完全位于肩胛骨上。但在更进步的翼龙中，关节盂移向腹面，跨过肩胛骨和乌喙骨之间的关节。关节盂是相当复杂的鞍形关节，其赋予了前肢大范围运动和旋转的能力。向体外展开时，前肢的活动角度可以达到90度（Padian 1983a；Wellnhofer 1991a；Bennett 2001）。关节盂表面移动到肩胛乌喙骨的后表面上时，前肢可以内旋10度。在这个位置上，大多数翼龙还能够将前肢摆动到肩膀左右（Bennett 1997b；Unwin 1997），不

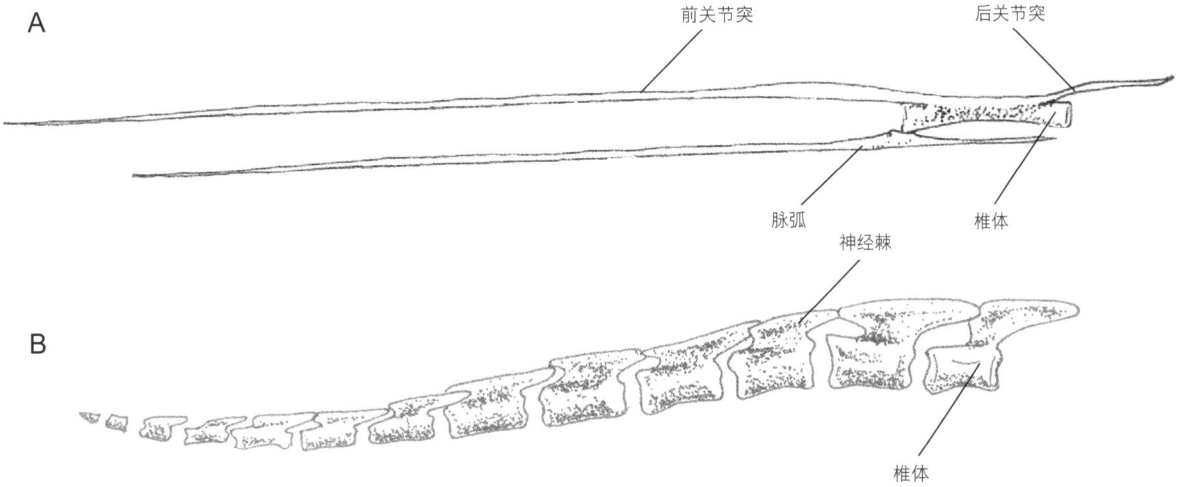

A

前关节突　　　　　　　　后关节突

脉弧　　　　　椎体

神经棘

B

椎体

图4.7　翼龙尾椎。A，明氏喙嘴龙尾椎中段的右侧视图；B，某种翼手龙的尾椎。图片不成比例。改绘自韦尔恩霍费尔（Wellnhofer 1991）。

过有些翼龙的关节面太短，限制了前肢向腹面运动（Wellnhofer 1970）。

　　乌喙骨与胸骨通过胸骨板前部的侧向切口相接。这些切口有的不对称，有的比较靠前。翼龙的胸骨理所当然很大，在躯干中占据了相当大的比例，也为大量的辅助飞行的肌肉提供了宽阔的附着面。它们通常呈宽大的盘状，腹面中线有薄薄的龙骨突。胸骨都有从乌喙骨关节向前突出的胸骨柄。胸骨后缘的形状多变，有方形、圆形或三角形，其侧缘有时呈叶状，每个突起都有和胸肋衔接的关节面。最新的翼龙胸部结构研究表明，胸骨、乌喙骨与肋骨完全衔接时向背面倾斜，而不是传统观点认为的水平固定在身体内。这使得胸骨后部成为翼龙胸部位置最低的部分（Claessens et al. 2009）。

前肢

　　翼龙前肢的骨骼和人类相同，但为飞行而发生了很多改变，所以并不好辨认。在完全伸展时（图4.8），前肢的骨骼从身体向外展，形成长长的翅膀前缘，但整个前肢可以整齐地折叠起来，以便在地面上运动。

　　肱骨是前肢中最粗壮、距离身体最近的骨骼，不算太长，具有结实的鞍形近端关节。肱骨最明显的特征是三角肌嵴，即极度向前突出的近端凸缘，用于附着从肩部延伸到前肢的强壮辅助飞行肌。这个结构的大小和形状多变，种间差异非常明显。许多翼龙的肱骨近端都具有气孔，其位置和数量可用于区分不同的翼龙族群。肱骨的远端有两个髁突，在远端前表面形成肘关节。翼龙的肘部似乎是简单的铰链关节，可以使前臂紧贴上臂折叠，也可以大幅度打开（Bennett 2001；Wilkinson 2008）。保存完好的翼龙标本表明，肘部关节的活动范围为30—150度（不过30度的数据存疑，见Bennett 2001）。收拢时，肱骨远端髁的轻微偏斜，意味着基本平行的桡骨和尺骨在一定程度上内偏。

　　翼龙的桡骨和尺骨是较长的管状骨骼，彼此并列，尺骨位于桡骨外侧。在部分进步的翼龙中，尺骨大于桡骨。肘部屈曲时，桡骨向前滑动，使腕部弯曲约50度，同时腕部轻微向内侧运动（Wilkinson 2008）。腕部本身（图4.9和图4.10）是由4块骨骼组成的复杂结构：近端和远端愈合腕骨（由较小的腕骨形成，翼龙成年后愈合）、轴前腕骨，以及翼龙所独有的翼骨。几块籽骨（位于肌腱内的骨骼）也与腕部有关。翼龙腕部的争议很大，关于它的运动范围以及翼骨的起点、位置和方向都引起了激烈辩论（概述见Unwin et al. 1996；Bennett 2001，2007a；Wilkinson et al. 2006；Wilkinson 2008）。两

32

33

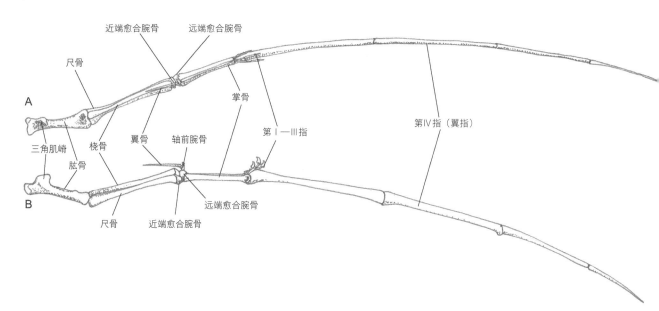

图4.8　翼龙前肢骨骼结构。图中为鸟掌翼龙科翼龙"皮氏桑塔纳翼龙"（*Santanadactylus pricei*）。A，前视图；B，俯视图。改绘自韦尔恩霍费尔（Wellnhofer 1991b），是颠倒的原图。

块愈合腕骨共有一个复杂的关节，研究者曾经认为这个关节限制了所有的运动（Hankin and Watson 1914；Bramwell and Whitfield 1974；Padian 1983a）。但最近的研究显示，这些骨骼具有滑动关节，相互之间可产生30度的旋转（Bennett 2001；Wilkinson 2008）。腕骨之后是掌骨（见下文），它们之间的关节似乎也能旋转大约20度。因此，翼龙的腕部似乎运动范围很大，能够让手部屈曲至与前臂接近直角的位置（图4.10），或者伸展150—175度（Wellnhofer 1975；Wilkinson 2008）。第8章中会讲到，有腕部关节炎的翼龙标本表明其腕部可以屈曲，因为关节炎的成因正是腕关节过度使用和磨损！

　　轴前腕骨与远端愈合稳固的前部衔接，从腕部向前伸出。这块轴前骨骼与翼骨衔接，后者细长且形状各异，是只有翼龙才拥有的特征。翼骨的起源有一些争议，有人提出它由所谓的拇指演变而来或只是骨化的肌腱，而不是腕部复合体中的新骨骼。对翼龙手指的骨骼数量与其他爬行动物的比较表明，翼骨不太可能是改良的拇指。第Ⅰ指到第Ⅳ指再到最后一指，每根手指的骨骼数量分别为2、3、4、4，与爬行动物骨骼数量分别为2、3、4、5的

形态几乎吻合（最后一指的差异可能是因为翼指失去了爪子，详见第3章）。这表明翼龙的拇指与其他爬行动物的拇指同源，没有翼骨的功能（Unwin et al. 1996）。组织学分析表明，翼骨也不是骨化的软组织（Unwin et al. 1996），因此我们认为翼骨必然是"真"骨。如果日后发现了上文中假设的翼龙祖先，翼骨的起源或许也会随之揭示。

　　曾经的研究者认为翼骨位于轴前腕骨末端的一个小的承托式结构中，但最近的研究表明，这个位置实际上是一块籽骨。籽骨是一种小而圆的骨头，生长在穿过某些关节的肌腱中（Bennett 2007a）。相反，翼骨可能连接在轴前腕骨内侧的凹陷处（Bennett 2007a），也可能和近端愈合腕骨接触（Peters 2009）。最新发现的一些翼龙化石保存着完整的腕部区域，给这种新观点提供了证据（Wang et al. 2010）。这样的结构会迫使翼骨向内朝向身体，驳斥了翼骨朝前的看法（例如，Frey and Reiss 1981；Unwin 2005；Wilkinson et al. 2006；Wilkinson 2008）。翼骨前突的观点经常遭到批评，因为不仅没有化石证据的支持（例如，Bennett 2007a），而且在生物力学上也站不住脚（其原因将在下一章讨论）。

翼龙手部的比例不同于所有其他四足总纲成员。它们的手掌由四块较长的掌骨构成，与远端愈合腕骨衔接。前三块掌骨极为细长，但第Ⅳ掌骨较大，其末端有大的滚轴关节，负责巨大翼指的支撑和屈曲。三块较小的掌骨紧贴较大"翼"掌骨，支持第Ⅰ指的第Ⅰ掌骨处于背面位置（图4.8）。在某些翼龙中，这三块小掌骨可能都没有接触腕部，且近端逐渐变细，呈针状。与其他爬行动物一样，翼龙手部的前三指包含的指骨块数分别是2、3、4（包括爪子）。一般来说，翼龙手爪比足爪更大、更弯曲，爪后的籽骨有时会为手爪的移动提供机械助力。

通常，巨大的翼龙翼指几乎和翅膀等长，各指骨之间相对固定，只有与第Ⅳ掌骨连接处可以活动。翼指可以从掌骨处张开165—175度，也可紧贴手掌折叠。折叠起来时，翼指远端从肘部略微向外偏移，这都要归功于略微不对称的滚轴关节。大多数翼龙的翼指具有四节指骨，而且指骨比例存在着明显的种间差异，因此相对长度可以用于区分不同的翼龙。

腰带

乍看之下（图4.6），翼龙的躯体后部似乎不算

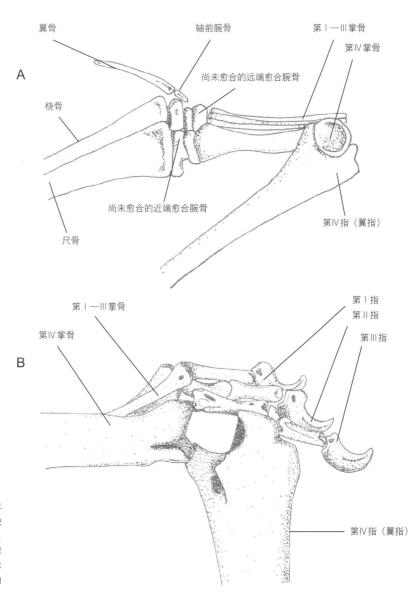

图4.9 翼龙腕部和手部骨科学。A，未成年的明氏喙嘴龙的腕骨和手骨（第Ⅰ—Ⅲ指缺失，之后会愈合的掌骨目前尚未愈合）；B，无齿翼龙未定种（*Pteranodon* sp.）的远端掌骨。注意，第Ⅰ—Ⅲ指很短。A，改绘自韦尔恩霍费尔（Wellnhofer 1975）。B，改绘自贝内特（Bennett 2001）。图片不成比例。

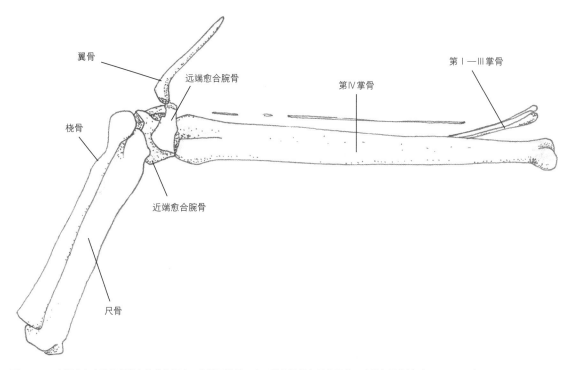

图4.10　无齿翼龙未定种的保留有关节的标本。前臂可能显示出了腕部的最大屈曲程度。改绘自贝内特（Bennett 2001）。

显眼，与巨大的前肢和头部相比，它们的后肢和腰带显得很小。但这只是错觉。和身体相比，翼龙的后肢和腰带比例得当，而且强壮有力（Padian 1983a；Bennett 1997a）。虽然发现过翼龙腰带形态存在的一些差异（Hyder et al., 尚未发表），但腰带本身的结构在各类翼龙中都相当一致。与所有的四足总纲成员一样，翼龙的腰带由每侧的三块骨骼组成：肠骨、耻骨和坐骨，成年翼龙的这三块骨骼则愈合成一块，没有任何明显的骨缝。肠骨细长，沿腰带顶部延伸，有两个突起，标志着其前后端的髋臼（髋关节）前突和髋臼后突。这两个突起（分别）延伸到腰带下部的前缘和后缘之外。翼龙腰带的腹面区域通常是盾状坐骨-耻骨板（坐耻板），但也有例外。该结构由前部的耻骨和后部宽大的坐骨愈合而成。两侧的坐骨-耻骨板腹面边缘愈合，形成封闭的盆腔管。在没有完整坐骨-耻骨板的翼龙中，耻骨是向腹面突出的较细骨骼，而耻骨稍宽。这三块骨骼都为髋臼提供了骨性结构，而髋臼是腰带外侧的无孔半球形凹陷，赋予后肢了极大的活动范围（见第7章）。

耻骨的前腹面和前耻骨形成小关节，后者也是翼龙所特有的骨骼。前耻骨呈叉状或铲状，向前朝胸骨延伸，和腹肋以及呈镜像的后耻骨相连，形成横跨腹部的支撑结构。前耻骨和腹肋会随着呼吸上下移动，而胸腔保持相对静止（Claessens et al. 2009）。

后肢

与前肢一样，翼龙的后肢骨骼也和我们相同（图4.11）。股骨长且略微弯曲，有突出的球状头，从近端以锐角伸出。股骨头对面是大转子，上面附着有将后肢抬到飞行位置的肌肉。股骨远端有两个大关节髁，使作为屈戌关节的膝关节可以像我们的膝关节一样活动。

翼龙的小腿由两块骨骼组成：粗长的胫跗骨和较细的腓骨。在大多数情况下，后者不会延伸到胫骨远端，两端通常与较大的胫跗骨愈合。也有部分翼龙的腓骨非常细小，不到小腿长度的三分之一。胫跗骨具有大胫脊，位于近端前缘，向远端逐渐变细。在成年翼龙中，近端踝骨与胫跗骨末端愈合，形成一个屈戌式踝关节，使足部在胫跗骨能够以45度角摆动，大致与胫跗骨呈一条直线（Bennett 1997a）。

翼龙胫跗骨和足部之间还有两块踝骨，即远端跗骨。它们与跖骨成关节，后者是构成足部骨架后部的细长骨骼。所有翼龙的前四根跖骨都很发达，通常远端相互分离，形成了宽大的足部结构。但某些类群的跖骨几乎平行，使足部结构更为紧凑。跖骨上的足趾修长，第Ⅰ—Ⅳ趾具有的趾骨根数分别是2、3、4、5；第Ⅰ、Ⅱ趾最长，少数情况下第Ⅳ趾最长。每个脚趾的最后一根趾骨形成弯曲的爪子。足爪通常小于手爪。各个趾骨之间的关节面通常相当平坦，表明活动范围受限（Clark et al. 1998）。

第Ⅴ跖骨和第Ⅴ趾与其他足趾完全不同。早期翼龙的第Ⅴ跖骨粗短且具有复杂的关节，或许可以在多个平面上移动。第Ⅴ趾长而无爪，由两根长趾骨组成，且因为跖骨灵活而可以向外侧大幅度活动。但第Ⅴ趾后来大幅度退化，仅剩一根趾骨，或完全消失。后期翼龙仍保留有小而粗的第Ⅴ跖骨，但可能并不灵活。

骨骼内部

似乎大多数翼龙，甚至所有翼龙，都至少有部分骨骼是具气孔构造的骨骼，该结构内充满空气，几乎完全空心，有横跨其内的细骨（小梁）支撑（图4.12；Bonde and Christiansen 2003；Butler, Barrett, and Gower 2009；Claessens et al. 2009）。这类骨骼并非翼龙所独有。包括人类在内的许多动物都有具气孔构造的骨骼，但目前只有鸟类的气腔骨骼水平可与翼龙比肩。和带羽毛的主龙类亲戚一样，翼龙的骨骼似乎也含有充满空气的组织，后者通过骨壁中的气孔（包括上文中的颈椎和肱骨气孔）和肺之类的诸多气囊结构相连。早期翼龙只有头骨和部分脊椎为具气孔构造的骨骼（Bonde and Christiansen 2003；Butler, Barrett, and Gower 2009），而肢骨的骨壁较厚，与其他爬行动物相似。后期翼龙则成为拥有具气孔构造的骨骼最多的动物，整个前肢、胸带、更多脊椎，甚至后肢的某些骨骼都充满了空气。在这样的演化过程中，翼龙的骨壁大幅度变薄，达到了前所未有的程度（Claessens et al. 2009）。现代鸟类的骨骼也发生了类似的演化。在某些大型鸟类中，几乎所有骨骼都是具气孔构造的骨骼。

除了鸟类、翼龙和部分非鸟恐龙，其他物种都没有演化出大量具气孔构造的骨骼。此类骨骼的功能尚不明确，科学家就它们的生理功能提出了很多解释（维特默对此进行了全面总结［Witmer 1997］）。一个被大多数人支持的理论认为，鸟类和翼龙骨骼之所以会高度充气，是因为这会让它们比陆生动物"更轻"，但这可能并不正确。尽管该假设符合直觉（这两类生物都会飞翔，难道拖着更轻的身子上天不是更省力吗？），但可能不符合现实。蝙蝠证明没有具气孔构造的骨骼也可以拥有相当大的翼展，而且在给定的体重下，鸟类的骨骼与哺乳动物的骨骼一样重（Prange et al. 1975）。后一点特别重要，因为其证明具气孔构造的骨骼不会降低骨骼质量与整体质量之比，因此不会减轻重量。[1]这就产生了一个明显的悖论：空心怎么会和充满骨髓的实心骨骼一样重呢？这可能是因为具气孔构造的骨骼通常比不含气腔的同种骨骼更大。具气孔构造的骨骼内部有含气室，是软组织气囊的分支，在骨骼内生长的时候吸收了内部骨骼（例如，Witmer 1997；O'Connor 2004）。但被吸收的骨骼没有简单地"消失"，而是重新沉积在同一骨骼的其他位置上。实际上骨骼是"膨胀"到了机械极限

1　然而，有证据表明，至少有一些不具气孔构造的骨骼比同类具气孔构造的骨骼要重（Fajardo et al. 2007）。不过尚未证明具气孔构造的动物骨骼质量与总体重之比低于不具气孔构造的动物。

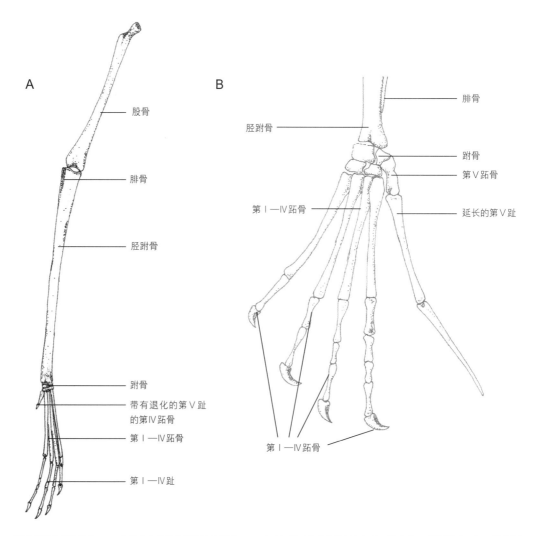

图 4.11　翼龙后肢的骨骼结构。A，桑塔纳古魔翼龙后肢的前视图；B，未成年明氏喙嘴龙的足部细节。注意第Ⅴ趾的差别，以及跗骨没有愈合。A，改绘自韦尔恩霍费尔（Wellnhofer 1991b）；B，改绘自韦尔恩霍费尔（Wellnhofer 1975）。图片不成比例。

（Witmer 1997）。鸟类、翼龙和蜥脚类恐龙等具有大量具气孔构造的骨骼的动物表明，这个过程可能会使骨骼在线性方向上获得巨大尺寸，但不需要增加太多骨骼组织，因为气囊或肺部系统会强力地将骨骼膨胀到机械极限。因此，我们可以将具气孔构造的骨骼看成膨胀的气球：放气之后重量并不会改变，但含气后则大幅度拉伸。骨骼拉伸使具气孔构造的骨骼的骨壁越来越薄，即骨骼在不增加质量的情况下膨胀。所以我们可以将有大量气腔骨骼的动物看作膨胀起来的小动物。和身体比例相同的且骨骼不具气孔构造的动物相比，它们显得更轻，但严格来说，其骨骼并没有变轻。

鸟类和翼龙都拥有高度膨胀且含有大量空气的肩带和翼骨，原因可能也显而易见。这些骨骼膨胀之后可以为飞行肌肉提供更大的附着面积，还能提供飞得更高的动力，而更长的翼骨可以增大翅膀的面积。翼龙骨骼的含气程度可能比鸟类更夸张，它们的骨骼极端扩张，即使最大的骨骼也只有几毫米厚的骨壁。很多研究者都基于这个特征认为翼龙的骨骼在生前非常脆弱，但这也是对气腔骨骼的一个误解。在给定的质量下，翼龙这样的空心骨骼比实心骨骼更难弯曲和扭曲，不过更容易受撞击损坏（Habib 2008；Witton and Habib 2010）。翼龙的骨骼还拥有"纤层状"骨组织，其中每一层薄骨片都垂

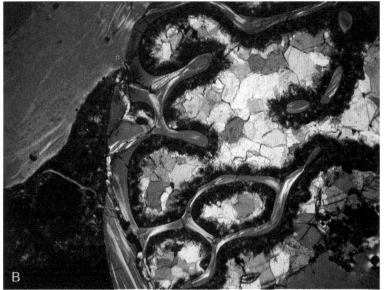

图4.12 翼龙骨骼组织学。A，早白垩世桑塔纳组的翼龙长骨细节，可见海绵状骨、骨小梁和曾经充满气腔组织的巨大空腔；B，海绵状骨的薄切片；C，纤层骨骨壁和小梁的薄切片。图片由戴维·马蒂尔提供。

直于前一层骨骼，形成了类似胶合板的结构，难以弯曲和扭转（Ricqlés et al. 2000；Steel 2008）。骨骼内的骨小梁以最适合抵抗飞行造成的压力的方向排列（Habib 2007），骨壁内表面还衬有螺旋结构（骨内脊），让骨骼更加坚固（Ricqlés et al. 2000；Steel 2008）。所有翼龙都具有蜂窝状的海绵状骨结构，但只存在于长骨末端，以增加关节强度。凭借上述经强化的结构和大自然的鬼斧神工，翼龙的骨骼和薄弱根本不沾边，即便是高度中空的气腔骨骼也能抵御日常生活中的压力和负累。翼龙的骨骼足以折断恐龙的牙齿（见第7章），这也进一步证明了它们并不是人们想象中那样容易破碎的脆弱结构。

噫吁嚱，翼龙骨架具有出众的强度和尺寸，却又因为同样的原因难以成为化石。即便结构精良，骨片在腐烂时也会迅速剥落，所以翼龙死亡之后，薄壁骨骼会迅速腐烂。薄骨壁也让化石很容易遭到侵蚀，而且脆弱，通常难以保存。骨壁极薄可能也有一个好处，即让翼龙骨骼在爬行类化石中独树一帜，即使是残缺的碎片也不难识别。因此，虽然翼龙化石很罕见，但至少我们一眼就能确定它们的归属。

5
软 组 织

　　化石主要包括生物体坚硬的部分，例如外壳和骨骼。但生物死亡后，软组织会遭到众多生物的吞噬和分解，很快就会消失，因此难以保存。但有机会保留下来的软组织会成为和化石骨骼并存的沉积物印痕或矿化薄膜。后者不一定肉眼可见，但可以通过紫外线检测到。这样的发现可以让平平无奇的标本大放异彩。赫尔穆特·蒂斯彻林格尔无疑是以紫外线重新审视化石的领军人物，本书中的许多图片都是他的作品（更多紫外线翼龙摄影，见 Frey and Tischlinger 2000；and Frey, Tischlinger, et al. 2003）。经过这种技术检验的标本常常会揭示出远古动物令人震惊的解剖学特征，这都是无法仅凭骨骼获得的宝贵信息。

　　通常只有特异埋藏才会产出含有软组织的化石，这类化石点保存着古生物学家梦寐以求的超高质量化石。这意味着大多数化石物种都没有留下软组织信息。因此我们必须寻找某些软组织与骨骼的直接联系，并以与它们亲缘关系接近的动物作为参考，推断没能保留下来的软组织的相关信息。基于保存完好的翼龙化石和有根据的推断，我们相当详细地复原出了翼龙软组织结构，包括很多外观细节（图5.1）。软组织结构也为翼龙的生理和行为提供了重要线索。因此下文会从内部软组织开始介绍翼龙的身体结构，逐渐向外推进。我们要真正呈现出翼龙活生生的模样，而不仅仅是成岩后的骨骼。

翼龙内部

呼吸机制

　　我们在第 4 章中提到过，翼龙的骨骼中充满了与软组织气囊系统相连的含气孔构造组织，现代鸟类也具有这种结构。即使肺部和其他呼吸结构没有直接保存下来，这个特征也为复原翼龙的呼吸系统提供了很多证据。鸟颈类主龙骨架中的气孔位置与软组织肺系统的特定结构相对应（Wedel 2003；O'Connor and Claessens 2005；O'Connor 2006），而翼龙骨骼中的气孔表明存在颈部气囊，以及至少两套腹部气囊，一套在前，一套在后（图5.2）（Claessens et al. 2009）。部分翼龙的前肢还有胸前气囊的气腔。眶前孔周围的空腔和气孔则表明该结构和头骨的大部分区域也可能填充了含气组织（Witmer 1997；Claessens et al. 2009）。如果翼龙拥有和鸟类非常相似的肺部系统，那躯干腹面区域应该也具有额外的气囊（Claessens et al. 2009）。

　　根据这些气囊，几乎可以确定翼龙拥有类似鸟类的肺部，这与其他爬行动物和哺乳动物完全不同，效率也要高得多。鸟类具有"流通式"肺系统，气囊只从一个方向向肺实质性地挤入富含氧气的空气，而氧气耗尽的空气通过肺系统的其他部分呼出。与此相反，我们的风箱式肺每次呼吸时都会混合无氧废气和新鲜含氧空气，因此我们的呼吸效率受制于半含氧空气的不断循环。我们在呼吸时会扩张和收缩肌肉发达且可以移动的胸廓，但鸟类的前躯干骨架愈合在一起，无法活动。它们只有腹部可以灵活地起伏，所以这个区域的运动会挤压或使后部的胸气囊膨胀，将空气泵入肺系统周围。我们几乎可以肯定翼龙具有气囊，刚性胸部骨架和可以活动的腹部区域，表明它们也采用了同样的呼吸机制，可能是使用附着在腹肋和前耻骨上的肌肉来协助呼吸运动的（Unwin 2005；Claessens et al. 2009）。和鸟类

图5.1　白垩纪克拉托组腹地的帆冠雷神翼龙（*Tupandactylus navigans*）沐浴着夕阳余晖。该翼龙的软组织标本表明，它们身体的大部分区域都覆盖着浓密的毛发样"密集纤维"，类似于部分恐龙的简单羽毛或哺乳动物的皮毛。

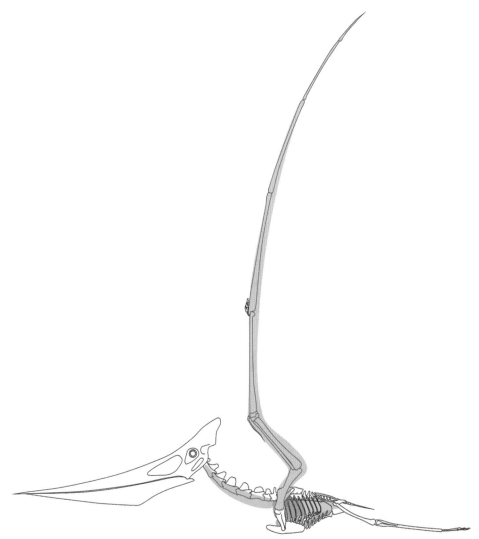

图5.2　肺系统和气囊，属于组织高度含气的无齿翼龙。绿色代表颈部气囊，红色代表肺部，蓝色代表腹部气囊，紫色代表遍布翼骨的含气支囊，灰色代表胸部气囊。肺系统的分布引自克莱森斯等人的文章（Claessens et al. 2009）。

一样，翼龙可能演化出了可以高效获取氧气的流通
式肺部活动机制（Claessens et al. 2009），这意味着
它们和鸟类及蝙蝠一样能够非常有效地呼吸，这也
是维持动力飞行的必要特征（蝙蝠有巨大的肺，弥
补了哺乳动物呼吸系统效率较低的不足）。

翼龙内脏

　　和呼吸系统不同，翼龙的肠道无法和骨骼联系
起来。肠道很难保存。它们由柔软的肌肉构成，肠
腔中含有细菌，还充斥着酸液，所以所有翼龙化石
的肠道都腐烂殆尽也丝毫不令人惊讶。不过大量间
接证据为翼龙的消化系统提供了线索，包括极富弹

性的食道（将食物从口腔输送到胃的管道）。德国
的一件小型晚侏罗世喙嘴龙标本显示，其肠道内有
一条囫囵吞下的鱼，长度大约为喙嘴龙躯干的60%，
显得十分惊人（Wellnhofer 1975）。这条鱼的前端已
被部分消化，所以被吞下去的时候可能更大。翼龙
颈部的轮廓表明，它们并没有特别松弛肥厚的喉咙，
而如此巨大的食物之所以能够通过小型翼龙的喉咙，
原因只可能是它的食道能够远远扩张至超出正常容
量（图5.3；该化石也见图8.10B）。这当然表明翼龙
的其他腹面颈部组织也可以拉伸，而且大多数翼龙
似乎都不会咀嚼食物（例如，Ösi 2010），可见它们
吞噬大家伙的时候，颈部一定会大幅度膨胀。

图5.3 侏罗纪的明氏喙嘴龙在吞食一整条鱼，复原依据为喙嘴龙的肠道内容物化石。既然可以吞下如此巨大的猎物，可见翼龙的喉咙必然能够大幅度扩张。作为复原依据的标本详见第8章和图8.10。

翼龙的胃似乎具有典型的主龙类特征，分为两个不同的部分。前胃与人类的胃相似，负责通过酶对食物实施化学分解，而后面的砂囊则负责利用强有力的肌肉来机械研磨食物。部分主龙类会吞食砂砾和石头来协助这种机械分解（发挥这种功能的砂砾和石头被称为"胃石"），但其他主龙类只依靠砂囊本身的运动。翼龙具有这种胃部结构是通过演化关系推测而来的（Reily et al. 2001），而且最近在南美滤食性的南方翼龙（*Pterodaustro*）身上首次得到了验证：它们的内脏里发现了胃石（Codorniú et al. 2009）。

也没有证据表明食物离开翼龙胃部后的情况。像其他主龙类一样，翼龙粪便可能是尿液和粪便的糊状混合物，但有趣的是，有证据表明，翼龙的消化废物不一定都是从肛门排泄的。西班牙的早白垩世洛斯霍亚斯地层产出过一个化石食团（化石呕吐物），其中包括4件幼鸟骨骼，这可能是翼龙的反刍物（图5.4；Sanz et al. 2001）。很多现生动物都会吐出难以消化的物质，而更专业的生物学家已经通过大量动物呕吐物明确了不同动物群体所特有的食团特征。鱼类、两栖动物和哺乳动物似乎会反刍出不成形的松散骨头，而蜥蜴、蛇和鳄类则会消化大部分骨头，只定期吐出食物中最有弹性的蛋白质（爪鞘、毛发、羽毛等；Fisher 1981a，1981b）。有些鸟类几乎也能将骨头消化干净，但大多数鸟类都会反刍出在消化过程中被轻度酸蚀的骨头。洛斯霍亚斯的食团与这些特征都不相符，说明其并非来自现生动物，而更有可能是小型恐龙或翼龙（Sanz et al. 2001）。另一件翼龙标本保存着呕吐物特征更明显的化石，但这可能是濒死前挣扎造成的呕吐，而不是有目的的反刍物（见第8章；Bennett 2001；Witton 2008b）。

大脑

在过去的一个世纪里，人们发现过许多翼龙的颅腔凸模化石（图5.5；Newton 1988；Edinger 1941；Kellner 1996a；Lü et al. 1997；Bennett 2001；Witmer et al. 2003）。许多研究者都认为翼龙的大脑和鸟类十分相似（和爬行动物并不相似），这可能代表着两者都需要对动力飞行的神经进行处理和协调。翼龙的大脑大于其他爬行动物，但没有达到鸟类的程度（Witmer et al. 2003）。翼龙大脑中负责平衡的半规管十分发达（甚至超过了鸟类），这表明它们在复杂三维环境中镇定自若，且拥有良好的空间意识。同样，翼龙大脑中负责肌肉协调和保持视线稳定聚焦的绒球也大于其他四足总纲成员。再加上膨大的视叶和一般都很大的眼眶，翼龙的视力应该极佳。不过它们处理气味信息的嗅球很小，可见嗅觉非常普通。

大脑形态也和另一个行为有关，即翼龙清醒时的头部位置。有人认为，位于大脑两侧的一对管状结构，即半规管，可以反映出习惯性的头部姿态。半规管表明有的翼龙会习惯性地将头部保持在

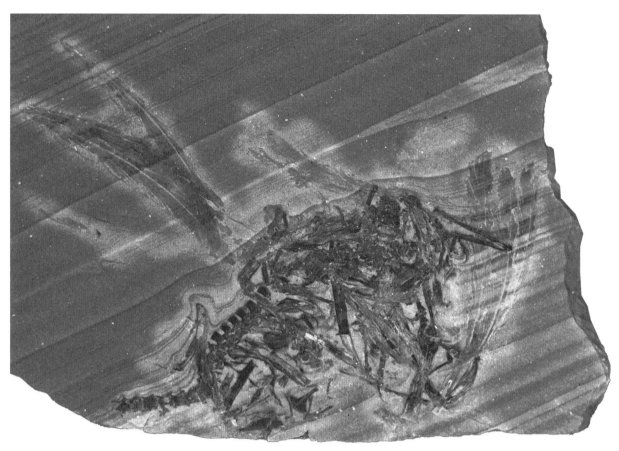

图5.4　在紫外线下拍摄的照片，西班牙早白垩世洛斯霍亚斯沉积物中的恐龙或翼龙肠道反刍物，包含4件鸟类骨骼。该标本中的羽毛在正常光线下无法辨别。图片由何塞·萨兹和路易斯·奇阿佩提供。

水平位置，而有的略微下倾（Witmer et al. 2003；Chatterjee and Templin 2004）。不过也有人对这个观点持批评态度。半规管方向和头部姿势之间的关系在不同的动物中似乎差异颇大，甚至同一个物种中也不一定一致，可见以此判断习惯性头部方向并不可靠（Taylor et al. 2009）。因此，虽然翼龙有可能会在运动时采取比较稳定的头部姿势（Witmer et al. 2003，以及其中的参考文献），但确定头部的首选姿态可能没有前人想象的那么简单。

肌肉

　　翼龙的肌肉几乎没有在化石中留下任何痕迹，不过一件小型蛙嘴翼龙（*Anurognathus*）的标本保留了前肢和后肢的肌肉组织元素（见图11.3；Bennett 2007b）。因此，我们主要依靠比较解剖学来复原翼龙的肌肉，即参考现生动物的肌肉附着特征来判断翼龙骨架上的肌肉附着情况。研究者依靠这种方法详细复原了翼龙的"翅膀"（Bennett 2003a，2008）和颌部（Fastnacht 2005a；Ösi 2010），也在一定程度上复原了后肢（Fastnacht 2005b）。仔细研究翼龙的骨骼—肌肉关系后，会发现它们通常保留了四足总纲成员的"基本"肌肉形态，而不具有鸟类不寻常的进步肌肉结构（Bennett 2003a，2008），而且翼龙某些身体部位的肌肉可能非常发达，特别是肩部、前肢近端，也许还有颈部的某些部分（Witton and Habib 2010）。这个看法有悖于大多数翼龙四肢和颈部细瘦的复原形象，但与鸟类和蝙蝠为飞行提供动力的强壮肌肉相符。

头颈部

与其他爬行动物一样，翼龙拥有三组基本的颌

44

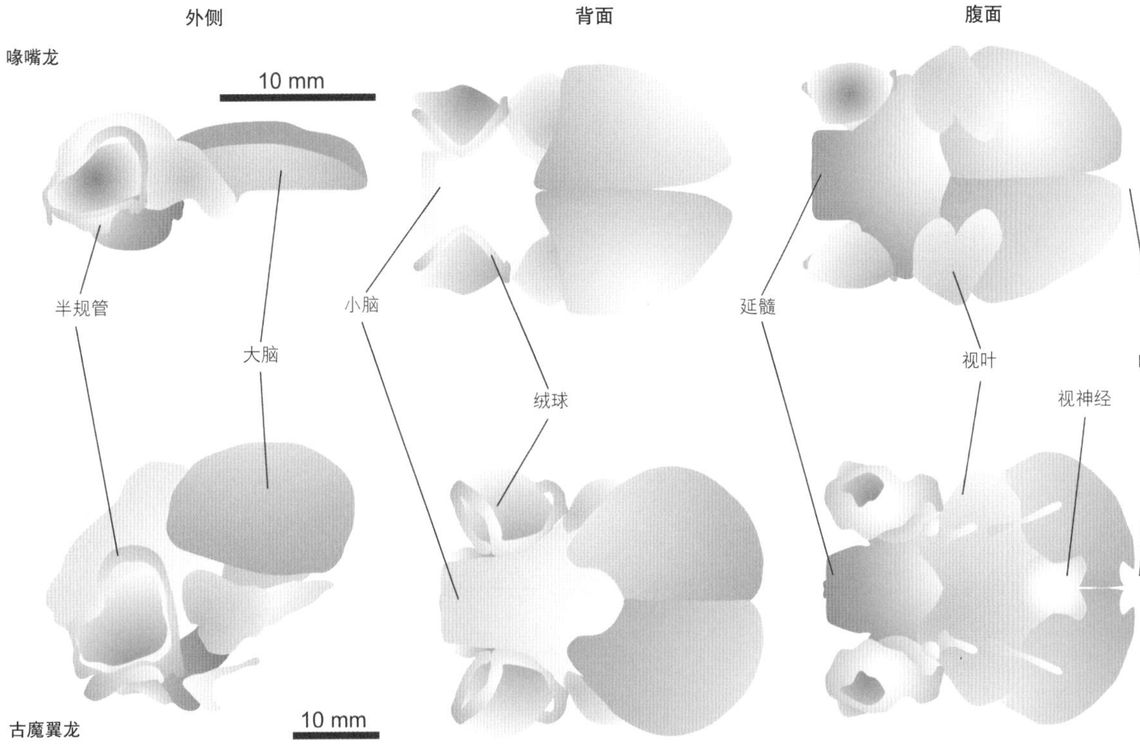

外侧　　　　　　　　　背面　　　　　　　　　腹面

喙嘴龙

10 mm

半规管　　　大脑　　　小脑　　　绒球　　　延髓　　　视叶　　　视神经　　　嗅球

古魔翼龙

10 mm

图5.5　翼龙的颅腔凸模化石，各神经区域以不同的颜色表示。改绘自维特默等人的作品（Witmer et al. 2003）。

部肌肉，但大多数翼龙的颌肌不大，咬合力可能也较弱（图5.6）。最小的颌骨肌肉是下颌降肌，只能在重力的帮助下负责打开颌部。其附着于头骨喉部的一个小棱角和后关节突的尖端。其他几组颌肌更大，因为需要负责关闭颌部和处理食物等更繁重的工作。外部内收肌在大多数翼龙身上都是最大的颌肌，也称颞肌，从下颌后部延伸到颞孔，而颞孔使肌肉可以在收缩时隆起。最后一组是内部内收肌（一系列复杂的肌肉，包括图5.6的翼肌），它们沿前眶区域的下方延伸，下至颌部后方，并缠绕后关节突。这组肌肉在鸟类和鳄类中是下颌后部的小隆起，而且在某些动物中会使咬合格外有力。现代鸟类也和翼龙一样，具有外部内收肌比内部内收肌发达的特征，表明大多数翼龙更青睐迅速咬住食物，而不是和猎物扭打。这种观点也与翼龙普遍缺乏咀嚼能力或其他撕碎食物的特征相符。

翼龙的复原形象通常具有铅笔一样纤细的颈部，也许是因为鸟类没有羽毛的颈与头骨和身体相比比较纤细。不过翼龙头骨枕面的突起和骨脊表明，枕部表面附着了大量负责抬高和转动头部的肌肉和韧带，可见翼龙颈部的软组织相当丰富（图5.7）。以现生爬行动物为参考研究翼龙的肌肉附着痕，可见这些组织延伸到了头骨的顶部或上枕脊脊冠的底部，以及枕面的最外侧。需注意，枕面是大多数翼龙头骨中最宽的部位之一，但在鸟类中时常缩小了，所以鸟类的颈部比较细。在大多数四足总纲成员中，附在头部后面的肌肉和韧带从头骨一直延伸到肩部和背部，附着在肩胛骨、胸骨和背椎上，翼龙可能也是如此。由于喉部肌肉固定在下颌支之间，翼龙的颈部（截面）可能一般都高大于宽。罕见的翼龙颈部软组织轮廓证实了此类看法（例如，Frey and Martill 1998）。因此，有部分翼龙，即使是长长的管状颈椎也可能包裹着粗大的肌肉，所以艺术家们实在是应该在笔下我们常见的瘦弱的翼龙颈部上多补些肌肉。

前肢

人们曾经认为翼龙的飞行肌肉和鸟类十分相似，前肢由喙上肌抬举。这块肌肉附着在胸骨上而不是

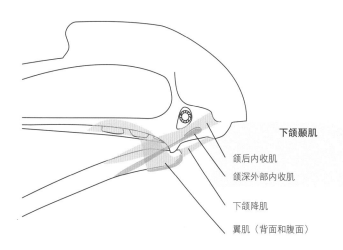

图5.6　翼龙颌部肌肉，图中为风神翼龙未定种的肌肉。改绘自法斯特纳特（Fastnacht 2005a）和奥西（Ösi 2010）。

下颌颞肌

颌后内收肌

颌深外部内收肌

下颌降肌

翼肌（背面和腹面）

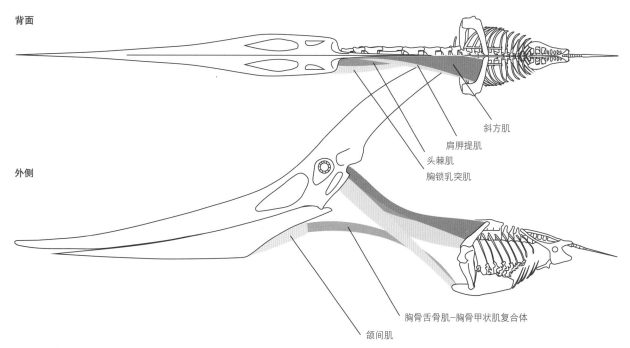

背面

外侧

斜方肌

肩胛提肌

头棘肌

胸锁乳突肌

胸骨舌骨肌−胸骨甲状肌复合体

颌间肌

图5.7　翼龙颈部肌肉，图中为长头无齿翼龙。肌肉特征引自贝内特（Bennett 2003a）和海尔德布兰德（Hildebrand 1995）。

肩部。鸟类的喙上肌从关节盂上方越过，附着于肱骨背面，通过滑车状系统抬高翅膀（例如，Kripp 1943；Padian 1983a；Wellnhofer 1991a）。但翼龙近端前肢肌肉组织的详细重建表明情况并非如此，前肢更有可能是通过附着在肩胛骨和背部的大块肌肉抬举，通过附着在胸骨和乌喙骨上的肌肉下降的（图5.8；Bennett 2003a）。鸟类主要通过两处大幅度扩展的肌肉来提供飞行动力，而翼龙似乎需要利用多个肌肉群来完成鼓翼动作。这些肌肉大多都附着

在肱骨近端周围，尤其是三角肌嵴。像其他飞行四足动物一样，翼龙可能将发达的肌肉集中在前肢近端，而前臂远端的肌肉相对纤细，不过负责打开和闭合翼指的肌肉可能还是巨大的。和鸟类及蝙蝠一样，翼龙可能会利用韧带系统在肘部移动时自动打开和合上翅膀（Prondvai and Hone 2009）。

后肢和尾巴

翼龙的后肢肌肉可能和身体其他部分的肌肉一

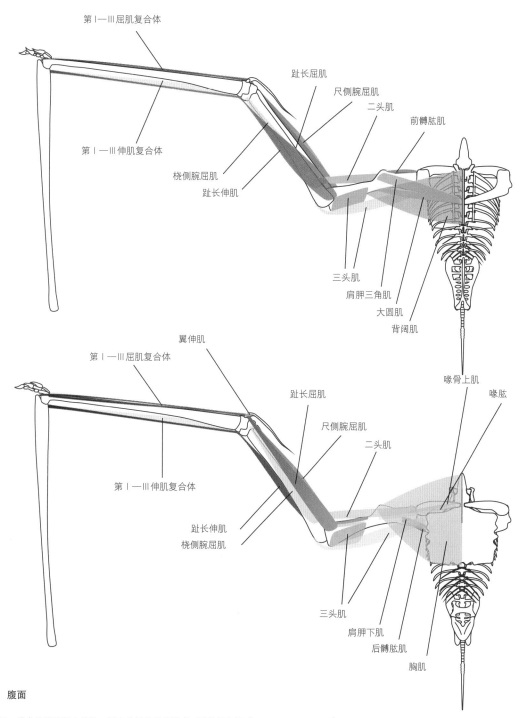

背面

第 I—III 屈肌复合体

第 I—III 伸肌复合体

趾长屈肌

尺侧腕屈肌

二头肌

前髓肱肌

桡侧腕屈肌

趾长伸肌

三头肌

肩胛三角肌

大圆肌

背阔肌

翼伸肌

第 I—III 屈肌复合体

第 I—III 伸肌复合体

趾长屈肌

尺侧腕屈肌

二头肌

喙骨上肌

喙肱

趾长伸肌

桡侧腕屈肌

三头肌

肩胛下肌

后髓肱肌

胸肌

腹面

图5.8 翼龙的前肢肌肉结构。图中为长头无齿翼龙。引自贝内特（Bennett 2003a, 2008）。

样遵循四足总纲成员的基本形态（图5.9；Fastnacht 2005b），不过完整的盾状坐耻板表明后肢降肌大得异乎寻常。翼龙的翼膜可能附着在后肢上（见下文），因此安文提出，大量腹面后肢肌肉可能使得

后肢和前肢一起为飞行提供动力（Unwin 2005）。不过纤细的腿部（与粗壮的前肢相比更容易弯曲）不符合这个观点。笔者看来，翼龙粗壮的大腿肌肉更有可能用于在飞行中稳定腿部和翅膀（主要是抵抗

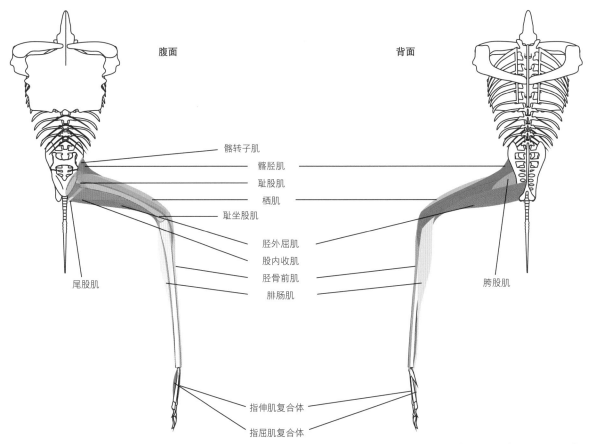

图5.9 翼龙的后肢肌肉结构，图中为长头无齿翼龙（Bennett 2003a, 2008）。引自法斯特纳特（Fastnacht 2005b）和海尔德布兰德（Hildebrand 1995）。

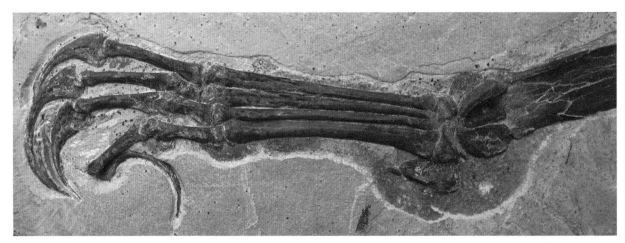

图5.10 翼龙的足垫和爪鞘，保存在一件不确定的古神翼龙化石中，发现于巴西早白垩世克拉托组。注意足垫上的多边形小鳞片。图片由鲍勃·洛夫瑞吉提供。

会抬高后翼区域的升力），而不是为飞行本身提供动力。翼龙的髋臼前突较长，因此部分复原形象的大腿前部肌肉相当大，但有人并不赞同（Hyder et al.，尚未发表）。此类突起的长度和方向不一，但似乎与后肢上的大肌痕或其他后肢比例变化都没有关系。此外，与哺乳动物以及鸟类中固定粗大的大腿前部肌肉的、粗长的髋臼前突不同，翼龙髋臼前突的背腹面平坦细长。部分翼龙的髋臼前

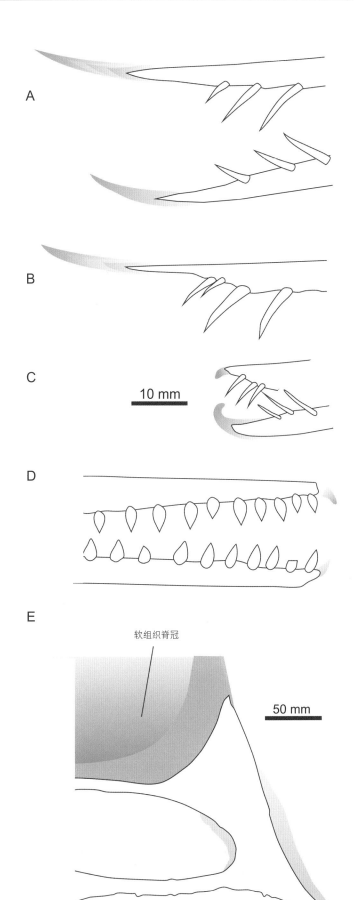

图 5.11　翼龙头骨的软组织。嘴鞘：明氏喙嘴龙（A—C），翼手龙未定种（D）；帆冠雷神翼龙的嘴鞘、脊冠和鼻中隔（E）。E 的颜色代表着支撑脊冠的纤维骨骼。A—C，改绘自韦尔恩霍费尔（Wellnhofer 1975）；D—E，改绘自弗雷以及蒂斯彻林格尔等人（Frey, Tischlinger, et al. 2003）。

突明显上弯，几乎无法附着肌肉（Fastnacht 2005b）。因此，很可能只有髋臼前突的基底部才能固定大块肌肉，而长长的体部另有用途，例如固定背部的肌肉和韧带（Hyder et al.，尚未发表）。

　　翼龙的尾股肌很小，在主龙类中显得很不寻常。这块后肢缩肌附着在股骨和尾椎上，长而有力。和现生鳄类一样，大多数已灭绝主龙类的尾股肌也会从尾巴侧面明显隆起。即便是长尾翼龙，纤细的尾部也只容得下细弱的尾股肌，而短尾翼龙的尾椎非常细小，似乎根本无法固定太多肌肉（Persons 2010）。因此，与鳄类和恐龙不同，翼龙的尾部肌肉并不发达，而腰部的整体外观可能更类似于哺乳动物或鸟类，大部分后肢后部的肌肉都附着在发育良好的腰带后部骨骼上。

外皮

　　翼龙化石显示它们拥有蛋白质喙、爪鞘、鳞片、裸露的皮肤、长茧的足垫，最令人惊讶的是，还有柔软的"绒毛"。我们几乎完全是依赖于化石中保存的组织来确定它们是否存在的。保存着软组织的化石通常会揭示令人震惊的解剖结构，并最终彻底改变我们对翼龙外观和生物学的认识（例如，Czerkas and Ji 2002；Frey, Tischlinger, et al. 2003）。在大多数情况下，软组织的组成和化学成分都无法确定，但是可以合理地假设大多数都来自角蛋白，这种蛋白质用途极广，可在现生动物中形成各种鳞片、毛发、羽毛、喙和爪。

50　图5.12　帆冠雷神翼龙的头骨，发现于巴西早白
　　　 垩世的克拉托组，保留着大面积的嘴鞘、嵴和
　　　 鼻中隔软组织痕迹。图片由大卫·马蒂尔和鲍
　　　 勃·洛夫瑞吉提供。

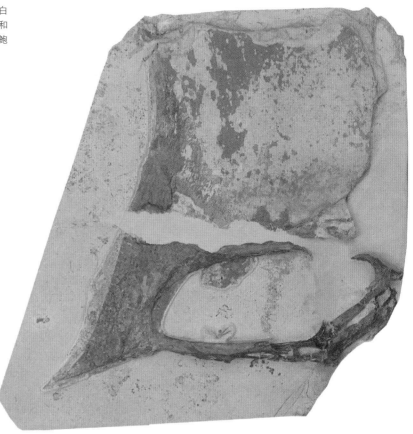

图5.13　威氏翼手喙龙（*Pterorhynchus wellnhoferi*）在紫外线照射下的照片，标本发现于中国的侏罗纪髫髻山组。图中可见带有彩色条带的软组织脊冠。
图片由史蒂芬·赛尔卡斯提供（Stephen Czerkas 2002），版权归其所有。

你可能以为作为爬行动物的翼龙长有鳞片，它们的足底的确长有不重叠的圆形小鳞片（图5.10；Frey, Tischlinger, et al. 2003）。在脚踝和跖骨末端下方，明显的软组织垫周围的鳞片相对较大，可能会在行走、奔跑和着陆时为翼龙的足部提供缓冲。有趣的是，翼龙身体的其他部位都没有鳞片。其四肢皮肤的质地似乎与我们并无不同（Unwin 2005）。翼龙脚趾和手指间有精细的纤维结构的痕迹，可见长有指/趾蹼。足爪和手爪都具有长而弯曲的爪鞘，末端逐渐变细，而且手爪的爪鞘尤其大（Frey, Tischlinger, et al. 2003；Kellner et al. 2009）。保存完好的翼龙足迹中保留着这些手足解剖结构细节的印痕（Hwang et al. 2002）。

翼龙头部的外皮也保留了一些细节。许多翼龙颌部的上下尖端都具有坚硬的角质延伸结构，可以视为"喙部"，就连有齿翼龙也不例外（图5.11—5.12；Wellnhofer 1975；Frey, Tischlinger, et al. 2003）。保存精细的无齿翼龙化石表明，这类嘴鞘覆盖了大部分颌部（Frey, Martill, and Buchy 2003a），这和一个假设相符：因为有坚硬的角质覆盖物，翼龙和鸟类的颌骨通常都具有深深嵌入表面的血管。翼龙的骨质脊冠上也发现了类似的血管印记，表明它们可能也覆盖有类似的角质结构（例如，Kellner and Campos 2002）。

许多翼龙的脊冠几乎全部由软组织组成，目前发现的最大的脊冠也不例外（图5.12—5.13）。它们由沿头骨背侧表面分布的纤维骨脊支撑（例如，Campos and Kellner 1997），或由位于脊冠前侧底部的小骨突支撑（例如，Czerkas and Ji 2002）。许多翼龙的头骨上都具有这类结构，可见很多翼龙都有软组织脊冠，但是只有一小部分翼龙在化石记录中留下了软组织脊冠的直接证据。部分软组织的脊冠还有从后颅伸出的小三角形软组织支撑，后者形似其他翼龙的骨质上枕脊（Wellnhofer 1970；Frey, Tischlinger, et al. 2003）。一件脊冠化石保留了令人称奇的彩色条带，表明这类结构可能颜色艳丽，为翼

龙头骨脊作为沟通结构的假说提供了重要证据（见第8章）（Czerkas and Ji 2002）。最近的发现还表明，部分翼龙具有完全没有骨骼特征的软组织脊冠（Frey, Tischlinger, et al. 2003；Tischlinger 2010），这就产生了一个问题：这些翼龙到底是没有脊冠，还是在化石化的过程中失去了脊冠的痕迹？

翼龙的身体具有密集纤维，这是最近才为翼龙绒毛创造的名字（Kellner et al. 2009）。研究者在1831年首次报道了翼龙体表具有毛发状结构，在1927年再次报道（Goldfuss 1831；Broili 1927）。尽管出现过几次争议，学术界一开始也并不认同这个观点，但现在大多数研究者都认为几乎所有翼龙都长有某种毛发（Wellnhofer 1991a；相关观点见Bakhurina and Unwin 1995a；不同观点见Kellner 1996b）。密集纤维似乎很短（在部分标本中只有5—7毫米），呈锥形，有韧性，缺乏内部细节，只能看到中央管道。与哺乳动物的毛发不同，它们可能没有固定在皮肤深处（Bakhurina and Unwin 1995a）。翼龙毛发的密度也有争议。安文认为毛密度最多达到人类手臂毛发的水平（Unwin 2005），但也有人提出毛发密度和毛茸茸的哺乳动物相当（例如，Sharov 1971；Frey and Martill 1998；Czerkas and Ji 2002）。后者可能更为准确。翼龙的毛发标本似乎很浓密，类似于哺乳动物化石的毛发，可见它们也和我们的化石祖先一样是毛茸茸的。部分翼龙（也许是大多数）似乎面部有密集纤维，而颌部无毛，但也有翼龙整个头部都长有毛发（Bakhurina and Unwin 1995a）。颈部、身体和近端肢体上也有密集纤维，某些翼龙的后颈毛发特别长（Frey and Martill 1998）。一些不同寻常的翼龙在主翼薄膜远端后缘长有密集纤维（Kellner et al. 2009），这可能有利于捕食或飞翔（见第11章）。

目前来看，翼龙毛发的演化似乎和其他动物无关，不过有人认为其与兽脚类恐龙的早期羽毛同源（Czerkas and Ji 2002）。这个想法很有深意，其意味着所有鸟颈类主龙的祖先都具有羽毛，但是仔细研

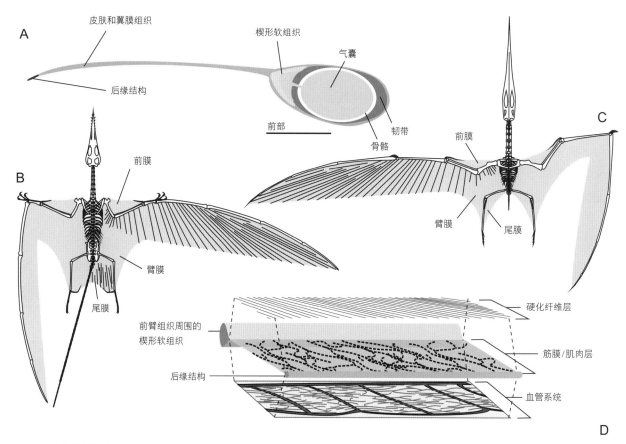

图 5.14　翼龙翼膜的分布和组织学。A，翼龙翅膀的一般横截面；B，明氏喙嘴龙的翼膜分布（注意由长长的第Ⅴ趾支撑的大面积尾膜）；C，无齿翼龙的翼膜分布（注意退化且裂开的尾膜）；D，详细的翼膜组织学。A 部分参见 Tischlinger and Frey 2010；B 和 C 的硬化纤维分布主要参见 Bennett 2000；D 参见 Frey, Tischlinger, et al. 2003。

究密集纤维就可以发现，它们的结构与早期恐龙羽毛并不相同（Unwin 2005；Kellner et al. 2009）。此外，明确为羽毛的结构至少目前都主要局限于和翼龙没有太大关联的虚骨龙类，后者隶属类兽脚恐龙。不过新的恐龙发现表明，羽毛状或毛发状外皮可能要更加普遍（Zheng et al. 2009），所以现在也不能完全排除毛茸茸的鸟颈类主龙。

翼龙的密集纤维：保暖措施？

翼龙为何会演化出毛发仍在研究之中，但是最有可能的原因是抵御外部温度的变化，为翼龙保温。体温是动物生理学中的基本元素，正如摄氏37度左右的温度最有利于我们的生化过程，而某些物种的体温则稍高一些。体温是否接近37度决定了肌肉和器官工作的效率，进而决定了我们的活跃程度。爬行动物的体温随外界环境升降（异温性），而哺乳动物和鸟类会保持着接近我们最佳生化状态所需的恒定高体温，因此其消耗能量的速度也是同等体型爬行动物的10倍（恒温性）。如此迅速地消耗能量也要付出代价，需要不断地用食物来维持新陈代谢。因此，为了保存自身产生的热量并降低能量需求，许多恒温动物都在体表演化出了保暖结构，例如羽毛和毛皮。从来没有哪种变温动物会为了调节体温或其他原因而演化出类似的结构，因此翼龙的密集纤维表明它们可能与现代爬行动物并不相似，反而更接近于哺乳动物和鸟类的恒温生理学。安文认为不能轻易将密集纤维看作恒温动物的证据，它们可能是为了在飞行过程中将空气保持在身体附近，以便减少阻力（Unwin 2005）。这个可能确实存在，但是现生滑翔动物不是出于这个目的演化出毛发的，

图5.15 保存完好的喙嘴龙翅膀标本，来自德国侏罗纪索伦霍芬石灰岩。A，著名的"奇特尔翅膀"（Zittel Wing）（收藏于慕尼黑的巴伐利亚国家古生物学和地质学收藏馆；经许可使用）；B，"暗翼喙嘴龙"（"Darkwing *Rhamphorhynchus*"）标本石板细节。请注意两张图中的硬化纤维和暗翼标本中的环形分支血管。照片B由赫尔穆特·蒂斯彻林格尔提供。

而且翼龙翅膀上没有密集纤维，不符合它们会发挥空气动力学功能的观点。恐龙和哺乳动物的化石中也有类似的外皮结构，以看待它们的眼光来解释密集纤维似乎要简单得多：保暖结构。结合表明翼龙会活跃运动且生长迅速的证据（见第8章），密集纤维高度提示翼龙可能是活跃的恒温动物。

翼膜

翼膜是翼龙身体中最宽大的软组织结构。修长的第Ⅳ指让研究者很早就预测出翼龙具有翼膜（Taquet and Padian 2004），到19世纪晚期，化石中

的翼膜印痕化石已经证实了这个猜想（评论参见Padian and Rayner 1993）。研究者投入了大量精力探究翼膜复杂的解剖结构（图5.14）、功能性和争议极大的保存状态。目前学术界普遍认为翼龙有三组膜：一组在腕部和肩膀之间（前膜）；一组在前肢、翼指、身体和后肢之间，是主要的飞行膜（臂膜）；还有一组在两条后肢之间（尾膜）。[1]但很多翼龙研究者对翼膜的共识就到此为止，近年来这些人为翼膜的形状、分布和组织学争论不休。

翼膜组织学

精细保存着翼膜组织的标本和验看标本的技术都是最近几十年才出现的，因此研究者最近才意识到翼膜何其复杂。最能体现出翼膜组织学的标本曾经是巴西存在争议的翅膀组织标本，其中保存着薄薄的表皮、神秘的海绵层、硬化的纤维（见下文），以及一层压缩成1毫米左右薄膜组织的肌肉（Martill and Unwin 1989；Martill et al. 1990；Frey, Tischlinger, et al. 2003）。最近对该标本的研究认为，其中并不包含在其他翼龙翅膀标本中可见的组织，该标本可能是身体皮肤标本（Kellner 1996b；Bennett 2000；Hing 2011）。值得庆幸的是，后来发现了其他无可争议且结构明晰的翅膀化石，证明翼龙翅膀包含有大面积血管和肌肉纤维系统（Frey, Tischlinger，et al. 2003），因此研究重点不再是模棱两可的巴西标本（图5.15）。

尽管翼龙的翼膜很薄，但其结构远比蝙蝠的翼膜复杂，分成了多个不同的层和区域（图5.14D；Frey, Tischlinger, et al. 2003）。最底层似乎是血管，上层为肌肉和筋膜或结缔组织。最上面的第三层是由结构性翅膀纤维组成的系统，这是翼龙特有的强化和稳定翼膜的结构。腕部附近的纤维短且高度柔韧，似乎可以赋予翼膜高度的活动性和弹性，而

1　尾翼，可以被称作第四组翼膜。在一些长尾翼龙物种身上发现，人们通常认为长尾的形态具有这些结构，尽管只在喙嘴龙科翼龙这一个类群中发现了直接证据。我们将在第13章详细讨论。

远端翅膀则较长且相对较硬（Unwin and Bakhurina 1994；Lü 2002）。较长的纤维（有时也称肌动纤维）从翼骨向翼膜远端和后缘放射，似乎大大加强了远端翼膜的刚性，因此远端组织比近端更容易保存。即使在完好保存了远端翼膜的完整翼龙标本中，近端区域也经常缺失（Unwin and Bakhurina 1994）。因此，远侧翼膜结构的研究远比近端的深入，并且已有详细记录（Wellnhofer 1975，1987b；Padian and Rayner 1993；Bennett 2000；Frey, Tischlinger, et al. 2003；Kellner et al. 2009；Lü 2009a）。肌动纤维可能会在接近翼膜边缘时分叉，而且宽度仅为0.2毫米，长度可能是宽度的2 000倍。翼膜折叠的时候，它们的硬度似乎可以大幅度抵抗弯曲，而在翼膜打开和关闭时呈扇形展开或收缩状（Bennett 2000）。这极有可能意味着，和蝙蝠不同，远端翼膜可能不会在翼膜折叠时完全消失。最近的发现表明，肌动纤维在楔形软组织中附着于翼指（图5.14A；Tischlinger and Frey 2010），这不仅可以增强肌动纤维的附着力，还加大了翼膜前部的流线型程度。

肌动纤维在翼膜中的确切作用尚有争议。有人认为它们主要用于在飞行过程展开翅膀并产生张力（Bennett 2000；Unwin 2005），也有人认为它们会使翼膜拱起，并将飞行载荷传递到前肢骨骼上（Padian and Rayner 1993）。肌动纤维在翼膜折叠时几乎不会弯曲，因此很难形成合适的弧度（Bennett 2000），它们最有可能配合沿翼膜后缘走向的神秘韧带状结构（所谓的后缘结构；Wild 1994；Frey, Tischlinger, et al. 2003）发挥作用，以拉紧翼膜并防止翼膜在飞行过程中颤动。

前膜的大小和形状

尽管前膜很小（图5.14B—C），但现代鸟类中的类似结构是产生升力的重要媒介（Brown and Cogley 1996），因此它在翼龙中可能也一样重要（Wilkinson et al. 2006）。翼龙腕部神秘的翼骨长期以来都被视为前膜支撑结构，但是其在腕部的方向和因此而造

就的前膜形状一直争议极大。虽然大多数人都认为翼骨指向内侧，但也有几位作者预测翼骨笔直向前，这样能大幅度扩大前膜，极大地提高升力（例如，Frey and Reiss 1981；Unwin 2005；Wilkinson et al. 2006；Wilkinson 2008）。如果翼骨附着在腕部内侧和愈合腕骨前表面，那就不可能朝向前方，但我们几乎可以肯定翼骨就附着在那个部位（Bennett 2007a；另请参见第4章）。此外，翼骨的生物力学建模表明，即使大小适中，指向前方的翼骨也会在飞行过程中产生很大的升力，很可能会使细弱的骨干在压力下折断（Palmer and Dyke 2010）。从这些研究结果来看，翼骨很有可能指向内侧，使前膜成为腕部和肩膀之间的较小的三角形膜，形状与鸟类和蝙蝠的类似结构相当。鉴于这些生物的"小"前膜足以产生飞行升力，而且翼龙可能并不比它们重（参见第6章），因此没有理由假设翼骨朝向内侧会造成前膜无法为翼龙产生足够的升力。

臂膜的大小和形状

翼龙翼膜的主体范围是翼龙研究中最旷日持久的争议之一（有关评论参见Unwin 1999；and Elgin et al. 2011）。大量的化石证据表明，翼龙的翅膀远端较窄，但是近端翅膀的形状和附着部位始终争议很大。传统理论认为翼龙具有"类似蝙蝠"的臂膜，一直延伸至脚踝或小腿，但后来的研究主张臂膜附着于腰带（"似鸟"模型）、大腿或膝关节。这些理论参考了各种翼膜结构、地面行动能力和飞行力学的研究结果，但最重要的是，在20世纪90年代之前，很少有化石证据可提供特定的模型。但也有例外，例如某件模糊地显示了大腿附着（Wellnhofer 1987b）的翼手龙标本（收藏于维也纳自然史博物馆之后，获得了"维也纳标本"的昵称；见图19.12）其，还有几件显示踝部附着的标本（Sharov 1971）。保存了近端翅膀的翼龙化石已增加到11件，而且都或多或少地支持踝关节附着模型（Naish 2010；Elgin et al. 2011）。这11件样本几乎涵盖了所有已

54

知的翼龙类群，所以有理由假设所有翼龙的臂膜都附着于踝关节（图5.14B—C），除非发现新的证据。最重要的是，我们还没有发现腰带或大腿附着的证据，并且现在发现近端翼膜区域似乎极具韧性和弹性，所以维也纳标本有争议的大腿附着已被重新解释为是死亡后翼膜皱缩所致（Elgin et al. 2011）。

但这并没有给臂膜形状的争论画上句号。研究热点反而转向了臂膜接近身体时的曲率。它是从较窄的翼膜远端以平缓的曲度过渡，形成宽阔的近端区域呢？还是保持狭窄的状态向身体急转，作为狭窄的组织延伸到远端的后肢？钻研翼龙飞行的研究者更倾向于后者，但我们还在等待化石证据证实这个结论。

尾膜的大小和形状

研究者对位于翼龙后肢之间的翼膜持有不同看法，例如翼膜横跨两条后肢间的整个区域；沿每条后肢后部延伸的两片独立翼膜；附着于腰带或尾尖；或者有时根本不存在（例如，Padian 1983a；Wellnhofer 1987b；Unwin and Bakhurina 1994；Bennett 2001）。保存完好的标本再一次证明，翼龙中存在两种后膜构造。在第Ⅴ趾很长的翼龙中，尾膜占据了两腿之间的整个空间，长长的第Ⅴ趾支撑着它的后缘（图5.14B）（Unwin and Bakhurina 1994；Wang et al. 2002；Bakhurina and Unwin 2003）。这种翼膜的后边缘不直，支撑趾之间的区域具有Ⅴ形槽口。而在没有巨大第Ⅴ趾的翼龙身上，尾膜似乎退化成了两片狭小的翼膜，沿每条腿的后部从踝关节延伸到大腿根（图5.14C）（Wellnhofer 1970；Unwin 2005）。尾膜分裂实际上基本没有减小翼膜的相对面积（Witton 2008a），但可能导致了飞行时更不稳定，对飞行技术要求也更高。

55

6
飞行的爬行类

翼龙能够成为古生物学界的明星，风头盖过其他同样富有魅力的化石物种，在很大程度上都要归功于它的飞行能力（图6.1）。但我们对翼龙飞行能力的了解才刚刚起步，并且经常争论不休。在不断探索翼龙解剖学以及一般动物飞行机制的过程中，翼龙飞行力学的基本要素也引起了诸多争议。因此，在彻底揭开这个关键特征的面纱之前，还有大量研究工作有待完成。

为什么要飞行？

我们认为翼龙会飞是理所当然的事，但它们为什么需要飞行呢？翼龙不会仅仅是因为三叠纪的飞行脊椎动物生态位空缺就学会了飞行。飞行必须能够赋予翼龙的祖先以强大的优势，才会使它们出现演化动力。追捕飞行昆虫也许是支持者最多的飞行原因（例如，Unwin 2005），但是这个看法也有问题。昆虫可能早在泥盆纪时期（4.16亿—3.59亿年前）就开始飞行，到了石炭纪晚期（3.2亿—2.99亿年前），昆虫可以飞已经是板上钉钉的事情（Engel and Grimaldi 2004）。所以它们飞上天空的时间至少比脊椎动物早了7500万年。四足总纲成员还在学习行走的时候，昆虫已经是敏捷熟练的飞行家了。相比之下，靠辅助动力飞行的原翼龙在飞行中力量不足、动作呆板、技术生疏（请参见第3章），捕捉到飞行昆虫的概率几乎和最初的四足总纲成员抓住奥林匹克短跑运动员一样渺茫。现代鸟类和蝙蝠表明，只有最敏捷、技术最娴熟的飞行脊椎动物才能以捕捉飞行昆虫为生（例如，Norberg and Rayner 1987；Rayner 1988；Paul 1991），而早期翼龙还需要经过漫长的时间才能在空中完成此番壮举。

如果不是为了食物，那么还有哪些因素会促使翼龙演化出飞行能力？也许翼龙祖先享受到了飞行带来的诸多好处，首先就是飞行出类拔萃的移动效率。尽管能量要求很高，但在同样的能量消耗下，飞行的距离远远超过步行或奔跑。飞行还能解决种种地理障碍的烦恼，例如山谷、高地、水域等，或者免去穿梭于两个高处之间低地的危险。飞行动物还可以到达许多无飞行能力动物很难到达的环境（例如岛屿或树冠），因此更容易寻找安全繁殖或休息的场所。更容易逃避掠食者也是飞行动物的优势，一发现危险就飞向天空几乎是完美的逃避策略。这些理由并不是翼龙的专利，昆虫、鸟类和蝙蝠可能也是因此而演化出了飞行能力。

"超轻飞行者"的百年研究

翼龙飞行的定量研究始于20世纪初（Hankin and Watson 1914），并且如火如荼地持续到了今天。但这个领域中的一个关键假设使现代翼龙学家对其中的许多结论提出了疑问：大多数研究可能都大大低估了翼龙的体重。即使是在最基本的飞行研究中，体重都是最关键的三个参数之一，因为它会对飞行产生全方位的影响（另外两个关键参数是翼展和翅膀面积）。因此，必须准确估计体重才能理解翼龙的飞行动力学。在20世纪的大部分时间里，研究者都认为翼龙的体重相对体型而言极轻。当时普遍认为翼展为7米的翼龙体重仅16千克，还有人认为翼展10—11米的翼龙仅有50千克重（例如，Bramwell and Whitfield 1974；and Unwin 2005；总结见 Witton 2008a）。

图6.1 神龙翼龙科翼龙在白垩纪的沼泽上空翱翔，蜥脚类恐龙在水中行走。

翼龙之所以被称为"超轻型飞行者"（格里高利·S.保罗［Gregory S. Paul］在1991年提出），是因为早期研究者认为高度气腔化的骨骼表明其"体重减轻到了极限"（Hankin and Watson 1914）。这在后来的一代代翼龙研究者心中深深扎下了根，几乎成为翼龙古生物学领域公认的"事实"，所以很少有人质疑翼龙的体型和体重为何明显不相称（例如，Brown 1943；Bramwell and Whitfield 1974；Brower 1983；Brower and Veinus 1981；Rayner 1988；Hazlehurst and Rayner 1992；Wellnhofer 1991a；Chatterjee and Templin 2004；Unwin 2005）。正如我们在第4章中讨论的，气腔骨骼不一定表明骨骼重量会成比例减少，因此通过含气腔结构推断翼龙体重极轻可能并不正确。在体重极轻的前提下，翼龙的肌肉和骨骼体积相比必然相当贫弱，因此飞行动力不足，让研究者认为它们主要是依靠翱翔和滑翔行动，只能偶发地鼓翼飞行。根据部分研究人员的说法，翼龙必须依靠斜坡、悬崖边缘或逆风才能起飞，而且只能在相对平静的气候条件下飞行。风或雨过于剧烈都会让翼龙像大风筝一样在天空中被乱抛，让它们脆弱的身体撞在岩石上，撞碎其周身纤细的骨骼。前景如此黯淡，难怪它们最终宣告灭绝。

但是细想之下，超轻翼龙的概念很难站稳脚跟。首先，估计出来的翼龙体重不仅比不飞行的动物轻，还只是同等大小的鸟和蝙蝠体重的三分之一到二分之一（图6.2）。尽管现代动物无法直接告诉我们超轻体重的说法是否正确，但它们证明了与小型翼龙大小相当的动物可以用双翅承受远重得多的体重（Witton 2008a）。而且，超轻翼龙身体的总密度（即质量除以整个身体的体积）低得不切实际。现代飞鸟的身体密度为0.6—0.9克每立方厘米，但保罗经过计算发现，翼龙的翼展为7米、体重为16千克时，身体密度仅有0.4克每立方厘米。而体重50千克、翼展10米的翼龙可能仅有0.1克每立方厘米的密度（Paul 2002）。换言之，这只翼龙的身体有90%都是空气（Witton 2008a）。为了解释这些令人惊讶结果，研究者称许多

翼龙都身形庞大，最大可以达到长颈鹿的程度。相对翼龙的身体比例而言，估算出来的体重基本不可能保证肩带上附着有足够的辅助飞行的肌肉，其他结构就更不必说（Paul 2002）。简而言之，超轻翼龙似乎连存在都难以维系，更不用说飞行。

越来越多的研究者都开始认为翼龙不可能轻到这种荒谬的程度，而是与现代飞行动物体重相当（例如，Witton 2008a；Habib 2008；Palmer and Dyke 2010；Sato et al. 2009；Henderson 2010）。因此，翼展7米的翼龙大约应该有35千克重，而翼展10米的健康巨兽可以达到250千克（Witton 2008a）。这场转变意义深远，因为新的数据让翼龙飞行变得合理可行起来。体重增加之后，肌肉质量也成比例增加。和低体重状态相比，体重增加会使起飞更容易，因为能量增加抵消了飞升时身体的重量。翼龙的飞行也会比曾经假设中的更快更有力，并且能够对抗恶劣的天气。总之，翼龙飞行的新研究表明，翼龙不仅具有飞行能力，而且是出色的飞行者。

四条腿更好？

翼龙飞行中另一个基本要素最近也有了重大突破。翼龙的确切起飞方式一直以来都颇具争议，以上述中更重的体重作为基础时尤其如此（例如，Chatterjee and Templin 2004）。研究者最近都认为翼龙会像鸟类一样起飞，即利用后肢跳起。在这种起飞模式下，大型翼龙需要奔跑、斜坡、逆风、骤然下降，甚至可能需要不同的重力或大气条件（例如，Sato et al. 2009）。也许生活在沿海的翼龙不难寻获悬崖或合适的风让自己时常翱翔天空，但陆相沉积物中发现的许多翼龙恐怕没有这样优越的条件，它们的栖息地有时至少和海岸线相隔数百英里。需要特别注意的是，翼龙中最大且最重的神龙翼龙科翼龙大多生活在内陆（见第25章）。如果要采用鸟类的起飞方式，神龙翼龙科翼龙就需要最长的跑道、最强的逆风和最陡峭的斜坡，但它们似乎经常

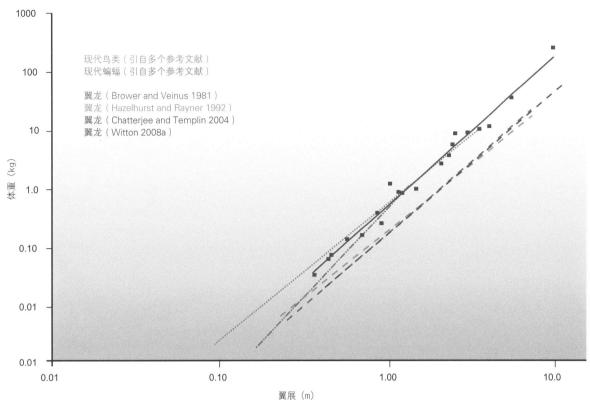

图6.2　估算中的翼龙体重和鸟类以及蝙蝠体重的对比。彩色线条代表各种翼龙体重数据集的最优拟合线，虚线代表鸟类体重，点虚线代表蝙蝠的体重。请注意，最常见的翼龙体重估测数据远低于现代飞行动物。

栖息在风力和地形条件都很不可靠的地区。最近的计算表明，不论环境条件何等优越，重量超过70千克，甚至仅41千克的翼龙就完全无法飞上天空，于是起飞的难题又更加错综复杂了（Chatterjee and Templin 2004；Sato et al. 2009）。也有人不赞同这些计算，因为即使是最大的翼龙化石都具有飞行特征（Buffetaut et al. 2002；Witton and Habib 2010）。

　　许多有关翼龙起飞的计算都将翼龙以类鸟方式起飞作为核心假设，而这可能正是在研究中造成混乱的原因。类鸟的两足动物式起飞也有一定优势，因为多项研究都肯定了翼龙的后肢力量（Bennett 1997a；Padian 1983a）。但是生物力学家吉姆·坎宁安（Jim Cunningham）和迈克·哈比卜指出，很多令人信服的证据都驳斥了翼龙双足起飞的假设（例如，Habib 2008）。首先，鸟和蝙蝠起飞时的步态与行走或奔跑时的步态一致。鸟类是双足行走或起飞，而蝙蝠则采用四足形式（见下文）。现在有充分的证据

表明翼龙是四足总纲成员（见第7章），因此它们很有可能也以四足起飞。其次，后肢起飞需要大幅度强化的后肢骨骼。和体重相比，鸟类腿骨的生长速度比身体其他部分都要快（甚至快过翅膀），以便将自己弹射向天空。而翼龙后肢的生长速度不及鸟类，强壮的前肢却恰恰相反，而且靠近肩部的骨骼特别发达（Habib 2008）。机械分析发现，这些骨骼的强度足以将两倍重量的翼龙从站立姿态弹射向空中，而仅依靠后肢即使在低得多的重量下也无法成功起飞。在起飞中使用前肢也可以获得更大的肌肉力量，因为起飞会利用到发达的飞行肌肉，而不仅仅是较弱的腿部肌肉。因此，与两足起飞的动物相比，四足起飞的动物可以承受更大的重量，由此翼龙成了比鸟类更大更重的飞行者（Habib 2008）。

　　因此，翼龙很可能是四足起飞的（图6.3）。迈克·哈比卜和吉姆·坎宁安所预测的起飞过程如下。翼龙首先会蹲伏在地，然后用力蹬地，使身体向前

上方腾空而起，越过自己的前肢。需要注意的是，蹲伏后蹬地起飞比奔跑起飞的能量输出更为强大，因此站立式起飞比奔跑起飞更有效。最开始用后肢推进身体后，肌肉发达的前肢向上推动，改变了翼龙身体的轨迹，从最初的向前移动变成了向前且向上移动。此时翼指伸出，远端翅膀打开。翼龙离开地面的时候，前肢自上方扫过肩部，完成部分上行运动。在上行动作结束时，翅膀完全张开，开始完整的鼓翼循环，此时翼龙继续爬升。整个过程以高度同步的方式迅速完成，就连最庞大的翼龙也只需要一秒左右就能离开地面。

多种蝙蝠都证明了这种起飞系统行之有效（大多是著名的吸血蝙蝠），它们的起飞方式与此非常相似。调用强大的飞行肌肉之后，蝙蝠能够以特别强大有效的方式冲向天空（Schutt et al. 1997）。事实上，小吸血蝙蝠几乎是垂直弹入空中的，而更大的翼龙不具备这个技巧。起飞角度随大小和质量的增加而减少，因此最大的翼龙需要相对开阔的起飞环境。庞大瘦长的飞行动物常常在茂密的林地或森林中出没本身也颇为奇怪，所以这可能算不上什么问题。即便这项证据还不能确凿证明四足起飞方式，还有一块翼龙的行迹化石（连续的足迹化石）同样也显示翼龙正是以这种方式飞向天空的（M. B. Habib，私人通信，2010）。

现在我们起来了

阐明翼龙飞行运动学这项任务非常复杂，不过我们已经就部分问题得出了比较肯定的答案。首先，目前发现的翼龙似乎并没有像许多现代鸟类那样有过飞行能力但又失去了（Witton and Habib 2010）。其次，所有翼龙的肩部和前肢解剖结构似乎都足以支撑鼓翼飞行所需的肌肉，而且据预计它们的高代谢率可能足以长期维持飞行。飞行动物的身体越大，鼓翼飞行对新陈代谢的要求越高。因此，要和较小的同类维持同样的鼓翼飞行时间，更大的翼龙可能

图6.3　翼龙的起飞方式，以长头无齿翼龙为模型。A，采用站立姿态的四足起飞方式；B，水面四足起飞方式，需要多次"跳跃"（详见第18章）。

就要付出更多努力。所以大型翼龙有可能会采用鼓翼-滑翔的方式飞行（鼓翼和滑翔交替进行），或者利用外部升力（如热气流、山脊升力等）来延长飞行时间（例如，Marden 1994；Pennycuick 1990；Sato et al. 2010）。也许有读者会认为这个假设与沉重的现生远距离飞行动物不符，例如大鸨和天鹅，因为它们都只采用鼓翼飞行，从起飞到降落都未停下翅膀。但天鹅和大鸨都以突破动物的飞行极限而闻名，它们的翅膀和飞行肌肉与它们体型相比并不发达，故承受了很大的负重（Rayner 1988；Marden 1994；Pennycuick 1998）。目前还没有发现翼龙具有这样的特征。大多数翼龙翅膀的复原图像表明，它们具有巨大的翅膀和成比例的庞大飞行肌群，因此其身体结构和上述身体沉重、鼓翼飞行的鸟类大不相同。可见体型较大的时候，翼龙的身体结构更适合于采用鼓翼-滑翔的方式，而不是连续鼓翼。

我们也可以认为，不同翼龙之间的解剖学结构和比例差异代表着不同的飞行方式（图6.4）。有两项飞行器官参数为此提供了线索：翼载荷（一定面

61

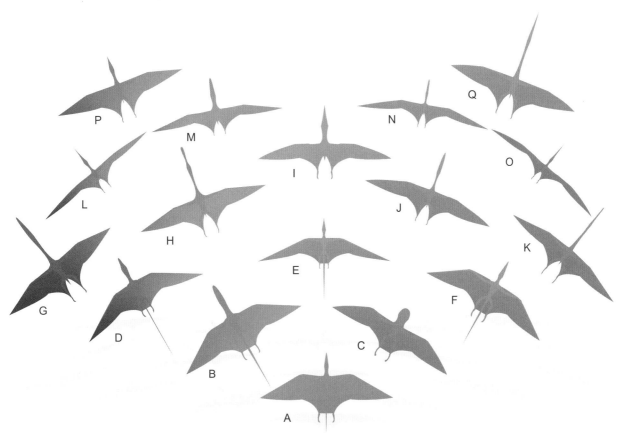

图6.4 翼龙多种多样的翅膀形状，参见温顿的模型（Witton 2008a）。预测翼龙翅膀的确切形状非常困难，但图中提供了主要类群大略的翅膀形态。A，沛温翼龙；B，双型齿翼龙；C，蛙嘴翼龙；D，真双型齿翼龙；E，喙嘴龙；F，索德斯龙（*Sordes*）；G，环河翼龙（*Huanhepterus*）；H，梳颌翼龙（*Ctenochasma*）；I，准噶尔翼龙；J，翼手龙；K，南方翼龙（*Pterodaustro*）；L，无齿翼龙；M，帆翼龙（*Istiodactylus*）；N，古魔翼龙；O，夜翼龙（*Nyctosaurus*）；P，中国翼龙（*Sinopterus*）；Q，风神翼龙（*Quetzalcoatlus*）。

积的翅膀所支撑的重量）和长宽比（翼面积除以翼展）。一般而言，长而窄（长宽比高）的翅膀最有利于稳定飞行，但较宽（长宽比低）的翅膀可以提高飞行的机动性。翼载荷会直接影响到飞行速度，从而影响起飞的难易程度。如果体重分散在大而宽的翅膀上（低翼载荷），那就能够低速飞行，起飞速度较慢且能耗较小，但这也会降低整体飞行速度和滑翔效率（Pennycuick 1971）。通过比较翼龙与鸟类和蝙蝠的大致翼载荷和长宽比，我们就可以得到一些翼龙飞行方式的线索。校正尺寸之后可以发现，飞行方式相似的现生飞行者通过趋同演化获得了同样的翼载荷和长宽比（Norberg and Rayner 1987；Rayner 1988；Hazlehurst and Rayner 1992）。举个例子，尽管追逐空中昆虫的鸟类和蝙蝠数亿年间都在演化的道路上互不相干，但在自然选择的打磨下，它们

拥有了形状和比例相同的翅膀，这是最有利于捕捉昆虫的武器。翼龙的翅膀形状和比例也同样经过了自然选择的优化，比较翼龙和现生飞行者的翼载荷和长宽比或许可厘清它们追捕昆虫、乘热气流翱翔、在海洋上滑翔等诸多能力（图6.5；Hazlehurst and Rayner 1992；Witton 2008a）。结合翼龙骨骼生物力学分析之后，就可以获得飞行能力的细节。

遗憾的是，这门学科还处于起步阶段，各类翼龙的具体飞行情况都没有得到深入探索。大多数深入的翼龙飞行研究都以无齿翼龙为对象（例如，Hankin and Watson 1914；Bramwell and Whitfield 1974；Stein 1975；Sato et al. 2009），也有一些研究纳入了庞大的风神翼龙（Sato et al. 2009；Witton and Habib 2010），还有少数研究探讨了多种翼龙的飞行情况（Brower and Veinus 1981；Hazlehurst and Rayner

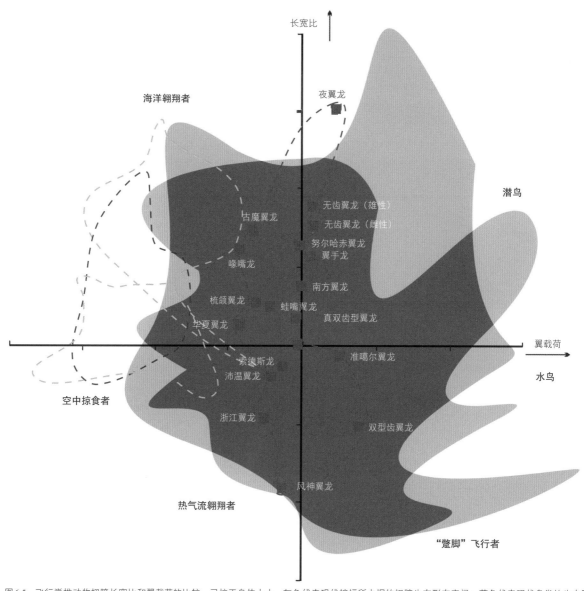

图6.5　飞行脊椎动物翅膀长宽比和翼载荷的比较，已校正身体大小。灰色代表现代蝙蝠所占据的翅膀生态形态空间；蓝色代表现代鸟类的生态形态空间。虚线代表翼龙数据集，颜色与图6.2相同。请注意，和此前估计的"超轻"体重相比，"较重"的体重使翼龙更符合现代飞行动物的情况。该图的方法细节，见Norberg and Rayner 1987；Rayner 1988；Hazlehurst and Rayner 1992；and Witton 2008a。

1992；Chatterjee and Templin 2004；Witton 2008a）。这些研究大多都采用了超轻体重的观点，而且当时估算出的翼龙翅膀形状远大于如今，长宽比也比目前化石证据显示的数据更高。这些因素导致大多数分析都得出同样的结论：翼龙大多都类似于古代的海鸟，是海鸥一样的翱翔者，飞行速度比现生飞行动物要慢，但机动性更高。更符合现生动物情况的大体重动摇了这个观点（Witton and Habib 2010）。在考虑更为多样的翅膀形态之后，翼龙的飞行方式

也得到极大拓展。有一些证据表明，除了海鸟和岸鸟的飞行方式，翼龙也是鼓翼–滑翔者、大陆翱翔者、空中掠食者，有时甚至是体型强壮的短距离冲刺飞行者（Witton 2008a）。后面的各个章节将以此为基础详细讨论各类翼龙的飞行动力学。

着陆

当然，关于飞行的讨论留下了一个明显的问

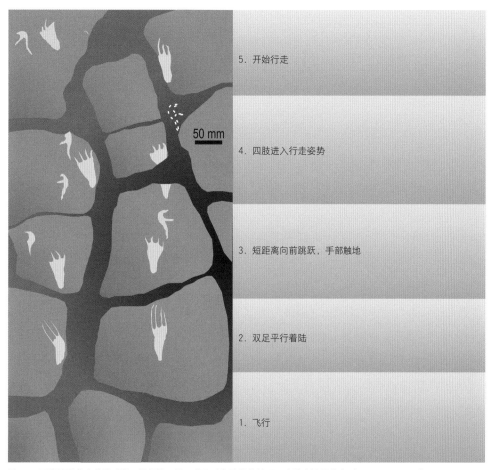

5. 开始行走

4. 四肢进入行走姿势

3. 短距离向前跳跃，手部触地

2. 双足平行着陆

1. 飞行

50 mm

图6.6 可能是翼龙在着陆时留下的行迹，展示着陆时各阶段的情况。改绘自马津等人（Mazin et al. 2009）。

题：翼龙是如何着陆的？最近发现的着陆行迹化石表明（图6.6），着陆对翼龙来说绝非难事（Mazin et al. 2009）。它们似乎在着陆前就大幅度减慢飞行速度了，显然是双脚同时落地，而非借助临时跑道来"耗尽"飞行速度。它们的着陆策略利落巧妙，整个身体向上俯仰，将后肢摆动到着陆位置，并使翅膀稍稍垂直，起到扰流板的作用。翼骨会被压低，呈现出较深的翅膀弯度，从而保持一定的气流和升力（记住，翼膜自身会产生大量的升力），翼龙很快便会减速到停止。若在高空，这将是灾难性的，因为翼龙会从空中坠落，但若是在靠近地面的地方，翼龙只肖下降一小段距离就能到达地面（Chatterjee and Templin 2004；Wilkinson 2008）。先是保持两足着地的姿势，接下来它会身体前倾，双手触地，很快，它就能蹦蹦跳跳地跑开了（Mazin et al. 2009）。这直接把我们带到下一章的主题：翼龙在不飞行时是如何移动的？

7

从 天 而 降

翼龙也被称为"飞行的爬行动物",但它们并非一直盘旋于空中,最后还是得降落到地面进食、休息或繁殖,这为翼龙的翻山涉水带来了新的运动挑战。翼龙究竟如何做到这点,一直是争论不休的话题。在过去的200年里,关于翼龙究竟有多善于行走,人们的观点从一个极端转到了另一个极端。直到最近,大多数人还认为行走中的翼龙,"优雅"得好似一名被缠在皱巴巴降落伞里的人,一边用虚弱的、胡乱挥舞的四肢向前爬动,一边试图不引起那些身形巨大的饥肠辘辘的捕食者注意(例如,Bramwell and Whitfield 1974)。

值得庆幸的是,在20世纪90年代,对翼龙地面运动能力的研究有了真正的突破,我们对它们的地面运动能力也因此有了更加清晰的了解(图7.1)。如果不是因为过去几十年中人们对降落于地面的翼龙有着一些不寻常的,有时甚至可谓古怪至极的讨论,很有可能也就不会探索出这些发现。因此,这场辩论历史的意义与其结论一样重大。

对着陆翼龙研究的简要漫谈

早期的翼龙学家认为,他们的研究对象既有能力生活在地面,又善于飞行,尽管他们设想中的翼龙的行走方式千差万别。居维叶把翼龙想象成灵活的两足动物(Cuvier 1801);萨缪尔·托马斯·冯·索默林(Samuel Thomas van Soemmerring)认为它们是四足总纲成员,体态好似蝙蝠(Soemmerring 1812,1817);而丝莱也支持四足步态的说法,认为它们走路时四肢直立(Seeley 1870,1901)(图2.4)。斯蒂勒(C. Stieler)同意翼龙的地面运动能力强大,提出它们会像蜥蜴那样用两足奔跑,以此来为起飞加速(Stieler 1922)。然而,这类乐观的看法并没有持续下去。20世纪早期到中期的大多数古生物学家认为,降落在地面上的翼龙可怜且无助,因为它们飞行的适应特性差不多损害了自身其他方面的一切能力。汉金和沃森(Hankin and Watson 1914)、阿贝尔(Abel 1925)、布莱姆威尔和怀特菲尔德(Bramwell and Whitfield 1974)认为翼龙几乎不能站立,只能肚子着地,用后肢推动身体推进(图7.2B)。这些降落于地的翼龙是如此地无用,以至于它们只能通过翻下悬崖边缘起飞(Bramwell and Whitfield 1974)!克里普的观点与此类似,认为翼龙只能在悬崖峭壁上休憩(Kripp 1943)。在20世纪末,韦尔恩霍费尔和安文提出翼龙可以用四足站立和行走的观点,给予了翼龙一些体面,但他们也坚持认为翼龙十分笨重,降落时毫无优美可言(Wellnhofer 1988,1991a;Unwin 1988b)(图7.2D)。

这些解释仅仅基于翼龙的解剖学研究,因为关于翼龙的头170年的研究并没有提供任何直接的证据表明翼龙采用何种行走或奔跑的方式。可以向早期研究人员提供关于翼龙站姿、步态、速度等重要细节的足迹或行迹当时尚未被找到。好在1952年人们于怀俄明州的圣丹斯组发现了一串似乎源自翼龙的不同寻常的化石足迹(图7.3;Stokes 1957)。该化石足迹记录了一只四足总纲成员快速移动的过程,前足迹和后足迹有着显著差别。前足迹呈不对称的三叉结构,手指面向侧面或后侧面,而后足迹则相对对称,呈三角形,有明显的"足跟"印记,四个足趾长且向外侧弯曲。这些行迹的发现者威廉·李·斯托克斯(William Lee Stokes)将它们不同

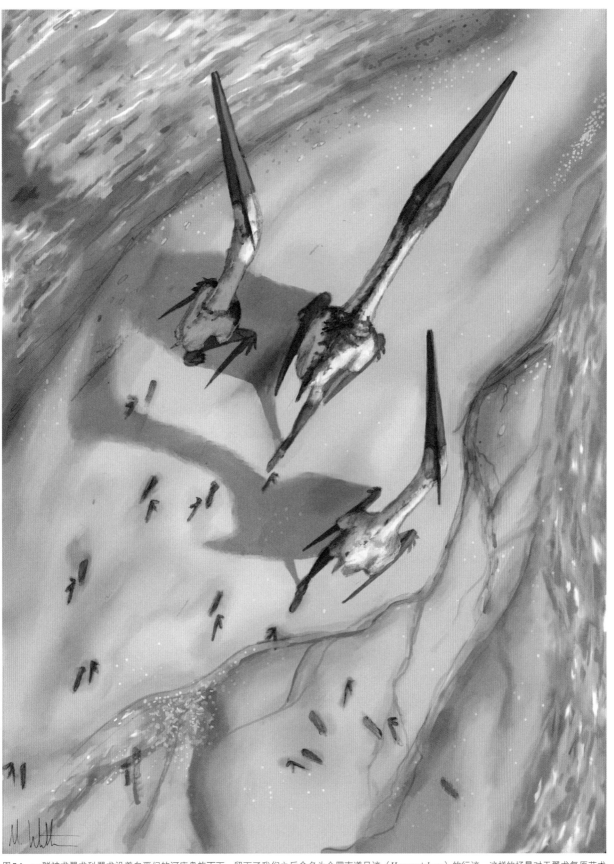

图7.1　一群神龙翼龙科翼龙沿着白垩纪的河床盘旋而下，留下了我们之后命名为全罗南道足迹（*Haenamichnus*）的行迹。这样的场景对于翼龙复原艺术家来说还很新奇，经历了几个世纪的悬而未定，且时不时的激烈争论之后，翼龙研究者在20世纪90年代末才掌握了翼龙陆上运动的可能特征。

66

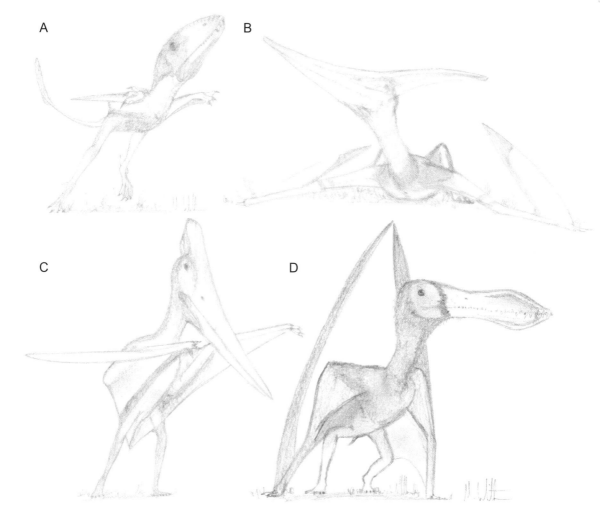

图7.2　人们对翼龙地面运动机制的观点形成了鲜明的对比。A，帕迪安的两足类恐龙翼龙真双型齿翼龙（Padian 1983a，1983b）；B，布莱姆威尔和怀特菲尔德的无齿翼龙，它在地面十分无助，必须肚子着地，用后肢推着身体前行（Bramwell and Whitfield 1974）；C，贝内特的翼龙则走起路来摇摇晃晃，是完全直立的两足翼龙（Bennett 1990，2001）；D，韦尔恩霍费尔的四肢匍匐、四足行走的古魔翼龙（Wellnhofer 1988）。

寻常的数字结构与翼龙联系起来，并命名为翼龙足迹属（*Pteraichnus*），此拉丁名意为"翅膀的痕迹"，以纪念它们可能出自的翼龙（这种做法并不罕见；古生物学家已经为独特的行迹和其他痕迹化石建立了与身体化石命名模式相同的分类法和命名法）。类似的行迹很快相继被发现（Logue 1977；Stokes and Madsen 1979），这一切都提供了无可置疑的证据，表明翼龙们既善于行走，也是彻底的四足总纲成员。研究终于迎来了真正的突破。

　　回想起来，接下来发生的事情着实令人费解。那些已被发现的足迹，在几十年里大多数关于翼龙陆地运动的讨论中都被忽略了，几十年后又被人

们认为根本不是来自翼龙（Padianand Olsen 1984；Unwin 1989；Wellnhofer1 1991a）。帕迪安和奥尔森对翼龙足迹属源自翼龙这一观点进行了无情抨击，他们将其与现代凯门鳄的足迹进行了比较，认为它们是由一种类似鳄鱼的动物留下的。安文也质疑翼龙足迹属与翼龙的相关性，他阐述了翼龙的骨骼解剖特征，认为翼龙的姿态和足迹形态与模糊不清的翼龙足迹记录有所出入（Unwin 1989）。当翼龙的地面运动再次成为热门话题时，翼龙足迹属确实被边缘化了。到20世纪80年代末，经过大量讨论后，出现了几种截然不同的观点（图7.2）。也许其中最著名的是凯文·帕迪安的观点，即有些翼龙是两足动

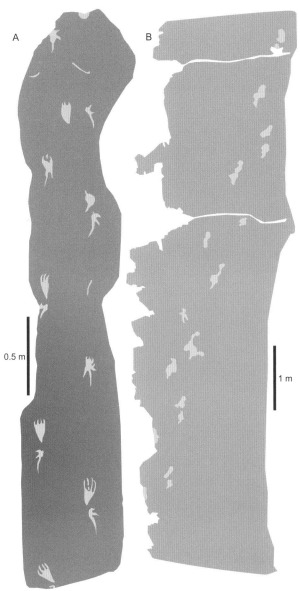

图7.3 翼龙的行迹，一度被人们忽视的研究翼龙地面运动的至宝。A，犹他州晚侏罗世莫里逊组的盐洗翼龙足迹（*Pteraichnus saltwashensis*）；韩国早白垩世乌汉里组的晚白垩世全罗南道足迹未定种（*Haenamichnus* sp.）。请注意两张图片中足迹的狭窄步距，以及差别显著的前后足迹。A，改绘自斯托克斯（Stokes 1957）；B，改绘自黄钟健等（Hwang et al. 2002）。

物（Padian 1983a，1983b）。这个想法基于对侏罗纪长尾翼龙后肢的研究，以及臂膜附着在腰带的假设（见第4章）。帕迪安得出结论，翼龙的腰带结构可以让它们的后肢采取与鸟类相同的方式站立，即四肢直立，足呈趾行姿态。最关键的是，他解释说，关节盂具有阻止前肢用于地面运动的停止点（Padian 1983a，1983b），因此前肢可以如鸟一般整

齐利落地折叠起来。克里斯·贝内特后来提出，短尾翼龙也是两足动物，用以弥补它们尾部不平衡的缺陷（Chris Bennett 1990）（图7.2C），尽管它们的站姿更加直立。贝内特说，这种站姿是可能的，因为翼龙的髋臼有一个发育良好的前"架子"，可以使翼龙保持直立姿势，而不会造成股骨从髋关节脱位。此外有观点称，巨型翼龙细长的前肢阻碍了它们采取除直立外的其他姿势，迫使所有大型翼龙都采用两足站立的姿势（Bennett 2001）。

其他作者则反对这一观点，他们认为翼龙是四足动物（这一结论是独立于翼龙足迹属得出的）。韦尔恩霍费尔利用当时新打开的来自桑塔纳组古魔翼龙三维立体保存的腰带指出，翼龙的股骨不能在身体下方随意摆动（也就是说，四肢在身体下方或多或少保持笔直），因为髋臼面向背外侧，翼龙的股骨头没有足够的角度来补偿（Wellnhofer 1988，1991b）。韦尔恩霍费尔批评了帕迪安对翼龙的两足复原，指出翼龙的足部没有近乎等长的跗骨，因此不允许它们像鸟类那样采用趾行动物的站姿。他进一步观察到，翼龙的翅膀并不像帕迪安所说的那样能整齐地折叠起来，两足行走时它们反而很难收好。因此，韦尔恩霍费尔认为翼龙采用了一种类似蜥蜴的半爬行站姿，站立时肱骨向外侧或后外侧突出，股骨向腹前侧突出。安文提出了更进一步的假设，即许多翼龙是能够攀爬的动物，它们大部分时间在树上或悬崖上奔走（Unwin 1987，1988b）。安文的观点解释了翼龙的后肢、大爪子以及许多翼龙类群的指（趾）骨结构，允许它们采用四肢张开的站姿。保罗不同意翼龙后肢弯曲的观点，认为大多数翼龙是站姿优雅、四肢直立的四足总纲成员，四肢几乎完全位于身体下方（Paul 1987）。根据保罗的观点，一些早期的类群也偶尔有两足行走和熟练攀爬的可能。

回到起点

显然，由于20世纪90年代初存在如此多相互矛

67

图7.4 脊饰德国翼龙（*Germanodactylus cristatus*）的行走如右图，从它们的足迹可以看出翼手龙亚目翼龙狭窄的步态。

盾的解释和假设，我们确实需要重新对整个问题进行审视。一种新的研究方法始于20世纪90年代中期，使得翼龙研究者回过头来重新研究起那块具有争议的翼龙足迹属，并对之前的否定进行评估。在新角度下人们发现，之前有些不靠谱的论点使得翼龙足迹属被人们忽视了。凯门鳄足迹曾经被用来佐证翼龙足迹属是鳄类所留（Padian and Olsen 1984），由于种种原因很多人认为这些翼龙足迹是保存得很差的鳄类足迹。其实，鳄类的前后足迹与翼龙足迹属的完全不同；足迹的相对位置也有相当差异；一条明显的尾部拖曳痕迹贯穿凯门鳄行迹的中间位置，但在那些据称是翼龙足迹的行迹中却找不到类似痕迹（Lockley et al. 1995）。安文（Unwin 1989）推测的翼龙行迹曾一度被认为与实际的翼龙足迹属完全不同，但后来人们发现，尽管安文推测的单个足迹的位置有些偏离（Lockley et al. 1995），但它与翼龙足迹属的相似程度远远超过了人们之前的认识。事实上，翼龙手足的解剖结构似乎与独特的翼龙足迹属的形态非常吻合，除了翼龙之外，其他任何爬行动物的化石都不可能制造出这样的足迹。在被忽视了几十年之后，翼龙足迹属重获人们的认可，回到了关于翼龙陆地运动模式的辩论中（大部分内容见Padian 2003）。

经过这一番重新评估，事实愈发明显，自斯托克斯发现翼龙足迹属，几十年来，世界各地都出现了翼龙足迹的记录（Lockley et al. 1995）。翼龙的足迹在美国、英国、西班牙、墨西哥、韩国和许多其他地方都有发现（例如，Wright et al. 1997；Calvo and Lockley 2001；Hwang et al. 2002；Rodriguez-de la Rosa 2003；Zhang et al. 2006）。最为珍贵的翼龙足迹点发现于法国西南部的克雷萨克市境内（Mazin et al. 1995；Mazin et al. 2003；Mazin et al. 2009），那里产出的足迹数量丰富，代表的行为多

样。在英国和韩国，一组巨大的翼龙足迹分别被命名为珀贝克足迹（*Purbeckopus*）（图8.11B）和全罗南道足迹（图7.3B）（Delair 1963；Wright et al. 1997；Hwang et al. 2002；也见Billon-Bruyat and Mazin 2003）。最新的研究还指出，阿加迪尔足迹（*Agadirichnus*）——一件1954年从摩洛哥晚白垩世沉积物中发现的神秘爬行动物的足迹化石，可能是翼龙所留（Billon-Bruyat and Mazin 2003）。经过多年的争论，这些足迹最终让翼龙研究者洞悉了翼龙在地面采用的姿势、步态和运动方式。

运动原理

翼龙足迹属和其他翼龙的足迹表明，大部分仅仅基于骨骼对翼龙的步态和姿势作出的假设都不大正确。首先要否定的就是翼龙是两足动物这一观点。所有已知的翼龙足迹都表明它们习惯用四肢行走和奔跑。它们的足部也完全属于跖行类，每个足迹上都有边界清晰的脚踝痕迹。保存完好的墨西哥翼龙

68

图 7.5　一只早白垩世的神龙翼龙科翼龙带着半具恐龙尸体，匆忙逃离一群准噶尔翼龙超科翼龙的追逐。翼龙的行迹表明，除了擅长行走外，翼龙还可以四足奔跑。

足部骨骼，为人们提供了关于翼龙跖行步态的进一步细节，表明它们的足趾不能进行趾行步态所需的运动（Clark et al. 1998）。因此，帕迪安提出的类鸟姿势是有缺陷的（Padian 1983a，1983b），贝内特提出的直立两足姿势也被证明站不住脚（Bennett 1990，2001），原因是有人提出翼龙髋部的肌肉分布阻碍了它们直立行走或奔跑的能力（Fastnacht 2005b）。贝内特关于巨型翼龙过长的前肢会抑制其四足运动的论点也受到了质疑（Bennett 2001），因为巨型翼龙的足迹呈现了无可辩驳的四足行走状态（所讨论的巨型足迹制造者估计肩高为 2.5 米，大约和已知的翼龙一样大 [Hwang et al. 2002]）。

　　另一件想不到的事来自翼龙四肢的姿态。韦尔恩霍费尔（Wellnhofer 1988）和安文（Unwin 1989）认为翼龙的前肢长得不成比例，说明相较于后足迹，它们的前足迹离行迹的中线更远。然而，大多数翼龙的行迹并非如此，它们的前足迹几乎与后足迹在同一条线上，或者最多轻微地侧向位移（图 7.4；例如，Stokes 1957；Lockley et al. 1995；Hwang et al. 2002；Mazin et al. 2003）。似乎通过在肩关节前后摆动肱骨，前肢能够在身体正下方前后移动（Bennett 1997a；Unwin 1997）。对翼龙腰带结构的重新评估表明，它们的髋臼并不像韦尔恩霍费尔所说的那样

朝向背外侧（Wellnhofer 1988），而是朝向后外侧，这使得它们的后肢不仅可以在身体下方移动，还可以互相交叉且不会造成脱臼（Bennett 1997a）。这是一个相对省力的站姿，它们的重量几乎全由垂直的四肢承担，而不像现生爬行动物和两栖动物那样采用相对消耗能量的匍匐站姿。然而，来自克雷萨克的行迹表明，翼龙的前肢确实会在移动时偶尔侧向张开，这一特征与步幅的增加有强相关性（Mazin et al. 2003）。事实上，这些足迹的步幅是如此之大，以至于无论将同时代任何翼龙分类群代入其中，得出的结论都是该动物正在奔跑（图 7.5；Unwin 2005）。这表明翼龙在高速运动时前肢张开，这是身体前倾以增加臂展的结果。

　　翼龙的足迹也让我们对翼龙行走时的肢体力学有了一些了解。我们现在认识到，它们走路时只有手部的前三根手指经常接触地面，因为第四根手指，即翼指的印痕非常少见。因此这根手指应该是被紧紧地折叠、收好放在了身侧（图 7.6），而其他三根手指按压在地面上时倾向于朝侧向和后侧张开（Bennett 1997b；Mazin et al. 1995；Mazin et al. 2003）。更有趣的是，翼龙后足迹总是出现在前足迹之前，表明它们必定是手部先离开地面，接着后肢才朝前迈出。这一点意味着翼龙的行走模式类似于

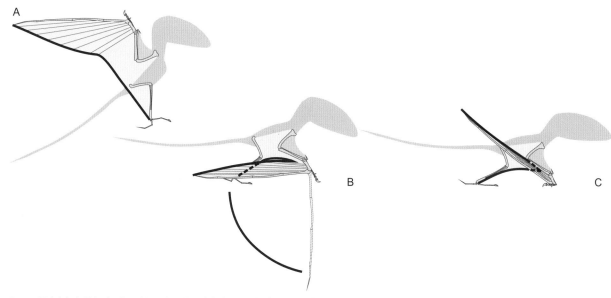

图7.6 翼龙如何折叠翅膀？如图所示，僵硬的纤维有助于垂下翅膀，正如贝内特所预测的那样（Bennett 2000）。A，降落时翅膀完全伸展；B，用后肢触地，身体向前倾，同时，翼指旋转并折叠翅膀；C，四足的地面姿势，翅膀完全收起。注意强化的远端翼膜在翅膀垂下后是如何保持在翼指之上的。灰色阴影代表臂膜近端、不坚硬的部分；绿色代表坚硬区域；红线代表坚硬的纤维；粗黑线代表臂膜的远端边缘。

骆驼和长颈鹿这样的长腿哺乳动物，身体一侧的四肢先于另一侧的四肢移动（比如，先移动左后肢、左前肢，再移动右后肢、右前肢，如此循环重复）。这与其他四足爬行动物的行走模式形成了对比，在爬行动物行走周期的任何时刻，移动中的肢体都与前一步移动过的肢体呈对角线排列（Bennett 1997b；Padian 2003）。翼龙的前足迹也比后足迹深，这说明了它们的重心更靠前。这也许可以解释为什么有些翼龙的行迹如此匪夷所思：只保留了前足迹（例如，Parker and Balsley 1989）；一些沉积物也许承受得住相对较轻的脚步，但却会被手掌较大的压力压出坑（Mazin et al. 2003）。

但是等等，所有翼龙都是这样吗？

翼龙足迹在世界各地都有发现，但值得注意的是，它们只出现在中侏罗世以后的岩层中，尽管翼龙身体化石记录的时间远不止于此，可一直追溯到晚三叠世（例如，Wild 1984b）。那么，三叠纪和早侏罗世的翼龙足迹在哪里？有人认为，翼龙的后肢最初被巨大的尾膜束缚在一起，人们还假设它

们步态低伏、四肢张开，与后来的类群相比，它们不太擅长陆地运动（图7.7；Unwin 1988b，2005；Henderson and Unwin 1999；Unwin and Henderson 1999）。因此，这些早期物种可能根本没能像它们的后代那样留下那么多的足迹，这就解释了化石记录中足迹缺乏的原因。人们认为这些翼龙的足迹应该很容易被辨认，因为它们有长长的第Ⅴ趾，但这种足迹缺乏也有可能是因为还没有足迹被辨认出来（Lockley and Wright 2003）。

然而，上述想法可能需要我们三思。第一，早期类群的功能解剖学并不能真正支持它们不擅长陆地运动的观点。一些研究人员指出，所有翼龙的后肢和腰带，包括早期类群的后肢和腰带在内，似乎都适合采用直立站姿，而非四肢大张的姿势（（Padian 1983a，1983b，2008a；Bennett 1997a；Hyder et al.，尚未发表）。后肢被尾膜"束缚"的说法忽略了这层膜可能的弹性（毕竟，它必须有弹性才能使翼龙在飞行中采用不同的姿势），这个说法还假设早期翼龙行走或奔跑时，每只腿的运动都与其他腿不相干。正如兔子、青蛙和其他许多动物所表明的那样，前肢和后肢交替跳跃是一种非常有效且

70

图7.7 四肢匍匐的真双齿翼龙。与翼手龙亚目翼龙相比，学界对早期翼龙的陆生能力研究很少，但有人认为它们采取了图中所示的匍匐前进、类似蜥蜴的姿势。还有人认为，至少它们的后肢能够采取直立的步态，有些物种可能还能够将前肢旋转到身体下面（见第10章）。

极具速度潜力的移动方式。当然，我们没有任何足迹数据来证实早期翼龙是以这种方式移动的，但也没有任何解剖学上的证据来证明这不可能。第二，最近对一种早期翼龙的关节盂进行的研究表明，它们肩后和肩下空间较大（Witton 2011），这使得其前肢可以像后来的陆生类群一样自由活动（相反观点可参见 Padian 2008a）。相比之下，其他一些早期翼龙的肩关节似乎更受限制，可能只拥有半直立的前肢。不管怎样，在后肢直立时，这两种前肢姿势都能让身体离地面足够远，使四肢有足够的空间高效行走，因此，似乎没有什么理由认为早期翼龙是低伏于地面的、四肢张开行走的爬行动物。因此，可能无法用肢体力学上的无力来解释翼龙早期足迹的缺乏。

上文中的第二个原因更加实际，即不要对早期翼龙足迹的缺失过度解读。到底是足迹压根不存在，还是我们未能找到，这两者的区别我们又该如何分辨？鉴于化石记录的不完整性，后者非常有可能。大量的保存偏差和采样偏差影响了我们发现化石的机会，包括那些最终可能被证明为普遍存在的化石。此外，即使足迹缺失是真的，也并不意味着早期翼龙本身非常不善于陆地运动；有许多其他因素可能会影响到早期翼龙足迹的产生，或者使其无法产生。也许早期翼龙相当罕见，或者不经常出现在利于足迹保存的环境。在我看来，后者最为可能，前提是我们假设真的没有足迹留下。对年代较晚翼龙的摄

食解剖表明，它们所开发的生态位远远超出我们对其祖先的预测，这可能使它们涉足利于留下足迹的地区（对于适应涉水的梳颌翼龙超科翼龙尤其如此；浅水区是保存化石行迹的绝佳沉积环境。有关这些动物的更多信息，请参见第19章）。简言之，因为我们有很多方式可以解释早期翼龙足迹的缺失，所以在获得更完整的早期翼龙演化图之前，我们必须谨慎对待，不要偏向于任何一种假设。

到高处去

与此相关的是，有证据表明，一些翼龙频繁出没的环境，即树木和岩石表面，无法产生足迹记录。在早期翼龙中，人们可以识别出灵巧的攀爬者，它们有着更强壮、极度内弯的手爪，手爪有相对较大的屈肌结节和爪后籽骨，这些特征使得手指韧带在伸展爪骨时产生更大的杠杆作用（图7.8；Unwin 1988b）。一些特别擅长攀爬的翼龙的足部也有这些特征，这意味着它们可以均等地借助四肢在垂直面上行走，好似一辆4×4的卡车。

晚期翼龙的攀爬特征与早期翼龙截然不同（Wang，Kellner et al. 2008）。最主要的区别是它们的肢体长度与后来的类群相比要长得多，这使它们的身体重心远离攀爬表面。这可能降低了它们在垂直表面上的稳定性（关于脊椎动物攀爬适应特性

71

72

的综述，参见Hildebrand 1995年）。因此，比起像猫或松鼠那样在垂直表面爬行，这些翼龙可能更善于像树懒一样悬挂在树枝上。翼龙有时被描绘得像蝙蝠一样，借助足趾悬挂在悬崖或树上（图2.6；参见Wellnhofer 1991a；例子和讨论见Bramwell and Whitfield 1974），但是它们的足部似乎不能胜任这个任务。大多数翼龙的足部很小，跖骨和脚趾很细，趾骨的活动能力有限，不太可能形成抓握结构。因此，虽然翼龙悬挂在树上和悬崖上的想法听起来不错，但蝙蝠式悬挂的想法是缺乏根据的。

水中翼龙

到目前为止，本章的讨论几乎完全集中在降落于地面的翼龙身上，那么当它们进入水里时又发生了什么？对水中翼龙的专门研究很少，但关于其水中的可能采用的姿态的数字建模正在进行中（Hone et al. 2011a）。在此期间，我们至少能聊以自慰，有确凿的证据证明翼龙会游泳。翼龙在游泳时留下的行迹，包括部分后足迹以及在浅水湖边划水时留下的大量擦痕，说明它们既能蹚水，也能够在水中游动（图7.9；Lockley and Wright 2003）。这些足迹中没有前足迹，表明游动中的翼龙的手比足举得高。也许浮在水中的翼龙将前肢置于身前的水面上充当浮筒，防止沉重的身体前端向前倾覆，而它们的蹼足则划着水，使得它们可以四处游动（图7.10）。其他关于水中翼龙的可能记录包括上述提到的只有前足迹的行迹，洛克利等人认为这可能记录了翼龙在浅水中用漂浮的后躯涉水的行为（Lockley et al. 1995）。

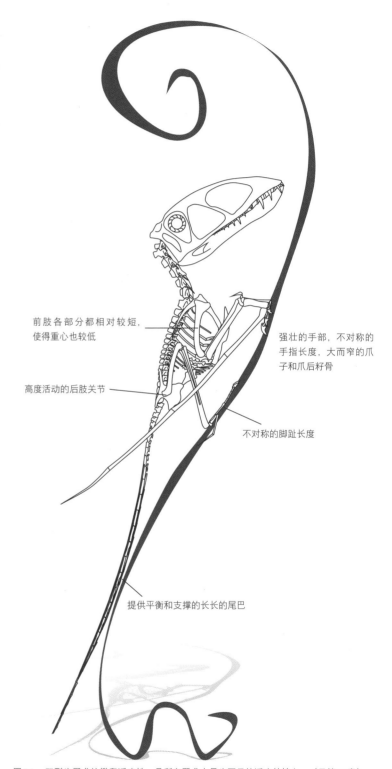

前肢各部分都相对较短，使得重心也较低

强壮的手部，不对称的手指长度，大而窄的爪子和爪后籽骨

高度活动的后肢关节

不对称的脚趾长度

提供平衡和支撑的长长的尾巴

图7.8. 双型齿翼龙的攀爬适应性，是所有翼龙中最为罕见的适应特性之一（见第10章）。

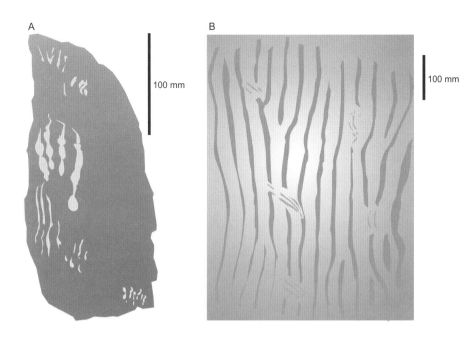

图7.9　翼龙游水留下的痕迹显示，其足趾和爪子曾耙过沉淀物，用来推动翼龙在水中漂浮穿行。A，来自犹他州晚侏罗世萨默维尔组的足迹；B，怀俄明州圣丹斯组的波痕上留下的翼龙游水痕迹。改绘自洛克利等人（Lockley et al. 2003）。

图7.10　两只南方鸟掌翼龙在白垩纪的浅水水道中穿行，它们的前肢在水面上展开，以防一头栽进水里。

8

翼龙的生活方式

正如我们对翼龙陆地生存能力的看法一样，我们对其古生态学的认识在过去几十年里也发生了巨大的变化。通常情况下，人们认为翼龙在生活的各个方面都与鸟类非常类似，在占据类似海鸟的生态位之前，它们以一种非常类鸟的方式筑巢和生活。最近，截然不同的看法产生了。新的发现表明，翼龙的繁殖和生长根本不能与现代鸟类相提并论，而且似乎许多（也许大多数）翼龙并不是长期以来人们所认为的类海鸟动物。对疾病和伤害、社会结构、性生活甚至一些翼龙个体是如何结束生命的新认识（图8.1），丰富了我们对翼龙生活方式的了解。尽管我们仍然只能对它们的日常生活进行最大致的描述，但这些发现至少让我们了解到翼龙生活的可能状况。

生命之初

与化石记录打交道是一项细致的工作，翼龙研究者花了200多年的时间才找到了翼龙的蛋，之后在同一年里又发现了三只（Wang and Zhou 2004；Chiappe et al. 2004；Ji et al. 2004）。这三只蛋格外引人注目，因其详细保存了发育中的胚胎（图8.2），现在我们有了翼龙胚胎从早期直至发育良好的近孵化期的记录（图8.3；Chiappe et al. 2004；Unwin 2005；Unwin and Deeming 2008）。最近发现的第四只蛋是一个例外，里面没有保留胚胎痕迹。然而，这只蛋仍然意义非凡，因为它与已故的母亲保存在

一起（图2.8；Lü，Unwin，et al. 2011）。据推测，这种关联表明这只蛋处于极早的发育阶段，不太可能包含任何可保存的胚胎标本。

已知的四只翼龙蛋的外壳都非常相似。虽然蛋壳的组织学特征有一些差异，但它们都非常薄，只有0.03—0.25毫米厚，而且只包含一层钙质的壳状物质。这使蛋的外表面非常柔软，类似羊皮纸，更像大多数现代爬行动物的蛋，而不是鸟类的硬壳蛋（Ji et al. 2004）。每只蛋标本都没有出现裂纹也证明了这一猜想。硬壳的恐龙蛋或鸟蛋化石在被古生物学家发现时通常已经破裂，但在所有翼龙蛋标本上都没有看到裂痕。这薄薄的外壳对翼龙的繁殖策略产生了有趣影响。

薄壳蛋能够从其周围环境中吸收水分，这意味着蛋被产下时不需要自带储水。然而，储水对于壳较厚的硬壳蛋是必要的，因为蛋壳彻底阻碍了它们对外部水分的吸收（Unwin and Deeming 2008）。因此，薄壳对于翼龙妈妈来说是个好事，她们不需要为发育中的后代提供大量的水，尽管在干燥的环境中产蛋，蛋会有干掉的风险。此外，如果父母试图通过接触孵化（即坐在蛋上），蛋可能更容易被压碎（Grellet-Tinner et al. 2007）。如果蛋被埋在一个潮湿的巢穴或地下洞穴中，这两个问题则都可以得到缓解。这种做法在许多现代蜥蜴、鳄鱼和冢雉身上都可以看到[1]，而翼龙很可能也是这样做的。在现生动物中，埋于地下的蛋在孵化时间上也非常一致，大约两到三个月，这说明翼龙蛋可能有着类似的不疾

---

[1] 冢雉是一群非常特别的鸟类，其后代非常早熟。刚孵化的冢雉会自己从巢穴凿一条路走出去，无须父母照顾便可自力更生，这与其他鸟类形成了鲜明的对比。大多数鸟类都会照顾自己的雏鸟，直到它们近乎成年，这反映在雏鸟孵化时的晚熟特征上。

图 8.1　棘龙类发起攻击：在白垩纪的巴西，一只无助的鸟掌翼龙科翼龙被一只棘龙科恐龙激龙（*Irritator*）自水中扑咬住。化石证据表明，后者肯定以前者为食，尽管激龙到底是会捕杀翼龙为食，还是仅仅食腐，还有待证明。

76   图8.2 中国白亚纪义县组翼龙——陈氏北票翼龙（*Beipiaopterus chenianus*）的保存完好的蛋。图片由戴维·安文提供。

图8.3 吉氏南方翼龙（*Pterodaustro guinazui*）的晚期胚胎，已适合孵化。请注意其与成年翼龙类似的四肢比例和完全发育的翼膜，这些特征表明新生翼龙在孵化后很快就能飞行。

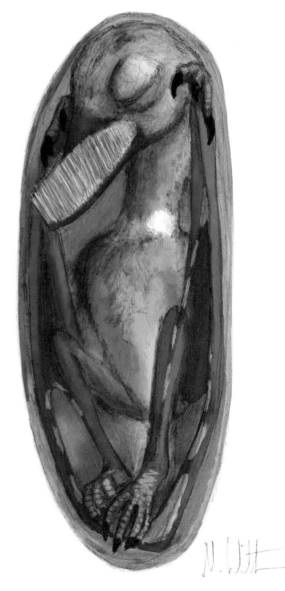

不徐的孵化时间（Unwin and Deeming 2008）。

所有埋蛋动物的胚胎都有一个更深层的特征。它们在孵化前都非常早熟，或者说发育良好，并且从离开蛋的那一刻起就或多或少能独立于它们的父母生活。有一些证据表明，翼龙的幼崽也同样早熟。

翼龙的胚胎骨骼已经很好地骨化（甚至它们的趾骨在出生时就已经完全形成），具有与它们的父母相似的比例，并且拥有完整的翼膜（Chiappe et al. 2004；Wang and Zhou 2004）。事实上，胚胎翼龙的比例与成年翼龙非常相似，我们可以将目前已知的所有胚胎归入特定的翼龙类群，在某种情况下，我们甚至能将其归入特定的物种。如此早的发育状态表明，在孵化后不久，这些翼龙幼崽可能就有能力照顾自己了，甚至可能会飞。这使翼龙与所有具有飞行能力的脊椎动物有所不同（只有家雉也拥有具备飞行能力且超级早熟的类似后代），并创造了一种可能性，即胚胎可以完全独立于其父母孵化（例如，Unwin 2005；Unwin and Deeming 2008），就像大多数爬行动物那样。

图8.4 一群神龙翼龙科翼龙诞生了。一位翼龙妈妈/爸爸扒开了巢穴的顶部，帮助它们孵化，但既然后代已经破壳而出，它也不太需要做什么了。

其他人则认为，与大量成年翼龙化石混在一起的翼龙蛋表明了相反的情况，即翼龙幼崽由父母照顾（Chiappe et al. 2004）。在目前有限的数据下，很难知道到底哪种观点才是对的，但我好奇这两种观点之间的折中情况是否最有可能。所有的现代主龙类（鸟类和鳄鱼），一般都守护并维护着它们的巢穴，即使后者的父母在幼崽孵化后只对其进行有限的照料。因此，守巢可能在主龙类的演化史中根深蒂固。若如此，翼龙也可能会表现出同样的行为，即便它们在后代孵化出后不用费什么心（图8.4）。

生长阶段

鸟类和哺乳动物生命的最初阶段总是围绕着两项活动展开：进食和生长。我们花大量的时间进食高质量且有营养的食物，这些食物会迅速进入我们的组织，这些组织使我们能够维持生存。通常，我们的父母也会竭尽全力地确保我们能保持适当的温度，这样我们就不需要浪费潜在的增长能量去维持新陈代谢。而早成型的后代则不同。在成长的同时，它们必须投入大量的能量来确保自己的生存，包括调节体温、寻找食物、避免被捕食等。因此，即使是具有高新陈代谢能力的早成性动物（可能也因此具有快速生长的能力），也不能像它们娇生惯养的亲戚那样快速生长。

有充分的证据表明，翼龙曾经历过艰难的幼年生活。尽管它们骨骼的纤层状组织说明它们的生长发育速度不慢，但生长停滞线（LAGs，也叫作生长环）表明，翼龙可能需要相当长的时间才能长至成年后的最大尺寸。计算骨骼的生长停滞线使我们能够准确地测定其主人的年龄，就像我们用树的年轮来确定树干的年龄一样。南方翼龙是一种白垩纪翼

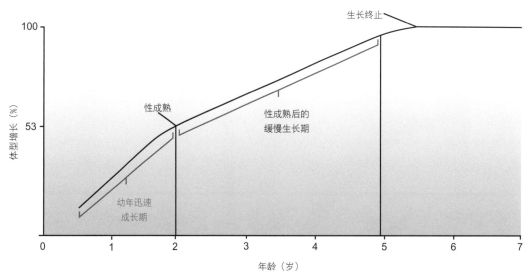

图8.5　白垩纪翼龙吉氏南方翼龙的生长策略。改绘自金萨米等人（Chinsamy et al. 2008）。

龙，翼展3米，对其生长停滞线的分析表明，它花了7年时间才完全成熟（见图8.5）（Chinsamy et al. 2008）。生长速度缓慢的进一步证据来自若干翼龙物种保存下来的化石，它们的体型大小各异，对应着不同的生长阶段。人们认为这代表幼年翼龙每年的正常死亡率（Bennett 1995，1996b）。在单个翼龙种中，体型被分为众多等级（对于侏罗纪翼展2米的喙嘴龙而言，等级数多达5个），这证实了翼龙没能像娇生惯养的哺乳动物和鸟类那样迅速达到其成年的比例。

　　与其他爬行动物（包括非鸟类恐龙）一样，翼龙在生命的早期似乎生长得比较快，当它们达到最大体型的一半时就会放慢速度（Bennett 1995；Chinsamy et al. 2008；Chinsamy et al. 2009）。这种生长上的开始放慢与性成熟的开始相关。生长中的爬行动物、非鸟类恐龙及一些早期鸟类和翼龙一旦开始生殖周期，其沉积的骨纤维类型就会发生变化，这使得我们仅从骨骼就能检测出性成熟的起始（Chinsamy et al. 2008；Chinsamy et al. 2009）。生殖行为和过程带来的额外的资源消耗，可能解释了为什么一旦翼龙达到这个阶段，生长速度就会有所下降。

　　有趣的是，虽然这种繁殖和生长形式属于经典

的"爬行动物"模式，但翼龙更像现代哺乳动物和鸟类，体型变化有限。许多爬行动物终其一生都在生长，只不过成年以后生长得极其缓慢罢了（也就是所谓的不确定生长）。相比之下，翼龙则表现出"确定"的生长，这种状态可以通过骨架中骨骼纹理和骨骼愈合的程度发现。成长中的翼龙拥有丰富的血管化骨骼，在它们的复合骨关节（如头骨、肩胛骨、尾椎等）中只存在部分愈合的骨缝，但那些达到一定大小和年龄的翼龙则发展出完全骨化的骨骼，其骨骼周围形成了最后的无血管层（Bennett 1993；De Ricqlés et al. 2000；Chinsamy et al. 2008；Chinsamy et al. 2009）。这标志着生长阶段的结束，并"敲定"了动物的骨骼形态，使它们无法在最后关头进一步改变骨骼（见下文）或增加体长。

　　几乎像所有动物一样，翼龙身体的某些部分的生长速度与其他部分不同。这种增长被称为"异速增长"（与"等速增长"相反，等速增长指的是稳定的增长，没有悬殊的比例变化），意味着成年翼龙看起来与它们的后代相当不同（参见 Wellnhofer 1970；Brower and Veinus 1981；Bennett 1995，1996b；以及关于翼龙的缩比法的讨论，见 Codorniú and Chiappe 2004）。它们的骨

79

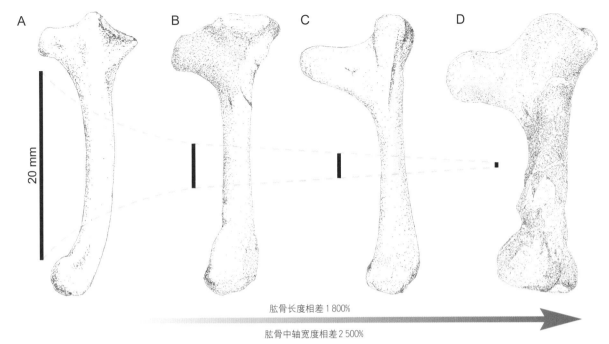

图8.6　力学对翼龙体型的影响，可通过不同大小的冠饰翼龙类的肱骨来证明。虽然这里展示的肱骨来自不同的物种，但在单个物种的生长过程中可以看到相同的缩比效应。A，古老翼手龙；B，枪嘴翼龙未定种；C，莱氏妖精翼龙（*Tupuxuara leonardii*）；D，诺氏风神翼龙（*Quetzalcoatlus northropi*）。注意骨关节大小、三角肌嵴和肱骨干厚度（从A—D逐渐增加2 500%）相对于总长度的增加（从A—D增加1 800%）

骼通常随着年龄的增长而变得更加坚固，翅膀关节周围尤其如此（图8.6）。前肢近端区域呈轻微缩短的趋势，而翼掌骨和后肢的长度增加。与身体其他部分相比，它们的颈部长度大幅增加，颌部也是如此（图8.7）。随着这些长度的增加，大多数有齿翼龙的齿列中增加了更多的牙齿，这是典型爬行动物的特征，尽管有些翼龙违背了这一趋势（Bennett 1995，1996b）。

　　然而，翼龙生长过程中最引人注目的异速增长与它们的头骨脊有关（图8.7B）。所有已知的有冠物种的幼体都没有脊冠，脊冠在翼龙的青少年时期开始萌出，迅速生长，等它们达到最大体型时，脊冠也完全形成（Bennett 1992；Martill and Naish 2006）。话虽如此，但并非所有有冠翼龙物种的个体都会得到一个匆匆长成的冠。有些只长出低矮的、不引人注目的脊冠，有些也可能完全没有。这一相对较新的发现是现代翼龙研究中最耐人寻味的发现之一，它不仅揭示了翼龙社交策略和性生活的细节，还包括神秘的脊冠的可能功用。

脊冠、性别和翼龙的社交活动

　　对翼龙的脊冠进行解释已经给翼龙学家带来许多困难。它们通常被解读为严格意义上的力学结构，如充当空气动力舵和减速板（Bramwell and Whitfield 1974；Stein 1975）；浸食（dipfeeding）分类群的下颌稳定器（Wellnhofer 1987a，1991a；Veldmeijer et al. 2006）；下颌肌肉固定器（Eaton 1910；Mateer 1975）；或温度调节器官（例如，Kellner 1989；Kellner and Campos 2002）。这些解释都让人难以全盘接受，因为翼龙脊冠存在巨大差异的事实已经日益明显（见图1.1和图4.4的例子），他们忽略了一个非常显而易见的问题：如果脊冠对飞行、进食或温度控制至关重要，那么没有脊冠的个体是如何生存下来的？

　　克里斯·贝内特对典型的具冠翼龙——无齿翼龙的脊冠进行了研究（Bennett 1992），这时期刚好还发现了许多新的有冠标本，对翼龙脊冠作用的传统解释也越来越不被人们所认同（图8.8）。无齿翼

81

图 8.7　两种翼龙的幼年和成年个体的实体复原。A，侏罗纪的明氏喙嘴龙翼龙；B，白垩纪的疯狂钻石妖精翼龙（*Tupuxuara deliradamus*）。每只幼年翼龙和成年翼龙的图像都是按比例绘制的，但物种之间没有按比例绘制。

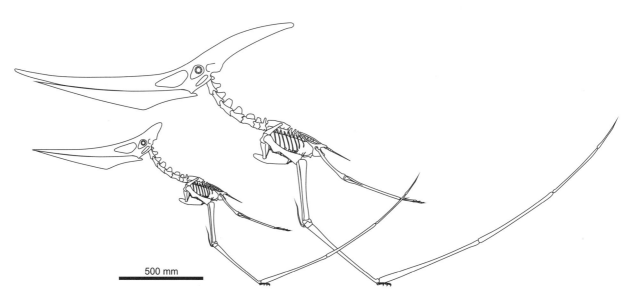

500 mm

图 8.8　长头无齿翼龙性双型骨骼复原。有明显脊冠、身型较大的个体被认为是雄性。改绘自贝内特（Bennett 1992, 2001）。

龙以其头骨后方巨大的刀刃状脊冠而闻名，但只有少数无齿翼龙标本显示出这样的脊冠。大多数都长着发育不良的圆冠，由于这些长有小脊冠的个体显示出明显的成熟的骨学迹象，所以不能用它们尚未成熟来解释。这两类无齿翼龙标本的解剖结构在其他方面几乎是相同的，只有两个区别：具有大脊冠的形态大约比具有小脊冠的形态大50%，而且它们的骨盆腔更窄。在现代动物中，这种差异往往反映了一个物种内部的性别差异。雄性不需要通过它们的腰带承托蛋或后代，因此它们的腰带往往比雌性的小。混交物种的雄性常常要争夺多个雌性的生殖权，它们通常较大，因为体型是击退生殖竞争对手的优势。贝内特在他的无齿翼龙样本中注意到了这些对比：那些具有狭窄腰带的较大群体（约占已知无齿翼龙标本的三分之一）可能是性双型物种中的雄性，它们的大脊冠是性别选择结构，这美化了它们的外表（Bennett 1992）。这相当令人兴奋，因为在这些翼龙身上看到的性双型的程度和炫耀的程度意味着它们可能采用了"竞偶场"（lek）交配策略，即雄性之间为了拥有成群的雌性而激烈竞争（第18章；Bennett 1992）。对无齿翼龙脊冠的进一步研究证实了它们可能的性功能。它们脊冠的快速增长远远超过了体温调节的需求（Tomkins et al. 2010），即使是最大的无齿翼龙的脊冠，充其量也只能产生有限的空气动力学效果（Elgin et al. 2008）。

脊冠作为主要交流工具的证据不仅出现在无齿翼龙身上。至少还有两种翼龙物种也显示出仅在成年群体中才有头骨脊，它们是鹿角状冠的夜翼龙和帆状冠的掠海翼龙（Bennett 2003b；Martill and Naish 2006；也可参见Witton 2008b）。这表明，脊冠也只对这些物种的成熟个体很重要，而且与无齿翼龙一样，夜翼龙构造单薄的鹿角状冠也被证明在充当方向舵和减速板方面表现不佳（Xing et al. 2009；另见第18章）。另一种达尔文翼龙，腰带和脊冠形态表现出与无齿翼龙相同的趋势，人们推测雌性是无冠的，其骨盆腔比雄性宽（图8.9；Lü，

Unwin，et al. 2011）。翼龙脊冠醒目的彩色图案也在一件化石中得到了保存（图5.13），这有助于印证翼龙将其用作展示结构的观点（Czerkas and Ji 2002）。因此，虽然我们不能肯定地说所有翼龙都是性双型动物，或者说所有具脊冠的个体都是雄性，但越来越多的证据表明，它们的脊冠是最重要的性展示结构，它们产生的任何力学效果都可能只是其结构带来的附加作用。艳丽的脊冠可能是为了向雌性展示雄性追求者身强体健，或在无须身体接触的情况下来解决与竞争对手之间的争端。当然，这也可能适得其反；许多爬行动物化石中普遍存在的"炫耀"特征，可能源于两性在选择配偶时更青睐有明显头骨饰物的一方，这一点可能适用于一些雄性和雌性都有脊冠的翼龙物种（Hone，Naish，et al. 2011）。

然而，这一研究有一个明显缺点，那就是使用头骨脊来进行翼龙分类学研究，是相当值得怀疑的。虽然基本的脊冠形态，即它们在头骨上的一般位置、骨骼组成等，仍然是区分广泛翼龙类群的有效特征，但我们不能确定脊冠形状的细微差别或是脊冠拥有与否，在密切相关的物种中是否具有分类学意义。在现代动物中，性选择结构的拥有、大小和形状往往在一个物种内有很大的差异，这意味着我们必须谨慎地对翼龙脊冠形态上的微小差异进行解释，使之具有分类学意义。唉，一些翼龙物种已经根据这些特征被鉴别了，这让人对其分类学的有效性产生了一些疑问。这个问题在理论上可以通过对翼龙化石的广泛取样来否定，因为该方法可以揭示单一物种（比如无齿翼龙）内的脊冠形态的变化。然而，翼龙化石的稀有性意味着对于大多数物种来说这不太可能行得通，而且翼龙学家为达到分类目的，在观察这些结构时，要格外小心翼翼。

翼龙脊冠是突出的视觉交流结构，这一观点与一些看法有关，即这些动物至少有一段时间是在大群体中或成群度过的。对于像翼龙这样化石记录零星不全的动物来说，这方面的确凿证据是很罕见的，但在智利白垩纪时一次突发洪水留下的沉积物中，

图8.9　侏罗纪时期的模块达尔文翼龙的性双型。与无齿翼龙不同，这一物种不同性别的体型大体相似，但只有所谓的雄性才有脊冠。

出现了数以千计的翼龙碎骨，这可能代表着大量居住在一起的翼龙曾同时死亡（Bell and Padian 1995）。在其他事例中，人们找到了多具紧密排列在一起的完整翼龙骨架，它们被解释为小型社会群体的化石标本（Witton and Naish 2008），而翼龙化石在一些沉积物中数量众多，可能记录了某些地区存在着大量的翼龙种群。例如，它们是几个特异埋藏中数量最丰富的四足总纲成员（这些特异埋藏包括桑塔纳组、克拉托组和索伦霍芬组）。目前还不清楚翼龙究竟是形成了紧密且社会性复杂的群体，还是仅仅聚集在了同一地点，但似乎有可能大量的翼龙至少在某些环境中共同生活，即使它们没有特别注意到彼此。

为皮翼提供"燃料"

　　关于翼龙的摄食习惯仍有许多未知之处，直到最近几年，翼龙学家才真正着手解决这个问题（例如，Humphries et al. 2007；Witton and Naish 2008；

Ösi2010）。翼龙饮食偏好和摄食行为的直接证据很少，但从少量化石中可以找到。肠道内容物化石最能反映这些习惯。消化了一半的鱼在喙嘴龙和真双型齿翼龙的肠道中被找到（Wellnhofer 1975；Wild 1978；Frey and Tischlinger 2012），此外还发现于无齿翼龙的喉部。后者可能代表翼龙死前呕吐过（Brown 1943）（图8.10）。翼手龙的肠道也被报告过存在鱼内容物（Broili 1938），但据称能证实这一点的标本已经丢失，因此该说法无法得到证实。在可能以鱼为食的古魔翼龙的头骨上，有一块特别不寻常的可能摄入物：一片大而尖锐的植物叶片，据说是这只翼龙在进食时误让叶片刺入了喉囊（图16.4D；Frey，Martill，and Buchy 2003b）。翼龙呕吐出的肠道内容物，也可以从我们在第5章讨论过的神秘的洛斯霍亚斯的食团中得知（图5.4）。

　　翼龙觅食活动的良好证据来自几个翼龙足迹点（图8.11；Parker and Balsley 1989；Wright et al. 1997；Lockley and Wright 2003）。一些翼龙似乎曾

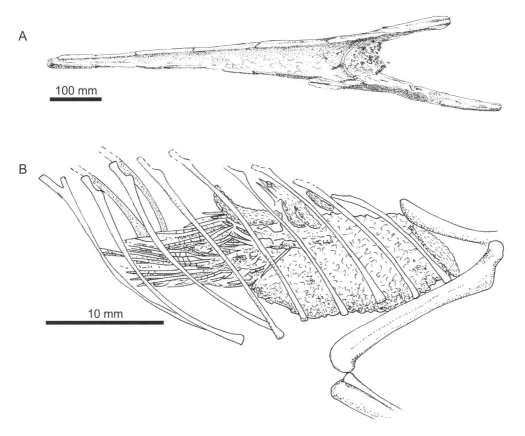

图8.10 翼龙的胃内容物。无齿翼龙下颌支之间有一只部分消化的被反刍的鱼椎骨；B，明氏喙嘴龙的躯干中有部分消化的鱼骸，该鱼是被囫囵吞下的；该鱼的消化情况见图5.3。A，取自卡尔·梅令提供的照片；B，改绘自韦尔恩霍费尔（Wellnhofer 1975）。

在泥滩和水道上逡巡，它们的颌部紧贴着沉积物表面，啄食可能的食物，行走中在水底留下特征鲜明的成对啄痕（图8.12）。这些痕迹几乎可以肯定是由翼龙的颌部造成的，因为除了与翼龙的足迹离得很近之外，它们与现代觅食鸟类留下的成对的喙痕十分相似。鸟类和翼龙的喙并没有太大的不同，它们的啄痕应该是类似的，该一致性是这一鉴定意见的有用佐证。从上方看，翼龙的啄痕表面类似于"U"形洞穴，"U"形洞穴是小型无脊椎动物在洞穴中留下的常见化石痕迹，但这种相似性纯粹是流于表面的，因为啄痕只渗透到了沉积物的最上层（Lockley and Wright 2003）。需要强调的是，留下这些痕迹的翼龙并非像一些现代涉禽那样将喙探入沉积物中，而是从沉积物表面抓取食物，或捕获悬浮在水底上方水柱（water column）中的猎物。翼龙进食时留下的行走痕迹通常排列得非常混乱，表明这些动物在

进食时并没有什么章法可循，只是四处游荡，看到食物就咬。这种足迹在同一地点的多个沉积层中反复出现，表明翼龙一次又一次地返回相同的觅食地点（Unwin 2005）。

翼龙颌部靠近水底所形成的刮痕也被人们所知（图8.11A），但制造者的身份并没有得到广泛认可（Lockley and Wright 2003）。事实上，这些刮擦的痕迹尽管有时在戳痕附近出现，但通常被认为是由徘徊的足迹制造者留下的尾部拖曳痕迹（Parker and Balsley 1989；Rodriguez-de la Rosa 2003）。由于这些例子中留下足迹的几乎肯定是短尾翼龙（在某些种情况下，也可能是一种具有极长后肢的类群），所以这些刮擦不太可能是尾巴的拖痕，除非，这些足迹可能记录了一场翼龙的聚集，足迹制造者直接蹲下身来，抖动起尾毛（或者说密集纤维）（Witton 2008b）。翼龙颌部更容易接触地面，而扫动喙部是现代觅食涉禽的常见行

为。因此，与拖曳尾巴相比，对这些痕迹的更合理的解释可能是它们在扫动喙部。

有趣的是，翼龙的进食痕迹首先出现在晚侏罗世，之后周期性地出现在翼龙的记录中，直至白垩纪末期，这表明翼龙在其演化史的后半段都在浅水道和邻近的泥滩中觅食。遗憾的是，在大多数情况下，留下这些进食痕迹的翼龙的身份不得而知，在大型翼龙足迹珀贝克足迹属（图8.11B）附近出现的进食痕迹这个例子中，甚至连造迹者是否为翼龙类都受到了质疑（Billon-Bruyat and Mazin 2003）。由于许多翼龙都有巨大的平伏的齿列，所以可以料想也不可避免的是，这些牙印上没有刺痕，这一点表明这种觅食动物至少拥有无齿的颌尖，从而将可能的候选物种缩小到少数几个群体。尽管如此，它们的真实身份仍然是个谜。

中生代的侦探案：翼龙是否攻击了索伦霍芬的昆虫

翼龙攻击其他动物的证据极为罕见，可能仅限于两种昆虫化石，它们被初步认定是遭到翼龙攻击的猎物（图8.13；Tischlinger 2001）。这些标本来自德国侏罗纪的索伦霍芬石灰岩，是一件草蜻蛉化石（脉始蛉，*Archegetes neuropterum*）和蜻蜓化石（长翅波脉蜓，*Cymatophlebia longialata*）。它们在石化之前都有大块的翼尖被扯掉，这些损伤都远远超过了翅膀典型预期的磨损程度。（以蝴蝶为例，在它们的一生中，由于翅膀边缘连续出现裂缝而造成的翅膀面积的损失不会超过10%；Hendenström and Rosen 2001。）这只蜻蜓经历了一段特别艰难的时间，因为它右翼有两部分被扯掉了，前翅的近缘与后翅的近缘连续受到了损害。

虽然没有直接证据表明翼龙与这些攻击事件有关，但通过逻辑推理可以得出它们与此事的干系（Tischlinger 2001）。这些昆虫除了翅膀受损外，其他部位完好无损，表明我们可以排除海洋攻击者的

85

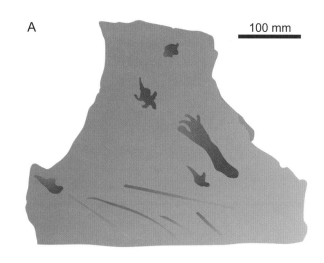

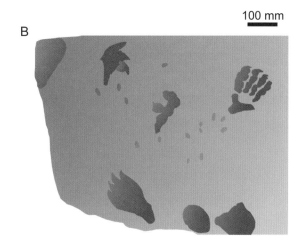

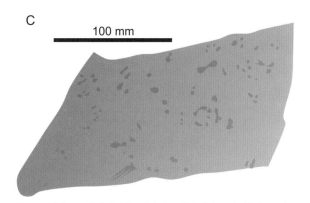

图8.11 翼龙可能的进食痕迹，喙部留下的擦痕和啄痕（紫色阴影）。A，翼龙足迹未定种，墨西哥北部晚白垩世山德尔普韦布洛组的"拖拽痕"足迹；B，五指珀贝克足迹（*Purbeckopus pentadactylus*），来自英国早白垩世珀贝克石灰岩组；C，晚侏罗世翼龙的足迹，来自犹他州的德尔蒙特矿。A，改绘自罗德里格斯-德·拉·罗莎（Rodriguez-de la Rosa 2003）；B，改绘自莱特等（Wright et al. 1997）；C，改绘自洛克利和莱特等（Lockley and Wright 2003）。

图8.12 如何产生喙部进食痕迹？翼龙觅食时在底部留下的痕迹表明它们并没有把喙深深插入沉积物中寻找食物，而是从沉积物表面或其上方的水柱中抓取食物。

图8.13 来自索伦霍芬石灰岩的昆虫，翅膀上的病理被认为是翼龙的攻击造成的。A，长翅波脉蜓（古蜻蜓的一种）；B，脉始蛉（草蜻蛉的一种）。照片由赫尔穆特·蒂斯彻林格尔提供。

可能。水生捕食者似乎不太可能对一只路过的飞虫进行了一场不彻底的进攻，在飞虫掉落水中后还不将其吃掉。同样，这些昆虫没有显示出搬运造成的损坏或干燥迹象，表明它们不是从索伦霍芬内陆被冲进潟湖的。翅膀边缘损伤的位置也与现代空中食虫动物进攻失败后在昆虫翅膀上留下的咬痕一致（Wourms and Wasserman 1985）。翼龙可能不是 86 索伦霍芬沉积物中发现的唯一会飞的动物，因为最早的鸟类，特别是始祖鸟（*Archaeopteryx*），也存在于这种环境中，它们至少拥有有限的飞行能力。然而，始祖鸟级别的鸟类不太可能具备捕捉蜻蜓等昆虫所需的飞行能力（Paul 1991）。正如我们在第6章中就早期翼龙讨论过的，早期鸟类的飞行能力可能远不如蜻蜓或草蜻蛉，它们捕捉这种猎物的机会可能很渺茫。那么，排除法表明，翼龙可能是这些昆虫的唯一可能的攻击者。可惜的是，它们翅膀上的咬痕并没有记录任何支持这一假设的具体特征，但值得注意的是，来自索伦霍芬的一个物种，蛙嘴翼龙，似乎很适合借助翅膀追捕和进食昆虫（Bennett 2007b；见第11章）。也许这只，或者另一只翼龙，在飞上天空的时候，曾令飞翔的昆虫在它们的外骨骼下颤抖！

撞伤、擦伤、磕伤和……喉部寄生虫？

尽管有能力让小动物们，比如上述昆虫心惊胆

战，但翼龙远非无所不能；它们和它们的猎物一样，在攻击、身体伤害和疾病面前不堪一击。许多翼龙化石的骨骼被发现带有病变或其他损伤，表明它们生活的艰辛不易（图8.14；评论见Bennett 2003c）。骨骼附近软组织感染引起的坏死导致的骨骼畸形，在翼龙化石中较为常见，特别存在于骨骼上有少量软组织覆盖的地方，如远端肢体、头骨和下颌骨后部。造成这些伤害和感染的原因通常未知，但笨手笨脚，与其他动物打斗，或许还有寄生虫感染以及疾病可能要负一定责任。在这方面，一些翼龙的头骨和下颌骨的病变特别有趣。虽然有些与压迫性创伤造成的骨折有关（Kellner and Tomida 2000），但其他则表现为各种大小的骨节瘤状增生、软化或不

图8.14 翼龙已知的病理分布，标注在翼龙的骨骼上。汇编自各种来源。

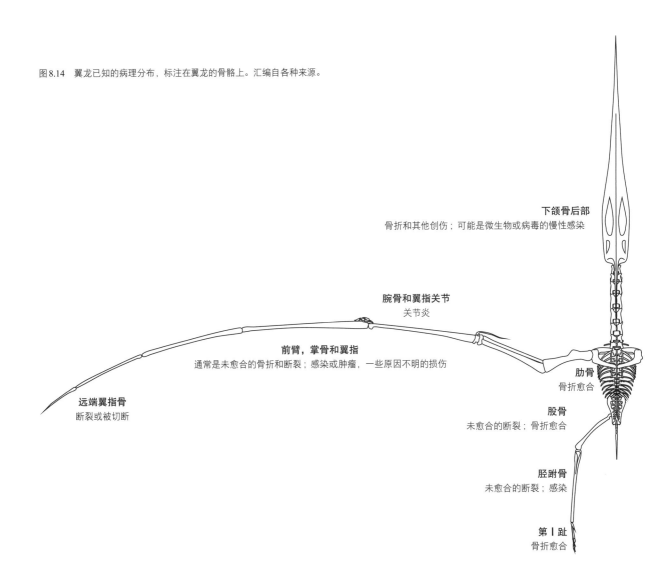

下颌骨后部
骨折和其他创伤；可能是微生物或病毒的慢性感染

腕骨和翼指关节
关节炎

前臂，掌骨和翼指
通常是未愈合的骨折和断裂；感染或肿瘤，一些原因不明的损伤

远端翼指骨
断裂或被切断

肋骨
骨折愈合

股骨
未愈合的断裂；骨折愈合

胫跗骨
未愈合的断裂；感染

第 I 趾
骨折愈合

同程度的凹陷（Bennett 2003c）。这些病变可能是由外伤和组织炎症引起的，也可能是疾病和感染的结果。与一些翼龙标本类似的下颌支凹陷、骨重塑和软化，在现代鸟类身上也可以看到，它们受到了原生动物毛滴虫、毛细线虫或其他一些病原体的感染。可以想象，一些病态的翼龙头骨和下颌骨反映了非常类似的病痛摧残（E. D. S. Wolff，私人通信，2011），这一观点从对非鸟类恐龙的类似毛滴虫感染的诊断中得到了一些间接支持（Wolff et al. 2009）。

其他翼龙的病理包括远端肢体的骨折和断裂，最极端的例子是某翼龙个体的末端翼指骨被部分切断（Bennett 2003c）。然而，许多这样的伤痕都有完全愈合的迹象，表明这些动物在经历了磨难之后还存活了很长时间。肢体骨骼的完全断裂很少被发现（例外情况，见Wang et al. 2009，and Lü，Xu，et al. 2011），这种伤害通常被认为对翼龙来说是致命的。折断的肢骨会影响它们对翅膀的使用，并限制它们在陆地上的运动。即使那只不幸的动物没有饿死，也极有可能成为掠食者的午餐。

翼龙遭受的最后一种折磨对于我们许多人来说都熟悉不过：关节炎。几件大型翼龙标本显示，腕部和掌骨/翼指关节在生活中被大量使用，以至于每块骨头之间的软骨垫都受到磨损，只留下骨头间互相凿出的深深的凹槽（Bennett 2003c）。发展到这种情况在翼龙中是异常极端的，好比一头魁梧的牛或一匹挽车马的患有关节炎的四肢（Bennett 2003c）。患有关节炎的翼龙在它们的一生中一定曾反复让这些关节承受沉重的负荷：可能长时间地持续鼓翼（Bennett 2003c），也可能反复地起飞。腕部和翼指在四足起飞的过程中肯定会受到强烈的应力（可能比鼓翼时受到的应力更大），所以终身使用可能会对年龄特别大的个体造成伤害。

致命动物

让翼龙生存困难的不仅仅是疾病、笨拙和衰老。其他大大小小的动物，也都在追寻它们的血液。也许最有趣的翼龙杀手，也是最难让人们和翼龙联系在一起的，是翼上蚤（Nakridletia），这是一个侏罗纪时的昆虫类群，被视作专门的翼龙寄生虫（图8.15；参见 Vršanský et al. 2010）。其他类似跳蚤的生物，如早白垩世的刺龙蚤（Saurophthyrus）（Ponomarenko 1976）和塔文蚤（Tarwinia）（Jell and Duncan 1986），也被称为翼龙寄生虫。这些昆虫的长度都不超过10毫米，但都具有吸血的口器和长而凶猛的钩状附肢。这使它们能够紧紧附着在翼龙的密集纤维和膜上，同时吸食血液。虽然这些昆虫的适应特性是其寄生生活方式的有力证据，但有些人质疑为什么它们会被当作专门的翼龙寄生虫，因为它们或许在有羽毛的恐龙或哺乳动物的皮毛上也能过得同样舒坦（Grimaldi and Engel 2005）。在中生代，其他的飞行有膜类也出现在它们的菜单上；滑翔的哺乳动物和爬行动物也许会被证明对翼上蚤和它们的亲戚来说是同样诱人的宿主，如果它们像一些人认为的那样，是"攻膜专家"的话。

更有说服力的证据表明，中生代的大型动物肯定以翼龙为食，方式比窃食血液更致命。事实上，在整个演化史上，翼龙似乎都在被其他动物猎食。已知最古老的翼龙被捕食案例，是在意大利晚三叠世的岩层中发现的：一条鱼的反刍物中只有一堆松散的小翼龙骨头（Dalla Vecchia et al. 1989）。翼龙的身份尚不确定，但当地的古动物群情况以及呕吐物残渣的组成物（见第5章），印证了一只大鱼（也许是一米长的龙鱼）吃下并反刍了翼龙的观点（Dalla Vecchia 2003a）。德国的侏罗纪岩层再次记录了鱼类捕食翼龙的行为：一件胃部食团化石中含有喙嘴龙被部分消化后的残骨（Schweigert et al. 2001）。这个食团最初被认为来自同一地层中的某只大型海洋鳄鱼，但如果古代鳄鱼的胃酸像它们现代的亲属一样，它们应该会迅速将翼龙薄薄的骨头溶解掉。所以凶手似乎最有可能是大型鱼类。弗雷和蒂斯彻林格尔从德国的沉积物中报告了更多鱼类捕食翼龙

图8.15 翼龙可能的寄生虫——惊人恐怖虫（*Strashila incredibilis*），来自俄罗斯侏罗纪时期的沉积物。改绘自沃尚斯基等（Vršanský et al. 2010）。

的证据，他们对一种大型掠食性鱼类——剑鼻鱼（*Aspidorhynchus*）和喙嘴龙之间的多起关联事例进行了描述，表明二者经常在剑鼻鱼捕食失败后同归于尽（Frey and Tischlinger 2012）。

随着时间的推移，鲨鱼也饱食了翼龙的肉。白垩纪的鲨鱼物种——鸦鲨（*Squalicorax*），因其可能的食腐行为而闻名，它们似乎特别钟情于翼龙肉（对西部内陆海道古生物学的精彩概述，见Mike Everhart 2005）。鸦鲨居住在西部内陆海道，那是一片曾经将北美洲分割开来的浅海，它们似乎以这片古海中出现的几乎所有脊椎动物的残骸为食。它们的咬痕可以通过许多化石骨骼上留下的锯齿状凹痕来识别，这些化石也包括无齿翼龙的骨骼（S. C. Bennett and M. J. Everhart，私人通信，2008）。我们不得不怀疑如果是这样，鸦鲨算不算是严格的食腐动物？通常情况下，一只体长不到3米的鸦鲨的重量在100—250千克之间，甚至比体型庞大的无齿翼龙还要重得多（如果第6章中的推理准确的话，无齿翼龙的体重大约是35千克）。在这悬殊的重量对比下，鸦鲨似乎有可能以现代鲨鱼捕食降落于水面的海鸟的方式来捕获无齿翼龙。第二种没有锯齿的齿痕也出现在翼龙的化石上，表明西部内陆海道有另一群居民对无齿翼龙的尸体也深感兴趣。然而，

这第二种动物的身份仍然是个谜。

据称在蛇颈龙和海洋鳄鱼的肠腔也发现了翼龙骨骼，这被当作是这些海洋爬行动物也食用翼龙的证据（Brown 1943；Martill 1986），但这两种说法的有效性受到了质疑（Forrest 2003；Witton 2008b）。关于爬行动物捕食翼龙的更明确的记录来自三件标本，它们无可争议地证明，白垩纪恐龙以翼龙为食。这些捕食者包括来自巴西的大型棘龙科恐龙激龙，来自加拿大的体型相当小的驰龙类蜥鸟盗龙（*Saurornitholestes*），以及来自蒙古的伶盗龙（*Velociraptor*）（图8.1和8.16；Currie and Jacobsen 1995；Buffetaut et al. 2004；Hone，Tsuhiji，et al. 2012），对于前两者来说，捕食者和猎物之间的体型差距对比强烈。据记录，一颗嵌入翼龙脊椎的断齿来自棘龙类，其体型使翼龙相形见绌；而被蜥鸟盗龙（它在啃食翼龙的胫骨时失去了一颗牙齿）吃掉的翼龙，其翼展则可达到这只恐龙掠食者体长的3倍。虽然后一个例子似乎很充分地说明，恐龙吃的是翼龙的尸体，但前一个例子里，两个动物个体之间的大小关系不仅说明了食腐行为是合理的，也说明掠食行为是合理的。现代的鳄鱼和猫完全有能力捕捉和杀死相对较大的鸟类，所以没有什么理由认为一只聪明的恐龙掠食者不能对翼龙做出同样的杀戮。

图8.16 一群蓝斯顿氏蜥鸟盗龙（*Saurornitholestes langstoni*）在加拿大晚白垩世的河边偷食一只死去的巨型神龙翼龙科翼龙，而另一只巨大的神龙翼龙科翼龙（左下）正试图占领这具尸体并赶走周围的鸟类。

9

翼龙的多样性

我的博士生导师，翼龙大师戴维·马蒂尔曾经告诉我，在翼龙学家眼中所有的翼龙基本上都一个样，只不过各物种的头和颈有所不同。这确实与事实相去不远，我们将在本书余下的大部分内容里探究为何如此。不同翼龙之间的比例差异和解剖结构的差异，不仅足以让我们从碎片标本中识别出不同的分支，还可以让我们了解到众多群体和物种的多种多样的生态策略和运动方式（图9.1）。

为了了解翼龙的多样性有多广泛，接下来的十五章内容将聚焦于本书写作时代已知的翼龙特定群体，内容涵盖它们的发现史、解剖学和古生态学。为了帮助我们朝此方面作出努力，我们需要遵循一个分类机制。幸运的是，翼龙研究者花了相当长时间致力于解开翼龙之间的相互关系，对它们的演化路径也有所了解。关于这一主题的早期研究完全是主观的，这些研究借助翼龙物种的形态相似性以及它们在时间上的相对分布状况，来推断其共同的祖先（例如，Young 1964；Wellnhofer 1978）。自20世纪80年代以来，通过使用计算机对翼龙的种和属进行系统发育和支系上的分析，消除了部分主观臆断（关于这些研究的历史，见Unwin 2003）。这些分析仅仅建立在翼龙共同的解剖特征之上，将翼龙类群分成了若干分类群，也叫作演化支，并试图呈现出这些演化支之间最合理的，或者说最简单的演化途径。如今，关于翼龙的系统发育方案有两个广泛被接受的观点：一个引自戴维·安文编纂的数据集（最深入的讨论见Unwin 2003，但数据集更现代的形式，见Lü，Unwin，et al. 2006；Lü，Unwin，et al. 2008；Lü，Unwin，et al. 2010；Lü，Unwin，et al. 2011；以及Lü，Unwin，et al. 2012），另一个引自亚历山大·凯尔纳的数据集（更详细的内容见Kellner 2003；但之后进行了修改和更新，见Wang，Kellner，Zhouet al. 2008；Wang et al. 2009；Wang et al. 2012）。

这些数据集产生的演化树在许多方面是一致的，但在一些基本的方面却有所不同。其他的系统发育研究或多或少都来自"安文"数据集或"凯尔纳"数据集（如Martill and Naish 2006；Andresand Ji 2008；Dalla Vecchia 2009a；Andres et al. 2010），因此我们会看到，由于研究人员往往倾向于其中一种方案，所以在翼龙相互的关系方面产生了一些意见分歧。为了推进本书，我们必须在这些方案中作出选择。经过测试，"安文"学派的翼龙相互关系在两种方案中更为靠得住（Andres 2007；Unwin and Lü 2010），而且，与其他学派相比，我自己的系统发育学研究结果同这个学派的翼龙分类学更为一致。因此，尽管我们有充分的理由倾向于"凯尔纳"系统发育学研究中的一些分类安排，但我们在随后的章节中还是将或多或少地遵循"安文"模式。它们的内容大致遵循"安文"翼龙系统发育学研究的新近且详细的描述（图9.2；Lü，Unwin，et al. 2010），同时，由于这种选择不会让人人都满意，就存在争议的物种或类群的位置的重大分歧，以及就一个群体的名称或组成的争议，书中也将作出讨论。

整装上阵

在我们开始之前，也许应该先用一些涉及后续

图 9.1　在早白垩世，一群帆翼龙科翼龙在现如今属于中国的地区上空翱翔。帆翼龙科翼龙可能在翱翔飞行方面非常出色，并可能曾借此来寻找腐肉。关于帆翼龙科的更多信息，见第 15 章。

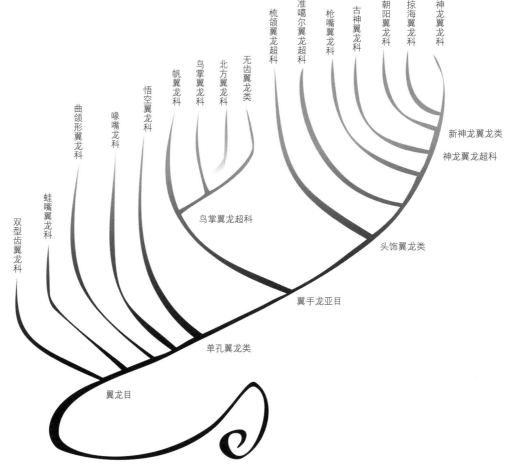

图9.2 吕君昌、安文等人的翼龙系统发育研究（Lü，Unwin，et. al. 2010），以及接下来各章所基于的分类方案。

内容的基本知识来武装自己。我们不仅仅要将翼龙归入中生代的主要纪元，还要将它们归入具体的"期"，期是构成我们更熟悉的地质年代——"纪"的较小时间段（见图9.3，仅供参考）。希望这能让我们对翼龙在时间上的分布有更多的了解，而不仅仅是用中生代中更广泛的早/中/晚××世来衡量。

我们应该知道，翼龙分类学家承认在翼龙目中有两类无可争议的会飞的爬行动物。第一类于三叠纪和侏罗纪相继从翼龙谱系树上分离出来，是一群物种的大杂烩，一般通过它们的长尾巴和长长的第V趾来识别。第二类是个大型群体，翼手龙亚目，它是侏罗纪/白垩纪翼龙的分支，尾巴短，掌骨相对长，骨壁非常薄，第V趾短或无。翼龙研究的老手们可能知道第一个类群的名称是"喙嘴龙亚目"

（rhamphorhynchoids），这个术语反映了20世纪90年代以前的观点，即翼龙演化早期被分成两类：长尾的"喙嘴龙亚目"和短尾的翼手龙亚目。如今，人们几乎普遍认为只有翼手龙亚目代表着一个自然类群，而"喙嘴龙亚目"这个概念早已被摒弃。我们了解到的翼手龙亚目物种比非翼手龙亚目物种要多得多。前者似乎在白垩纪达到了多样性和差异性的顶峰，而且这样的程度，似乎反映了翼龙的全盛；翼龙作为一个类群，从来没有比早白垩世时更加多种多样过（图9.3）。翼手龙亚目也比它们的非翼手龙类祖先寿命更长，地理分布更广。然而，我们应该对这些事实进行多深的解读，就是另一个话题了，我们将在最后一章中讨论。

在你继续阅读之前，还需要认识到的最后一点是，以下各章包含的物种数量远比十年前撰写的书

93

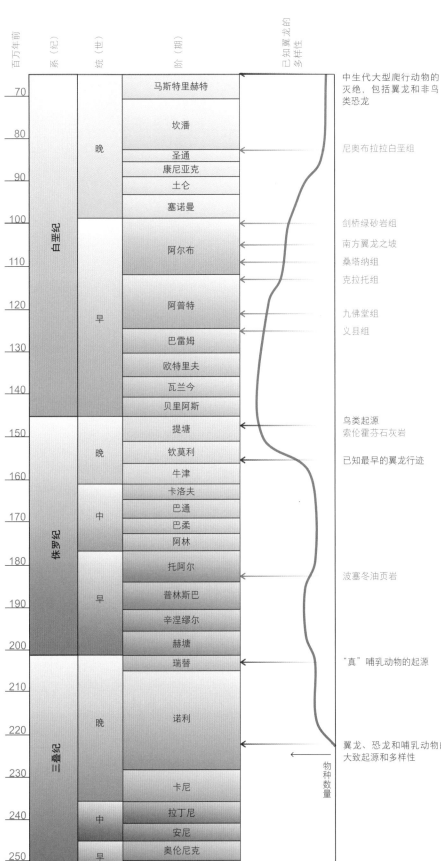

中生代大型爬行动物的
灭绝，包括翼龙和非鸟
类恐龙

尼奥布拉拉白垩组

剑桥绿砂岩组
南方翼龙之坡
桑塔纳组
克拉托组

九佛堂组
义县组

鸟类起源
索伦霍芬石灰岩

已知最早的翼龙行迹

波塞冬油页岩

"真"哺乳动物的起源

翼龙、恐龙和哺乳动物的
大致起源和多样性

物种
数量

图9.3 翼龙在地质时期的多样性。
请注意这种多样性是如何在提塘
期—阿普特期登峰造极的，该时期
正是翼龙产出丰盛特异埋藏的年代，
其地层位置在图右侧用蓝色标出。
更多关于翼龙多样性的信息，请参
见第26章。多样性曲线引自巴特勒
等人（Butler, Barrett, Nowbath, and
Upchurch 2009）。

91

中的物种数量多得多。在撰写这本书的时候，大约有130—150种翼龙被发现（尽管我们会发现，在某些人眼里这是个过于保守的估值）。如果十年以后有人再写一本这个类型的书，数量无疑会增至更多，也许各章节的安排也会大不相同。接下来的内容只是我们所知道的2012—2013年翼龙多样性的一个缩影，几乎可以肯定的是，在未来的年份里，它将大有不同。

10

早期翼龙与双型齿翼龙科

翼龙目＞沛温翼龙属 + 双型齿翼龙科

令人沮丧的是，我们对翼龙演化的最初阶段知之甚少（图10.1）。最早的翼龙分支残存的标本分布在全球各地（图10.2；Barrett et al. 2008），其保存最好的化石发现于欧洲、北美洲，最近还出土于巴西。后者的出现可能相当重要，因为它或许代表了迄今发现的最古老的翼龙，来自卡尼期/诺利期交界（约2.16亿年前），而不像大多数三叠纪翼龙那样，源于上诺利期（约2.1亿年前）。该化石被命名为迷你法希纳尔翼龙（*Faxinalipterus minima*）（Bonaparte et al. 2010），它的标本表现出一些翼龙的特征，如空心骨和类似翼龙的肱骨和乌喙骨。有趣的是，与大多数飞行爬行动物相比，其解剖学的一些特征显得相当原始，有可能这只动物比该类群的其他代表化石要早上几百万年。例如，它的腓骨和胫骨一样长，这种构造在其他翼龙中几乎见所未见，但在传说中的翼龙祖先身上却发现了（第3章）。然而，一些翼龙研究者对法希纳尔翼龙属于翼龙的说法表示怀疑，因为其他大量的三叠纪动物也都有空心骨，且该化石残损严重，无法看到清晰的翼龙特征。因此，法希纳尔翼龙可能代表了三叠纪小型爬行动物中的一个类群，而不一定是翼龙类。

这并不是人们第一次对所谓的古老翼龙属有所怀疑，尽管该属可能相当重要。1866年，著名的美国古生物学家爱德华·德林克·柯普（Edward Drinker Cope）在宾夕法尼亚州的三叠纪沉积物中报告了一组小骨头，其被认为是宾夕法尼亚州三叠纪沉积中的翼龙。这些骨骼不仅是在美国发现的第一批翼龙化石，也是全世界第一批来自三叠纪

地层的翼龙化石。柯普最终将它们命名为棒臀龙（*Rhabdopelix*）。一个多世纪后，对这些重要化石的重新评估表明，它们不足以被证明属于翼龙，就像法希纳尔翼龙一样，它们可能属于一些三叠纪的爬行动物（Dalla Vecchia 2003b；关于这一发现的历史，也见 Witton 2010）。我们将在第18章回过头来讨论柯普所谓的三叠纪翼龙的问题。

要找寻早期翼龙确凿无疑的化石标本，我们必须到意大利北部诺利期中晚期的沉积物中去看看。这个地区的一些翼龙化石通常被认为代表了翼龙最早的分支，其中包括布氏沛温翼龙（*Preondactylus bufarinii*），这只动物由一具几乎完整的骨骼被人们已知（图10.3；Wild 1984b；Dalla Vecchia 1998）。遗憾的是，由于一个可以被收录进剧集《辛普森一家》（*The Simpsons*）的错误，沛温翼龙并没有获得高知名度。收集者在清洗其唯一已知的骨骼时，不小心将大部分化石标本冲进了水槽，只留下了骨骼的沉积物压模供人们研究。值得庆幸的是，从这些压模中可以收集到足够的数据来对沛温翼龙进行解释，它在翼龙目中就算不是最基础的，也是比较常见的成员（Dalla Vecchia 2009a；Andres et al. 2010；Lü, Unwin, et al. 2010；Lü, Unwin, et al. 2011；Lü, Unwin, et al. 2012；也有不同观点，见 Wang et al. 2009）。

意大利北部其他地区的同时期岩层中产出了一只与沛温翼龙相近的动物，即双型齿翼龙科翼龙，赞氏蓓天翼龙（*Peteinosaurus zambellii*）（Wild 1978）。这只动物从两件（可能是三件）不完整的标本中被人们得知，分别代表了肢骨、肢带和下颌骨

图 10.1 长爪双型齿翼龙在辛涅缪尔期的森林里跳跃着追逐一只倒霉的早期哺乳动物，它在树木间穿梭，身体结构几经打磨，适合攀爬。

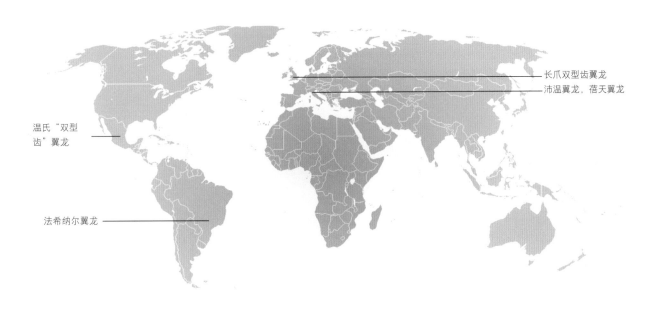

图 10.2　双型齿翼龙科的分布以及其他早期翼龙分类群。

长爪双型齿翼龙

沛温翼龙，蓓天翼龙

温氏"双型齿"翼龙

法希纳尔翼龙

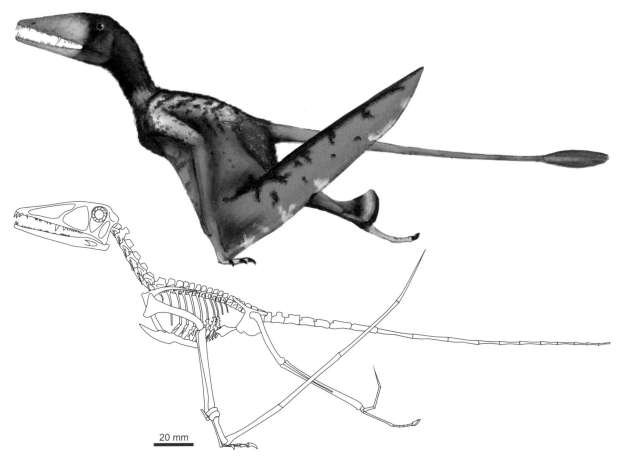

20 mm

图 10.3　一只起飞中的布氏沛温翼龙的骨骼复原和实体复原。

图10.4　1870年维多利亚时期的重量级古生物学家理查德·欧文，对一件来自英国辛涅缪尔期（里阿斯统下部）的近乎完整的长爪双型齿翼龙标本进行了描述。版权归伦敦自然历史博物馆所有。

（Dalla Vecchia 2003b）。这提供给人们足够的信息推断出蓓天翼龙可能与长爪双型齿翼龙密切相关，后者是一种体型相对较大且具有历史意义的早期翼龙，来自英格兰南部侏罗纪岩层（辛涅缪尔期；1.97亿—1.9亿年前）（Buckland 1829）。双型齿翼龙是翼龙类中的佼佼者，因为它是第一件在英国发现的翼龙化石，也是第一个在德国索伦霍芬石灰岩采石场以外发现的翼龙，并且与维多利亚时期英国古生物学的重量级人物有关。玛丽·安宁（Mary Anning），也许算得上第一位专业的化石收集者，于1827年从英国著名的"侏罗纪海岸"里阿斯统下部采集到了第一批双型齿翼龙标本。这些浅海地层也产出了巨大的海洋爬行动物，安宁可能因发现了这些爬行动物而更为闻名。她把翼龙的化石交给了牧师威廉·巴克兰（William Buckland），这位早期的古生物学家和地质学家因在1822年发表了第一份恐龙化石资料而闻名。巴克兰将这只翼龙命名为长爪翼手龙（*Pterodactylus macronyx*）[1]，认为它与已经在德国获得命名的翼龙标本相当相似（见第2章和第19章）。后来一件更完整的双型齿翼龙标本被找到（图10.4），并被交给了理查德·欧文，这位当时首屈一指的自然历史学家，不仅创造了"恐龙"一词，而且还带头建造了伦敦神奇的自然历史博物馆。欧文是早期翼龙研究史上的杰出人物，他从英国侏罗纪和白垩纪的沉积物中命名了许多物种，并详细记录了它们的解剖结构，令他19世纪的同行望尘莫及。他认为小爪翼手龙（*Pterodactylus micronyx*）的第二件标本与德国的翼手龙有很大的区别，因此应该有自己的属（Owen 1870）；双型齿翼龙这个名字就是由此而

来。从那时起，在里阿斯统沉积物中，接连发现了双型齿翼龙的化石材料，并且在墨西哥的早侏罗世和中侏罗世沉积物中发现了第二个可能的物种，即体型稍大的温氏双型齿翼龙（Clark et al. 1998）。然而，近年来后者属于双型齿翼龙的说法受到质疑，其化石有待完整的描述和分类鉴定。尽管双型齿翼龙变得常见，但它仍然是翼龙研究中的一个重要生物，因为它为翼龙的体态（如Padian 1983b；Unwin 1988b；Bennett 1997a；Clarket et al. 1998），以及翼龙与其他爬行动物的关系研究（如Nesbitt and Hone

---

1　在19世纪，人们常常将翼龙命名并归为翼手龙或"鸟头翼龙"的一个种（更多关于这些名字的由来，请参见第19章）。正如我们将在随后的章节中看到的，在此期间发现的大多数翼龙都被归入这些属。然而到了19世纪末期，对翼龙化石使用新的属名变得更加普遍，目前，大多数翼龙属都只包含一个物种。

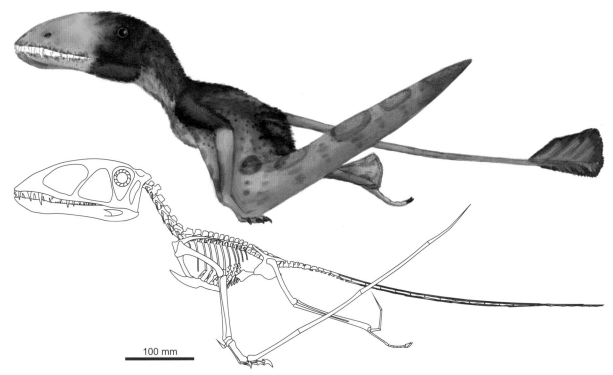

图10.5 一只起飞中的长爪双型齿翼龙的骨骼复原和实体复原。

2010）提供了新的认识。令人兴奋的是，最近在英国南部的普林斯巴期（1.9亿—1.83亿年前）沉积物中发现了另一件类似双型齿翼龙的化石，可能代表了双型齿翼龙科的一个新属或新种（Unwin 2011）。

此处使用的方案中，双型齿翼龙、蓓天翼龙和英国新类型的翼龙都属于双型齿翼龙科，是这种大头翼龙的早期分支，可能很适应攀爬。它们因下颌和前肢的一系列特征被归类在一起，这些特征包括近端翼指骨的坚固性和三角肌嵴的形状（图10.5）。虽然这一类群在其他系统发育学研究中没有得到认可（Dalla Vecchia 2009a；Wang et al. 2009；Andres et al. 2010），但人们普遍接受蓓天翼龙和双型齿翼龙在翼龙谱系树底部的密切关系，即使它们并不总被认为是彼此的近亲。

解剖学

到目前为止我们可以看出，最早的翼龙有一系列的特征，这些特征与它们的其他解剖学特征

一起被欧文（Owen 1870）、怀尔德（Wild 1978,1984b）、帕迪安（Padian 1983b）、安文（Unwin 1988b）和达拉·韦基亚（Dalla Vecchia 1998）记录了下来。它们普遍体型较小，沛温翼龙翼展为0.5米，蓓天翼龙为0.6米，而双型齿翼龙为1.3米。它们没有其他翼龙身上可见的离奇比例，头、颈和前肢虽然都很大，但躯干和后肢看上去也不至于太小。它们的头骨短高（深），有大的开口，因此，尽管尺寸很大（双型齿翼龙的头骨大约有20厘米长），但可能相当轻。唯一已知的沛温翼龙的头骨有些破碎，确切的形状无法确定，但通常进行复原时，会赋予其一个相当扁的口鼻部（例如，Wellnhofer 1991a；Dalla Vecchia 1998）。然而，这可能并不准确，因为眶前孔和鼻腔开口之间骨支柱的长度决定了它的口鼻部一定比通常复原的要高（图10.3；Unwin 2003）。这些翼龙的头骨通常是没有脊冠的，但双型齿翼龙的下颌前部确实有轻微的隆起。双型齿翼龙还拥有一个外下颌孔，这是翼龙祖先保留下来的主龙类特征，在后来的翼龙中却无迹可寻（Nesbitt and

A

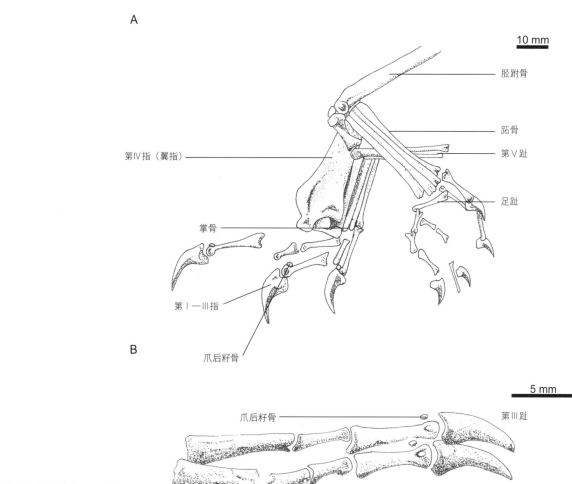

胫跗骨

跖骨

第Ⅴ趾

足趾

第Ⅳ指（翼指）

掌骨

第Ⅰ—Ⅲ指

B

爪后籽骨

5 mm

爪后籽骨

第Ⅲ趾

第Ⅳ趾

图10.6　长爪双型齿翼龙的粗壮的手足。B，改绘自安文（Unwin 1988b）。

Hone 2010）。遗憾的是，其他早期翼龙的化石保存得太差，无法确定它们是否具有同样的特征。

　　这些早期翼龙都拥有牙齿，其大小在整个颌部中存在明显的差异。它们的颌部尖端都具有巨大且两侧扁平的獠牙状牙齿，而较小的牙齿长在后部。其中一些牙齿（如双型齿翼龙的前牙，以及沛温翼龙眶前孔下的大牙齿），带有非常细密的锯齿。在双型齿翼龙中，上颌的牙齿比下颌的大得多，间隔也更均匀，它们呈三角形，紧密排列，只有几毫米高。除了上述颌尖的牙齿和上颌中两个相当大的牙齿外，沛温翼龙的牙齿普遍较小（这一特征也见于其他一些早期翼龙；见第12章）。

　　沛温翼龙和双型齿翼龙的前/后肢比例（翼指的长度忽略不计）是所有翼龙中已知最低的，而且它们的翼指特别短。这通常被认为是"原始"特征，可能表明这些早期类群还没来得及演化出后来进步翼龙那样极度不协调的更接近翼状的肢体比例。因此，它们的四肢相当长，翼展就它们的体型来说相当小。这在双型齿翼龙身上尤为明显，它的身体、头部和后肢都非常大，重量可能达到1.3千克，是其他翼展相似的翼龙的两倍（Brower and Veinus 1981 Witton 2008a）。翼展小可能与双型齿翼龙的骨骼气孔构造含量有限有关，气孔构造似乎只限于头骨和颈部系列骨骼（Butler，Barrett，and Gower 2009）。

　　尽管很古老，但这些早期类群的飞行解剖结构是极度发达的，强大的肩带、块状的腕骨、翼骨和翼指的存在，让人们对这些早期翼龙的飞行能力无从置疑。虽然它们的后肢长而粗壮，但髋部却异常的小，髋臼前突特别短。它们的手足都很发达，尤其是长爪双型齿翼龙，就肢体比例来说它们的爪子巨大，所有长着爪子的手指和足趾上都有爪后籽骨（图10.6；Unwin 1988b）。然而，在温氏双型齿翼龙身上似乎没有看到这样的籽骨。脚趾上有籽骨，这在其他翼龙身上可是见所未见的，可能表明长爪双型齿翼龙相当擅长从事某种特殊的陆地运动。与大多数长尾翼龙一样，双型齿翼龙的大部分尾椎上排列着细长的脊椎关节突，但沛温翼龙的尾巴却缺乏这些特征。这只翼龙尾椎的确切数量不详（有研究认为是20个，见 Wild 1984b），但在双型齿翼龙身上尾椎的数量相对较多，为30个。

运动

飞行

对最早期翼龙飞行的研究可以为我们提供许多有关脊椎动物飞行能力早期演化的信息，但相关研究其实很少，这多少有些令人惊讶。双型齿翼龙翅膀拍打的幅度已经确定，其关节盂的形态允许其翅膀在90°的弧度范围内摆动（Padian 1983b）。因此，至少一些早期翼龙已经具备了一些强有力鼓翼所需的解剖学特征，尽管胸骨标本的缺失意味着我们目前无法估算出它们的飞行肌肉有多大。这些早期翼龙的前肢相对较短，而后肢较长，据推测是为了形成相对宽阔且较小长宽比的翅膀（Witton 2008a）。与现代飞行动物翅膀的翼载荷和长宽比相比，沛温翼龙与鸟类和蝙蝠一样具有相当"泛化"的飞行策略（图4.5；Witton 2008a）。这些动物是强大且娴熟的飞行者，但并不特别擅长任何特定的飞行方式（Rayner 1988），在现代鸟类中以分布广和适应性强的群体为代表（如乌鸦、鹦鹉和鸽子）。有趣的是，这些鸟类适应于在杂乱的陆地环境中飞行，这印证了早期翼龙可能在多层次的陆地环境中生活和演化的观点（见第3章）。

双型齿翼龙科翼龙的飞行情况则完全不同。双型齿翼龙的翅膀质量较大，相对短而宽，表明它是相对高负载的飞行者，与不常使用翅膀且只会短距离冲刺飞行的现代鸟类（如秧鸡类、啄木鸟、鹋形类）类似（Witton 2008a）。这些鸟类的起飞和飞行是相当耗费能量的，因为它们的滑翔角度较大；如若停止拍打翅膀，它们的飞行路线看起来更像是优雅地坠落，而不是高效的滑翔。同样，由于自身的重量，它们也不是特别灵活机动的飞行者。据预测，双型齿翼龙的翅膀属性表明它们可能也以类似的方式飞行，这种方式需要借助强劲的跳跃来起飞，然后通过快速拍打翅膀来维持水平飞行。双型齿翼龙可能在飞行中上下起伏，它们在拍打翅膀的同时伴随短暂的滑翔，这样的节奏较节省能量（Rayner et al. 2001），能使其飞行效率最大化。这将使它们的飞行具有独特的"俯冲"模式，类似负载沉重的啄木鸟——据发现，这种鸟类与双型齿翼龙的飞行模式相似（Witton 2008a）。这些翅膀的预测属性也可能表明，双型齿翼龙很少飞行，也许只有在紧急情况下或需要长途旅行时才会升空（图10.7）。这是一个有趣的预测，因为可能比双型齿翼龙更"原始"的翼龙，如沛温翼龙，相比之下似乎更适合飞行。这意味着双型齿翼龙有限的飞行能力是在翼龙学会了飞行之后才演化出来的，而并非代表着翼龙早期的飞行能力拙劣。考虑到这种发展可能早在侏罗纪时期就发生了，看来翼龙似乎曾争分夺秒地对它们的运动机制进行试验。

在地面上

如果双型齿翼龙不愿意飞行，它就需要很好地适应其他移动方式。与沛温翼龙和蓓天翼龙一样，双型齿翼龙似乎很适合在复杂的陆地环境中奔走。这三个物种都有强壮的四肢，肌肉或许很发达，说明它们在地面上行走或奔跑时不费什么力。比例匀称的四肢则表明，它们在行走或奔跑时四肢的步幅和力量可以得到充分利用，而不会像许多其他翼龙那样因后肢短弱而影响了前肢的步幅潜力（最极端的

102

图10.7　如何让双型齿翼龙飞起来？作为一种体型庞大的翼龙，双型齿翼龙飞行起来可能非常吃力。也许，就像负载相当的鸟类一样，它升入空中只是为了在树与树之间进行短暂的跳跃，或是躲避威胁（这里的威胁指的是一只饥肠辘辘的兽脚类恐龙）。

例子见第15—18章）。此外，虽然已经没什么翼龙研究者还接受凯文·帕迪安提出的双型齿翼龙及其近亲是两足动物的观点（Padian 1983b）（见第7章），但帕迪安对双型齿翼龙后肢适于行走的特性的大部分观察仍然是合理的；它们的后肢强壮有力，显然适应于充满活力的陆上运动（也见Bennett 1997a）。

然而，这种陆上运动很可能大部分时间都不是在地面上进行的。双型齿翼龙高度发达且独特的手足适应特性使它成为特别敏捷的攀爬者，也许称得上是所有翼龙中最优秀的攀爬者之一。它所拥有的，是我们在第7章中讨论过的翼龙攀爬适应特性的夸张版本，比如巨大、狭窄且带钩的爪子，很适合用来在树干或岩石峭壁上寻找支撑点（Unwin 1988b）。强大的后肢在攀爬时显然大有用处，长而起到平衡作用的尾巴也是如此。双型齿翼龙相对保守的身体

比例可能也很重要，因为这可以使它们的身体重心靠近爬坡面，从而减少攀爬垂直面时的重力作用。因此，我们可以把双型齿翼龙想象成一只长着皮翼的松鼠，在树梢或岩壁上移动。蓓天翼龙和沛温翼龙也具有这些特征，并且可能也是有力的攀爬者（Wild 1984b），但是它们都不像双型齿翼龙那样适合在高处生活。

古生态学

早期的翼龙通常被认为以鱼或昆虫为食（Wellnhofer 1991a；Unwin 2005；Ösi 2010），在艺术复原中，有着高高口鼻部的双型齿翼龙经常被拿来与现代的海雀作类比（例如，图片见Bakker 1986）。然而，也许没有什么特别的理由让我们假

设这些动物会捕鱼。在我看来，它们的颌部和颈部不够长，也不够灵活，无法一边飞行一边从水中抓取食物，从上空攻击水中猎物需要平稳地飞行，预测的飞行方式做不到这点。使用这种浸食方式的鸟类往往是强壮且平稳的飞行者和优秀的滑翔者（Rayner 1988），然而这些早期的形态无一如此。在不具有任何明显的游泳适应特性的情况下，似乎没有什么理由认为这些动物更适合于追逐鱼类或别的水中生物，而不是其他类型的食物。

关于早期翼龙是食虫动物的观点，最近通过人们对其牙齿和颌骨力学的详细研究得到了证实（Ösi 2010）。早期翼龙的牙齿没有磨损，说明它们细尖的牙齿在嘴部闭合时相互交错，这一特点非常适合于抓取小型猎物。它们的颌尖具有锯齿状的大牙，似乎很适合用来穿透坚硬的昆虫外骨骼，而下颌后部的牙齿则小得多，与现代食虫爬行动物的牙齿分布一致。

然而，早期翼龙究竟是如何捕捉它们可能的昆虫猎物的，我们尚不清楚。安文认为早期翼龙是在半空中捕食的（Unwin 2005），但是正如我们在第3章中所讨论的（并将在第11章中再次提及），几乎可以肯定，早期翼龙缺乏捕捉飞虫所需的飞行敏捷性。如果现代的昆虫猎食者可以作为参考的话，那么早期翼龙可能会因为太重而无法有效地在空中追逐昆虫。现代最大的空中食虫动物（林鸱，是猫头鹰和夜鹰的近亲）体型较小，翅膀较长，体重相对较轻（最大的物种重约0.5千克，翼展为1米）。然而，这些鸟仍然仅能在飞行中捕捉相当大且行动缓慢的昆虫（M. B. Habib，私人通信，2012）。这表明，有效的空中食虫仅限于低体重的猎手，大而重的双型齿翼龙（可能比最大的林鸱还要重两倍以

上，尽管二者体型几乎相同），在飞行中可能因为太大、太重、太笨拙而无法捕捉灵活的空中猎物。早期翼龙也缺乏现代昆虫捕食者所拥有的又宽又短的嘴巴，这种嘴能最大限度地增加它们在飞行途中捕食昆虫的机会。因此在我看来，早期翼龙在飞行中抓取昆虫的可能性看起来相当低。我想知道这些早期翼龙是否会采用不那么惹眼的捕食方式，只在落叶层和树冠层中寻找甲虫、蠕虫和其他小型猎物，利用它们健壮的四肢从一个觅食点走到或跳到下一个觅食点，甚至在猎物试图逃跑时将其击落（图10.1）。

特别值得一提的是双型齿翼龙的头骨功能。尽管它不像其他翼龙的头骨那样大得比例失调，但相对而言，它仍然比其他早期类群的头骨大得多。巴克认为双型齿翼龙有强大的咬合力，他曾提出其巨大的眶前孔被内颌肌肉组织的前端所填充（Bakker 1986）。这一观点被拉里·维特默（Witmer 1997）坚决反驳，他指出，围绕着这个孔的细长骨骼不允许这样的咬合力，用他的话说："这样的肌肉系统也许只会收缩一次！"也许对双型齿翼龙巨大头部的一个更合理的解释是，它适合于对付比其他早期翼龙更大的猎物。与其他早期翼龙相比，它口鼻部的厚度可以提供更强的抗弯曲和抗扭曲的能力（Fastnacht 2005a），这表明特别大的昆虫，也许还有小型的脊椎动物，可能都在它的菜单上。然而，由于双型齿翼龙的颌部肌肉更适合于快速闭合，而非牢固地钳制住猎物（Fastnacht 2005a），爪子更适合于攀爬而非抓取猎物（Wild 1984b；Unwin 1988b），且不具备适合处理大型尸体的明显结构，它们似乎不太可能制服特别大的动物。

11

蛙嘴翼龙科

翼龙目＞蛙嘴翼龙科

蛙嘴翼龙科（Anurognathid）是一群体型较小、脸似木偶、捕食昆虫的翼龙（图11.1），它们是最吸引人，但在许多方面也最为神秘的翼龙类群之一。它们只在世界范围内的少数几个地点被发现（图11.2），并且代表化石十分少见，往往也难以解读。因此，翼龙学家直到最近才掌握了它们基本的解剖结构。蛙嘴翼龙科似乎将翼龙形态的奇异展现到了极致，它们集"进步"和"基础"特征于一身，使得人们对其在翼龙系统发育中的位置产生了明显的分歧。一些作者认为蛙嘴翼龙科翼龙是目前已知的最基础的翼龙（例如，Kellner 2003；Bennett 2007b；Wang et al. 2009），而其他作者则认为它们在演化上比双型齿翼龙科略高一等（Unwin 2003；Lü，Unwin，et al. 2010；Lü，Unwin，et al. 2011；Lü，Unwin，et al. 2012），应与翼手龙亚目相邻（Dalla Vecchia 2009a；Andres et al. 2010），还有更为激进的看法，认为它们是翼手龙亚目的成员（Young 1964）。最后一种观点在翼龙研究者中没有得到认可（蛙嘴翼龙科翼龙长长的第 V 趾和短掌骨不是翼手龙亚目翼龙的特征），而其他两种观点提出的系统发育位置都不容易被否定。也许这些关于蛙嘴翼龙科起源的争议，在获得关于它们早期演化的更丰富的数据之前，无法得到解决。

目前已知的蛙嘴翼龙科化石寥寥无几，既因为它们的骨骼十分脆弱，也因为其偏向于沉积在陆地环境中。这样的环境通常连坚硬的化石都不利于保存，更不用说像是蛙嘴翼龙科翼龙这样脆弱的动物躯体了。1923年，路德维希·多德莱恩（Ludwig Döderlein）在巴伐利亚晚侏罗世（提塘期；1.51亿—1.45亿年前）的索伦霍芬石灰岩中报告了第一件蛙嘴翼龙科标本，但它保存得很差，解读起来非常困难。它的绰号"马路杀手"并不具讽刺意味。多德莱恩清楚地认识到这一动物代表了一种新的翼龙形态，将其命名为阿氏蛙嘴翼龙（*Anurognathus ammoni*）。然而，由于只有一件不完整的骨架印痕化石，他无法确定其形状的诸多具体细节。多德莱恩注意到几个不寻常的特征：短而愈合的尾巴，类似于现代鸟类的尾综骨（愈合的远端尾椎）；特别长的翅膀；具有四节趾骨的第 V 趾。他还认为头骨的大部分都不见了，并假设它是一只有着长长口鼻部的翼龙，后颅区呈圆形。考虑到当时对翼龙多样性的认识，这个假设并非不合理，但是后来的研究者们却不以为然，在他们复原的头骨上，口鼻部要短得多（例如，Young 1964；Wellnhofer 1975）。这些后来的复原比多德莱恩的解读更接近真实的蛙嘴翼龙科。但它们颅区的真正形态在几十年内仍然是个谜。多德莱恩的解释在其他细节方面也存在争议（评论见 Bennett 2007b），但在这之后的许多年里，他对长翅和"尾综骨"的解释在关于蛙嘴翼龙科形态的概述中都有被提及（例如，Wellnhofer 1991a）。

第二件蛙嘴翼龙科标本的发现几乎没能告诉我们什么其他解剖学特征。来自哈萨克斯坦晚侏罗世（牛津期/钦莫利期；1.161亿—1.51亿年前）地层的飞行蛙颌翼龙（*Batrachognathus volans*）（Riabinin 1948），仅从一件不完整的头骨和少量头后化石材料被人们所知。这表明，蛙嘴翼龙科的头骨在翼龙中

图 11.1 为何脊椎动物恐惧症患者在中生代可能找不到什么安慰？在德国侏罗纪时期，数百只猎食昆虫的阿氏蛙嘴翼龙离开它们日常的栖身之处，去追寻晚餐。

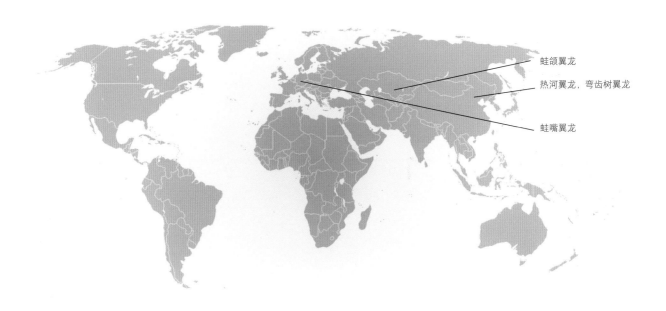

蛙颌翼龙

热河翼龙，弯齿树翼龙

蛙嘴翼龙

图11.2　蛙嘴翼龙科分类群的分布

是不寻常的，宽度大于长度，但这只动物的其他部分鲜少被保存，无法让我们进一步了解其骨骼形态。随着翼龙研究进入了20世纪中期的"黑暗时代"（第2章），多年来蛙颌翼龙很少受到关注也就不足为奇（Bakhurina and Unwin 1995b）。值得高兴的是，后来人们又发现了这只翼龙的其他标本，也许一只新的同时代的蛙嘴翼龙科物种已经被发现，并等待着人们去描述（Bakhurina and Unwin 1995b，Unwin and Bakhurina 2000）。

20世纪80年代末，在蒙古中侏罗世的巴哈尔组中，人们发现了更多蛙嘴翼龙科化石碎片（Bakhurina 1986），但几乎到了世纪末第一具完整的蛙嘴翼龙科骨骼才被发现。这件面似青蛙的稀世化石最终完整地揭示了蛙嘴翼龙科的解剖结构，它是在中国早白垩世的义县组中发现的，得名弯齿树翼龙（*Dendrorhynchoides curvidentatus*）（Ji and Ji 1998；义县地层的确切年代是有争议的，但约为巴雷姆期［1.3亿—1.25亿年前］）。弯齿树翼龙是在中国辽宁化石点发现的第一批翼龙之一，因而获得了

更多的关注，这一地区现在以出产大量羽毛恐龙和其他保存完好的化石而闻名。这件新标本让翼龙学家们第一次有机会评估蛙嘴翼龙科奇异的解剖结构，他们很快就发现一些经常被报告的形态特征是不正确的。蛙嘴翼龙科的翅膀实际上相当短，而非特别长，而且像所有其他非翼手龙亚目翼龙一样，它们的第Ⅴ趾只有两节趾骨，而非四节。另一让人意想不到的特征是弯齿树翼龙的尾巴相对较长。姬书安和季强认为弯齿树翼龙是喙嘴龙科（第13章）的成员（Ji and Ji 1998），喙嘴龙科是一群大体上类似海鸥的长尾翼龙，在形态上与蛙嘴翼龙科非常不同。然而，后来的评估指出，它的长尾巴其实是化石商为了让标本更夺人眼球，用恐龙骨头制成后加在尾部区域的。短尾和骨骼的许多其他特征表明，弯齿树翼龙更适合放在短尾的蛙嘴翼龙科，而不是喙嘴龙科（Unwin，Lü，and Bakhurina 2000）。然而，第二件弯齿树翼龙标本给这个故事带来了反转，揭示了这一类群确实有着类似原始化石上的长尾巴，那个被认为造了假的化石只是填补了尾尖和尾根缺失

106

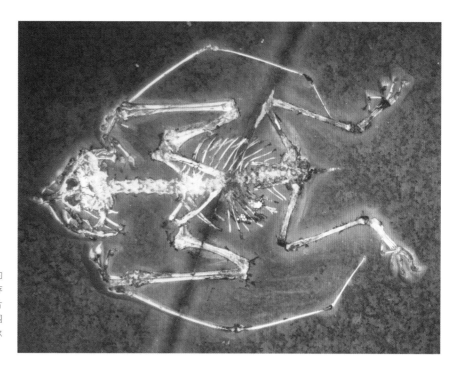

图11.3 最近由克里斯·贝内特描述的来自德国提塘期索伦霍芬石灰岩、保存完好的幼年阿氏蛙嘴翼龙的紫外线照片（Bennett 2007b）。请注意肱骨和股部周围是肌肉组织若隐若现的印痕。照片由赫尔穆特·蒂斯彻林格尔提供。

的骨头而已。因此，弯齿树翼龙似乎是一只不寻常的长尾蛙嘴翼龙科翼龙，尽管它的尾巴仍然比其他早期翼龙的短（Hone and Lü 2010）。

在新千年到来之际，更为完好的蛙嘴翼龙科标本出土了，其中第一件是来自中国东北中侏罗世牛津期/钦莫利期道虎沟地层的宁城热河翼龙（*Jeholopterus ningchenensis*）（Wang et al. 2002）。虽然头骨保存得十分零乱，但这件化石整体非常完整且细节丰富，甚至可以看到单根密集纤维和结构翼纤维（Kellner et al. 2009）。2002年，另一件热河翼龙的标本被报告，虽然骨架没有第一件标本保存得那么好，但其软组织的保存却同样良好（Ji and Yuan 2002）。多亏了这些标本，我们现在对蛙嘴翼龙科翼龙的外貌有了很好的了解，最近还发现了它们的内部解剖结构。迄今为止保存最完好的蛙嘴翼龙科骨骼是索伦霍芬的一件幼年蛙嘴翼龙科标本，除了保存得非常清晰的身体骨骼，它也给我们带来了一件保存完好的头骨。更令人兴奋的是，它还具有肌肉组织和翼膜的痕迹，在紫外线下会发光（图11.3；Bennett 2007b）。肌肉组织在翼龙化石中几乎是未知的，而翼龙学家们已经不失时机地利用这一新的数据对蛙嘴翼龙科的解剖结构展开生物力学研究（Habib 2011）。

蛙嘴翼龙科研究的下一个篇章已经开始书写。过去的几年里，在朝鲜早白垩世的地层中发现了一具几乎完整的蛙嘴翼龙科骨架（Gao et al. 2009）。该标本似乎与其他蛙嘴翼龙科翼龙有许多不同之处，目前正在等待描述。在世界其他地方，对科罗拉多州莫里逊组（钦莫利期/提塘期；1.56亿—1.45亿年前）中鲜为人知的晚侏罗世翼龙"鸟掌买萨翼龙"（*Mesadactylus ornithosphyos*）的研究工作表明，它可能部分地代表了第一只来自美国的蛙嘴翼龙科翼龙。在这里，"部分地"一词用得十分恰当，因为"买萨翼龙"实际上是由一些化石材料碎片组成的，这些材料可能是一只混合了几种不同翼龙解剖结构的"嵌合体"，其中包括一件蛙嘴翼龙科的腰带（Bennett 2007b）（关于这个有争议的分类群，见第19章；其他解释也见 Jensen and Padian 1989，Smith et al. 2004）。对这些化石的后续研究十分精彩，更不必说生物力学家在研究蛙嘴翼龙科解剖结构时所获得的许多新奇而迷人的发现，你必定感到十分激动，是时候为这些翼龙着迷了。

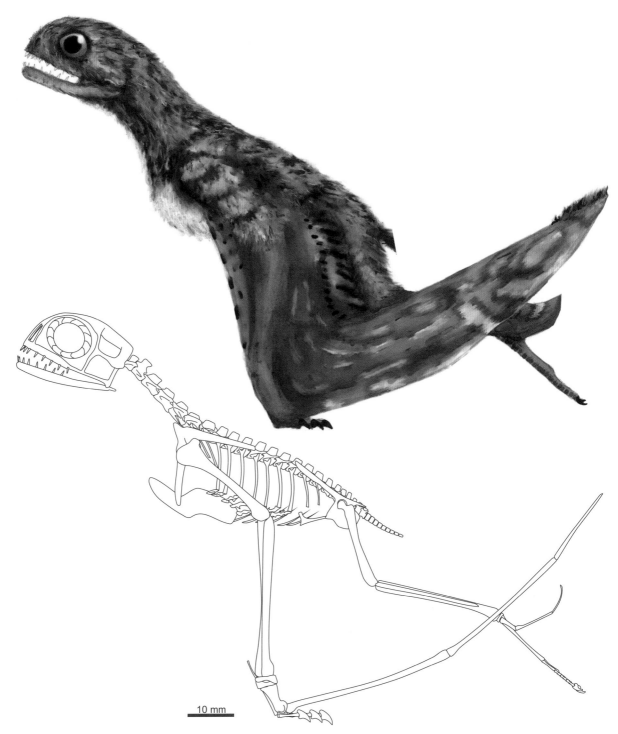

图 11.4 一只准备起飞的阿氏蛙嘴翼龙的骨骼复原和实体复原。

10 mm

解剖学

骨学

蛙嘴翼龙科拥有所有翼龙类群中最独特的解剖结构，翼龙骨骼结构大部分特征在它们身上都有了些许的变化，由此产生了非常独特的身体构造（见图11.4）。它们似乎是一个非常保守的类群，在4 000万年的演化过程中，它们的总体解剖结构没有表现出大的变化（Unwin，Lü，and Bakhurina 2000）。所有蛙嘴翼龙科翼龙都是体型紧凑的动物，其中最小的是弯齿树翼龙，翼展40厘米，蛙嘴翼龙翼展有50厘米，蛙颌翼龙则有75厘米，而热河翼龙是其中最大的，翼展90厘米（Wanget et al. 2002）。不可否认的是，迄今为止对蛙嘴翼龙科翼龙骨骼结构的最好描述来自贝内特，而凯尔纳等人则对它们的软组织进行了最细致的记录（Kellner et al. 2009）。

蛙嘴翼龙科翼龙的头骨宽度比长度多约25%，这是其他翼龙所没有的特征。当从背面或腹面看时，它们嘴部呈现出宽大的"U"形轮廓，这是蛙嘴翼龙科另一个独有的特征。它们的头骨因鼻翼的大幅缩小而变短，鼻腔和眶前孔大大减少，变成了朝向前方的窄缝（Bennett 2007b）。事实上，蛙嘴翼龙科翼龙的喙部结构非常紧密，以至于在其破碎的化石中很难识别出鼻腔和眶前孔，有些人认为它们合并成了一个开口，就像悟空翼龙科翼龙（第14章）和翼手龙亚目翼龙（第15—25章）一样（Andreset al. 2010）。相比之下，眼眶则十分大，占据了头骨长度的一半以上，颞孔也相对较大。大多数头部骨骼都演化为细长的杆状，且十分脆弱，这可能解释了为什么蛙嘴翼龙科翼龙的头骨鲜少被完整地保存下来。它们的口腔顶部由纤细的支架状骨骼构成，而非其他翼龙那样由较宽的腭。它们的下颌骨也非常纤细，和头骨一样，在背面或腹面视图上呈宽大的U形弧线。与其他翼龙不同的是，它们的后关节突横向扩张，因此当拉伸到90度的最大张口时，也不会阻碍嘴巴的打开。蛙嘴翼龙科的颌部被少量小而尖且间隔较大的牙齿占据，这些牙齿轻微内弯，长度沿颌骨具有不明显的形状或形态变化。

与其短短的头骨相比，蛙嘴翼龙科翼龙的颈部和身体显得相对较长，但实际上这种比例对于早期翼龙来说相当标准。它们的颈椎缺乏颈肋，在13块背椎中，只有前面8块有颈肋。4—5块椎骨组成了荐骨，除此之外，我们发现了蛙嘴翼龙科特有的短小尾巴。这些尾巴的长度存在着差异，在蛙嘴翼龙身上非常短，但在弯齿树翼龙身上却几乎和大腿一样长（Hone and Lü 2010）。短尾巴通常被认为是翼手龙亚目的特征，但它们很可能是在蛙嘴翼龙科中独立演化出来的。这些形态的尾椎形状有着细微差别，支持了这一观点（Bennett 2007b）；翼手龙亚目的尾椎长度大于宽度，而蛙嘴翼龙科的则相反。还应该注意的是，蛙嘴翼龙科翼龙的尾巴并没有像最初设想的那样愈合成了"尾综骨"，尽管它们平坦的关节面可能允许少量弯曲。

蛙嘴翼龙科翼龙的前肢骨骼通常相当长且粗壮，但掌骨异常短小，没能为翅膀增加多少长度。如果不将翼指包括在内，前肢的骨头几乎比后肢的骨头长50%。它们的翼骨极度退化，从比例上讲，可能是所有翼龙中最小的。蛙嘴翼龙科的前三只手指呈现了其他早期翼龙的典型特征，相对较大，并带有强壮且适度弯曲的爪子。但翼指更为独特，除了由逐渐缩短的骨头组成外（对于非翼手龙亚目翼龙的翼指来说，这是一个不寻常的特征），蛙嘴翼龙科翼龙的翼指骨似乎有灵活的关节，这在其他翼龙类中是前所未见的。这使得它们的翅膀可以稍稍向身体方向卷曲，事实上，完整的蛙嘴翼龙科标本经常以这种姿势保存下来（例如，图11.3；另见Ji and Ji 1998；Wang et al. 2002）。更奇怪的是，蛙嘴翼龙还失去了它的第四节翼指骨，只剩下了三节（Bennett 2007b）。

与身体大小相比，蛙嘴翼龙科翼龙的后肢很短，但足部仍然很大，前四个脚趾上有粗壮的钩状爪子。它们的第V趾由两节长而直的趾骨组成。另一个不寻常的特征是它们的髋臼前突与大多数其他早期翼龙的髋臼前突相比，明显要更为细长（Unwin 2003）。然而，它们腰带的其他区域却鲜为人知，因此无法看出这种髂骨形态的不寻常是否进一步转化成了腰带其他部位的不寻常。

软组织

尽管我们只有相当少量的蛙嘴翼龙科标本，但我们对其软组织却有很多了解。其中一些组织类型（翼膜和爪鞘）在其他翼龙身上也很常见，但蛙嘴翼龙科的软组织保存得特别好，揭示了精致的内膜和翼膜的细节（Wang et al. 2002；Ji and Yuan 2002；Bennett 2007b；Kellner et al. 2009）。蛙嘴翼龙科保存下来的其他软组织在其他翼龙类中几乎是见所未见的，其中包括其肢体肌肉组织的残留。在四足总纲成员化石中，肌肉得以保存的情况极为罕见，但根据贝内特的描述，其在幼年蛙嘴翼龙的肱骨背面、前臂和大腿上可以看到（Bennett 2007b；另见图 11.3）。它们很好地说明了这些区域肌肉的最小尺寸和范围，遗憾的是，这些肌肉保存得不够好，使得我们无法确定它们究竟是哪种肌肉（见图 11.3）（Bennett 2007b；更多关于翼龙肢体肌肉组织的信息见第 5 章）。

一些蛙嘴翼龙科化石可以让我们很好地了解到翼龙究竟有多么毛茸茸（Kellner et al. 2009）。热河翼龙的密集纤维被保存在一个不成形的毛团中，这个毛团类似于许多哺乳动物化石中留下的毛发，表明热河翼龙从鼻子到肘部，再到膝盖，都被浓密的密集纤维所覆盖，与我们在有毛的哺乳动物身上看到的相似。密集纤维覆盖其口鼻部和颌部的方式，在翼龙中似乎也是独一无二的（也许是因为大多数翼龙觉得看起来像《芝麻街》[Sesame Street] 中的饼干怪兽并不酷）。蛙嘴翼龙颌部周围略带皱纹的骨骼纹理被认为是厚厚的硬毛曾经附着的地方（Bennett 2007b），但我不太确定这种解释是否正确。毛发或羽毛很少在其主人的头骨上留下如此明显的

痕迹，而且，尽管它们的面部密集纤维保存得很好，但还没有任何一个蛙嘴翼龙科的化石显示出这些特征。然而，可以肯定的是，一些蛙嘴翼龙科的翼尖后缘有一小簇短短的密集纤维，这是其他翼龙没有记录的特征（Kellner et al. 2009）。

运动

飞行

自发现以来，蛙嘴翼龙科翼龙一直被认为是敏捷灵活的飞行者，这是它们可能以飞行昆虫为食的必要条件（例如，Döderlein 1923；Wellnhofer 1975，1991a；Unwin 2005；Bennett 2007b；关于蛙嘴翼龙科古生态学的更多内容，也见下文的讨论）。巴胡里纳（N. N. Bakhurina）和安文将蛙颌翼龙强健的肱骨解释为强大飞行动物的标志（Bakhurina and Unwin 1995b），而贝内特认为是短而宽的翅膀、短小的尾巴和小巧的体型使它们能够缓慢而灵活地飞行（Bennett 2007b）。在飞行动物中，这种受控的飞行方式是非常先进的，需要低翼载荷、最小的转弯惯性和极其敏锐的反应能力。这些发现在蛙嘴翼龙科和现代鸟类翅膀属性之间的对比中得到了呼应；它们与雨燕以及猎鹰这些能够进行高度灵活的受控飞行的鸟类相比更具优势（Witton 2008a）。

然而，关于蛙嘴翼龙科飞行最有趣的发现可能还没有到来。生物力学家迈克·哈比卜对蛙嘴翼龙科飞行解剖学的分析显示，这些小型翼龙身上曾经存在着惊人的力量。蛙嘴翼龙的近端翼骨在折断前似乎能够承受 22 倍于自身体重的负荷，而且它们的翼梁平均比鸟类的翼梁要强得多（Habib 2011）。热河翼龙的翼面分布和前缘轮廓表明，它们的翅膀适合产生巨大的升力，这与强大的前肢相结合，可以促成极具爆发力的高角度起飞。同时，蛙嘴翼龙科翼龙可以弯曲翼指，从而能够异常精准地控制翅膀形状，这可能意味着它们在空中更为灵活。它们远端翅膀的密集纤维束可能也起到了空气动力学方面

图11.5 蛙嘴翼龙科的标准休憩姿势究竟是什么样的？蛙嘴翼龙科翼龙小小的体型和不起眼的生理结构特质，加上它们保存在化石中常见的蜷缩姿势表明，蛙嘴翼龙科翼龙可能普遍采用不起眼的休息姿势，使其不会被潜在的猎物或危险的掠食者发现。

的作用，有助于使气流沿翅膀后缘保持流线型，防止在较高的迎角下失速。这一特征或许也像猫头鹰翅膀上的梳状流苏一样，能够对声音有所抑制，减少噪声（M. B. Habib，私人通信，2011）。所以，我们设想的蛙嘴翼龙科翼龙绝对是一种精力充沛的飞行者，擅长强劲的翅膀拍打，动态灵活的翻转，同时又能保持悄无声息。它们可能没有其他群体那巨大的体型或精致的脊冠来使自身在翼龙中脱颖而出，但这些纤维束的飞行能力也许能让它们在翼龙的演化工程中登峰造极。

在地面上

人们对于蛙嘴翼龙科翼龙的陆地能力讨论很少，但是没有多少理由认为它们不擅长陆地运动。贝内特指出，它们的爪子在攀爬时能起到很好的支撑作用（Bennett 2007b），所以如果我们穿过侏罗纪的森林，可能会在树梢上发现蛙嘴翼龙科翼龙。人们认为蛙嘴翼龙科翼龙可能是相当不显眼的动物，因为其完整的标本一直是以四肢紧贴身体的姿势保存下来的，可能表明它们通常紧缩着身体休息，这样的姿势更适合停靠在角落和缝隙中（图11.5；该常见

姿势的化石实例见图11.3）（Bennett 2007b）。总的来说，其他的翼龙化石并没有在保存中频繁表现出某种姿势，在许多情况下，这些动物可能太大或者形状笨拙，根本无法藏身于缝隙和洞中。蛙嘴翼龙科翼龙也缺乏颅骨饰物，这在翼龙中很罕见，但如果它们想保持低调，该情况将最为理想（尽管这也可能反映了它们对灵活飞行的优化；D.W.E. Hone，私人通信，2011）。考虑到上述几点，也有人提出了一个可能性，即蛙嘴翼龙科翼龙有着隐秘的颜色，以帮助它们融入周遭环境（Bennett 2007b）。

古生态学

蛙嘴翼龙科翼龙头骨上有对巨大的眼眶，从比例上讲，远比其他翼龙的眼眶大得多。据推测，这说明它们有着巨大的眼睛，可能在昏暗的光线条件下为其提供了较高的视觉敏锐度。这也引出了一种可能性，即蛙嘴翼龙科翼龙经常在黑暗的环境（如茂密的森林）中活动，或在一天中较暗的时间段内出没（Bennett 2007b）。蛙嘴翼龙科翼龙可能利用了这种黑暗的环境，再加上不发出声音的翅膀，它们

悄无声息地猎取它们最可能的猎物——空中的昆虫。昆虫长期以来一直被认为是蛙嘴翼龙科翼龙最可能的食物来源（例如，Döderlein 1923；Wellnhofer 1975；Bennett 2007b），因为蛙嘴翼龙科翼龙的牙齿间距很大，呈圆锥形，颌部的肌肉结构也适合快速闭合（Ösi 2010）。事实上，由于头骨极其脆弱，它们不太可能制服更大的猎物。人们普遍认为，蛙嘴翼龙科翼龙会像现代的燕子和夜鹰那样在半空中捕捉大部分昆虫。和这些鸟类一样，蛙嘴翼龙科翼龙也有宽大的颌部和嘴巴可以大大张开的适应特性，使得它们有绝佳的机会在昆虫飞来时将其收入口中（Bennett 2007b）。这些鸟类还有着巨大且朝前的眼窝，里面具有巨大的眼球，用来探测飞行中的小小昆虫并判断攻击距离；人们认为蛙嘴翼龙科翼龙的大眼睛可能也有同样的用处。

蛙嘴翼龙科翼龙强大的飞行能力可能是这种觅食方法的关键。正如第6章所讨论的那样，捕捉飞行昆虫并非易事。许多昆虫的飞行速度绝对比脊椎动物捕食者慢得多，但它们非常灵活，在半空中发生追逐时可以轻易地躲过身体笨重的、有脊柱的飞行者。蛙嘴翼龙科翼龙也许借助了轻负荷和相当缓慢的飞行来对抗这种敏捷性，以确保它们不会在猎物突然改变路线时扑杀个空。在这种情况下，似乎蛙嘴翼龙科翼龙也有能力和力量来进行急转弯和急加速，以便追赶猎物。有了如此强有力地表明蛙嘴翼龙科翼龙是空中昆虫猎手的证据，我们很容易想象这样的画面：在中生代的日落时分，蛙嘴翼龙科翼龙在林地和湖泊边缘的上空盘旋飞舞，大口大口争食着昆虫，就像现代的日落总是伴随着翱翔的雨燕、夜鹰和蝙蝠的身影一样。

也有人提出蛙嘴翼龙科翼龙在地面上获取食物的可能性。贝内特指出，一些现代的昆虫猎手（如蟆口鸱和林鸱），也可以捕食陆地上的猎物（Bennett 2007b），在某些情况下它们甚至可以捕捉相对较大的脊椎动物。这些鸟类伪装得很好，身上的花纹和休憩姿势使它们能完美地融入树枝间，因此，潜在的猎物向它们走来，忽视了面前的危险。像这样的陆地觅食活动，或其他类型的觅食活动，似乎并没有超出蛙嘴翼龙科翼龙的能力范围，因为它们可能在保持低调方面也很擅长（见上文）。然而，蛙嘴翼龙科翼龙脆弱的头骨可能会受到大型猎物的挑战，因此它们可能会放任这些大型猎物走过而不冒险攻击。此外，对空中追击的适应特性表明，陆地觅食在很大程度上是一种次要的觅食策略，它们最擅长的是空中觅食。

112

12

"曲颌形翼龙科"

翼龙目 > "曲颌形翼龙科"

对翼龙各种类群的分类学研究存在很多争论，但"曲颌形翼龙科"（campylognathoidid）绝对是迄今为止争议最大的一类。对于本章所讨论的物种之间，或这些物种与其他翼龙之间的关系，现代翼龙研究者几乎没有达成任何共识（见 Unwin 2003；Kellner 2003；Dalla Vecchia 2003a，2003b，2009a，2009b；Wanget al. 2009；Andreset al. 2010；Lü，Unwinet al. 2010；关于这些形态在翼龙谱系树底部的不同排列，见 Lü，Unwinet al. 2012）。因此，对于本章究竟应该讨论哪些动物，我不得不做出一些主观判断。为了与这本书的其他章节保持一致，我们将主要遵循安文等人（Lü，Unwin，et al. 2010）的方案，但我们也会选用一些法布里奥·达拉·韦基亚（Vecchia 2009a）最近对这些动物的分析。因此，"曲颌形翼龙科"在本书中被视为非翼手龙亚目的翼龙，一般具有复杂的牙齿，下弯的下颌尖，巨大的颞孔，过大且向后部外翻的胸骨，以及从比例上来说加长的翼指（图12.1）。尽管这些共同的特征可能表明这些形态的翼龙之间有共同的祖先，但这里我们只使用民间术语"曲颌形翼龙科"，以强调这一分类的争议性。

"曲颌形翼龙科"的演化似乎成为最早的主要翼龙的显现之一，其最早的化石出现在三叠纪诺利期中期至晚期（2.1亿—2.04亿年前）的欧洲岩层中。它们享有相对较长的演化历史，持续了大约4000万年，直到侏罗纪托阿尔期（1.83亿—1.76亿年前）才消失（Dalla Vecchia 2003b；Barrett et al. 2008）。"曲颌形翼龙科"在演化中尝试了各种新奇的解剖结构，使它们不仅有别于其他翼龙，而且彼此之间也

有区别。毫无疑问，演化上的创新在一定程度上导致了我们对它们在翼龙目中的位置的判断不清。

到目前为止，"曲颌形翼龙科"的化石主要局限在欧洲（图12.2）。这类翼龙首次被发现的化石是目前最著名的"曲颌形翼龙科"，即来自德国南部托阿尔期波塞冬油页岩的曲颌形翼龙（*Campylognathoides*）（1.83亿—1.76亿年前；该分类群的历史概述见 Padian 2008b）。波塞冬油页岩因拥有大量保存完好的海洋爬行动物、鱼类和海洋无脊椎动物化石而闻名，同时还有喙嘴龙科的成员——矛颌翼龙（*Dorygnathus*）（第13章）。已有两个曲颌形翼龙的物种得到确认：里阿斯曲颌形翼龙（*C. liasicus*）（最初被命名为里阿斯翼手龙[*Pterodactylus liasicus*]，但于1858年发现的这一分类群的第一件化石标本相当破碎，因而被误认）和更大、更罕见的奇氏曲颌形翼龙（*C. zitteli*）（于1894年发现，被称为"曲颌龙"[*Campylognathus*]，直到人们意识到这个名字已经被一种臭虫所占用，它才在1928年被重新命名为"曲颌形翼龙"）。里阿斯曲颌形翼龙总共有七个标本，其中包括一些完整的骨骼（图12.3A），而奇氏曲颌形翼龙只有两件化石被发现。这两个物种只在解剖结构上存在微小的差异，可能因为处在生长期的不同阶段（Padian 2008b），但目前缺乏横跨它们尺寸差距之间的标本，无法对这一点进行确认。贾殷（S. L. Jain）提出在印度早侏罗世出现了第三种曲颌形翼龙科翼龙：印度曲颌形翼龙（*C. indicus*）（Jain 1974），但其化石相当残缺，是否属于曲颌形翼龙，甚至属不属于翼

图12.1　腿似高跷的菲利苏尔孔颌翼龙（*Caviramus filisurensis*）是已知最酷的翼龙之一，它此时正冒着风暴，探索海边的洞穴。图中所示的巨大的软组织脊冠并不完全是从化石中得知的，而是根据骨质脊冠结构的骨骼纹理推断出的。

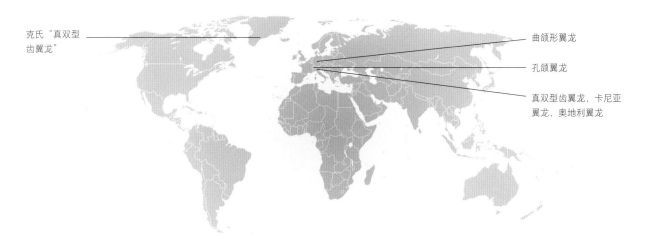

克氏"真双型
齿翼龙"

曲颌形翼龙

孔颌翼龙

真双型齿翼龙，卡尼亚
翼龙，奥地利翼龙

图12.2　"曲颌形翼龙科"分类群的分布

图12.3　完整的"曲颌形翼龙科"化石。A，里阿斯曲颌形翼龙，来自德国托阿尔期波塞冬油页岩；B，兰氏真双型齿翼龙，来自意大利切内的诺利阶。
照片A由罗斯·艾尔金提供，B由阿提拉·奥西提供。

图12.4 "曲颌形翼龙科"翼龙的头骨。A，兰氏真双型齿翼龙；B，脊冠奥地利翼龙。A，引自怀尔德（Wild 1978）；B，参见达拉·韦基亚等（Dalla Vecchia et al. 2002）。

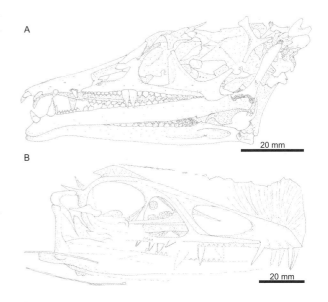

龙目，一直都众说纷纭（Padian 2008b）。

直到20世纪70年代，人们才发现了更多的"曲颌形翼龙科"物种，当时世界上又出土了另一个物种，而且它的出现确确实实伴随了一声巨响。1965年，意大利切内三叠纪石灰岩地层（晚诺利期；约2.05亿年前）发生了滑坡，规模之大，足以掩埋附近的采石机械，却由此开启了一个晚三叠世化石宝库。这些化石标本十分清晰，其中包括可能的双型齿翼龙科翼龙蓓天翼龙（见第10章）以及一种早期"曲颌形翼龙科"翼龙：兰氏真双型齿翼龙（*Campylognathoides liasicus*）（Zambelli 1973；关于这种动物的发现，详见 Paganoni 2003）。遗憾的是，兰氏真双型齿翼龙的大部分标本在山体滑坡中被毁，后肢、尾部和翼指大部分都不见了（图12.3B和图12.4A），但这一发现仍然具有重大意义。它代表着世人首次发现真正的三叠纪翼龙（见第10章），并揭示了一个事实：一些翼龙拥有满嘴密密麻麻的多尖齿，这种牙齿以前从不为人所知。在接下来的几十年里，许多三叠纪翼龙标本被归入该属（例如，Wild 1994；Wellnhofer 2003），两个真双型齿翼龙新种被命名：罗氏真双型齿翼龙（*E. rosenfieldi*）（也来自意大利的三叠纪岩层；Dalla Vecchia 1995）和格陵兰岛的克氏真双型齿翼龙（"*Eudimorphodon*" *ranzii*）（诺利期—瑞替期；2.28亿—2.02亿年前）（Jenkins et al. 2001）。然而，这两个物种现在已经不再被认为是真双型齿翼龙的物种，达拉·韦基亚为罗氏建立了一个新的属名：卡尼亚翼龙（*Carniadactylus*）（Dalla Vecchia 2009a），并建议对克氏"真双型齿翼龙"也采取同样的措施。卡尼亚翼龙长期以来被认为是真双型齿翼龙的一个幼年标本，因为它的尺寸很小，但是达拉·韦基亚发现它具有我们在第8章中讨论过的所有成熟标志，并认为它代表了一个身体特别小的"曲颌形翼龙科"物种（Dalla Vecchia 2009a）。这些修正的结果是，曾经数量

众多、分布广泛的真双型齿翼龙，现在仅有的代表是1965年从切内的山体滑坡中采集的标本。

2002年，人们又发现了一个重要的"曲颌形翼龙科"翼龙，即脊冠奥地利翼龙（*Austriadactylus cristatus*）（Dalla Vecchia et al. 2002）。这只中诺利期（约2.1亿年前）的动物现在已经在奥地利和意大利发现了相对完整的骨骼（Dalla Vecchia 2009b），特别值得注意的是，它是第一个被发现具有头骨脊的三叠纪翼龙（图12.4B）。很快，另一个物种，雪沙柏娜峰孔颌翼龙（*Caviramus schesaplanensis*）也加入进来，它来自瑞士诺利期—瑞替期（2.28亿—2.01亿年）的石灰岩（Fröbisch and Fröbisch 2006；Stecher 2008）。雪沙柏娜峰孔颌翼龙起初只因一件独特但不完整的下颌骨被人们所知，该下颌骨上有大面积的肌肉组织附着点，显然曾经排列着许多牙齿。不久之后，里科·施特歇尔（Rico Stecher）于2008年从同期的瑞士地层中报告了另一个孔颌翼龙物种：菲利苏尔孔颌翼龙（图12.5）。菲利苏尔孔颌翼龙最初被赋予了自己的属——"莱提亚翼龙"（*Raeticodactylus*），根据与雪沙柏娜峰孔颌翼龙的比较，其他学者认为两者即使不是完全相同，也至少属于同一个属（Dalla Vecchia 2009a，Ösi 2010）。值得庆幸的是，菲利苏尔孔颌翼龙比雪沙柏娜峰孔颌翼龙完整得多，而且它仍然是所有"曲颌形

图12.5　来自诺利期—瑞替期的菲利苏尔孔颌翼龙（=莱提亚翼龙）的化石。照片由里科·施特歇尔提供。

翼龙科"翼龙中保存得最好的一个。

解剖学

"曲颌形翼龙科"的解剖结构被详细记录在许多冗长的科学论文中。鲁伯特·怀尔德1978年关于真双齿型翼龙的专著也许是其中最著名的，该专著还描述了卡尼亚翼龙的大量细节，同样细致的还有达拉·韦基亚对卡尼亚翼龙的重新描述（Dalla Vecchia 2009a）。施特歇尔详细记录了菲利苏尔孔颌翼龙的解剖结构（Stecher 2008），凯文·帕迪安最近对所有已知的曲颌形翼龙科标本进行了重新描述（Padian 2008b）。这些描述显示，"曲颌形翼龙科"通常是相当小型的动物，这是大多数早期翼龙的共同特点。奇氏曲颌形翼龙是其中最大的，翼展可达1.8米，而孔颌翼龙和奥地利翼龙（*Austriadactylus*）分别为1.35和1.2米。体型范围的最末端则是里阿斯曲颌形翼龙和真双型齿翼龙，它们只有1米的翼展，最小

的卡尼亚翼龙展开翅膀时只有70厘米。

"曲颌形翼龙科"头骨剖面较低，颅区较大，眼眶较大，口鼻部呈锥形。奥地利翼龙和孔颌翼龙的喙部有突出的脊冠，在前者身上，脊冠沿着头骨的背面延伸，使头骨呈现出相当方正的轮廓。相比之下，孔颌翼龙则有着巨大的三角形脊冠，自口鼻部末端向外突出。这两种动物都有着具有纤维纹理和边缘的骨质脊冠组织，因此在现实中它们的脊冠可能得以支持软组织的延伸。"曲颌形翼龙科"的颞上孔特别大，可能是头骨中除了眼眶之外的最大的开口（Unwin 2003）。它们的下颌骨有呈球状且略微下垂的尖端，一般来说是细长的，但是孔颌翼龙的下颌很深，具有长而肿大的后关节突和凹陷的下颌关节。孔颌翼龙下颌联合体的底部还有一个突出的三角形龙骨突，下颌骨尖上有一系列深坑。这些可能代表着软组织喙的附着点（Stecher 2008），或血管和感觉组织的通道。"曲颌形翼龙科"还具有隆起的乌喙骨突起，以及后下颌支上可以用来固定

117

图12.6 "曲颌形翼龙科"翼龙的可怕的齿列。A，兰氏真双型齿翼龙；B，菲利苏尔孔颌翼龙；C，菲利苏尔孔颌翼龙下颌牙齿的电子显微镜扫描图像。注意，许多牙齿表面有磨损尖角和划痕。照片由阿提拉·奥西提供。

颌部肌肉的背面突起。这些突起大小各异，有的非常小（真双型齿翼龙），有些则十分大（卡尼亚翼龙）。至少有一些"曲颌形翼龙科"还保留了外下颌孔（Nesbitt and Hone 2010）。

"曲颌形翼龙科"翼龙的颌部堪称翼龙中的瑞士军刀，它们牙齿的大小、形状、方向各异（图12.6；关于翼龙牙齿排列的详细概述，见施特歇尔的论文Stecher 2008）。与众不同的是，一些"曲颌形翼龙科"翼龙的牙齿已经磨损到牙冠发育不良的程度（Ösi 2010），这表明它们在口腔中对食物进行了大量处理。尽管所有的"曲颌形翼龙科"化石的颌骨尖端都有几颗极大且极度平卧的牙齿，但它们的牙齿排列和大小却千差万别。在上颌的两侧各有4颗这种典型的牙齿，间隔适度，而在下颌则有2—3颗。在某些形态中，这些獠牙可能呈锯齿状（奥地利翼龙），或有隆起（真双型齿翼龙），或有褶皱的牙釉质（孔颌翼龙）。与它们的其他牙齿不同，前牙在颌部闭合时似乎没有直接咬合。

除了看起来可怕的颌尖，大多数"曲颌形翼龙科"翼龙的颌内都塞满了小小的且通常多尖的牙齿。这些牙齿的形状和大小在个体和物种之间有所不同，但上颌的牙齿通常比下颌的牙齿大，也更多样。它们的一颗多尖牙上可以有3个、4个或5个尖角，这些多尖牙紧紧地挤在颌内，形成一个连续的切割面。孔颌翼龙的牙齿在颌内太过拥挤，以至于不得不相互交错，相互重叠才能契合。一些属（真双型齿翼龙和奥地利翼龙）的上颌中段拥有特别大的牙齿，从表面上看形成了类似于沛温翼龙的牙齿轮廓（第10章）。奥地利翼龙和曲颌形翼龙的显著特点不是别的，正是单尖的牙齿，尽管前者的牙齿有粗大的锯齿状隆起。曲颌形翼龙的牙釉质相比之下则十分光滑，没有锯齿状隆起，而且与本类群其他动物不同的是，它的牙齿数量很少，间隔很宽。

"曲颌形翼龙科"翼龙的头后解剖结构与它们的颅骨一样形态多样。它们的脊柱是相当典型的早期翼龙脊柱，有着短而复杂、带有肋骨的颈椎，以及

118

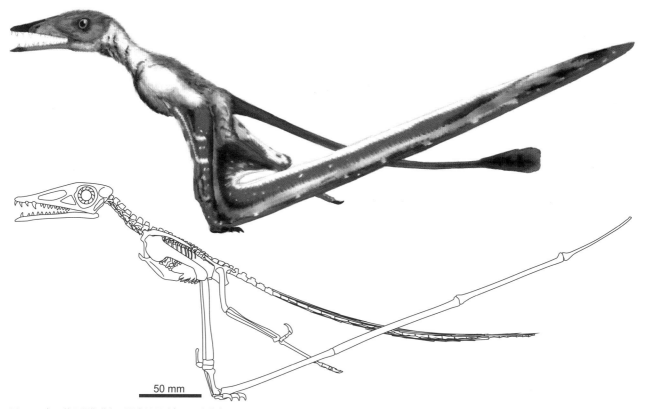

图12.7 起飞的里阿斯曲颌形翼龙的骨骼复原和实体复原。

一系列细长的尾椎。由于保存不善或不完整，大多数类群的椎骨数量都不太清楚，但据报告，曲颌形翼龙有8块颈椎（这一发现与所有翼龙都有9块颈椎的解释有些矛盾），大约14个背椎，4或5个荐椎，以及多达38个尾椎（Wellnhofer 1974）。已知曲颌形翼龙和卡尼亚翼龙的尾椎上有坚硬的结构，奥地利翼龙和克氏"真双型齿翼龙"则没有这些结构（见 Wild 1994；Dalla Vecchia 2009a）。在孔颌翼龙和曲颌形翼龙中，至少一些颈椎和背椎是具气孔构造的，大多数"曲颌形翼龙科"翼龙保存得太差，无法确定其气孔构造的分布情况（Bonde and Christiansen 2003）。

除了头骨，"曲颌形翼龙科"翼龙的前肢是它们最明显的特征，呈现出两种截然不同的风格。最典型的前肢状况显示出与沛温翼龙和双型齿翼龙科翼龙比例相似的尺桡骨、翼骨和掌骨，但它们大得多，结实得多。其肱骨特别发达，近端呈铲状，三角肌嵴宽大，骨轴比要它们这种体型的翼龙本该拥有的粗得多。它们连接着巨大的肩带、极长的带状肩胛

骨和巨大的胸骨。这些胸骨呈典型的方形，后部横向外扩，虽然胸骨前突很短，但很明显的是，大多数"曲颌形翼龙科"翼龙肩部周围的肌肉不容小觑。尤其是曲颌形翼龙，其肩部解剖结构非常发达，堪称小翼龙中的大猩猩（图12.7）。在前肢结构方面，奥地利翼龙和孔颌翼龙的构造方式不同，前者的肱骨非常纤细，后者的肱骨几乎是中轴宽度的20倍（图12.8），这是翼龙中前所未有的尺度。孔颌翼龙的肱骨和前臂从比例上来说都十分修长，这使其拥有所有非翼手龙亚目中最长的前肢之一。

大多数"曲颌形翼龙科"翼龙的手部鲜少被人们所知。真双型齿翼龙和卡尼亚翼龙的前三个手指上都有爪后籽骨和相对发达的爪子，但不清楚这是否是该类群的"标准"构造。然而，巨大的翼指在这些翼龙中十分常见，长度占翼长的67%—79%，十分惊人（Unwin 2003）。曲颌形翼龙的翼指特别大，几乎和整个身体一样长。即使是纤瘦的孔颌翼龙也有非常长的翼指，尽管它的确切长度目前还不

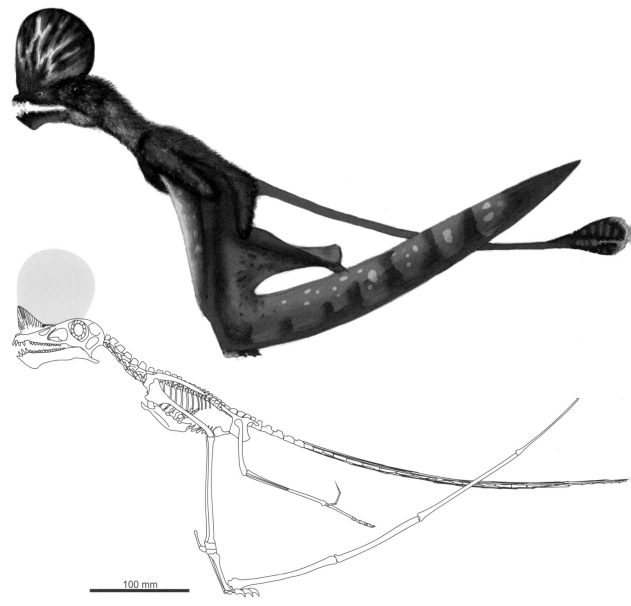

100 mm

图12.8　起飞的菲利苏尔孔颌翼龙的骨骼复原和实体复原。

能确定。没有其他翼龙拥有如此比例的翼指，这些特征使"曲颌形翼龙科"翼龙在所有翼龙类群中拥有就比例来说最长的翅膀。

　　令人沮丧的是，大多数"曲颌形翼龙科"翼龙化石的大部分后肢都缺失了。因此，我们对它们后肢的解剖结构并不十分清楚。目前对其后肢的了解表明，它们后肢的比例和形态与沛温翼龙以及真双型齿翼龙相似，尽管后肢比前肢短很多（甚至不包括那只巨大的翼指在内）。孔颌翼龙的后肢就像前肢一样，异常地长，且纤细，所以与其他早期翼龙相

比，孔颌翼龙看起来就好像站在高跷上一般。它们的股骨似乎有垂直于主轴的股骨头，与其他翼龙中所看到的斜角股骨头形成鲜明对比（Stecher 2008）。值得注意的是，曲颌形翼龙科翼龙的腓骨几乎触及脚踝，这是一种原始状态，在其他"曲颌形翼龙科"翼龙中不曾见过（Wild 1994；Dalla Vecchia 2009a）。"曲颌形翼龙科"翼龙的第 V 趾由长而直的趾骨组成，但曲颌形翼龙是个例外，它有一个明显发育不良的第 V 趾。据推测，这个足趾支撑着一个宽大的尾膜，但这层膜的形状是否因为发育不良的足趾而

有所改变，还有待观察。不过，我们至少可以确定"曲颌形翼龙科"翼龙拥有这层膜，因为一个曾经被称为兰氏真双型齿翼龙（目前需要一个新的名字）的保存良好的标本，清楚地显示出其尾膜附着在第V趾上（Bakhurina and Unwin 2003）。同一标本还显示出臂膜附着在脚踝处，并拥有一个支撑其后缘的"后缘结构"（Wild 1994）。

运动

飞行

尽管"曲颌形翼龙科"翼龙的翅膀比例不同寻常，但关于它们飞行的说法却不多。卡特杰和坦普林对卡尼亚翼龙（当时被认作"真双型齿翼龙"）的飞行进行了模拟，得出它们至少可以在空中悬停几秒钟的结论（Chatterjee and Templin 2004）。海兹赫斯特和瑞纳则发现"曲颌形翼龙科"翼龙占据的飞行生态位在现代飞行动物中没有动物与之相对应，它们采取了一种"极端"的飞行方式，可能类似军舰鸟（Hazlehurst and Rayner 1992）。必须承认，我对这些发现有一些怀疑，因为两者依据的都是第6章中讨论过的非常轻的翼龙质量。相比之下，对质量与鸟类和蝙蝠相当的真双型齿翼龙的翅膀形状进行的建模，则预测了一种"泛化"的飞行方式（Witton 2008a），即我们在第10章讨论的沛温翼龙所采用的那种适应性强、非特化的飞行方式。

然而，这些研究只触及了"曲颌形翼龙科"翼龙飞行分析的表面。一些"曲颌形翼龙科"翼龙物种的极长的翼指和巨大的肩部区域（在曲颌形翼龙身上达到极致），对它们拍打翅膀的运动学、空中敏捷性、动力输出和其他各种飞行属性都产生了巨大的影响，显然值得详细研究。作为这种分析的替代，我们可以暂时把胸肌附着部位的增大解释为其翅膀下击力量强大（见第5章），允许持续有力地拍打翅膀和快速飞行。有趣的是，以肥大翼指为特征的狭长的远端翅膀，会进一步帮助实现这一目标。

对鼓翼飞行的动物来说，远端翅膀主要负责产生推力，而狭窄的外形可以减少阻力。（相比之下，近中的翅膀则提供升力。例子见海尔德布兰德关于翅膀功能的概述，Hildebrand 1995。）在现代具有"高速翅膀"的鸟类中，存在着与某些"曲颌形翼龙科"相似的翅膀结构，其近端骨骼较短，远端区域加长，并有较强的鼓翼能力。这些有"高速翅膀"的动物是快速、灵活的飞行者，如猎鹰和大驯犬蝠。如果"曲颌形翼龙科"的翅膀看起来与这些飞行者的相似，那么它们可能同样适合强有力地急速飞行。

然而，并非所有"曲颌形翼龙科"翼龙都具有如此的翅膀结构；翅膀孱弱的奥地利翼龙和孔颌翼龙使用翅膀的方式显然与它们那些翅膀强有力的亲戚不同。纤细的翅膀骨骼和三角肌嵴表明，它们不适合有力的鼓翼和高速飞行，可能在很大程度上是滑翔。正如许多翱翔的鸟类所显示的那样，滑翔对细长的翅膀骨骼更有好处。有趣的是，孔颌翼龙的肱骨在比例上比股骨更细长，这对翼龙来说是一个非常反常的特征，并使得孔颌翼龙使用第5章中所讨论的四足起飞策略的能力受到了质疑。我们也不能完全排除这种可能性，因为翼龙的肱骨结构一般都有些"过火"，特别是那些小体型的翼龙（Habib 2008；Witton and Habib 2010），所以孔颌翼龙细长的肱骨也许有能力将其"主人"成功弹射出去，但是这种起飞策略的证据在这只翼龙身上不如其他翼龙明显。

在地面上

曲颌形翼龙是少数保留有良好腰带化石的早期翼龙之一，它们曾经深陷翼龙陆生能力的争论中。针对该类群破碎的腰带化石存在相互矛盾的解释：一种观点认为它们拥有腹面开放的腰带结构（Wellnhofer 1974；Wellnhofer and Vahldiek 1986），另一种则主张腹面愈合的腰带结构（Padian 1983a），后者最终从其他翼龙化石那里获得了支持（见第7章）。这样的结构使曲颌形翼龙和其他翼龙一样，行走时后肢直立。真双型齿翼龙的关节盂表明，它的前肢在行走时不能在身体下方旋转，所以在落地时可能是向外张开的。遗憾的是，其他大多数"曲颌形翼龙科"翼龙的关节盂都保存得很差，而且被压扁了，所以我们也搞不清楚这种姿势是否常见。真双型齿翼龙和卡尼亚翼龙的手部有爪后籽骨，表明它们或许具有攀爬能力。孔颌翼龙的股骨与胫骨的比值特别低，且四肢普遍修长优雅，这些特征在特别敏捷的现代动物身上可以看到（Coombs 1978），可能表明它比其亲属在地面上更敏捷。

古生态学

一些"曲颌形翼龙科"翼龙发展出一种对于翼龙来说十分独特的技能：粗略咀嚼食物的能力。它们牙齿上的大量磨损面是令人信服的证据（详细讨论见 Ösi 2010），揭示了牙齿与牙齿的碰触磨损了孔颌翼龙和真双型齿翼龙的齿列，而且后者还经历了牙齿与食物的摩擦。一些"曲颌形翼龙科"翼龙下颌关节的凹陷可以使整列牙齿同时咬合，这是高效咀嚼食物的动物的特征。真双型齿翼龙的牙齿磨损特征表明，它的颌部在咀嚼时能一定程度地侧向移动，这可能是由于其下颌联合体没有愈合，使得颌部在运作时可以弯曲（Ösi 2010）。这些翼龙异常巨大的上颞孔和乌喙骨表明，强大的肌肉牵动着这种咀嚼运动（图12.9），而且可以预料的是，牙齿磨损最明显的部位在颌骨后部，因为那里产生的咬合力最大。这些动物以这种方式处理食物，表明它们摄取的是坚硬的猎物，在真双型齿翼龙肠道中发现的被消化的加诺鱼鳞支持了这一观点（Wild 1978）。相比之下，其他"曲颌形翼龙科"的牙齿则没有磨损，表明它们并不食用坚硬的食物，如若吃了，也很少在口腔内处理。

据推测，"曲颌形翼龙科"翼龙的功能众多的牙齿使它们能够享用种类广泛的食物，包括昆虫、软体无脊椎动物、美味的植物、小型脊椎动物和腐肉

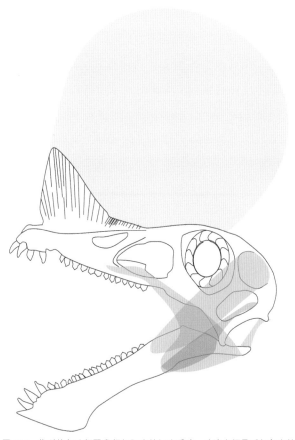

图12.9 菲利苏尔孔颌翼龙颌部肌肉的初步重建。请注意颌骨后部复杂的造型区域，那里是肌肉的固定点。

（Stecher 2008；Padian 2008b；Ösi 2010）。如果它们的翅膀如上文所推测的那样，适合灵敏高速的飞行，那么一些"曲颌形翼龙科"翼龙似乎有可能在飞行中获取一些食物，当它们飞冲过鱼类或其他动作相对缓慢的猎物时，会看准时机抓取猎物。曲颌形翼龙巨大的翅膀可能提供了额外的升力，帮助它们搬运大型猎物，但像所有"曲颌形翼龙科"翼龙一样，它的解剖结构并不明显适应于任何一种特定的觅食方法。它们当然也不具有任何滤食的适应特性（Stecher 2008；Humphries et al. 2007；Witton 2008b；Ösi 2010；亦见第24章），但也许下弯且通常呈球形的下颌骨尖端，说明它们在觅食时经常用下颌在松散的表面上摩擦。然而，诸如"就像它们的飞行力学一样，也早该对这些翼龙不寻常的颌部进行专门的功能分析了"这类想法，只是暂时的。

13

喙 嘴 龙 科

翼龙目 > 喙嘴龙科

"曲颌形翼龙科"翼龙似乎一有机会就拼命调整它们的解剖结构，相比之下，喙嘴龙科（rhamphorhynchid）则是一个较为保守的群体，它们迅速产生了两组不同的身体结构，并将其维持了数百万年。喙嘴龙亚科（图1.1），一个类似海鸥的分支，似乎是这些类群中比较成功的；它也是侏罗纪时数量最多的翼龙之一，历经了4 000万年的演化。第二个分支——状似乌鸦的掘颌翼龙亚科（图13.1），和它们的姐妹群一样分布广泛，尽管化石通常比较稀少，而且从时间上来说也仅存在于侏罗纪最后的1 500万—2 000万年之间。值得庆幸的是，尽管喙嘴龙科的分支并未在所有的翼龙关系分析中得到复原，但人们普遍认为，喙嘴龙科上述的分类群之间有着很密切的亲缘关系（Dalla Vecchia 2009a；Andres et al. 2010；Lü，Unwin，et al. 2010；Lü，Unwin，et al. 2012；也见 Wang et al. 2009）。

喙嘴龙科似乎是第一个在相当程度上实现全球分布的翼龙，在美洲、亚洲和欧洲都有它们已知的化石（图13.2；Barrett et al. 2008）。与许多早期翼龙不同，它们的化石并不局限在特异埋藏内，但只要出现在这类沉积物中，它们就往往是翼龙动物群中最常见的成员（Padian 2008a；Wellnhofer 1991a）。相对大量且优质的喙嘴龙科化石，意味着我们可以对它们的解剖结构有很好的了解，可以对某些物种的各种属性进行统计测试。这种有关数字运算和计算统计的想法可能听起来很枯燥，但确实能够揭示有关其生长状态、性双型甚至性行为的信息，着实令人兴奋，而这些信息是单件化石（即

使是保存得最完好的化石）所不能提供的。类似的测试只能应用于其他少数几个翼龙物种，其中大多数是地质年代较晚的翼手龙亚目翼龙。因此，喙嘴龙科是了解早期翼龙古生物学的一个极其重要的窗口。

喙嘴龙科漫长的研究史

喙嘴龙科的研究史可以追溯到最早一批的翼龙发现，它们的化石于1825年被记录了下来。正如19世纪的古生物学界经常出现的情况一样，第一批喙嘴龙科的命名成为一件棘手的事情，同一标本被赋予了无数个名字（评论见 Wellnhofer 1975）。由于内容众多，我们在这里只能对该类群的研究历史作简略的介绍。第一件被发现的喙嘴龙科化石是来自德国提塘期（1.51亿—1.45亿年前）索伦霍芬石灰岩中的一件构造精巧的头骨，最初人们认为它代表着第一件已知的鸟类化石。这些化石是由萨缪尔·托马斯·冯·索默林教授研究的，他是翼龙研究早期历史的关键人物，也是翼龙起源于哺乳动物的观点的支持者（Wellnhofer 1991a）。索默林注意到这件头骨与现代海鸥的特别像，但是当他意识到这只"鸟"有一副大而平伏的牙齿时，他去征求了另一位教授的意见。意见来自格奥尔格·奥古斯特·戈德弗斯（Georg August Goldfuss），他认为该头骨实际上属于一只翼龙（Goldfuss 1831），并以其发现者格奥尔格·格拉夫·居·明斯特（Georg Graf zu Münster）的名字，将其命名为明氏鸟头翼

图13.1　多毛索德斯龙在哈萨克斯坦晚侏罗纪世的森林中打量着一只侏罗纪蜗牛。也许用不了一会儿，就该轮到蜗牛来打量索德斯龙消化道的起点了。

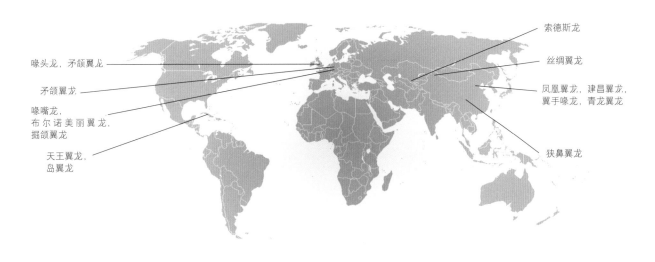

图13.2　喙嘴龙科分类群的分布

索德斯龙

丝绸翼龙

凤凰翼龙，建昌翼龙，
翼手喙龙，青龙翼龙

狭鼻翼龙

喙头龙，矛颌翼龙

矛颌翼龙

喙嘴龙，
布尔诺美丽翼龙，
掘颌翼龙

天王翼龙，
岛翼龙

龙（*Ornithocephalus muensteri*）。在描述明氏鸟头翼龙的同一篇文章中，戈德弗斯还描述了另一件全新的索伦霍芬翼龙化石：一件不完整的骨架化石，少了后肢、尾巴和翼尖。他将其命名为粗喙翼手龙（*Pterodactylus crassirostris*）；这个名称（意为"宽大的口鼻部"）反映了该物种具有强大的喙部。这两只动物的更完整的化石最终被发现，在经历了分类学上相当大的摇摆不定后，有人建议给每一只都赋予新的属名：具有海鸥状头骨的动物（图13.3）被归入喙嘴龙属（*Rhamphorhynchus*）（Meyer 1847），而头骨更坚固的形态（图13.4）则被命名为掘颌翼龙属（*Scaphognathus*）（Wagner 1861）。

自180年前被发现以来，掘颌翼龙属至今仍极为罕见，只有三件标本已知。相比之下，喙嘴龙属则有一百多件标本，是所有翼龙中人们了解最全面的一类。许多喙嘴龙标本的软组织都非常细致地保存了下来，这个物种对我们了解翼龙翅膀组织所作出的贡献比其他物种都要大（见第5章）。多达14个不同的喙嘴龙物种被命名，但随后韦尔恩霍费尔（Wellnhofer 1975）和贝内特（Bennett 1995）的修正表明，这些"物种"实际上代表了同一个分类群——明氏喙嘴龙的不同生长阶段。

其他喙嘴龙亚科……

喙嘴龙和掘颌翼龙并不是19世纪唯一一批被发现的喙嘴龙科翼龙。19世纪初，在德国侏罗纪（托阿尔期；1.83亿—1.76亿年前）的波塞冬油页岩中，人们发现了喙嘴龙亚科翼龙的化石碎片。经过19世纪标准命名法的一番摸索，这些标本最终被命名为巴斯矛颌翼龙（*Dorygnathus banthensis*）（见Padian and Wild 1992；了解上述命名方法的细节，见Padian 2008a）。随着时间的推移，出土了更多的标本，其中包括这些早期且相对"原始"的喙嘴龙亚科翼龙的完整骨骼（例如，图13.5），因此，到20世纪末，我们对其解剖结构有了很好的了解，对其活动范围的认知也扩大到法国北部。在20世纪70年代，第二个更大的矛颌翼龙物种被命名为米斯特尔高矛颌翼龙（*D. mistelgauensis*）（Wild 1971）。然而，关于这个分类群的新研究表明，它可能只代表了一只特别巨大的巴斯矛颌翼龙，而不是一个独立的物种（Padian 2008a）。

矛颌翼龙可能也曾飞掠过英国托阿尔期的海面。1888年，E. T. 牛顿（E. T. Newton）从约克郡的茂页岩中发现一件孤零零、不完整的头骨化石，

126

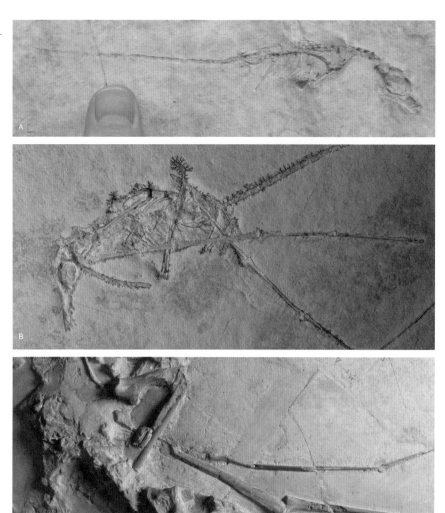

图13.3 来自提塘期索伦霍芬石灰岩的明氏喙嘴龙化石，展示了其不同的成长阶段。A，幼年期（以拇指为参照物）；B，亚成年阶段；C，大型成年阶段。最后一个阶段特别罕见，只有两件标本。A和C，版权归伦敦自然历史博物馆所有；B由赫尔穆特·蒂斯彻林格尔提供。

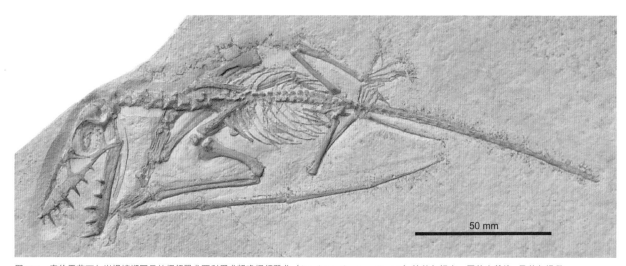

图13.4 索伦霍芬石灰岩提塘期罕见的掘颌翼龙亚科翼龙粗喙掘颌翼龙（*Scaphognathus crassirostris*）的幼年标本。图片由戴维·马蒂尔提供。

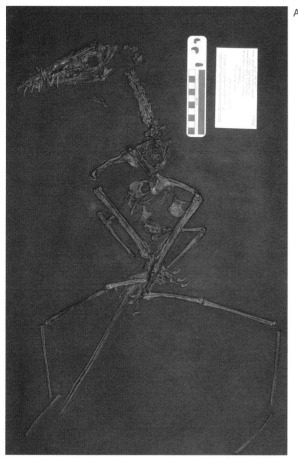

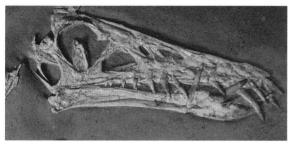

图13.5 来自德国托阿尔期的巴斯矛颌翼龙化石。A，几乎完整的骨架；B，完整的头骨和下颌骨。注意其下颌后部的细小牙齿。照片由罗斯·埃尔金提供。

他特别兴奋地报告了这一发现，因为与当时已知的大多数翼龙化石不同，它没有被压得像纸一样薄。它使我们得以首次一窥翼龙的大脑，尽管只能查看颅腔凸膜的背面区域。牛顿认为这些化石代表了掘颌翼龙的一个新种，并将其命名为伯氏掘颌翼龙（*S. purdoni*），但在1919年，古斯塔夫·冯·阿尔萨贝尔（Gustav von Arthaber）赋予了其新的属名：双孔翼龙（*Parapsicephalus*）。进一步的分类

学修正表明，双孔翼龙与矛颌翼龙同源，尽管英国的头骨可能仍然代表着一个不同于其德国同类的物种（Unwin 2003，2005）。

另一只来自英国的喙嘴龙亚科翼龙喙头龙（*Rhamphocephalus*），比普氏矛颌翼龙的化石数量略微多些，其中包括来自牛津郡中侏罗世司东费尔德板岩组（巴通期；约1.68亿—1.65亿年前）的一件下颌骨和许多碎片化石（巴通期；约1.68亿—1.65亿年前）。唉，这批化石材料究竟有多少反映了喙头龙，目前还不清楚。司东费尔德板岩组翼龙化石一度被称为喙头龙，但最近在同一组材料中发现了可能的悟空翼龙科翼龙（Andres et al. 2011；第14章）和梳颌翼龙科翼龙（Buffettaut and Jeffery 2012；第19章），提醒我们对此解读还需谨慎。令人高兴的是，对这些化石材料的复查正在进行中。喙头龙是维多利亚时代命名乱象的另一个受害者，至今仍让人们头疼不已（实际上，我们可能不再使用"喙头龙"这个名称来指代司东费尔德板岩组的翼龙化石了［M. O'Sullivan，私人通信，2012］）。到19世纪末，人们认为有三个物种存在，目前其中只有两个，即扁吻喙头龙（*R. depressirostris*）和巴克兰喙头龙（*R. bucklandi*）被认为是有效的（Unwin 1996）。英国其他中侏罗世的沉积物中也发现了与喙嘴龙科有关的化石材料，但其中大部分都非常零碎，几乎没有分类学意义（Unwin 1996）。

与多雨的老英格兰相比，其他的喙嘴龙亚科翼龙则产自更具异国情调的地方。这些翼龙出土于古巴晚侏罗世的岩层，其发现得益于美国著名化石猎人巴纳姆·布朗（Barnum Brown）的协助，他最为出名的成就可能是发现了暴龙。布朗在1911—1919年间为美国自然历史博物馆收集古巴西部的岩层标本。这些标本在接下来几十年的大部分时间都被存放在美国自然历史博物馆的仓库，这听起来十分离谱，但考虑到化石寻猎探险带回的发现处理起来需要花费的时间，这种情况也就不稀奇了。当这些标本最终被评估时，人们发现其中一件

是一具关节零散、失去了头部的喙嘴龙亚科骨架，其被命名为黄昏岛翼龙（*Nesodactylus hesperius*）（Colbert 1969）。相反，中国第一只侏罗纪翼龙，长头狭鼻翼龙（*Angustinaripterus longicephalus*）（He et al. 1983）只出土了颅骨标本。事实将会证明，中国是一个富有喙嘴龙亚科翼龙的"化石猎场"，其晚侏罗世（牛津期；1.61亿—1.56亿年前）的沉积物出土了大型有脊冠的物种——五彩湾丝绸翼龙（*Sericipterus wucaiwanensis*）（Andres et al. 2010），以及年代稍早的（卡洛夫期—牛津期；1.65亿—1.56亿年前）郭氏青龙翼龙（*Qinglongopterus guoi*）（Lü，Unwin et al. 2012）。后者似乎是喙嘴龙的近亲，但其模式标本仅来自一个极其年幼的个体，限制了我们对它与其他喙嘴龙亚科翼龙的详细比较。

最近，在与索伦霍芬类似的德国布吕恩错落的板状灰岩中，人们命名了另一只新的喙嘴龙亚科翼龙，它可以追溯到钦莫利期晚期（约1.52亿年前）。与青龙翼龙一样，这只动物的代表化石只是一个非常年幼的个体，被命名为罗氏布尔诺美丽翼龙（*Bellubrunnus rothgaengeri*）（Hone，Tischlinger et al. 2012）。这个物种最有趣的一点是，其远端的翼指骨可能向前偏转。然而，在这只翼龙唯一保存下来的标本中，翅膀有点不寻常，所以翼龙学家希望找到另一件标本来对这种不寻常的解剖结构进行进一步确定（Hone，Tischlinger, et al. 2012）。

更多的掘颌翼龙亚科翼龙……

与喙嘴龙亚科相比，大多数掘颌翼龙亚科类群是相对较新的发现。事实上，从发现掘颌翼龙，到为从哈萨克斯坦晚侏罗世（牛津期—钦莫利期；1.61亿—1.51亿年前）卡拉巴斯套组出土的下一只掘颌龙亚科翼龙——多毛索德斯龙（*Sordes pilosus*）命名（Sharov 1971），历经了140年。真是守得云开见月明。第二只掘颌翼龙亚科翼龙的有清晰附着部位的完整翼膜保存了下来，其中包括由细长的第Ⅴ趾支撑的尾膜和延伸到脚踝的臂膜（见第5

章；Sharov 1971；Bakhurina and Unwin 1992）。索德斯龙也让关于翼龙皮毛的争论不攻自破（Sharov 1971），在已知的7件索德斯龙标本中，有两件清楚地显示了它们的身体、头部和颈部周围的密集纤维。仔细检查后人们发现了有关皮膜密度、长度和结构的令人惊讶的细节（Sharov 1971；Bakhurina and Unwin 1995；Unwin 2005），它的拉丁名字"长毛的魔鬼"，就是从这些保存出色的纤维中获得的灵感。唉，然而这个名称背后的拉丁文其实被误译了，因为"*Sordes pilosus*"实际上意味着"脏乱的毛发"（Bakhurina and Unwin 1995）。啊哦！

经过几十年的沉寂，在新千年之后，人们陆续发现了一些掘颌翼龙亚科物种。第一个物种来自中侏罗世（可能是卡洛夫期—牛津期；1.65亿—1.56亿年前），是髫髻山组的中国威氏翼手喙龙（Czerkas and Ji 2002）。这只动物的模式标本是一具完整的骨架，带有完整保存的软组织脊冠，其中包括色带（图5.13）和覆盖其上的一层密集纤维。这只动物的位置通常在掘颌翼龙亚科中（Unwin 2005；Barrett et al. 2008；Lü，Unwin, et al. 2010），但最近有人提出了它的另一种归宿：喙嘴龙亚科（Lü，Unwin et al. 2012）。

就在文献记录了科罗拉多州晚侏罗世（钦莫利期—提塘期；1.56亿—1.45亿年前）莫里逊组中的大型掘颌翼龙亚科翼龙金氏抓颌龙（*Harpactognathus gentryii*）后不久，关于翼手喙龙的报告也随之而来（Carpenter et al. 2003）。抓颌龙是通过一件残缺的喙部化石被人们知晓的，与翼手喙龙一样，它似乎也有一只脊冠，但结构似乎与其中国的同类有些不同。2004年，在出土了岛翼龙（*Nesodactylus*）的同一古巴地层中，人们报告了另一只抓颌翼龙亚科翼龙：加勒比天王翼龙（*Cacibupteryx caribensis*）（Gasparini et al. 2004）。可惜的是，这只动物仅从一件头骨和几件头后骨骼化石被人们知晓。然而，最近发现的同样来自髫髻山组的李氏凤凰翼龙（*Fenghuangopterus lii*）和赵氏建

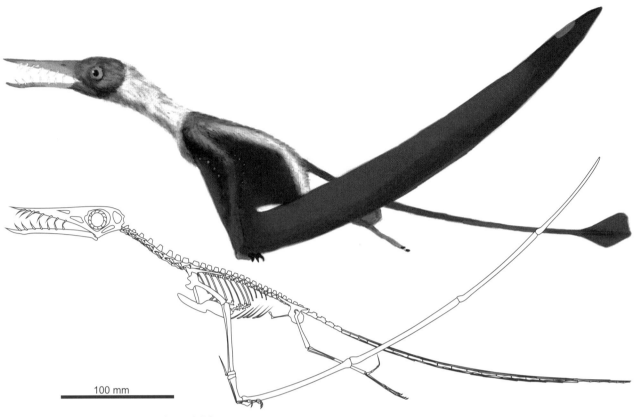

图13.6 起飞中的明氏喙嘴龙的骨骼复原和实体复原。

昌翼龙（*Jianchangopterus zhaoianus*），都有几乎完整的骨骼（Lü，Fucha，and Chen 2010；Lü and Bo 2011）。不过，后者很可能代表着一只幼年的悟空翼龙科翼龙，而非掘颌翼龙亚科翼龙。

解剖学

骨学

虽然看起来彼此相当不同，但喙嘴龙亚科和掘颌翼龙亚科因一些特征而组成了同一个类群（Unwin 2003）。最明显的是，它们的牙齿结构非常简单，数量也少，在其上颌发现的牙齿不超过11对。三角肌嵴底部通常挤在一起，但末端扩张，这种情况在进步的喙嘴龙亚科翼龙中达到了极致。第V趾也有弯曲的趾骨，要么轻微弯曲，要么呈锋利的回旋镖状。然而，在其他方面，喙嘴龙亚科和掘颌翼龙亚科有很大的不同，因此我们最好对它们的骨骼解剖结构

分别进行描述。

喙嘴龙亚科

喙嘴龙亚科翼龙柔软且呈流线型的解剖结构（图13.6）有很好的文献记载，喙嘴龙和矛颌翼龙尤其如此（Wellnhofer 1975；Padian 2008）。这些家伙是侏罗纪翼龙中最大的，矛颌翼龙、喙嘴龙、喙头龙和丝绸翼龙的翼展都达到了2米或以上。喙嘴龙亚科翼龙的头骨矮且细长，其上有小而狭长的鼻腔开口和眶前孔。颌尖是骨质的突起，远远超出了前牙，在下颌中，这些突起代表着短下颌联合体的延伸。下颌骨突的形状因物种不同而有所不同，还会随着年龄的增长而变化，但通常最终在成年形态中呈现出相当弯曲且十分粗壮的形状（图8.7A，图13.7；Bennett 1995）。它们的牙齿一般较平伏，尤其是在嘴的前部，当嘴闭上时，牙齿就形成了一个粗糙的抓取结构。虽然牙齿一般比较大，但矛颌翼

129

龙的下颌后部保留了一些较小的牙齿。这一特征和其他特征将矛颌翼龙与其他早期翼龙联系在了一起，这也是人们认为它代表着喙嘴龙亚科演化早期阶段的原因之一。

喙嘴龙亚科翼龙的颈椎有异常高而尖的神经棘，一些分类群的前颈椎略微增大（图4.5；Wellnhofer 1975）。这些椎骨，连同前背骨、肩带和胸骨都充满了大量气腔（Bonde and Christiansen 2003）。它们的躯干纤细而紧凑，保留了原始翼龙长过头骨的状态，尾巴长而硬（布尔诺美丽翼龙除外，因为它没有坚硬且长的椎关节突），尾椎数量多，布尔诺美丽翼龙、喙嘴龙和岛翼龙各有约40块（Colbert 1969；Wellnhofer 1991a；Hone，Tischlinger，et al. 2012）。它们的胸带相对细长，肩胛关节盂拥有一个小型的关节面，似乎限制了前肢的腹面运动，胸骨一般也比较大，有突出的胸骨前突，不过矛颌翼龙的胸骨似乎特别小。可能与其他小胸骨的翼龙一样，它们的胸骨在现实中也是由软骨延伸而来的（Padian 2008a）。

喙嘴龙亚科翼龙的前肢是所有早期翼龙中最长的，只有"曲颌形翼龙科"翼龙可以挑战。它们的肱骨很容易通过巨大且呈斧形的三角肌嵴辨认出来，手部的前三只手指很纤弱，尽管爪子巨大且极度内弯。矛颌翼龙再次证明了自己的与众不同，它的三只手指上都有爪后籽骨。喙嘴龙亚科翼龙的翼指延长至其翅膀长度的67%（Unwin 2003；Hone，Tischlinger，et al. 2012），岛翼龙和喙嘴龙的翼指骨后缘有浅沟。这些沟槽有什么功能尚不清楚。与前肢相比，喙嘴龙亚科翼龙的后躯相当不发达，包括小小的腰带、纤弱的前耻骨和短而细的后肢。能够反映这一点的是它们看起来相当脆弱的足部骨骼，上面只有发育不良的爪子。

掘颌翼龙亚科

掘颌龙亚科翼龙的头骨很厚实，颈椎也很粗壮，在外观上不像喙嘴龙亚科翼龙那样优雅（图13.8；

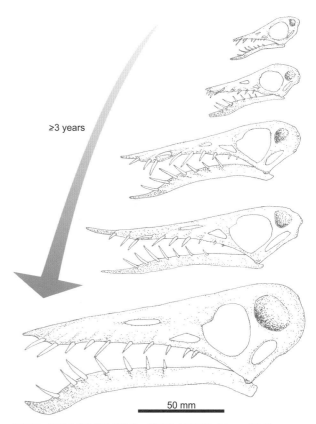

≥3 years

50 mm

图13.7 喙嘴龙颅骨各生长阶段，基于贝内特修改（Bennet 1995）。

更全面的描述见Sharov 1971 and Wellnhofer 1975）。它们的体型大小差异很大，凤凰翼龙和索德斯龙最小，翼展为0.7米，翼手喙龙稍大些，翼展为0.85米，但从零碎化石被人们所知的天王翼龙和抓颌翼龙显然代表了较大的动物，其翼展为2.5米或以上（Carpenter et al. 2003）。这样的翼展，加上掘颌翼龙亚科翼龙庞大的骨架，使得凤凰翼龙和抓颌翼龙成为所有非翼手龙亚目翼龙中最大的。掘颌翼龙亚科翼龙头骨的特点是粗壮，有钝钝的颌尖和相对深且棱角分明的下颌骨；颌部就长度来说比较宽大，并非呈锥状。它们的牙齿细长，与喙嘴龙亚科翼龙不同的是，这些牙齿是沿着颌骨垂直排列的。

掘颌翼龙亚科翼龙拥有早期翼龙相当典型的身体比例，但颈椎却相当粗壮，宽度大于长度，附着着细长的颈肋。只有索德斯龙和翼手喙龙保留了完整的尾巴，两者显示出强烈的对比，索德斯龙的尾

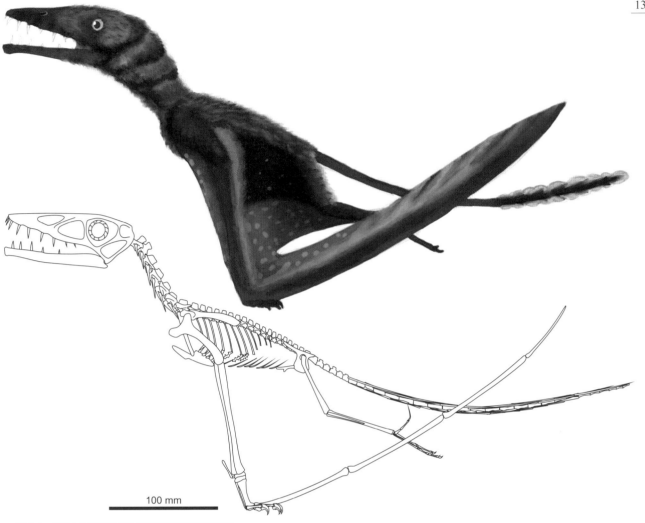

图13.8 起飞中的粗喙掘颌翼龙的骨骼重建和实体复原。

巴大约是其躯干长度的2倍，翼手喙龙的尾巴长度则高达躯干长度的3.5倍。这条极长的尾巴由45—50块尾椎组成（Czerkas and Ji 2002），是所有翼龙中尾椎数量最多的，也可能是相对于身体大小而言最长的尾巴。

掘颌翼龙亚科翼龙肩带的特征是胸骨非常小，但与矛颌翼龙一样，这些结构似乎缺少较大的软骨区域。它们胸带的其他部分很发达，前肢骨架明显拥有极长的桡骨和尺骨。与喙嘴龙亚科翼龙不同，掘颌翼龙亚科翼龙的翼指不是特别长；后肢也不是特别长，尽管不像喙嘴龙亚科翼龙那样瘦小。特别值得一提的是，它们的手爪不像其姐妹类群那样内弯，但却相当健壮。

软组织

我们对喙嘴龙科软组织数据的掌握比对其他翼龙的要多，其中最多的是喙嘴龙（见第5章）。它们的颅骨软组织被人们熟知，喙、脊冠和大脑在不同的物种和标本中都有代表。喙嘴龙的喙是颌部骨质突起的延续，有时形状还无法根据颌骨预测（图5.11）。一些掘颌翼龙亚科翼龙的头部装饰着大而圆的软组织脊冠（Czerkas and Ji 2002），以喙部上一个小小的骨质突起为特征。由此，我们可以假设抓颌翼龙也拥有这样的结构，尽管其脊冠的形状和大小仍然是个谜。我们已经了解到喙嘴龙详细的颅腔凸模和矛颌翼龙的部分颅腔凸模（Newton 1888；Wellnhofer 1975；Witmer et al. 2003），这些凸模揭

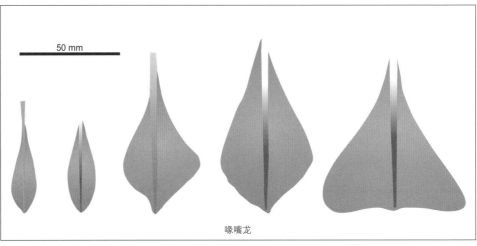

索德斯龙　　　　　　　　　　　　　　　喙嘴龙

图13.9　喙嘴龙科翼龙的尾翼。请注意喙嘴龙的尾翼随体型大小和年龄而发生的变化。引自贝内特绘制的喙嘴龙尾翼（Bennett 1995）。

示了它们拥有从表面上看十分似鸟的大脑。虽然人们认为后来的翼龙在神经系统上与鸟类有更大的相似性，但喙嘴龙科翼龙的大脑已经非常接近鸟类，可以假设它们有足够的运算能力来进行动态的飞行活动。

有报告称喙嘴龙和矛颌喙嘴龙的标本保存有密集纤维，但这些解读在一些翼龙研究者中存在争议。相比之下，索德斯龙和翼手喙龙保存下来的毛发则毋庸置疑地代表了翼龙绒毛，它们密集地覆盖了索德斯龙的面部、颈部和躯干（Sharov 1971；Bakhurina and Unwin 1995a；Czerkas and Ji 2002）。每根纤维约6毫米长，通常呈弯曲状，这表明它们在现实中灵活且柔软。有些人在索德斯龙的翅膀上发现了类似毛发的纤维，但这些更可能是翅膀组织内部短而灵活的结构纤维（Unwin and Bakhurina 1994）。从喙嘴龙的标本中，我们确切了解到了柔韧的翼纤维、远端翅膀坚硬的结构纤维、翼骨的软组织外层、血管、后缘结构和翅膀的附着部位（Padian and Rayner 1993；Unwin and Bakhurina 1994；Frey，Tischlinger，et al. 2003；Tischlinger and Frey 2010；也见第5章）。

在许多喙嘴龙科的物种身上也发现了尾翼。人们认为这些特征存在于所有的长尾翼龙中，但在翼龙化石记录中却很少见（图13.9）。已知的尾翼有两

种类型：一种长而呈叶形，占据了尾巴的大部分长度，结构较小，位于尾巴尖；另一种发现于喙嘴龙中，它们的形状似乎随着年龄的增长而改变，从幼年时的菱形到成年时的三角形（Bennett 1995）。因为这些尾翼不是对称的，所以我们假设它们垂直于尾部，用来保持高效的飞行动力。索德斯龙和翼手喙龙表明，掘颌翼龙亚科是有叶状尾翼的变体（Czerkas and Ji 2002），但是翼手喙龙的尾翼比索德斯龙的尾翼延伸得更远，结合在喙嘴龙各年龄段看到的多种多样的尾翼形状，这些器官作为展示结构的功能似乎胜过其作为飞行舵（例如，Wellnhofer 1991a；Frey，Tischlinger，et al. 2003）。

运动

飞行

这两类喙嘴龙科翼龙身体结构的比例差异，可能也得归因于它们飞行适应能力的不同。喙嘴龙亚科翼龙长而窄的翅膀被普遍认为像海鸥一样，适合翱翔飞行（Wellnhofer 1975；Hazlehurst and Rayner 1992；Chatterjee and Templin 2004；Witton 2008a），海洋或海洋边缘沉积物中丰富的喙嘴翼龙亚科化石为该飞行方式提供了证据。有趣的是，与"曲颌形翼龙科"翼龙相比，喙嘴龙亚科翼龙的胸骨发育较

132

差，这表明它们的下冲肌肉组织相对较小。因此，这些翼龙可能更多地采用鼓翼滑翔和翱翔飞行，而非连续鼓翼。一些现代的翱翔鸟类（如信天翁、军舰鸟）也因不经常拍打翅膀而导致胸骨退化，这使得这一观点有了一定的可信度。

对于掘颌翼龙亚科翼龙的飞行方式，人们还不是很明确。一些人认为它们像喙嘴龙亚科翼龙那样，是善于翱翔的飞行者（Hazlehurst and Rayner 1992；Chatterjee and Templin 2004），但是其他分析则认为它们的飞行方式更为泛化（Witton 2008a）。后者显然符合掘颌翼龙亚科翼龙对植被丰富的陆地环境的偏好（Bakhurina and Unwin 1995）。翱翔和滑翔在非常开放的环境中是绝佳的飞行策略（例如喙嘴龙亚科翼龙似乎常在海岸线周围出没），但在杂乱无章、满是障碍物的陆地环境中可能难以维持。在这些情况下，高角度的起飞、敏锐的机动性，以及在地面上可以利落收起的短翼就显得更为可取了（Rayner 1988）。掘颌翼龙亚科翼龙的翅膀比例符合上述标准，近端较大的翅膀区域最大限度地提高了升力，相对较短的远端翅膀提高了空中的灵活性，更不用说翅膀能利落地收放了。虽然掘颌翼龙亚科翼龙为了实现这种飞行方式而牺牲了滑翔能力，但如果如其化石沉积地的环境所显示的那样，它们经常出没于林地和森林，那么它们可能不太会错过这种飞行方式。

在地面上

喙嘴龙亚科翼龙已经被当作是证明非翼手龙亚目翼龙在陆地上行动笨拙的主要证据，因为它们的化石清楚地表明，早期翼龙长长的第V趾被用来支撑巨大的尾膜（例如，Unwin 2005）。相反，韦尔恩霍费尔（Wellnhofer 1975）和帕迪安（Padian 2008a）则认为，喙嘴龙科翼龙是行动得力的两足动物，至少在起飞时是如此。正如我们在第5章和第6章讨论过的，这两方面都有站不住脚的地方，有效的四足起飞和行走对所有的翼龙来说显然都相当可行。事实上，矛颌翼龙的手掌上有爪后籽骨，表明它有适合于攀爬的可抓握的手部，这支持了喙嘴龙亚科翼龙利用前肢进行陆上运动的观点。然而，喙嘴龙亚科翼龙的关节盂似乎限制了将前肢直接置于身体下方的能力，因此它们的前肢在地面上移动时可能会呈些许外张。这一点，再加上相当短的后肢，表明喙嘴龙亚科翼龙可能算不上最擅长陆地运动的动物。肢体稍长的掘颌翼龙亚科翼龙在行走和奔跑时可能会表现得更好一些，较重的爪子在它们四处乱窜时可能会提供更多的支撑力。当然，这与矛颌翼龙亚科翼龙化石偏向在陆生环境中出现的特点十分吻合。

古生态学

绝大多数喙嘴龙的标本都是未成熟个体，只有少数已知的成年个体。因此，尽管一些性别差异可能反映在头骨大小上（Wellnhofer 1975），但人们在尝试寻找该物种的性双型特征时，往往得不到什么结果（Bennett 1995）。人们对喙嘴龙亚科翼龙的生长模式进行了详细的研究，发现它们的解剖结构随着成长而发生了巨大的变化（图8.7、图13.3和图13.7；Bennett 1995）。随着年龄的增长，它们从鼻小牙大的形态转变为牙齿狭窄、下颌长突、头骨细长，最终变为头骨粗壮、有獠牙、下颌尖端呈钩状的形态。这被当作是翼龙在成长过程中占据了不同生态位的证据（Unwin 2005），头骨和牙齿形状的变化使得不同年龄的个体能够捕食不同大小和类型的猎物。这也让许多不同的个体在不竞争食物资源的情况下共存（也就是所谓的生态位划分；Bennett 1995）。

由于在两件中型标本的内脏和喉部都发现了鱼的残骸（图8.10；也见Wellnhofer 1975；Tischlinger 2010；Frey and Tischlinger 2012），我们可以确定喙嘴龙是食鱼动物，这种饮食方式似乎适用于大多数大型喙嘴龙亚科翼龙。然而，关于喙嘴龙的觅食策略则存在不同的观点。一些人将它想象成滤食者，像现代的滤食鸟类剪嘴鸥那样用颌尖犁过水面

（Wellnhofer 1991a；Hazlehurst and Rayner 1992），但其他人的观点正好相反，他们注意到整个头骨和颈部缺乏必要的滤食适应特性（Chatterjee and Templin 2004；Humphries et al. 2007；Witton 2008b，也见第24章）。一个更合理的说法是，喙嘴龙和它的同类是浸食动物，从水面上飞掠而过时将鱼捕食。这一观点得到了喙嘴龙的拥有巨大尺寸和关节的颈椎前部的支持，表明其颈前区肌肉发达，能够进行相当大幅度的运动。再加上颌部和牙齿的延伸，细长的颌尖，以及明显的稳定飞行能力，喙嘴龙和它的同类可能很适合在飞行时抓取食物，而不需要滤食。如果是这样，这将证明人们自喙嘴龙发现以来就提出的、它拥有类似海鸟的生活方式这一观点是正确的。

喙嘴龙和它的猎物——鱼类之间的关系往往会出现逆转。一些大型的、鼻子似矛的索伦霍芬鱼类，比如剑鼻鱼，其标本显示它们在死亡时曾和这类翼龙纠缠在一起，人们认为这是由这只鱼捕食未遂造成的（Tischlinger 2010）。除此之外，翼龙从未以这种方式与潜在的捕食者发生联系。这可能表明，剑鼻鱼对翼龙的攻击失败会带来相对较高的死亡风险。一次更成功的捕食尝试已经被一件化石肠道反刍物标本证明，该标本的主人有着鱼的特征，标本中满是喙嘴龙的残骸（Schwiegert et al. 1998）。当然，这些喙嘴龙是如何被捕获的，仍然不得而知，但最有可能的是，它们是在停留水面时被鱼抓住的。

遗憾的是，掘颌翼龙亚科翼龙的觅食习惯并不像喙嘴龙亚科翼龙那样能借由化石清楚地确定。一些研究者认为这些动物食鱼或食虫（Wellnhofer 1991a；Ösi 2010），而巴克尔则提出，它们会以类似猛禽的方式从天空中击落其他翼龙（Bakker 1986）。空中觅食似乎不太可能，因为它们缺乏适合在水面上稳定飞行或追逐空中猎物的翅膀和肩部的解剖结构（见第11章）。我想知道掘颌翼龙亚科翼龙是否比其他动物更擅长某种觅食方式，它们可能是类似于中型和大型鸟类的泛化杂食性动物：粗壮的爪子和口鼻部可能适合翻找落叶或在浅层挖掘，而间隔很大的尖牙可能让它们甚至还能时不时地制服一些相对较大的猎物。有趣的是，幼年掘颌翼龙亚科翼龙（以索德斯龙和掘颌翼龙为例）的头骨与它们的兄弟——喙嘴龙的头骨不同，这表明在这些翼龙的生命史中，它们没有像其口鼻部细长的同类那样跨越了许多不同的觅食阶段。

134

14

悟 空 翼 龙 科

翼龙目＞单孔翼龙类＞悟空翼龙科

21世纪为翼龙学家带来了记忆中最激动人心的两项翼龙发现。第一个是翼龙蛋（第8章），第二个是达尔文翼龙——一只来自中国辽宁地层的小型翼龙（图14.1）。这只不起眼的翼龙于2009年出土，但直到2010年才正式公之于众（Lü, Unwin, et al.），并在翼龙学家中引起了轰动。达尔文翼龙无可争议地填补了翼龙演化史中一个长期存在的空白，弥合了早期翼龙和翼手龙亚目之间的形态差距。正如我们在随后的章节中将要看到的，翼手龙亚目在解剖结构上与它们的祖先有很大的不同，在发现达尔文翼龙之前，这些分支之间的演化步骤并不明确。达尔文翼龙以了不起的方式将它们的解剖结构联系了起来。与其说它的整个身体结构表现出了翼手龙亚目翼龙和非翼手龙亚目翼龙的些许特征，倒不如说它既拥有翼手龙亚目翼龙特有的头骨和颈部，同时也保留了与喙嘴龙科翼龙非常相似的身体（图14.2）。这些构造之间的差异是如此明显，以至于标本最初发现时曾一度被人们怀疑是赝品（Lü, Unwin, et al. 2010），但详细的检查和随后的发现都证实了它确实拥有反常的解剖结构。这使得达尔文翼龙被誉为"模块化"（modular）演化的典范。"模块化"，即大片且具有基因联系的解剖结构块发生了变化，而其他结构块则保持不变。这一点反映在它了的全名"模块达尔文翼龙"（*Darwinopterus modularis*）上，该名既是对现代进化论之父查尔斯·达尔文的纪念，也是向它可能展现的演化机制的致意。

可能还有其他物种

达尔文翼龙来自中国东北部的髫髻山组（图14.3），与之相伴的是喙嘴龙科翼龙翼手喙龙、青龙翼龙和凤凰翼龙（第13章）。这个地质单位的年代尚有争议，但它似乎位于中侏罗世和晚侏罗世的交界（卡洛夫期—牛津期；1.65亿—1.56亿年前）。这表明达尔文翼龙在第一批翼手龙亚目翼龙出现之前就已经存在了，而第一批翼手龙亚目翼龙确切可追溯至牛津期（1.61亿—1.56亿年前）（Buffaut and Guibert 2001；注意，一些有争议的翼手龙亚目翼龙标本可能年代更早）。事实证明，达尔文翼龙有着相对丰富的化石，自2009年以来，人们已经发现了十多件良好的标本，它很可能会成为人们最为了解的翼龙之一（图14.4；Lü, Unwin, et al. 2011）。其中一件特别令人惊奇的标本是和蛋一起发现的，正如接下来以及之前第8章所讨论的，这对我们了解翼龙的生活方式、分类学和繁殖行为有重大意义。

在达尔文翼龙被公布于世几个星期后，另一只与其密切相关的翼龙也横空出世了，它也来自髫髻山组：李氏悟空翼龙（*Wukongopterus lii*）（Wang et al. 2009）。这件标本缺少大部分头骨，学者解释说它在系统发育上与翼手龙亚目翼龙差之千里。直到2010年，这种动物才被解释为是达尔文翼龙的近亲（Wang et al. 2010）。此后，两个类似达尔文翼龙的分类群同时被公布：达尔文翼龙的第二个种玲珑塔达尔文翼龙（*D. linglongtaensis*），以及中国鲲鹏

图14.1　小翼龙的早期演化。图中是晚侏罗世林地中的达尔文翼龙，它们很可能呈现性双型，雄性有巨大的脊冠，雌性则完全没有。

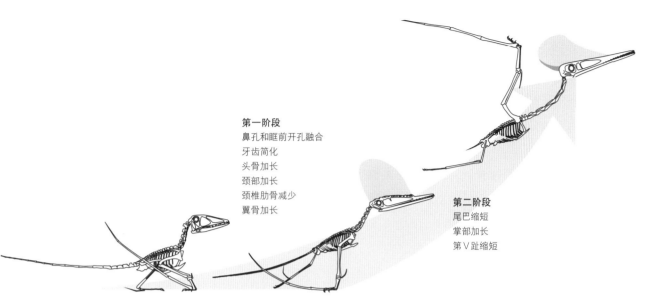

第一阶段
鼻孔和眶前开孔融合
牙齿简化
头骨加长
颈部加长
颈椎肋骨减少
翼骨加长

第二阶段
尾巴缩短
掌部加长
第 V 趾缩短

图14.2 如何制造出一只翼手龙亚目翼龙？取出一只早期翼龙（沛温翼龙［左］），加一些单孔翼龙类的特征（达尔文翼龙［中］）进去，焖煮个几百万年，重点是头后骨骼的选择。一只翼手龙亚目翼龙（翼手龙［右］）就产生了。

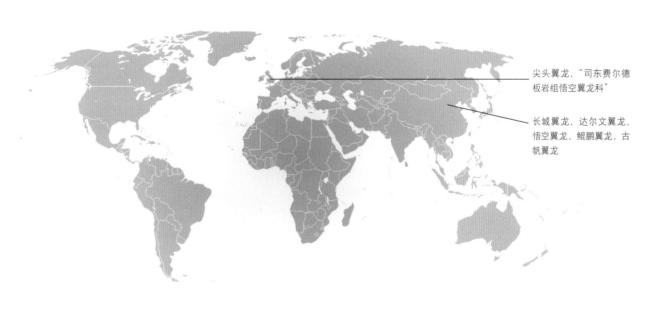

尖头翼龙，"司东费尔德板岩组悟空翼龙科"

长城翼龙，达尔文翼龙，悟空翼龙，鲲鹏翼龙，古帆翼龙

图14.3 达尔文翼龙科分类群的分布

图14.4 一具几乎完整的中国卡洛夫期—牛津期髫髻山组模块达尔文翼龙的骨架，仅缺少头骨的细节。图片由戴维·安文提供。

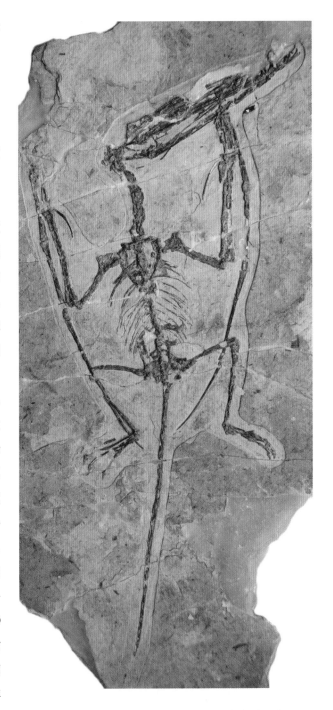

翼龙（*Kungpengopterus sinensis*）。这些动物也来自髫髻山组，属于悟空翼龙科（Wukongopteridae），该类群最近已被命名，包含达尔文翼龙及其亲属在内（Wang et al. 2010）。

然而，这并不意味着对髫髻山组中类似达尔文翼龙的该类型标本的发现已经结束，对髫髻山小型翼龙潘氏长城翼龙（*Changchengopterus pani*）的重新评估表明，它与达尔文翼龙相当相似。这只翼龙唯一已知的标本缺少头骨和大部分颈部（Lü 2009b），但它似乎有类似悟空翼龙的颈部，很可能代表该新类群的另一个物种（Wang et al. 2010）。

另外一个达尔文物种，粗齿达尔文翼龙（*D. robustodens*）（以其相对较大的牙齿得名），以及不巧得名的玲珑塔古帆翼龙（*Archaeoistiodactylus linglongtaensis*）（尽管它叫古帆翼龙，但几乎可以肯定它与帆翼龙科［见第15章］的祖先无关），代表着更多的悟空翼龙科物种，使髫髻山悟空翼龙科翼龙的总数达到8个（Lü and Fucha 2010；Lü, Xu, et al. 2011）。正如第13章所指出的，所谓的髫髻山掘颌翼龙亚科翼龙赵氏建昌翼龙，也可能代表着一只年轻的悟空翼龙科翼龙，这将使这个数字增加到9个。鉴于它们之间的形态差异非常小，人们认为物种的数量也许超额了（Lü, Unwin, et al. 2012）；相当令人难以置信的是，在这个类群被发现仅仅两年之后，我们就需要对其进行详细的分类学审视了！

除髫髻山达尔文翼龙"工厂"之外，英国侏罗纪（巴通期；1.68亿—1.65亿年前）的司东费尔德板岩组（Steel 2010；Andres et al. 2011），可能还有年代稍晚的（钦莫利期；1.56亿—1.51亿年前）基莫里奇黏土（Martill and Etches，尚未发表）中也发现了悟空翼龙科的标本。后者被命名为斯氏尖头翼龙（*Cuspicephalus scarfi*），由一件不完整的头骨代

表，它与悟空翼龙科的亲缘关系还有待商榷，但很可能代表了该类群中一个异常巨大的成员。这些英国悟空翼龙科翼龙的年代值得留意；如果这两份报告成立，那它们告诉了我们一个事实：悟空翼龙科作为一个分支至少存在了1 000万年，并分布在当今的亚洲和欧洲。这为我们提供了一个新的认识，即悟空翼龙科本身就是一个成功的分支，而不仅仅是进入翼龙演化的更衣室，披上翼手龙目的外衣那么简单。

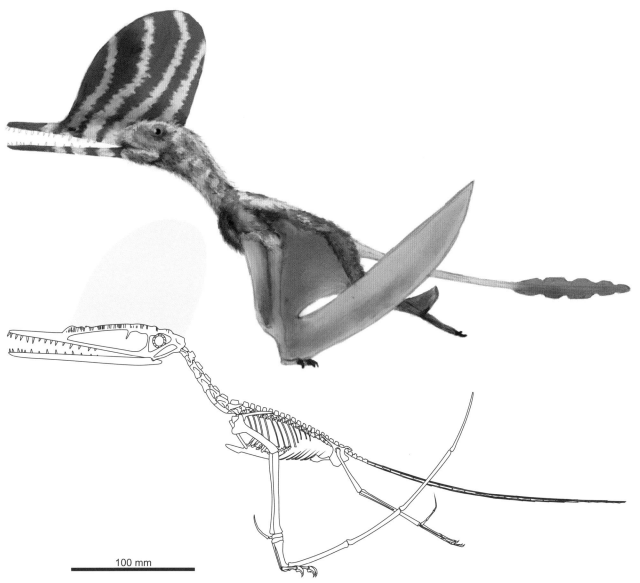

图14.5 达尔文翼龙的骨骼复原和实体复原。

解剖学

悟空翼龙科不是大型动物，这恰恰说明好东西还得用小份包装。已知最大的髫髻山个体的翅膀宽度为0.65—0.8米（Wang et al. 2009；Lü，Unwin，et al. 2010），而以一件幼崽标本为代表的长城翼龙则特别小，翼展只有45厘米。

悟空翼龙科翼龙的头骨是最引人注目的特征，表明了在之后1亿年里将成为"标准"的翼龙解剖结构的首次出现。一个特别明显的演化是它们的颅

骨比例增大了。悟空翼龙的头骨长度是其躯干的1.5倍以上（图14.5），这一比例在非翼手龙目翼龙中尚未有过，但在翼手龙目翼龙中则非常典型。同样明显的是占据头骨大部分长度的大开口，这是鼻腔和眶前开口融合为一体的鼻眶前孔（图14.6）。这种结构以前只在翼手龙目中发现过，它将悟空翼龙科和翼手龙亚目结合在一起，组成了一个类群，即单孔翼龙类（字面意思是"一个开口"）。

悟空翼龙科翼龙头骨的许多其他特征也与翼手龙亚目翼龙非常类似。它的背面边缘的大部分被一

139

图14.6 达尔文翼龙的头骨。A，模块达尔文翼龙；B，粗齿达尔文翼龙。照片由戴维·安文提供。

块低矮且呈纤维状的骨质脊冠占据，几乎可以肯定的是，其在现实中为巨大的软组织延伸提供支撑。头骨嵴可能是悟空翼龙科翼龙的一种性双型特征，因为一些骨质成熟和性成熟的悟空翼龙科翼龙似乎缺少头骨嵴（Lü, Unwin, et al. 2011；也见下文）。它们的枕面极度倾斜，颌部细长，下颌骨尤其如此。下颌骨长度的前20%愈合在一起，使悟空翼龙科翼龙下颌联合体较短，这也是翼手龙亚目翼龙的另一个主要的特征。它们的牙齿阵列由相对较少且形状简单的牙齿组成，仅长在颌部的前半部分。不同的物种之间似乎存在着一些牙齿的变化，悟空翼龙和粗齿达尔文翼龙比其他悟空翼龙科翼龙有更多坚固的三角形牙齿。

与翼手龙亚目翼龙一样，悟空翼龙科翼龙颈椎的长度是宽度的2倍，颈部比早期翼龙更长。它们的椎骨也缺少颈肋，并有低矮的神经棘，这是翼手龙亚目翼龙的额外特征（不过长相奇异的蛙嘴翼龙科翼龙也缺少颈肋，所以这并不是严格意义上的单孔翼龙类的特征）。增大的翼骨是它们最后一个类似翼手龙目

翼龙的特征，这样的翼骨比你在其他非翼手龙亚目翼龙身上找到的任何东西都要长得多。它也奇怪地弯曲着，可能表明这些动物有相对宽大的前膜。

悟空翼龙科翼龙身体的其余部分则呈现出典型的非翼手龙目翼龙特征，与喙嘴龙科翼龙的身体有许多相同的属性。尾巴很长，由至少20条加长且被包裹在坚硬尾棒中的尾椎组成。胸骨相对发达，肱骨以小且近三角形的三角肌嵴为特征。桡骨、尺骨和掌骨的比例与喙嘴龙亚科翼龙的相当，但翼指并没有特别修长。第Ⅰ—Ⅲ指和后肢的比例也与喙嘴龙科翼龙相似，足部也优雅纤细。与喙嘴龙科翼龙一样，悟空翼龙科翼龙的第Ⅴ趾拥有一个极度弯曲的第Ⅱ趾骨。这个趾骨的弯曲程度变化很大，在大多数分类群中相对平缓，但在悟空翼龙身上则呈现为尖锐的角度。

运动

飞行

由于悟空翼龙科是一个相对较新的发现，且人

140

们对它们的关注主要集中在进化和分类学方面的重大意义上，因此有关其运动能力，几乎没有产生什么推断。有人认为达尔文翼龙是空中掠食者，这要求它能通过灵活、熟练的飞行来追捕猎物（Lü，Unwin，et al. 2010），但我认为这个想法经不起推敲（见下文）。有一份临时评估指出，悟空翼龙科翼龙的翅膀相对短而宽，很适合强大的鼓翼飞行和急转盘旋。长而结实且弯曲的翼骨表明，前膜是悟空翼龙科翼龙飞行的一个重要因素。在飞行过程中对前翼形状的控制可以很好地助力机动性，因为前膜的腹面偏转可以使其在更高的迎角下使用翅膀，产生更多的升力。这样的特征也可以实现高角度起飞。综上所述，这可能意味着悟空翼龙科翼龙很适合在植被茂密的环境中鼓翼飞行；这一观点在一定程度上得到了髫髻山组和司东费尔德板岩组地层中多样而丰富的古植物的证实。当然，这些想法是非常暂时的，在对悟空翼龙科翼龙的力学进行详细研究之前，我们对它们的飞行能力无甚断言。

在地面上

悟空翼龙科翼龙的前肢与后肢并不像某些翼龙那样比例不均，肢体骨骼既不特别纤细，也不过于发达。因此我们可以想象得出，它们对于陆上运动就算并非专长，至少也是相对合格的。如果如上所述，它们巨大的翼骨是通过强大而频繁的起飞演化来的，那么它们在地面上也许移动不了多远。起飞和短途飞行对于像悟空翼龙科翼龙这样的小型动物来说可能不需要太多能量，而且像许多小型鸣禽一样，它们可能更喜欢借助短促的飞行从一个地方移动到另一个地方，而非步行、跳跃或奔跑。

古生态学

生殖生物学和性双型

悟空翼龙科是我们唯一确切识别出雌性和母亲个体的翼龙类群：一具完整的达尔文翼龙的骨架，腰带里保存着蛋（图2.8；Lü，Unwin，et al. 2011）。这种联系表明，达尔文翼龙的蛋相对于它们的父母来说重量很小，若与现代产蛋者比较的话，这种比例与蜥蜴最为相似。那薄薄的蛋壳也支持了这样的推测：翼龙蛋被埋在潮湿的环境中，在漫长的孵化时间里吸收了大量的水（Lü，Unwin，et al. 2011；也见第8章）。这只雌性达尔文翼龙的骨架与其他达尔文翼龙的骨架没有区别，只是少了脊冠，其骨盆腔也特别宽。其他达尔文翼龙则显示出相反的构造（狭窄的腰带，具脊冠），但目前还没有发现有标本显示出这些特征假设的第三种组合（即宽腰带，具脊冠）。因此，我们可以假设它们是性双型特征，基于的是腰带宽度，且只有雄性才会发展出的颅骨饰物（Lü，Unwin，et al. 2011）。因此，达尔文翼龙与无齿翼龙一道（第18章），强有力地印证了翼龙脊冠主要是性展示结构的这一观点。

觅食策略

鉴于悟空翼龙让我们得以一窥翼龙宏观的演化过程，填补了翼龙系统发育的一处空白，并展现了非常独特的翼龙结构，人们对它们可能的觅食策略也抱有很高的期望，希望也展现出神奇的一面。有些人非常应景地提出，悟空翼龙科翼龙是翼龙界的觅食高手，它们新演化出的长颈和超大的头部可以用来捕食恐龙和其他翼龙，甚至是在半空中滑翔的哺乳动物（Lü，Unwin，et al. 2010）。这种行为是相当了不起的，因为即使是按照质量约摸估计，最大的髫髻山悟空翼龙科翼龙的重量也不会超过300克（数据推断根据Witton 2008a），与现代的野鸽子差不多。

以这种体型，在空中对付松鼠大小的哺乳动物或乌鸦大小的恐龙将是一项壮举，最凶猛的现代猛禽也要佩服不已。为了达到这一目的，悟空翼龙科翼龙的骨骼必须有满富攻击性的武器才行。在脊椎动物中，猛禽以它们的利爪、强壮到令人难以置信的足部，以及坚固的头骨和强有力的喙而闻名（例如，Hertel 1995；Fowler et al. 2009），而在飞行中能制服大型脊椎动物的蝙蝠，也有可怕的牙齿和强大的颌部（Ibáñez et al. 2001）。这些适应特性为快速有效地钳制猎物提供了手段，对于在飞行中捕食大型猎物的动物来说，这是明显的优势。这些脊椎动物中的猎手也是飞行强者，可以追捕空中的猎物，一旦猎物不得动弹，就将其带到一个安全的地方去安心享用。因此，翼龙的同类需要同样强大的飞行肌肉组织来完成同样的任务。

遗憾的是，对于达尔文翼龙的"猛禽假说"来说，悟空翼龙科翼龙不具备此类要求。它们的足部不具有适合捕食大型空中猎物的粗趾和利爪，长且相对纤弱的头骨和不起眼的牙齿也难以胜任这项任务。它们也没有扩张的肩部区域能表明其具有追逐并最终带走猎物所需的强大的飞行肌肉。根据上述理由，悟空翼龙科翼龙像猛禽那样逐猎的观点值得怀疑。它们似乎更适合食用小型无脊椎动物，长长的颌部使它们能够勘察并探测洞穴中的食物（Lü，Xu，et al. 2011），牙齿则有着抓取小猎物的理想形状。注意到粗齿达尔文翼龙的相对坚固的牙齿，吕君昌、徐莉等人提出（Lü，Xu，et al. 2011），牙齿较大的悟空翼龙科翼龙可能喜欢较硬的甲虫而并非较软的猎物，而牙齿较细的物种则喜欢后者。这连同在侏罗纪林地上飞来飞去的明显适应特性一道，使得它们在某种程度上与现代鸣禽，如鸫和鸫的习性类似。虽然比不上恐吓空中的恐龙、哺乳动物和它们的同伴那样令人兴奋，但这种想法可能更符合翼龙的解剖结构。

15

帆 翼 龙 科

翼龙目＞单孔翼龙类＞翼手龙亚目＞鸟掌翼龙超科＞帆翼龙科

在晚侏罗世的某个时期，一个类似悟空翼龙科的分支抛弃它们的长尾巴和第V趾，削薄骨壁，拉长掌骨，化身为翼手龙亚目的第一批成员。这个主要的翼龙分支从侏罗纪末期便开始主导翼龙的演化史，并以新的形态取代了之前的翼龙分支，一直存活到白垩纪末期。翼手龙亚目翼龙似乎通常比它们的前辈们体型更大，在分类学和生态学上也更多样化，这可以解释它们化石记录的优越性。在本书采用的方案中，翼手龙亚目被分为11个分类群，共两个大类群：鸟掌翼龙超科（Ornithocheiroidea）[1]和冠饰翼龙类（Lophocratia）。这两个群体按照一组解剖学特征划分，这些特征与不同的生活方式有关。鸟掌翼龙超科翼龙通常高度适应于飞行，这往往损害了它们的陆上能力，而冠饰翼龙类翼龙则适应于陆地上的各种生活方式。我们将在第19章见到冠饰翼龙类，现在我们先集中讨论它们善于飞行的姐妹分支。

鸟掌翼龙超科是一个很大的类群，其中有嘴似剃刀的帆翼龙科，牙齿似矛的鸟掌翼龙科，长相怪异的北方翼龙科（boreopterids），以及最为著名的、没有牙齿的无齿翼龙类（pteranodontia）（Unwin 2003；Lü，Unwin，et al. 2010）。正如我们在接下来的几章中将要看到的，这些类群的特点是翅膀极长且高度改良，头部过大，身体和后肢却相对较小（Unwin 2003）。帆翼龙科（图15.1）是我们将见到的这一类群的第一个代表，头骨特征，包括嵌在宽阔的口鼻部中紧密排列的刀片状牙齿，使它们从其他鸟掌翼龙超科群体中脱颖而出。有时它们被称为"鸭嘴翼龙"（Wellnhofer 1991a；Unwin 2005），这是一个奇怪的标签，因为这些动物的颌部和可能的生活习惯根本就不像"鸭子"。目前，帆翼龙科的化石仅在北半球的早白垩世沉积物中发现（图15.2），但一只据称来自加拿大晚白垩世的帆翼龙科翼龙表明，它们可能已经存在了很长一段时间，至少从巴雷姆期到坎潘期（6 000万年的时间段，1.3亿—7 000万年前；Arbour and Currie 2010）。然而，这一发现很有可能根本就不代表帆翼龙科（见下文），那样的话它们已知的演化时间范围将减少到1 000万—2 000万年。

慢热的帆翼龙科研究史

第一批帆翼龙科化石是在怀特岛阿普特期早期（约1.2亿年前）的威尔登沉积物中发现的，怀特岛是英格兰南部沿海的一个小岛，以出土早白垩世的恐龙化石闻名。它们最开始被理查德·莱德克简单命名（Richard Lydekker 1888），叫作"诺比鸟掌龙"（*Ornithochirus* [sic] *nobilis*），这个名字现已失效，后来翼龙学家哈里·丝莱更为详细地公开讨论了它们（Seeley 1887，1901），将这些化石分为两个物种：小臀联鸟龙（*Ornithodesmus cluniculus*）（Seeley 1887）和阔齿联鸟龙（*Ornithodesmus latidens*）

---

1 该类群有时被称作"无齿翼龙超科"（Pteranodontoidea）（Kellner 2003；Andres and Ji 2008；Wang et al. 2009），但似乎"鸟掌翼龙超科"是最先提出的，故根据动物学命名规则被优先使用（Unwin 2003）。

图15.1　尸体再利用是一种中生代风尚。当早白垩世有恐龙死亡时，帆翼龙科翼龙可能是第一种出现在现场清理遗骸的动物。你看，来自英国威尔登群的阔齿帆翼龙正迫不及待地吞食着一只刚死去的剑龙类。

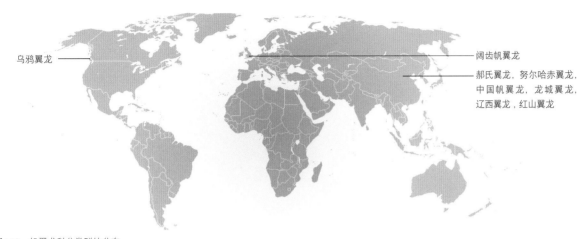

乌鸦翼龙

阔齿帆翼龙

郝氏翼龙，努尔哈赤翼龙，
中国帆翼龙，龙城翼龙，
辽西翼龙，红山翼龙

图15.2 帆翼龙科分类群的分布

（Seeley 1901）。后者表明丝莱在某种程度上意识到了帆翼龙科不寻常的牙齿特征（"latidens"意为"阔齿"），但他是如何意识到这一点的并不清楚。据推测，他所了解的头骨化石材料现在已经丢失了，因为这些地层中所有其他的帆翼龙科翼龙头骨都是在这之后发现的（C. Davies，私人通信，2012）。其中一件头骨和大部分骨架是1904年在威尔登地区的一次岩石崩落后发现的。这件标本成为杰出的业余古生物学家雷吉·瓦尔特·胡雷（Hooley 1913）的一本大部头专著的主题；一百多年后，它仍然是全世界唯一实体且三维立体的帆翼龙科化石（图15.3A）。

胡雷的专著之后，关于帆翼龙科的讨论并不多，它仍然是几十年来该类群唯一已知的成员。事实上，在20世纪余下的时间里，只有另外一件翼龙化石可以与之相提并论——来自怀俄明州晚侏罗世莫里森组（钦莫利期—提塘期；1.56亿—1.45亿年前；Bakker 1998）的一件非常小的下颌骨碎片。然而，这件标本与其他帆翼龙科不同，它有极度内弯的牙齿，可能与另一个翼龙类群有亲缘关系。

直到21世纪，对帆翼龙科的研究才有了发展，第一个就是严谨的命名。豪斯和米尔纳意识到丝莱那仅从一件残缺的荐骨被人们所知的小臀联鸟龙，实际上代表了一只掠食性恐龙（Howse and Milner

1993）。这显然需要人们将联鸟龙名下的恐龙化石材料和翼龙化石材料区分开来。由于小臀联鸟龙首先被命名，阔齿联鸟龙的化石材料被归入一个新的属：帆翼龙属（Howse et al. 2001）。阔齿帆翼龙（Istiodactylus latidens）在数年内仍然是唯一已知的帆翼龙科物种，直到突然间，新的帆翼龙科物种开始从中国的白垩纪地层中大量涌现。回顾过去，我们可以认为其中第一个物种是义县组中的秀丽郝氏翼龙（Haopterus gracilis）（它可能来自巴雷姆期；1.30亿—1.25亿年前）（Wang and Lü 2001），这类型标本由一具不完整的骨架代表，最初被认为是一只类似翼手龙的动物（第19章）。随后的分析将郝氏翼龙靠近或放入了帆翼龙科（例如，Lü, Ji, Yuan, and Ji 2006；Lü, Ju, and Ji 2008；Andres and Ji 2008；Lü, Unwin, et al. 2010），表明它可能处在帆翼龙科的相对较早的演化阶段（相反观点见Witton 2012）。

此后不久，九佛堂组（可能是阿普特期；1.25亿—1.12亿年前）开始以来得及被人们描述的速度出土帆翼龙科化石（Andres and Ji 2003）。第一类被命名的九佛堂帆翼龙标本是短颌辽西翼龙（Liaoxipterus brachyognathus），仅从一件下颌被人们所知，一开始被当成了一只梳颌翼龙超科翼龙（Dong and Lü 2005；关于梳颌翼龙超科的更多信

图15.3 帆翼龙科化石。A—D，英格兰巴雷姆期韦塞克斯组的帆翼龙科颅骨化石。A，右侧视图；B—D表示喙部和下颌联合体背面（B）、前侧（C）和腹面（D）的视图；E，阿普特期九佛堂组中国帆翼龙（*Istiodactylus sinensis*）不完整的骨架；F，中华帆翼龙的细节。A—D为摄影作品，版权归伦敦自然历史博物馆所有；E—F由布莱恩·安德鲁斯提供。

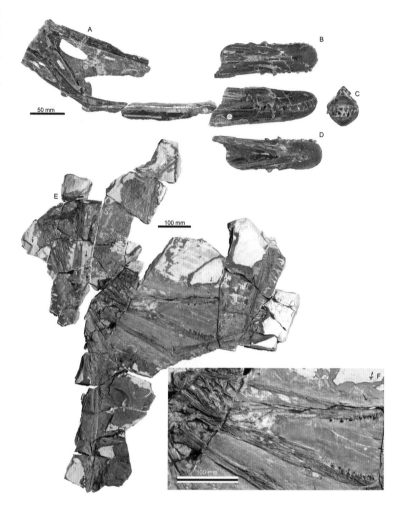

息见第19章）。它很快就被许多学者重新归入帆翼龙科（例如，Lü, Ji, Yuan, and Ji 2006；Lü, Ju, and Ji 2008；Wang et al.）。仅仅几个月后，九佛堂沉积物中一件更加坚固的帆翼龙科标本被命名为布氏努尔哈赤翼龙（*Nurhachius ignaciobritoi*），这个物种仍然是中国已知的最完整的帆翼龙科翼龙之一（Wang et al. 2005）。此后不久，第三个九佛堂帆翼龙科物种被描述出来，它与威尔登地区的帆翼龙属非常相似，因此描述者将其列为该属的一个新物种：中国帆翼龙（*Istiodactylus sinensis*）（图15.3E；Andres and Ji 2006）。一个月后，来自这些地层的第四个分类群，赵氏龙城翼龙（*Longchengpterus zhoai*）获得了描述（图15.4；Wang et al. 2006）。不久之后，人们又公布了第五个分类群：湖泊红山翼龙（*Hongshanopterus lacustris*）（Wang, Campos, et al. 2008）。最后一个可能是最为独特的九佛堂帆翼龙科翼龙，它有着不寻常的牙齿构造，可能代表了帆翼龙科演化相对早期的阶段（Wang, Campos, et al. 2008）。相比之下，红山翼龙缺乏被纳入帆翼龙科的必要特征，可能是一只不能确定的鸟掌翼龙超科翼龙（Witton 2012）。

近年来，帆翼龙科牙齿的独特性质使得它们在世界其他地区获得鉴定。其中包括西班牙高尔伏的早白垩世地层（Sánchez-Hernández et al. 2007）和英国威尔登的其他地区（Sweetman and Martill 2010），它们都表明了早在巴雷姆期（1.3亿—1.25亿年前）的欧洲就有帆翼龙科翼龙的存在。更令人兴奋的是，来自不列颠哥伦比亚省坎潘期晚期（约7 500万年前）沉积物中的一件神秘颌骨碎片，被人们认为是在新大陆首次出现的帆翼龙科翼龙（Arbour

146

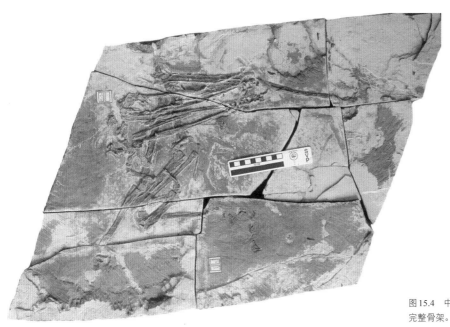

图15.4　中国阿普特期九佛堂组赵氏龙城翼龙的不完整骨架。图片由吕君昌提供。

47 and Currie 2010）。这件标本被命名为皮氏乌鸦翼龙（*Gwawinapterus beardi*），它并非一件漂亮的化石，而是由一块小小的喙部碎片和保存良好的牙齿组成。这些牙齿从比例上来说比帆翼龙科翼龙的牙齿小，并且有较长的牙根，但在其他方面则有与帆翼龙科翼龙牙冠相似的形态。乌鸦翼龙作为一只帆翼龙科翼龙来说牙齿数量非常多，其喙部保存下来的区域内有超过25个牙槽，而大多数帆翼龙科物种的牙槽则少于15个。如果它作为帆翼龙科翼龙的身份是确切无误的，那么乌鸦翼龙可谓相当神奇；它不仅是一只不寻常的帆翼龙科翼龙，而且代表了白垩纪最末期唯一已知的有齿翼龙，由此会将帆翼龙科已知的时间范围扩大4 000万年。遗憾的是，该标本与帆翼龙科以及翼龙的关系并非无可争议。它的替换齿直接长在已有牙齿的下面，而翼龙的替换齿总是长在已有牙齿的后方（见第4章）。它的牙根也比其他翼龙的牙根长得多，而且牙冠没有其他帆翼龙科翼龙牙齿上可见的"脱落状"的磨损（即牙顶被磨圆）。对我们来说，乌鸦翼龙并不能为帆翼龙科甚至是有齿翼龙在晚白垩世的存在提供特别有力的证据（Witton 2012）。最近有支持这一观点的论文得以发表，其中提到了乌鸦翼龙的标本与下颌似矛的蜥

齿鱼的颌骨和牙齿有极度的相似性，也就说乌鸦翼龙其实是鱼类而不是翼龙（Vullo，Buffetaut，et al. 2012）。

在帆翼龙科分类学的其他方面似乎也会出现巨大的变化。在中国突然发现许多新物种，其中大部分在形态上极为相似，这引起了一些研究者的关注。吕君昌等学者正视了这个问题（Lü，Xu，and Ji 2008），认为龙城翼龙实际上是努尔哈赤翼龙的第二件标本。威顿则指出，这一说法与吕君昌等学者自己的数据极度矛盾（Witton 2012），但他也认为九佛堂的辽西翼龙和中国帆翼龙可能是同一个物种。此外，对一件被忽视的阔齿帆翼龙头骨碎片的"重新发现"（它显然被忽视并被推到标本抽屉的后面有一百年了）表明，它和中华帆翼龙在许多方面有差异，不太可能代表同一属。显然，人们需要对帆翼龙科的分类学进行重新评估。

解剖学

乍一看，与许多鸟掌翼龙超科翼龙相比，帆翼龙科翼龙的解剖特征有点单调（Hooley 1913；Howse et al. 2001；Andres and Ji 2006）（图15.5）。它们没有巨

大的脊冠，颌部也没有吓人的獠牙，颈部和四肢呈相当典型的鸟掌翼龙科翼龙比例，就整体翼展而言，它们在翼手龙亚目翼龙中也属于中等水平。阔齿帆翼龙是体型最大的，翼展为4.3米，努尔哈赤翼龙和中华帆翼龙的翼展则分别为2.4米和2.7米（Wang，Campos，et al. 2008；Andres and Ji 2008）。

然而，平庸的外观只是表面现象。仔细观察可以发现它们有着独特的头骨结构，牙齿结构也非常不寻常。进步的帆翼龙科翼龙有短小且两侧扁平的三角形牙齿，仅长在其颌部的前三分之一处。颌部每侧只拥有12—15颗牙齿，牙齿总数限制在48—60颗。它们的牙齿在翼手龙亚目翼龙中是独一无二的，牙齿之间几乎没有任何空隙，当颌部闭合时，牙齿之间整齐咬合，形成了一个连续的切面。这样的环状齿座由一个自下颌末端升起，紧挨着最前端两颗上牙的三角形骨突构成（图15.3C）。进步的帆翼龙科翼龙每只牙齿的两侧都发展出了齿状或刀状的切割边缘，增强了齿列的剪切能力（Hooley 1913；Andres and Ji 2006）。然而，可能的基干帆翼龙科翼龙郝氏翼龙和红山翼龙研究只显示了这种不寻常牙齿的部分发展，它们更多的是有着相对较长、内弯且间隔较宽的牙齿，这是其他早期单孔翼龙类翼龙的典型特征（Wang and Lü 2001；Wang，Campos，et al. 2008）。

帆翼龙科翼龙有着相当钝的颌尖，从背面或腹面看，呈现出圆形且类似口鼻部的外观（Hooley 1913；Howse et al. 2001）。它们的喙在闭合时形成一个环状的横截面，与大多数翼龙更有棱角的颌部轮廓形成强烈对比。喙和下颌联合体都很短，只占颌骨长度的30%，相比之下，后关节突却异常地长。鼻眶前孔巨大，有些堪称所有翼龙中最大的。阔齿帆翼龙的腹面有一根极其细长的骨片（上颌骨），只有6毫米高，长在大约450毫米长的头骨上（Witton 2012）。进步的帆翼龙科翼龙的后颅区是倾斜且延长的，阔齿帆翼龙的头骨也相当高。帆翼龙科翼龙的眼眶也呈延长且倾斜状，在一些物种中，眼眶顶部

的骨条几乎将眼眶分成了两个不同的区域（据推测，这些骨片在眼球位置的下方）。阔齿帆翼龙的头骨比其他大多数帆翼龙科翼龙要宽，横跨颌关节，占颌骨长度的30%。这个比例只有短脸的神龙翼龙科翼龙（第22章）和蛙嘴翼龙科翼龙（第11章）能赶超（Witton 2012）。

除了头骨之外，帆翼龙科翼龙的骨骼与其他鸟掌翼龙超科翼龙的骨骼相当相似，尽管相比之下，其"鸟掌翼龙超科"的特征有些不太发达。帆翼龙科翼龙拥有完全具气孔构造的脊柱、前肢和躯干骨架（Claessens et al. 2009），颈椎有高大的神经棘和宽大的关节面。它们也拥有粗壮的联合椎骨，以及一个由最前面6个背椎组成的宽大的神经棘板（Hooley 1913；Wang et al. 2005；Andres and Ji 2006）。神经棘板中段最高，肩胛骨在这里与两侧的椭圆形凹陷互相成节。我们对帆翼龙科翼龙脊椎的其余部分知之甚少，但阔齿帆翼龙至少还保留有6个背椎和4个荐骨。它们的尾巴仍然完全未知。

所有已知的帆翼龙科化石中都难以找到完整的四肢，但许多标本保留了足够多的肢体骨骼，能够为我们提供其比例和形状的基本轮廓。它们的肩胛骨短而结实，并以垂直的角度与肩胛骨成节。这种肩部构造似乎只存在于鸟掌翼龙超科翼龙中，因为其他翼龙的肩胛骨似乎是斜穿背部的。与短短的肩胛骨相比，它们的乌喙骨相对较长，这将使肩部在身体中处于高位（Frey，Buchy，and Martill 2003）。与所有翼手龙亚目翼龙一样，它们的关节盂分布在肩胛骨和乌喙骨的愈合端。帆翼龙科翼龙的胸骨尚不太清楚，但在郝氏翼龙和努尔哈赤翼龙中似乎相对强壮（Wang and Lü 2001；Wang et al. 2005），在阔齿帆翼龙中则较深（高）（Hooley 1913）。它们的前肢尺寸很大，包括翼指的长度在内，预计是后肢的4.5倍（Witton 2008a），肱骨粗壮而厚实，有一个"扭曲的"三角肌嵴，这是鸟掌翼龙超科翼龙的特征。这个突起的远端包裹着肱骨；前臂相对较长，与几乎所有的鸟掌翼龙超科翼龙一样，也具有相应

148

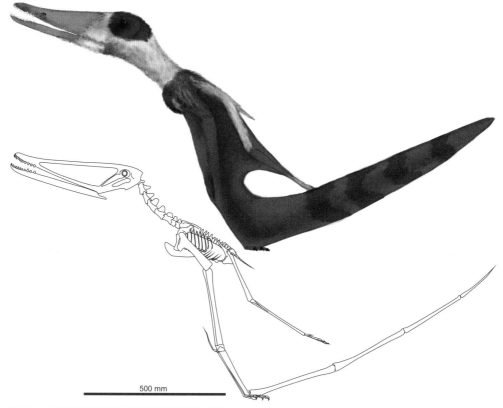

图15.5 一只起飞的阔齿帆翼龙的骨骼复原和实体复原。

细长的桡骨和增宽的腕骨；掌骨与所有的翼手龙亚目翼龙一样，也是按比例增长的，但其中两个较小的掌骨（具体是什么骨还不确定）接触不到腕骨块（Wang et al. 2005；Andres and Ji 2006）。帆翼龙科翼龙的翼指，呈现了鸟掌翼龙超科翼龙的典型特征，十分细长，从我们可以确定身份的不完整的化石来看，可能占据了其50%以上的翼部骨骼。它们的其余手指相比之下则较小。

与过大的前肢相比，帆翼龙科翼龙的后肢短而纤细。这一特征在其他鸟掌翼龙超科物种中甚至更加夸张。帆翼龙科翼龙的腰带还不是很清楚，但是阔齿帆翼龙股骨近端的肌肉附着点相对较大，表明它们可能比其他鸟掌翼龙超科翼龙的肌肉发达得多（Hooley 1913）。它们的股骨和胫骨的长度是不相等的（Wang et al. 2005），但是腓骨的比例还不清楚。鸟掌翼龙超科翼龙的另一个特征见于帆翼龙科翼龙的股骨头——几乎从股骨轴上笔直延伸出来。郝氏翼龙和

努尔哈赤翼龙都证明了帆翼龙科翼龙的足部非常小，总长和它们那细小的第Ⅲ指的长度差不多。

运动

飞行

虽然一些鸟掌翼龙超科翼龙的飞行运动学已被分析过多次（见第16章和第18章），但帆翼龙科翼龙的飞行在很大程度上仍有待研究。阔齿帆翼龙的前肢属性曾经被用来模拟翼龙的翅膀关节力学（Bramwell and Whitfield 1974），最近，努尔哈赤翼龙的质量、翅膀面积和基本的飞行方式也有了建模（Witton 2008a），但对它们的飞行能力几乎没有什么具体说法。与大多数鸟掌翼龙超科翼龙一样，帆翼龙科翼龙的膜与短小的身体、后肢，以及很长的前肢相结合，可能形成了相对较大的、荷载低、长宽比高的翅膀（Witton 2008a）。这使得它们很适合翱

147

翔飞行，可与现代海鸟的翅膀相媲美。它们发达的肩部、胸部和上臂骨骼可以被视作强大飞行能力的进一步证据（Hooley 1913）。有了如此发达的飞行解剖特征，帆翼龙科很有可能大部分时间是在空中度过的（图9.1），不过有意思的是，它们的翅膀似乎比大多数其他鸟掌翼龙超科翼龙的翅膀要短一些（图15.6）。后者往往有长宽比更高的翅膀，可能代表着极其适合海洋翱翔的翼龙形态（见第16章和第18章），而帆翼龙科的翅膀更宽更短，可以更有效地起飞和降落，但不利于其翱翔能力。在现代翱翔鸟类的翅膀形状中也可以看到类似的关系：在内陆翱翔的鸟类往往比在海洋翱翔的鸟类翅膀更短更宽（Pennycuick 1971）。这可能反映了帆翼龙科对陆地生境的偏好，也可以解释为什么它们的化石点一直是在淡水和潟湖环境中被发现的。这与帆翼龙科翼龙在鸟掌翼龙超科翼龙中的不寻常之处相符，即它们缺乏一些从深水中起飞的适应特性（Witton 2012；也见 Habib and Cunningham 2010；第16章）。

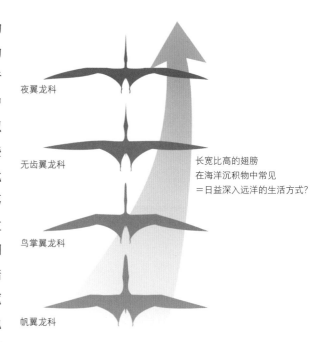

图15.6 鸟掌翼龙超科中翅膀形状的演化，也许是为了提高飞行效率。

在地面上

似乎不太可能有任何包括帆翼龙科翼龙在内的鸟掌翼龙超科翼龙是特别娴熟的陆生动物。它们不成比例的四肢和微小的足部看起来不适合行走或奔跑，即使帆翼龙科翼龙的后肢与前肢比其他鸟掌翼龙超科翼龙比例更佳，但仍然是失调的，这可能阻碍了其陆上运动能力。阔齿帆翼龙的股骨有一个比鸟掌翼龙超科翼龙和无齿翼龙类翼龙更突出的股骨大转子（将 Hooley 1913 中的图与 Williston 1903 中的图相比较；Kellner and Tomida 2000；Bennett 2001；Veldmeijer 2003）。这可能表明，与其他鸟掌翼龙超科翼龙相比，帆翼龙科翼龙股骨上附着的肌肉相对较大。尽管如此，它们可能仍然在比例上比大多数翼手龙亚目翼龙要小。

有些人认为，帆翼龙科翼龙可以像蝙蝠一样借助后肢倒吊（Hooley 1913；Wang and Lü 2001）。基于在第7章讨论过的原因，差不多可以肯定的是，

所有翼龙都不这样做，且对于帆翼龙科翼龙来说尤其成问题，因为它们的足部很小。事实上，它们的足部相对于身体尺寸来说可能太小了，无法用于任何形式的攀爬或悬吊活动。

古生态学

少数研究者认为，鱼类是所有帆翼龙科翼龙的主要食物（Hooley 1913；Wellnhofer 1991a；Wang and Lü 2001；Wang and Zhou 2006a）。鱼也许是帆翼龙科基干类群的日常饮食的组成部分。这些基干类群有尖尖的、排列整齐的牙齿，但似乎没有什么理由将进步帆翼龙科翼龙的宽大且呈剪切状的口器与抓鱼联系起来；喙嘴龙亚科翼龙（第14章）或鸟掌翼龙科翼龙（第16章）的矛状牙齿可能更适合用来抓鱼。同样，法斯特纳特所提出的帆翼龙科翼龙采用类似鸭子的滤食方式这一观点似乎也不可能（Fastnacht 2005a）。为什么一个将嘴浸入水中获取食物的动物会有交错锋利的牙齿（Witton 2012）？

豪斯等人提出了一个更合理的观点，即进步的帆翼龙科翼龙的剃刀口是类似秃鹫这样的食腐动物

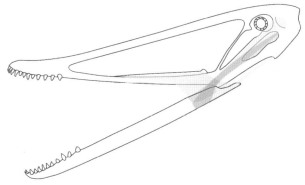

图15.7 阔齿帆翼龙颌部肌肉复原的初步研究。值得注意的是，与风神翼龙相比，阔齿帆翼龙的翼肌相对较大，其更典型的颌肌结构如图5.6所示。

的觅食工具（Howse et al. 2001）。呈剪切状且交错的牙齿形成的环状齿座，对所有尝试从尸体上大口咬肉的动物来说都有着显而易见的用途，而且帆翼龙科翼龙的牙齿与雪茄达摩鲨的非常相似，这可能并非巧合，雪茄达摩鲨是一种假寄生鱼，擅长从更大的海洋动物身侧大块大块咬肉吃。在豪斯等人的假设基础上（Howse et al. 2001），威顿指出（Witton 2012），像现代食腐的鸟类一样，帆翼龙科翼龙的头骨混合了力学角度的强特征和弱特征。食腐动物需要足够强壮的头骨来从尸体上取肉，但在头骨结构的其他方面就从简了，因为它们喜欢的食物是不会动的，不太可能在进食时产生不可预测的应力。因此，它们不需要像掠食性动物那样有彻底加固的头骨，而掠食性动物必须确保头骨和颌部足够强壮，才能经受住来自猎物的搏斗和挣扎（Hertel 1995）。

帆翼龙科翼龙颅骨强化的某些方面反映在了扩张的颌部肌肉上（图15.7）。它们长长的后关节突可能固定着相对较大的翼后肌，这块肌肉为鳄鱼提供了极强的咬合力和特有的隆起的后颌（第5章）。强大的咬合可以使那些剪切状的牙齿切开内脏和肌肉组织，尽管帆翼龙科翼龙的颌部和牙齿似乎不太可能强到咬穿骨头。高而宽的后颅骨、圆形的喙部横截面，以及它们眼眶的缩小和部分闭合，显示了使其能经受住进食产生的力量的颅骨上的加固（帆翼

龙科翼龙眼眶加固的某些方面与有着强壮颌部的掠食性恐龙的眼眶相对应；见 Henderson 2002）。扩大的后颅区很可能固定了大量的颈部肌肉组织，这将有助于它们在进食时扭动和拉动头部。

这些特征中许多与现代食腐鸟类的头骨形态一致。这些食腐鸟也有巨大的颈部肌肉附着点，可以抵御进食产生的应力（例如，Spoor and Badoux 1986；Hertel 1995）；它们还有另一个可能出人意料的特征：相当薄弱的颧骨。阔齿帆翼龙和秃鹫细长的上颌骨比例相同，颅骨后部区域都由额外的细骨组成。其他进步的帆翼龙科翼龙也有类似的轻巧的颅骨后部结构。这些细长的骨头如果被粗暴地对待，将非常容易受伤，这表明它们在觅食时格外小心。当然，这些纤细脆弱的骨头与翼龙头骨形成了鲜明的对比，翼龙头骨的构造更加坚固，似乎表明了它们有力的咬合。综上所述，所有这些特征可能表明，帆翼龙科翼龙食用的大型猎物需要强大的颌部来处理，但它们纹丝不动，就足以让帆翼龙科在进食时完全控制颌部和头骨受到的应力。猎物的来源可能是巨大但无行动力的动物尸体，表明进步的帆翼龙科翼龙可能习惯性地食用动物的尸体。

帆翼龙科翼龙解剖特征的几个方面与食腐假说一致。尽管显然有食用大型动物的能力，但缺乏杀戮的适应特性，比如大牙或爪子，这意味着它们没有任何有效的手段来钳制大型猎物。敏捷翱翔的能力，对于食腐动物来说显然大有作用，因为这将使它们能够高效地找到尸体，比地面上的动物更快地到达尸体旁。帆翼龙科翼龙的眼眶也比可能的掠食性翼龙小得多（如鸟掌翼龙科翼龙的眼眶；见第16章），这意味着它们就像现代食腐鸟类一样，不需要高效掠食所需的高视觉敏锐度（Hertel 1995）。与现代食腐动物还有所一致的是，如果有更巨型、更强大的食肉动物对它们的猎物感兴趣，那么帆翼龙科翼龙很可能会将尸体让出来，等那些动物饱餐过后再回过头吃残羹剩饭。

16

鸟掌翼龙科

翼龙目 > 单孔翼龙类 > 翼手龙亚目 > 鸟掌翼龙超科 > 鸟掌翼龙科

翼龙文献中关于鸟掌翼龙科翼龙（图16.1）的篇幅似乎比其他所有类群都要多，这也说明了它们的化石标本数量丰富且质量优良。它们主要是一群牙齿参差不齐的海洋翼龙，化石记录相当广泛，在白垩纪（具体地说是瓦兰今期—塞诺曼期；1.40亿—9 300万年前）历经了5 500万年的演变，除了南极洲之外，每个大陆都有它们的踪影（图16.2；Barrett et al. 2008）。大部分鸟掌翼龙科的化石记录由孤立的牙齿和零碎的骨头组成，在一些地方，这类标本的数量可达数百或数千。其余部分的鸟掌翼龙科化石则是迄今为止发现的质量最佳的翼龙化石。毫无疑问，它们是最知名的翼龙类群之一，在过去的几十年里，其解剖结构被详细地记录下来（例如，Campos and Kellner 1985；Wellnhofer 1985，1987a，1991b；Kellner and Tomida 2000；Fastnacht 2001；Veldmeijer 2003；等等），功能形态也受到了同样的待遇（例如，Wellnhofer 1988，1991b；Witmer et al. 2003；Frey，Buchy，and Martill 2003；Bennett 2003a；Veldmeijer et al. 2006；Wilkinson 2008；Habib and Cunningham 2010）。

对于翼龙研究者来说，鸟掌翼龙科因其巨大的争议性和混乱的分类学而颇具恶名。尽管人们普遍认为这些动物与帆翼龙科和无齿翼龙类有关（例如，Unwin 2003；Kellner 2003；Andres and Ji 2008），但对该类群确切包含了什么，相互之间又是什么关系，几乎没有共识。自从19世纪40年代首次发现鸟掌翼龙科的标本以来，已经有几十个鸟掌翼龙科物种被命名（其中大部分都不太可信）。由于维多利亚时代错综复杂的命名机制，以及人们对一些历史上很重要但却残缺的鸟掌翼龙科化石的分类效用所持的不同态度，似乎所有研究过这一类群的人对其分类学的组成方式都有不同的看法（了解各对比鲜明的鸟掌翼龙科分类方法，请参见Hooley 1914；Kuhn 1967；Wellnhofer 1978，1991a；Kellner and Tomida 2000；Fastnacht 2001；Unwin 2001，2003；Kellner 2003；Unwin and Martill 2007；Rodrigues and Kellner 2008，Andres and Ji 2008）。甚至对于该类群的名称也有争论。鸟掌翼龙科有时被称为"古魔翼龙科"（Anhangueridae），这是坎普斯和凯尔纳在1985年创造的术语，但安文认为丝莱的术语"鸟掌翼龙科"（Ornithocheiridae）（Seeley 1870）指的是相同的类群，应该有命名优先权（Unwin 2001，2003）。保守估计，鸟掌翼龙科可能有12—16个有效属和20—30个种，但正如我们将在下面的研究历史中看到的，很多人对这些数字并不认同。为了行文简洁易读，我们在下面的综述中将不会论及每个鸟掌翼龙科物种的命名，而只提及属。有兴趣的读者可以进一步阅读上面括号中注出的出版物，以获得更详细的概述（可能获得的还有头疼）。

小小的化石，大大的问题

鸟掌翼龙科分类学混乱的根本原因，可以追溯到最初发现它们化石的时候。19世纪40年代，从英格兰南部晚白垩世（塞诺曼期—土仑期：1亿—9 000万年前）的白垩层中发现的翼龙碎片可能是

图16.1 这只高度适应在海洋环境下飞行的古魔翼龙正面对着白垩纪的汹涌大海，此处日后将成为英国南部。

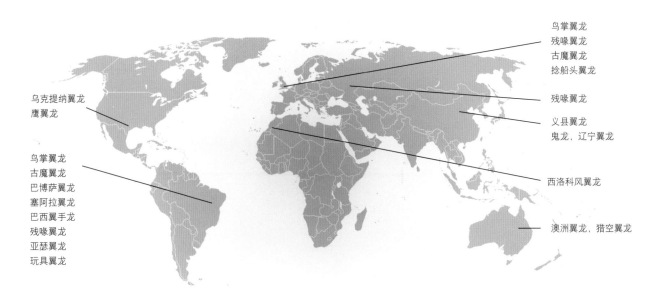

图16.2 鸟掌翼龙科分类群的分布

鸟掌翼龙科的最早记录，但直到19世纪50年代这一群体的确切标本才被报告（Bowerbank 1851）。这些化石材料也来自英国白垩岩，其中包括一件相当巨大的不完整的喙，它被命名为居氏翼手龙（Pterodactylus cuvieri）。此后不久，另一个英国地层，即上阿尔布期（约1亿年前）的剑桥绿砂岩组，也开始发现鸟掌翼龙科化石，但数量要多得多。已知有2000多块翼龙骨骼化石来自这个地层，其中90%是鸟掌翼龙科。可惜的是，它们的质量很差（Unwin 2001）。剑桥绿砂岩组中的翼龙化石虽然呈三维立体状，但破碎不堪，几经磨损，毫无光泽，且不具备任何细致的特征（图16.3C—D；也见图2.3）。这些化石是那些已经死亡或漂流到远海的翼龙的尸体，无脊椎动物钻入它们的骨头，给其覆盖上硬壳，接着尸体被掩埋，被磷化，后来成为化石，在古代风暴中露出地面，然后再次被掩埋。直到塞诺曼期（约9800万年前），这些化石才最终安定了下来，正如我们可以预料的，这段动荡的历史给它们本就脆弱的骨骼造成了伤害（关于这类翼龙及其沉积背景的出色概述，见Unwin 2001）。

如今，由于相当糟糕的化石状况，剑桥绿砂岩

组翼龙在分类学上可能不大具有重要意义，但一些早期翼龙学界的巨头——理查德·欧文、哈里·丝莱和雷吉·瓦尔特·胡雷，在整个19世纪末和20世纪初一直致力于了解这些碎片。在这一过程中，他们为我们对鸟掌翼龙科的现代理解奠定了基础，但也制造了一场分类学上的噩梦：他们根据翼龙骨头的残片命名了几十个物种。现代翼龙研究者试图将这一分类法整合入对鸟掌翼龙科解剖学和多样性的新认识中，但剑桥绿砂岩组的化石材料对于我们建立该类群的现代概念具有多大的效用和意义，则众说纷纭。这已经成为一个问题，以至一些现代研究者或多或少地忽略了剑桥绿砂岩组的化石材料，而是根据更重要的发现来建立自己的分类方案。其他人，特别是翼龙大师戴维·安文，则认为剑桥绿砂岩组的化石材料在分类学上仍然是有价值的，对现代的翼龙研究者也有所帮助。安文、吕君昌和巴胡里纳认为，在剑桥绿砂岩组命名的几十个物种中，只有3个属和6个物种可以被识别，其中包括鸟掌翼龙（图16.3C—D；2个物种）、古魔翼龙（图16.3E；包括波维巴克的居氏翼手龙和另一个物种），以及残喙翼龙（Coloborhynchus）（有两个物种）（Unwin，

154

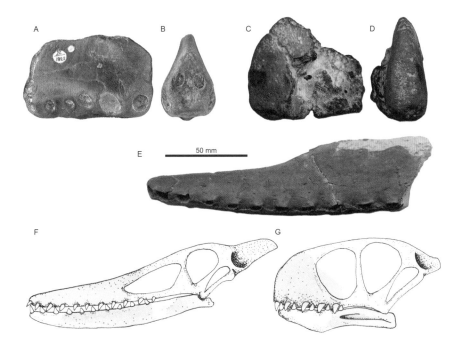

图16.3 来自英国的鸟掌翼龙科颌尖，是这一类群唯一的头骨残骸，直到20世纪后期才为人所知。A—B，钥吻残喙翼龙（*Coloborhynchus clavirostris*），来自贝里阿斯期—瓦兰今期黑斯廷斯群，右侧视图和前部视图；C—D，阿尔布期剑桥绿砂岩组发现的扁鼻鸟掌翼龙左侧视图和正视图；E，来自土仑期白垩系的居氏古魔翼龙（*Anhanguera cuvieri*），左侧视图；F，冯·阿尔萨贝尔重建的居氏"鸟掌翼龙"（=居氏古魔翼龙）（Arthaber 1922）；G，冯·阿尔萨贝尔1922年重建的扁鼻鸟掌翼龙。F和G的灰色阴影表示复原这些翼龙的头骨时，阿尔萨贝尔已知的标本。照片A—D，由安德鲁·弗莱德梅杰和厄诺·恩德伯格格提供；E，由鲍勃·拉文瑞吉提供；A—B和E，版权归伦敦自然历史博物馆所有；F，改绘自阿尔萨贝尔（Arthaber 1922）。

Lü，and Bakhurina 2000）。这些属中的任一个都仅能从颌尖来识别。剑桥绿砂岩组鸟掌翼龙科的另一个属，"槌喙龙"（*Criorhynchus*），被库恩（Kuhn 1967）和韦尔恩霍费尔（Wellnhofer 1978，1991a）从分类学的垃圾桶中复活，并延续至今天（Fastnacht 2001；Veldmeijer 2003），尽管在其他分类方案中，"槌喙龙"的8个种被归入了鸟掌翼龙科的其他属（Unwin 2001）。

由于没有什么依据，一些针对鸟掌翼龙科的早期复原作品看起来有点滑稽也就不足为奇了。G.冯·阿尔萨贝尔的作品尤其有趣（G. von Arthaber 1922），其中各种鸟掌翼龙科都长着管状的嘴和短平上翘的鼻子（图16.3F—G），我们现在知道这与它们的实际外观非常不同。它们真正的头骨形状一直是个谜，直到20世纪80年代，在当时巴西新打开的含有翼龙的岩石中出土了几件完整的头骨化石（图16.4；Leonardi and Borgomanero 1985；Campos and Kellner 1985；Wellnhofer 1987a）。这些头骨揭示了鸟掌翼龙科翼龙的真实面貌。它们是长口鼻动物，有粗壮的獠牙，颌部末端有大而圆的脊冠。这些头骨是在巴西早白垩世（可能是阿普特期—阿尔布期；

1.25亿—1亿年前；见Martill 2007）的桑塔纳组中找到的，该组是重要的翼龙特异埋藏，仍将继续为我们提供数量丰富、罕见保存的鸟掌翼龙科化石。关于这些头骨以及经常与它们一起发现的大量骨骼的详细研究，使人们对鸟掌翼龙科的解剖学有了更多的了解，远远超过了对其他大多数翼手龙亚目翼龙在解剖学的认识（例如，Wellnhofer 1991b；Kellner and Tomida 2000；Veldmeijer 2003；Veldmeijer et al. 2009）。

遗憾的是，命名问题也困扰着桑塔纳组的鸟掌翼龙科。第一个桑塔纳鸟掌翼龙科的属，"阿拉里皮翼龙"（*Araripesaurus*），是基于四肢骨骼命名的，没有足够的鉴定特征将其与鸟掌翼龙科的其他分类群区分开来（Price 1971），现在它被认为是一个"无效"的名字（Unwin 2003）。同样，韦尔恩霍费尔（Wellnhofer 1985）的"桑塔纳翼龙"的有效性现在也被大多数研究者认为存疑（相反观点见Kellner and Tomida 2000）。巴西翼手龙（*Brasileodactylus*）是另一个最早命名的属（基于一件残缺的下颌骨）（Kellner 1984），被认为与古魔翼龙（图16.4B；Campos and Kellner 1985）关系非常

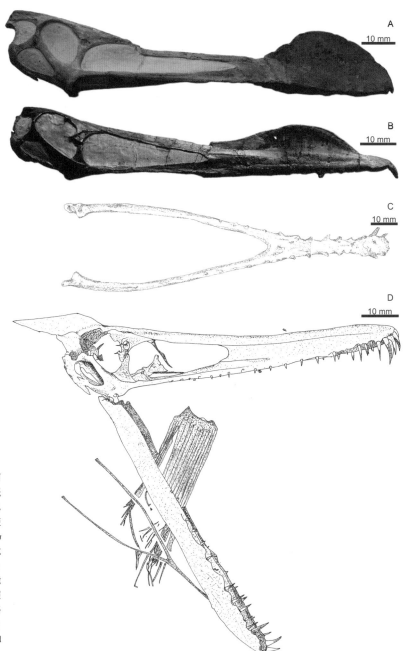

图16.4 完整的鸟掌翼龙科头骨化石，可能源于阿尔布期的桑塔纳组（A—C）或阿普特期的克拉托组（D）。A，南方鸟掌翼龙头骨（收藏于慕尼黑巴伐利亚国家古生物学和地质学收藏馆；经允许使用），右侧视图；B，比氏古魔翼龙（*Anhananguera blittersdorfi*），右侧视图；C，斯氏残喙翼龙（*Coloborhynchus spielbergi*）下颌骨，背面视图；D，席氏玩具翼龙完整的头骨和下颌骨，以及可能导致它殒命的植物叶片（见第8章），右侧视图。照片A—B由安德鲁·弗莱德梅杰和厄诺·恩德伯格提供；C，改绘自弗莱德梅杰（Veldmeijer 2003）；D，改绘自弗雷、马蒂尔和布西（Frey, Martill and Buchy 2003b）。

密切，以至于引起了安文关于它们可能代表同一动物的担忧（Unwin 2000）。除此之外，"古魔翼龙"被普遍认为是有效的，尽管它包含的物种数量存在很大争议。在桑塔纳组中也报告了剑桥绿砂岩组的分类群的残喙翼龙属（Fastnacht 2001），于是许多物种被迫脱离古魔翼龙属，归入了前者。"脊颌翼龙"（*Tropeognathus*）是一个基于巨大且完整的头骨建立的属（图16.4A；Wellnhofer 1987a），已被归

入另一个来自剑桥绿砂岩组的分类群——鸟掌翼龙属（Unwin 2003），但这一说法受到了质疑（Kellner and Tomida 2000；Fastnacht 2001；Veldmeijer 2003；Andres and Ji 2008）。最近命名的来自桑塔纳的巴博萨翼龙属（*Barbosania*）（Elgin and Frey 2011a），到目前为止还没有经历过分类学上的修正，但迎来关乎这只动物命名的腥风血雨似乎也是迟早的事。

另一只桑塔纳组的鸟掌翼龙科翼龙，塞阿拉翼

龙（*Cearadactylus*），也给翼龙学家带来了困惑，但原因与该类群的大多数其他成员不同。它首先是从一件头骨被人们得知，并被莱昂纳迪和波哥曼内罗视作为一只不确定的翼手龙亚目翼龙（Leonardi and Borgomanero 1983），达拉·韦基亚（Dalla Vecchia 1993）、凯尔纳和汤米达（Kellner and Tomida 2000）认为它是一只鸟掌翼龙科翼龙，但是安文认为它是一只奇怪的梳颌翼龙超科翼龙（见第19章）（Unwin 2002）。塞阿拉翼龙自其他翼龙中脱颖而出，因为它似乎拥有巨大的前牙，甚至使鸟掌翼龙科翼龙的前牙都相形见绌，而且它扁扁的颌部还带有鳄鱼般的微笑。在其他方面，它的颅骨后部区域和鸟掌翼龙科的很相似，尽管颌部末端和牙齿在该类群中非常不典型。最近的清修工作已经揭示了为什么会出现这种情况。异常的头骨前端是化石商捏造的，他们试图使标本更完整，更有市场（Vila Nova et al. 2010），现在很清楚的是，塞阿拉翼龙有一个更为"标准"的鸟掌翼龙科颌骨形态。不幸的是，这种伪造在翼龙化石中并不罕见，但在大多数情况下，它在早期就会被识破，不会进入科学文献。真幸运啊，塞阿拉翼龙是一只罕见的漏网之鱼。

其他

来自其他地方的鸟掌翼龙科翼龙，则较少受到剑桥绿砂岩组和桑塔纳组中狷猁的分类学混乱的影响，一般来说，它们都是最近才发现的。早白垩世（可能是阿普特期：1.25亿—1.12亿年前）的克拉托组是一个与桑塔纳组相邻的翼龙地层，已经产出了更多的巴西翼手龙化石（Sayão and Kellner 2000），以及一具几乎完整的鸟掌翼龙科骨架——被命名为柯氏阿瑟翼龙（*Arthurdactylus conandoylei*）（Frey and Martill 1994）。后者是以亚瑟·柯南·道尔，即《福尔摩斯探案全集》（*Sherlock Holmes*）的作者命名的，他在1912年的小说《失落的世界》中也对翼龙进行了普及。一件完整的鸟掌翼龙科头骨和下颌

骨被命名为玩具翼龙（*Ludodactylus*），代表了第三个来自克拉托组的属（图16.4D；Frey，Martill，and Buchy 2003b）。最近，安文和马蒂尔在对克拉托组的鸟掌翼龙科的评论中提出，玩具翼龙可能是更为完整的巴西翼手龙的化石材料，但在确定这一点之前，需要这两只翼龙更多的化石（Unwin and Martill 2007）。

中国作为一个以巨大的化石埋藏和丰富的翼龙而闻名的国家，产出的鸟掌翼龙科化石材料却寥寥无几，着实有些令人惊讶。尽管如此，在中国已知的四件鸟掌翼龙科化石中，有一件是蛋中的胚胎（Wang and Zhou 2004），这使得其成为重要的鸟掌翼龙科产地，尽管产量不高。义县翼龙（*Yixianopterus*）、辽宁翼龙（*Liaoningopterus*）和鬼龙（*Guidraco*）是唯一一批被命名的中国鸟掌翼龙科（Wang and Zhou 2003a；Lü，Ji，Yuan，Gao 2006；Wang et al. 2012），它们都来自著名的辽宁化石点。第一只义县翼龙，是通过一具不完整的骨架为人们所知的，顾名思义，它来自早白垩世（可能是巴雷姆期；1.3亿—1.25亿年前的义县组，上述的蛋和胚胎也是如此）。辽宁翼龙和鬼龙出土于年代稍晚的（可能是阿普特期）九佛堂组，分别以一组颌尖、一件完整的头骨及几件相关的椎骨为代表。这些九佛堂组的标本总体上非常相似（例如，它们都因大到令人难以置信的前牙而引人注目），很可能代表同一个物种。

在世界其他地方，大多数鸟掌翼龙科翼龙仅从颌尖被人们所知。其中包括乌克提纳翼龙（*Uktenadactylus*），一只来自得克萨斯阿尔布期（1.12亿—1亿年前）地层的鸟掌翼龙科翼龙（Lee 1994；Rodrigues and Kellner 2008），曾被认为代表着残喙翼龙的一个北美物种。实际的残喙翼龙化石材料，来自英国威尔登瓦兰今期（1.4亿—1.36亿年前）（图16.3A—B；Owen 1874）和俄罗斯萨拉托夫地区塞诺曼期（1亿—9 400万年前）的地层（Bakhurina and Unwin 1995），也由颌尖组成。后者

图16.5　没有谁敢惹翼展6米的鸟掌翼龙（右），即使是两只翼展4米的古魔翼龙（左）也没这个胆子。

是已知年代最晚的鸟掌翼龙科之一，与得克萨斯州的鸟掌翼龙科鹰翼龙（*Aetodactylus*）（从另一件残缺的喙部为人们所知）（Meyers 2010）大致存在于同一时期。英格兰威尔登地区也有一只当地特有的鸟掌翼龙科翼龙，即捻船头翼龙（*Caulkicephalus*），代表化石是一件残缺的脑壳，以及如你所料，一件颌尖（Steel et al. 2005）。最近，澳大利亚也出现了鸟掌翼龙科翼龙，代表化石依然是颌尖，它们是来自阿尔布期的猎空翼龙（*Mythunga*）（Molnar and Thulborn 2007）和澳洲翼龙（*Aussiedraco*）（Molnar and Thulborn 1980；Kellner et al. 2010, 2011）。摩洛哥也有自己的鸟掌翼龙科翼龙，以一件不完整的喙为代表，该翼龙是来自塞诺曼期卡玛卡玛群的西洛科风翼龙（*Siroccopteryx*）（Mader and Kellner 1999）。然而，有些人认为这只动物不是一个独立的属，而是残喙翼龙的另一个种（Unwin 2001）。

解剖学

人们对大多数被命名的鸟掌翼龙科翼龙都了解甚少，只有桑塔纳组和克拉托组的该类标本存有大量的骨骼。它们似乎是相当大的翼龙，翼展通常可达4米或5米（例如，Wellnhofer 1985, 1991b；Frey and Martill 1994；Kellner and Tomida 2000），一些鸟掌翼龙和残喙翼龙的物种翼展可能达到6米或以上

（图16.5；Dalla Vecchia and Ligabue 1993；Martill and Unwin 2012）。有说法称桑塔纳组鸟掌翼龙科翼龙的翼展可达到9米（Dalla Vecchia and Ligabue 1993），但基于的是特别零碎的化石，其鸟掌翼龙科的身份尚不能确定。因此，6—7米的翼展尺寸似乎是目前对鸟掌翼龙科翼龙翼展的最可靠的估计（Martill and Unwin 2012）。

鸟掌翼龙科翼龙的头骨比例很大，有长颌和齿列（图16.6；见Campos and Kellner 1985；Wellnhofer 1987a；Kellner and Tomida 2000；Veldmeijer 2003；一些最佳例子见Wang et al. 2012）。头骨超过一半的长度位于鼻眶前孔前面，由此形成了长长的喙。头骨上的颌部前端通常有大而圆的脊冠，其确切位置经常被用来识别不同的属。一些鸟掌翼龙科只有颌部单侧有脊或直接颌部无脊（如巴西翼手龙、玩具翼龙），其他鸟掌翼龙科翼龙可能有大小不一的上枕脊（玩具翼龙），或与喙部的饰物长在一起（鸟掌翼龙和捻船头翼龙）。鬼龙有一种不同于所有翼龙的脊冠，呈高而圆的片状，从眼睛上方的区域向左前方伸出。鸟掌翼龙科翼龙的脊冠边缘缺乏我们在其他翼龙中可见的用于支持软组织脊冠的纤维状骨质，这表明它们的脊冠可能完全是由骨骼构成的。它们头骨宽度各有不同，大多数物种拥有相当狭窄的头骨（如古魔翼龙、大部分残喙翼龙、塞阿拉翼龙），其他物种的颌骨关节处则呈现出相当的

158

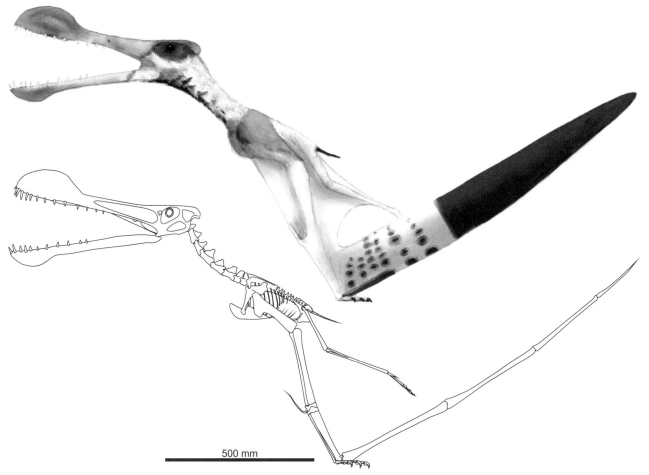

图16.6 起飞中的南方鸟掌翼龙的骨骼复原与实体复原。

宽度（如一些残喙翼龙、鸟掌翼龙）。大多数分类群都有长而窄的下颌联合体，至少占颌部长度的30%，也许还要更多。它们的眼窝很大，而且有点朝前，颞孔也相对宽大。一些鸟掌翼龙科翼龙的头骨保存得很好，可以借助CT扫描来对其颅腔进行详细的重建，因此尽管还没有颅腔化石已知，但鸟掌翼龙科翼龙的神经解剖结构却已经被充分了解了。

鸟掌翼龙科翼龙的牙齿看起来相当野蛮，这是它们的典型特征之一（Kellner 2003；Unwin 2003）。颌部的前牙构成一个独特的"抓鱼器"，这种结构在鬼龙和辽宁翼龙中最为可怕，当它们嘴巴闭上时，前牙伸出的长度会远远超过口鼻部的上下边缘。抓鱼器在上下颌骨中也是由类似的牙齿排列组成的。自颌尖开始向颌骨后部看去，依次是三颗越来越大

的内弯的獠牙状牙齿、两颗或三颗小得多的牙齿，以及三颗逐渐变大的牙齿。除此之外，还有更小、间隔适当、略微下弯的牙齿延伸至颌部后部。颌骨尖端通常略微增大，以容纳较大的前牙。前牙从颌骨边缘伸出的方向各有差别，似乎与鸟掌翼龙科的物种不同有关。

与帆翼龙科翼龙一样，鸟掌翼龙科翼龙的整个脊柱、前肢骨骼和躯干骨骼都有大量具气孔构造，只有无齿翼龙类（第18章）和神龙翼龙科（第25章）可以在骨骼具气孔构造的程度上超过它们（Claessens et al. 2009）。鸟掌翼龙科翼龙的颈部与躯干相比很长，且由长着高而复杂的神经棘的大椎骨组成（Wellnhofer 1991b）。相比之下，它们的躯干就相当小了，比颈部和头骨都短。成熟的个体拥有一个由6个背板组成的背椎联合，除此之外，

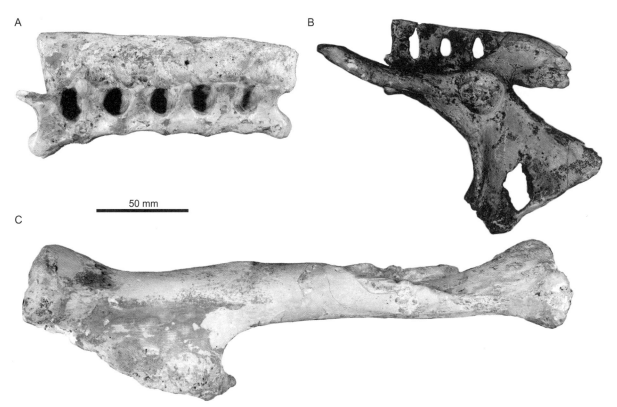

图16.7 斯氏残喙翼龙的骨骼结构。A，左侧视图为背椎联合；B，左侧视图为腰带；C，背侧视图为左侧肱骨。图片由安德鲁·弗莱德梅杰和厄诺·艾伯提供。

"自由"的背椎不超过7个（图16.7A；Veldmeijer 2003）。这个数字可能会有所变化，取决于有多少背椎并入荐骨，荐骨可能包括4—7个椎骨（图16.7B；Wellnhofer 1991b；Kellner and Tomida 2000；Veldmeijer 2003）。在成年后，荐骨神经棘的顶部也会长出一个神经棘板。人们对鸟掌翼龙科翼龙的尾部知之甚少，但似乎至少由11个短椎体组成，越接近椎体系列的末端，其横截面变得相对较圆。

鸟掌翼龙科翼龙的前肢在比例上是巨大的，长度是后肢的5倍左右，在生物力学测试中表现得也更强壮（Habib 2008）。如此有力的前肢需要身体上有大量的肌肉附着区，因此，鸟掌翼龙科翼龙有强大的肩胛乌喙骨和粗壮且高高隆起的龙骨状胸骨，以容纳它们坚实的前肢肌肉（Bennett 2003a）。它们的肩带呈典型的鸟掌翼龙科结构，与脊柱垂直，乌喙骨比肩胛骨长很多（Bennett 2003a；Frey,

Buchy，and Martill 2003）。它们的肱骨拥有大多数其他鸟掌翼龙科翼龙特有的"包裹式"三角肌嵴，尽管这些特征比我们在帆翼龙科中看到的要大得多（图16.7C）。它们的腕骨也呈现出鸟掌翼龙科特有的增大。鸟掌翼龙科翼龙的翼指占翼长的60%以上，是翼手龙亚目翼龙中最长的翼指之一。然而，它们的前三个手指却不那么引人注目，就像它们相当小的尾巴和后肢一样。与其他翼龙相比，它们的腰带在生长过程中似乎需要更长的时间来形成坚实的坐耻板，而且值得注意的是，髋臼前突与后方偏斜的腹腰带骨之间的角度很大（Hyder et al.，尚未发表）。它们细长的股骨与帆翼龙科翼龙一样，股骨头几乎与股骨轴成一条直线，但似乎缺乏固定后肢肌肉的突起。它们的胫骨也同样发达，与股骨等长。足部目前尚属未知，但似乎相对较小，纤细，有不发达的爪子和一个钩状的第 V 跖骨（Kellner and Tomida 2000）。

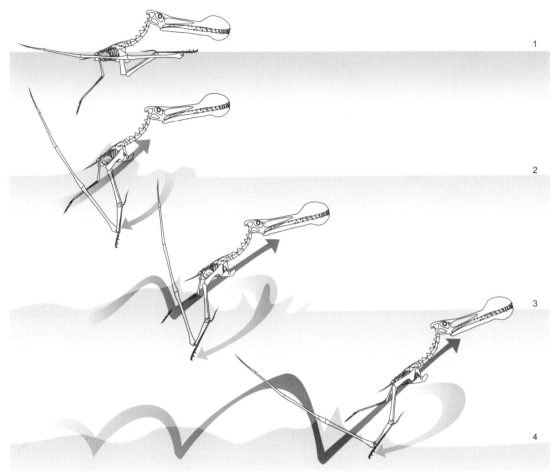

图16.8 水中起飞的四个简单步骤，如鸟掌翼龙所示：1，浮在水面上；2，第一推进阶段，四肢推入水中且后腹部划过水面；3，跳跃阶段，跳跃将身体自水面推高，高度随着每次跳跃而增加；4，脱离阶段，在这一阶段，要达到足够的速度并离水面有足够距离，以使真正的起飞成为可能。详情请参见哈比卜和坎宁安（Habib and Cunningham 2010）。

运动

飞行

鸟掌翼龙科翼龙的后肢很小，但翅膀极大，这表明它们喜欢在空中生活。事实上，鸟掌翼龙科的解剖结构可以最佳概括为：一对大翅膀，上面固定着头和颈，这种结构产生了相对于其翼展而言的较低的身体质量、长宽比高的翅膀，以及较小的翅膀负荷。这些特征强烈地表明，长距离翱翔是它们首选的飞行方式（Chatterjee and Templin 2004；Frey, Buchy, and Martill 2003；Witton 2008a）。翅膀的形状很像以海为生的海鸟（Witton 2008a），表明它们更适合在海洋上强劲地翱翔，而不是飞掠过陆地。发达的肩带和胸骨表明它们有很强的鼓翼能力，尤

其能产生很高的下冲程动力输出，这可能会在帮助它们寻找外部升力来源的同时，为其飞行提供动力。

一些证实鸟掌翼龙科翼龙是海洋飞行者的证据来自它们的化石记录，这些化石大多偏向在海洋环境中出现。它们的骨骼与从水面起飞密切相关，也表明它们大多数时间都待在水边，并且经常有意无意地降落在水面（图16.8；Habib and Cunningham 2010）。长期以来，翼龙如何从漂浮状态中起飞一直困扰着翼龙学家，但是，最近提出四足起飞假说的同一批科学家发现，同样的技巧，稍做一些变化，在水中也能发挥作用。脱离水面需要克服水面的张力和吸力，而鸟掌翼龙科解剖结构的几个方面表明，它们比大多数翼龙更有能力应对这些挑战（Habib and Cunningham 2010）。前肢肌肉的扩张、肩带的

161

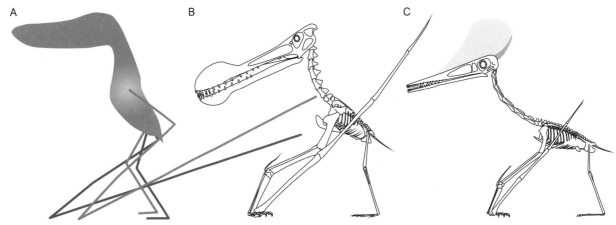

图 16.9　鸟掌翼龙科可能的陆上姿态。A，汉德森（Unwin and Henderson 1999）和安文（Unwin 2005）提出的古魔翼龙的行走姿势。注意腕关节缺乏屈曲；B，站立的鸟掌翼龙，腕部微屈，躯干相对直立，此为鸟掌翼龙科首选姿势；C，站立的翼手龙，为翼手龙亚目中的非鸟掌翼龙超科翼龙。请注意，这只比例更典型的翼手龙亚目翼龙站立时躯干角度相对较低，因为它的四肢比例更均等。

强化，以及在弯曲的三角胸骨肌嵴周围的某些肌肉走向的重构，使得鸟掌翼龙科翼龙能够在需要的方向上产生巨大的能量输出，用以脱离水面，尽管自水面升起仍然需要几次四足驱动的"跳跃"。这些跳跃运动将不断获得更多的动力和动能，最终将鸟掌翼龙科翼龙的身体抬离水面。一旦足以脱离，它们异常宽大的翼指关节将提供足够的面积与水面接触，以产生推进力，最终实现全动力推进，将它们的身体推向天空（Habib and Cunningham 2010）。鸟掌翼龙科翼龙躯干和后肢的比例退化，可能有助于这种起飞方式，因为这会使它们比那些比例更典型的翼龙产生更少的阻力。请注意，其他翼龙也能使用类似的技巧从水面起飞（见第25章的例子），但大多数翼龙的起飞效率不如鸟掌翼龙科翼龙（Habib and Cunningham 2010）。

在地面上

一些鸟掌翼龙科化石的良好状态激发了人们对其地面运动的专门研究（如 Wellnhofer 1988；Unwin and Henderson 1999；Unwin 2005；Chatterjee and Templin 2004；Wilkinson 2008），结果往往与其他翼手龙亚目翼龙有关。考虑到鸟掌翼龙科翼龙的身体结构与几乎所有其他翼手龙亚目翼龙不同，这种比较的公平程度值得商榷（图16.9）。鸟掌翼龙科翼龙

通常被认为是四足总纲成员，但对其可能的姿态存在一些争议。韦尔恩霍费尔（Wellnhofer 1988）和维尔金森（Wilkinson 2008）认为它们的四肢是匍匐前进的，有点像鳄鱼（图7.2D），但其他人则认为它们的四肢或多或少是垂直伸出的，与禽类或哺乳动物类似（图16.9A—B）（Unwin and Henderson 1999；Chatterjee and Templin 2004；Unwin 2005）。只有查特杰和坦普林认为它们的腕部可以弯曲（Chatterjee and Templin 2004），安文和汉德森坚持认为它们的腕部几乎无法活动（Unwin 2005；Unwin and Henderson 1999）。在后者的模型中，由于腕部缺乏弯曲，前肢在很大程度上也失去了推进作用，这意味着前肢只能用来在后肢提供前进动力时阻止动物向前倾倒。

在我看来，查特杰和坦普林提出的模型似乎最为可能（Chatterjee and Templin 2004）。鸟掌翼龙科的关节盂虽然与其他翼龙的不同，但仍然允许肱骨在行走时于肩下垂直摆动，而且髋臼也允许后肢垂直移动。正如第4章所讨论的，现在有很好的证据表明，翼龙的腕关节是相当灵活的（例如，Bennett 2001；Wilkinson 2008）。这样的结构使鸟掌翼龙科翼龙的行走方式与其他翼龙大致相似，但它们的脊柱将急剧抬升，以适应肥大的前肢（Chatterjee and Templin 2004）。不管怎样，这个模型中灵活的腕部

162

使前肢在行走时能更多地折叠起来，从而减少脊柱的抬升，减轻了后肢的一些重量。在四肢比例如此悬殊的动物身上，脊椎的略微抬升似乎是不可避免的，鸟掌翼龙科翼龙的耻骨区和坐骨的重新构造似乎也反映了这一点。在行走过程中，更典型的翼龙腰带结构在躯干角度升高的情况，难以为后肢肌肉提供有效的固定（Fastnacht 2005b），但向后旋转的坐骨板可能会使腰带后肢的肌肉重新固定到一个更适合行走的位置（Hyder et al.，尚未发表）。

如果上述描述是准确的，则鸟掌翼龙科翼龙的陆上运动方式可能并不特别，实际的陆上运动能力可能仍然有限。它们的步伐取决于短短的后肢，前肢可能只能在地上缓慢移动，以免后半个身子跟不上。这使得它们无法进行特别快速的陆上运动，但似乎没有任何理由认为，鸟掌翼龙科翼龙不能借助四肢蹦跳来快速掠过地面（Witton and Habib 2010）。在想象这一点时，请记住，翼龙可能会将这种运动的元素融入到了四足起飞中；蹦跳只是去掉了最后的起飞动作，它主要利用强大的前肢肌肉将动物向前推进，而不是向天空推进。然而，鸟掌翼龙科翼龙前后肢间的天壤之别似乎限制了它们，使其无法使用爆破性的跳跃和托脚式行走之间的中等速度，这表明它们的陆上运动只有两个"挡位"。这一点，再加上强大的飞行适应特性，可能表明它们花费在地面上的时间相当有限。无论如何，我们可以假设它们的游泳能力相对较好。鸟掌翼龙科翼龙在水中至少要有能力和稳定性（图7.10），以确保它们能以上述方式从水面起飞。

古生态学

鸟掌翼龙科古生态学的许多方面，比如它们的生长机制、性双型等，都没有被研究过，尽管有大量的化石属于这个类群。在我看来，这是翼龙学家可以，或许也是应该尽快解决的问题。对鸟掌翼龙科化石藏品中可能存在的性双型和生长情况的研究，可能有助于解决困扰该类群的一些分类学问题。也许很有可能，许多所谓的鸟掌翼龙科"物种"，实际上是不同年龄或不同性别的个体，但只有对它们的化石进行了详细的研究，才能对此有所了解。

鉴于鸟掌翼龙科翼龙似乎适合在海洋环境中飞行，认为它们在海上进食也就不奇怪了。它们采集食物的方式还没有被详细研究，但一般认为，它们要么会滤食，即下颌尖端在水面上划动，在撞击到食物时将其攫住（Nessov 1984），要么像一些燕鸥和军舰鸟那样从水面上拾取食物（例如，Wellnhofer 1991a；Unwin 1988a，2005；Veldmeijer et al. 2006）。在最近对翼龙滤食的评估中，鸟掌翼龙科的滤食假说已经被否定（Humphries et al. 2007；Witton 2008b，也见第24章），浸食则有了一些解剖学特征上的支持。它们细长的喙是伸入水中抓取水中动物的理想工具，下颌尖端的"抓鱼器"也是如此。韦尔恩霍费尔（Wellnhofer 1991a）和弗莱德梅杰等人（Veldmeijer et al. 2006）认为，鸟掌翼龙科的喙部脊冠可以很好地在颌尖浸入水中寻找食物时充当稳定器。这也许不假，但我们应该考虑到，一些鸟掌翼龙科翼龙完全没有喙部脊冠，而现代的浸食动物在没有类似结构的情况下也能完成这一动作。然而，一个有着足够长度、强度和灵活性的颈部似乎对这种捕食方式至关重要，而这些特征都与鸟掌翼龙科翼龙的颈部相符合（Wellnhofer 1991b）。事实上，古魔翼龙的前颈椎比后颈椎更强壮，表明固定头部的肌肉（以及为此在浸食期间与水的阻力作斗争的肌肉）比例巨大，适合担任这个角色（Witton 2008b）。大而朝前的眼睛和发达的絮凝体（见第5章）也是浸食的理想选择，可以有效地发现猎物，并在攻击猎物时判断距离（Witmer et al. 2003）。因此，似乎至少有一些鸟掌翼龙科翼龙是有效的浸食者，虽然不能排除它们也有可能使用更安静的觅食方法，比如在水面上停留或潜入浅水时抓取食物。事实上，鸟掌翼龙科翼龙牙齿形态的多样性，也许很好地表明它们可能存在一些不同的觅食方法。

17

北方翼龙科

翼龙目＞单孔翼龙类＞翼手龙亚目＞鸟掌翼龙超科＞北方翼龙科

现在，相信你们对翼龙千奇百怪的外表已经习以为常了。即使是外表平凡的物种，也拥有漂亮的牙齿和怪诞的身体比例，而更极端的类型就算在蒂姆·伯顿（Tim Burton）的电影中也不会显得格格不入。然而，即使是这么怪异的外表也被一个新发现的鸟掌翼龙超科类群超越了，该类群的特点是脊冠粗厚，下颌极长，牙齿数量惊人且远远超出上下颌的边界——它们就是北方翼龙科（Boreopteridae）（图17.1），一个白垩纪时的类群，直到2005年才被古生物学家所认识（Lü and Ji 2005a）。到目前为止，人们只发现了两件确定的北方翼龙科翼龙标本，且都来自中国北方的早白垩世地层。幸运的是，这些标本足够完整，它们的大部分解剖结构已经很清楚了。

北方翼龙科通常被归于鸟掌翼龙超科（Lü and Ji 2005a；Unwin 2005；Lü, Ji, Yuan, and Ji 2006；Lü, Unwin, et al. 2008；Lü, Unwin, et al. 2010），尽管也有人提出它与梳颌翼龙超科（第19章）有亲缘关系（Andres and Ji 2008）。前者更有可能。北方翼龙科翼龙的头骨可能有些类似梳颌翼龙超科翼龙，但它们的头后骨骼几乎与鸟掌翼龙超科翼龙相同，特别是与鸟掌翼龙科的成员相似（第16章）。事实上，北方翼龙科翼龙骨骼的一些组成部分与鸟掌翼龙科翼龙的（如肱骨）很像，我们可能要对一些孤立的"鸟掌翼龙科"肢体骨骼的身份重新评估：它们很可能属于北方翼龙科。此外，北方翼龙科翼龙还有着在一些帆翼龙科翼龙身上可见的小小的足部（第15章），这与大多数梳颌翼龙超科翼龙巨大、可涉水的足部形成了鲜明的对比。

目前，只在一个地层单元，即中国的早白垩世（可能是巴雷姆期；1.3亿—1.25亿年前）义县组中发现了北方翼龙科翼龙（图17.2）。它们的第一件化石于2005年面世，当时一具几乎完整的骨架得到描述，尽管这个个体既不完美也相当不成熟（Lü and Ji 2005a），它被命名为崔氏北方翼龙（*Boreopterus cuiae*）。吕君昌和季强认为北方翼龙的牙齿形态表明其与鸟掌翼龙科有亲缘关系，其他学者也普遍认同（Unwin 2005；Lü, Ji, Yuan, and Ji 2006；Lü, Unwin, et al. 2008；Lü, Unwin, et al. 2010；也见 Andres and Ji 2008）。北方翼龙科这个独立的鸟掌翼龙超科类群因北方翼龙得名，吕君昌、姬书安、袁崇禧、季强则认为北方翼龙与另一个中国翼手龙亚目翼龙——飞龙（*Feilongus*）有密切的演化关系（Lü, Ji, Yuan, and Ji 2006）（见下文，以及第19章）。

第二件北方翼龙科标本被命名为长吻振元翼龙（*Zhenyuanopterus longirostris*），代表化石是一具保存得相当好的骨架，它消除了所有将北方翼龙科排除于鸟掌翼龙超科之外的想法（Lü 2010b）。保存下来的唯一已知的振元翼龙标本是相当罕见的（图17.3），特别是对于这样一个大型翼龙（翼展3.5米）来说。该标本几乎没有一块骨头错位，虽然稍稍受到了一些挤压，但差不多可以详细观察到骨骼的每个组成部分。唯一已知的振元翼龙在骨学上也比北方翼龙更成熟，使我们对成年北方翼龙科翼龙的外表有了很好的了解。事实上，振元翼龙和北方翼龙很有可能代表同一个物种，后者只是前者的一个幼

图17.1　中国早白垩世的湖水上漂浮着两只振元翼龙。

北方翼龙，振元翼龙

图17.2 北方翼龙科分类群的分布

年体。它们之间的大部分差异（如尺寸、脊冠的存在和牙齿的数量）都可以解释为年龄的影响（见第8章），而它们在同一个沉积单元中的出现则进一步提高了这种可能性。

然而，有一种动物肯定与北方翼龙不同，那就是第三只所谓的北方翼龙科翼龙杨氏飞龙（*Feilongus youngi*）。吕君昌等人将这只动物纳入北方翼龙科（Lü，Ji，Yuan and Ji 2006；Lü 2010b）。它仅从一件头骨化石中被人们所知，必须得说，在北方翼龙科的阵容中这只动物看起来不太合群。飞龙确实拥有北方翼龙科翼龙的长喙和针状牙齿，但是牙齿的数量和位置、脊冠的特征、后颅骨骼的倾斜度，以及加长的颈椎都更像梳颌翼龙超科翼龙，而非鸟掌翼龙超科翼龙（Wang et al. 2005；Wang et al. 2009；Andres and Ji 2008）。最近在义县发现的一个相当相似的物种庄氏摩根翼龙（*Morganopterus zhuiana*），也被人们认为属于北方翼龙科，理由同飞龙（Lü，Pu，et al. 2012），但它在北方翼龙科中的位置同样存在问题。由于比起北方翼龙科，这些物种似乎与梳颌翼龙超科的亲缘关系更近，我们将在第19章中把它们与其他梳颌翼龙超科一同进行更详细的讨论。

解剖学

对于北方翼龙科这样一个新翼龙类群来说，它的解剖结构（图17.4）算是被了解得很充分了，吕君昌等人对两个公认的北方翼龙科分类群的大部分骨骼进行了描述（Lü and Ji 2005a；Lü，Ji，Yuan，and Ji 2006；Lü 2010b）。它们比其他鸟掌翼龙超科翼龙要小得多。北方翼龙的翼展只有1.9米，振元翼龙的翼展有3.5米。这可能不是北方翼龙的完整体型，因为它只来自于一个幼年个体，而唯一已知的振元翼龙标本拥有背椎联合和愈合的头骨，表明它可能已经完成了生长。

北方翼龙科翼龙的头骨是其最引人注目和最典型的特征（图17.3B）。与大多数其他鸟掌翼龙超科翼龙一样，它们的头骨比例很大（是躯干长度的两倍），喙部特别长，占据了颅骨长度的三分之二以上。振元翼龙拥有一个巨大的脊冠，从头骨中段一

166

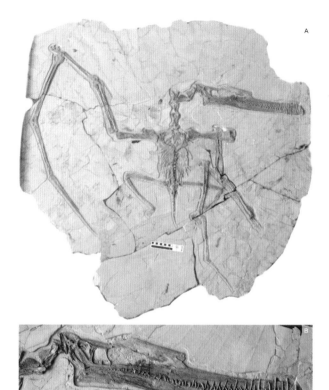

图17.3 一具保存完好的中国巴雷姆期义县组的长吻振元翼龙的完整骨架。A，完整且关节相连的骨架；B，头骨和下颌骨的细节。照片由吕君昌提供。

合背椎的前端。荐骨包含4个椎骨，尾巴由至少13个细长的尾椎组成。北方翼龙科翼龙的尾巴是所有翼手龙亚目翼龙中最长的，这也是它们与另一个鸟掌翼龙科类群——无齿翼龙类共有的特征（第18章）。

北方翼龙科翼龙的前肢呈典型鸟掌翼龙超科式的过度发育，除翼指外，其比例符合该类群的典型特征。肩胛前突大而坚固，固定在宽大的胸骨上，有明显的胸骨前突。它们的肱骨拥有修长且扭曲的三角肌嵴和坚固的轴。桡骨和尺骨同样都很粗壮，而且直径相似，这对于鸟掌翼龙超科翼龙来说不太寻常。北方翼龙科翼龙的翼骨相对细长，约占前臂长度的40%。腕部和掌骨的一些细节还不是很清楚，因为这两件北方翼龙科标本都没有保存完好或完全愈合的腕骨块，也无法看出一些掌骨是否已经与腕骨失去了接触。然而，可以肯定的是，北方翼龙科翼龙的翼指在比例上更像帆翼龙科翼龙，占据了翼长的一半，而不是鸟掌翼龙科翼龙，翼指占60%或以上。北方翼龙科翼龙的前三只手指很小，但有相对粗壮的爪子。人们对北方翼龙科翼龙的腰带知之甚少，只知道它们的后肢非常细小。其身长和比例一般与鸟掌翼龙科翼龙的相似，但足部格外小，最大长度仅占总后肢长的10%。

直延伸到与鼻眶孔后部持平。另一个小脊冠发现于头骨后面。北方翼龙缺乏这两个特征，但标本的骨质不成熟，表明它也许是因为太年轻，死前脊冠还没来得及发育。与其他鸟掌翼龙科翼龙相比，它们的颞孔和眼眶都很小，这表明其眼睛和下颌肌肉都不大。下颌骨很长，没有脊冠，并且沿着前三分之二的长度愈合。上颌和下颌都长有相同数量的牙齿，占据了颌部长度的大部分。北方翼龙的嘴里总共有116颗牙齿，而振元翼龙拥有184颗。这些牙齿特别细长，是宽度的10倍，后部轻微弯曲。与几乎所有其他翼龙不同的是，这些牙齿长到下牙延伸到了上颌、上牙延伸到了下颌的程度。牙齿在颌尖最长，越往后越小，直到嘴的后部，那里的牙齿长度仅为前面牙齿的十分之一。

北方翼龙科翼龙的大部分头后骨骼与其他鸟掌翼龙科翼龙的类似。与躯干相比，它们的一系列颈椎片较长，有特别巨大且呈圆形的神经棘。振元翼龙保留有12个背椎，其中3个背椎已经愈合进了联

运动

也许只有一个例外，那就是关于北方翼龙科的生物力学和功能生物学，包括运动能力，鲜少有出版物提及。然而，它们与鸟掌翼龙科翼龙的比例相似，表明关于鸟掌翼龙科翼龙运动的一些共性也适用于北方翼龙科翼龙。例如，我们在北方翼龙科翼龙身上看到的细长且扭曲的胸骨和强化的肩胛骨，可能意味着它们像鸟掌翼龙科翼龙那样，经常从深

图17.4　起飞中的振元翼龙的骨骼复原和实体复原。

500 mm

水中起飞（Habib and Cunningham 2010）。北方翼龙科翼龙短小的后肢同样决定了它们有着窄长的翅膀，尽管简化的翼指会使它们的翅膀比其他鸟掌翼龙超科翼龙的短，长宽比也低。也许，正如我们在第15章讨论过的帆翼龙科那样，这反映了它们对内陆栖息地的偏好，在那里，短翼更有利于起飞（Rayner 1988）。在淡水沉积物中发现的北方翼龙科标本符合这一观点，但是当然，我们还需要更大的样本量来确定其记录中的沉积偏差。

北方翼龙科翼龙的小小的足部表明它们不会太费神于在地面上移动，而且，悬殊的肢体比例可能会限制它们在地面上采取像我们在前一章中描述的鸟掌翼龙科翼龙式的拖脚走动或跳跃。我们可以假设，鉴于对水中起飞的明显适应特性，它们在游泳或漂浮时至少是稳定的，而且那可能适应水中觅食的特性，表明它们会在有水的环境中安家。

古生态学

到目前为止，也许唯一关于北方翼龙科翼龙饮食偏好的论述来自于汪筱林和周忠和（Wang and Zhou 2006a），他们认为北方翼龙科翼龙习惯以鱼为食。这与北方翼龙科翼龙加长的颌部和颈部相吻合，这样的结构很适合扎进深水中捕捉鱼或其他游动的猎物，但它们究竟是如何捕获食物的，还没有定论。北方翼龙科翼龙的牙齿看起来非常细长纤弱，很容易想象到这些牙齿会被那些大型且精力充沛的猎物损害。它们的眼睛也很小，这并不符合那些从远处发现猎物的掠食者。也许，北方翼龙科翼龙不以大型猎物为食，而是会将颌部当作笼子，一次性捕获大量小型游动的动物。间距细密且极长的牙齿肯定符合这一行动，我们可以想象，北方翼龙科翼龙在水中仔细搜寻食物，然后突然抬起头，用紧密排列的牙齿将猎物从水中拉出，又或许用它们的舌头将食物卷入喉咙。它们的颈部形态似乎与这一想法一致，颈椎巨大且复杂，表明它们的颈部灵活且肌肉发达。在水中滤食可能需要它们待在水面或站立在浅水中进食，这么一来发育不良的足部和后肢就成了问题。也许它们更喜欢静止的水域，在那里它们不需要蹼状的大脚来撑着身体四处活动，又或许它们能够让身体漂浮在水上，依靠前肢四处移动。当然，所有这些想法都是暂时的，而且显然还有很多关于这个新翼龙群体的信息需要我们去了解。我们只能希望进一步的发现能揭示关于它们的古生物学、演化史和全球分布的更多细节，那一天不会太远了。

18

无 齿 翼 龙 类

翼龙目＞单孔翼龙类＞翼手龙亚目＞鸟掌翼龙超科＞无齿翼龙类

无齿翼龙类可能是所有翼龙中最为著名的。它们口中无齿、头具脊冠的外表，为电影、电视节目、绘画、博物馆大厅、书籍、玩具以及其他所有你能与翼龙联系起来的东西增色不少。这些翼龙如此著名，因为它们是首批被发现的真正巨大且壮观的飞行爬行动物。无齿翼龙类的首次化石发现毫无疑问地表明，它们身形巨大，几乎比当时已知的任何其他已灭绝的飞行生物都要大得多。而且它们的化石标本比当时欧洲已知的大型翼龙那碎片状的标本要完整得多，十分震撼人心。对于19世纪的古生物学家来说，它们精致的脊冠也是一个全新的特征，即使是对古生物学没有特殊兴趣的人也能很容易将其辨认出来。虽然在过去的几十年里，它们的体型和精致已经被许多其他的翼龙所超越，但在许多人的眼中，无齿翼龙类仍然是翼龙界的典范。

在本书所采用的系统发育方案中，无齿翼龙类被认为是晚白垩世鸟掌翼龙超科的一个特别进步的分支，它包括了两个相对较小的类群：无齿翼龙科和夜翼龙科（Lü, Unwin, et al. 2010；Lü, Unwin, et al. 2011）。它们的共同点是完全无牙、脊冠的位置、下颌支有着高的剖面，以及翅膀骨骼的特征，最明显的是翼掌骨的加长（Unwin 2003）。每个类群都包含一个著名的属。无齿翼龙科有无齿翼龙属，它是美国已知的第一只真正的翼龙，也是第一只从大量化石中发现的巨型翼龙（图18.1）。夜翼龙科有夜翼龙属，该动物因其着实验人的鹿角状脊冠而闻名。我们将在后面看到，无齿翼龙科和夜翼龙科在肩部和前肢解剖结构的某些方面有所不同，但

在其他方面的构造非常相似，因此认为它们有着共同的祖先也并非没有道理。然而，这只是关于这些动物在翼手龙亚目中的位置的几种观点之一。有些人认为夜翼龙科是翼手龙亚目谱系树上的一个独立分支，在其他鸟掌翼龙超科、准噶尔翼龙超科和神龙翼龙超科的广泛辐射出现之前，它就分化了出来（Bennett 1989, 1994；Kellner 2003；Wang et al. 2009；Wang et al. 2012）。另外一些人则将其保留在"鸟掌翼龙超科"这一类群中，但也认为它是该分支最原始的成员（Andres and Ji 2008）。吕君昌等人将无齿翼龙和夜翼龙放在另一个位置（Lü, Ji, Yuan, and Ji 2006），即神龙翼龙超科的底部。

无齿翼龙类：全美皮翼英雄？

无齿翼龙类的发现离不开美国首批翼龙化石的发现，这也是第一批在欧洲地层之外找到的翼龙化石记录（概述见Bennett 1994；Everhart 2005；Witton 2010）。它们的发现有一个传说，具备了所有伟大的古生物学营地篝火故事应有的要素：著名的古生物学家、未知的化石地层、壮观的动物化石。传说是这样的：美洲翼龙是由著名的古生物学家奥斯尼尔·查尔斯·马什发现的，他曾命名并描述了著名的恐龙，如迷惑龙、"雷龙"、异特龙、剑龙，以及其他无数的化石物种。马什和他的团队在堪萨斯州圣通期—坎潘期（8 500万—7 000万年前）尼奥布拉拉组的烟雾山白垩组中发现了这类翼龙（图18.2）。这些白垩质地层是晚白垩世时将北美洲一分

图18.1　在白垩纪晚期的西部内陆海道，无齿翼龙潜入水中捕食一群惊慌失措的鱼。按照贝内特的逻辑（Bennett 1992），有着超大脊冠的大型无齿翼龙被认为是雄性，而脊冠尺寸更适宜的小型无齿翼龙被认为是雌性。

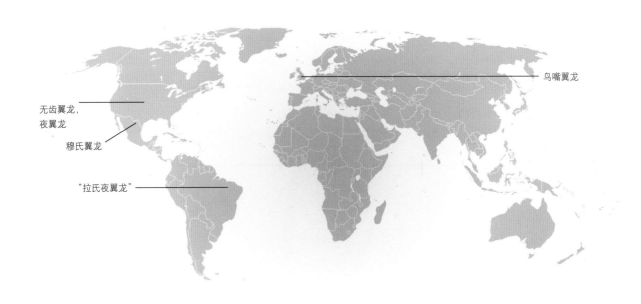

无齿翼龙，
夜翼龙

穆氏翼龙

"拉氏夜翼龙"

鸟嘴翼龙

图18.2　无齿翼龙类分类群的分布

172 为二的浅海的遗迹，不仅以产出翼龙闻名，还出土了惊人的丰富的鱼类、鲨鱼、沧龙类、巨龟和许多其他物种的化石（在第8章中已简要提及，更全面的概述也见Everhart 2005）。

　　马什的探险队是最早开发这些丰富埋藏物的一批人，他的第一个翼龙发现，即两件个体翅膀骨骼化石，是古生物学的宝藏。他找到了第一只巨型翼龙，化石表明，这是一只翼展6.6米的物种（Marsh 1871）。在1871年至1881年之间，马什继续记录了对这只巨兽的一些细节上的发现，到了1881年，他已经建立起7个尼奥布拉拉翼龙物种。他将它们归入了翼手龙属，直到1876年，他发现这类巨兽有着长而无牙的喙，这是当时已知的所有旧世界翼龙都不曾有的情况。马什便以此为契机，创造了一个新的属：无齿翼龙（Marsh 1876）。怪就怪在，马什实际上在1871年曾描述过无齿翼龙的牙齿，对于一种没有牙齿的动物来说，这绝非易事。最近的研究人员认为，马什在找到无齿翼龙的头后化石碎片时，还一道找到了一些牙齿，将它们误认为来自同一动物（Everhart 2005），但马什从未在他的任何著作中

对这一错误进行解释。不过，考虑到马什不仅发现了第一批美洲翼龙，而且发现的化石类型还具有前所未有的体型和解剖结构，这个细节也就不重要了，要为他点赞，不是吗？

　　嗯，其实这么讲不准确。上面这个"经典"故事在所有方面都千真万确，除了这个故事声称马什的化石发现是独一无二的。首先，马什并没有对第一只美洲翼龙进行报告。正如我们在第10章中提到的，马什的对手爱德华·德林克·柯普早在五年前就完成了这项工作，而且他用到的化石材料按理来说更为重要（Cope 1866）。柯普找到的化石据说记录了三叠纪翼龙的首次出现，也记录了美洲的第一只翼龙，这使他的翼龙成为当时世界上已知最古老的翼龙。我们提到过，柯普的说法后来受到了质疑（Dalla Vecchia 2003a），但这发生在无齿翼龙被发现的几十年后。因此，确实是马什发现了第一批真正的美洲翼龙，但鉴于当时的知识水平有限，他只摘得了银牌。

　　马什的另一个说法，即他的动物是第一只没有牙齿的翼龙，也不正确。1871年，哈里·丝莱报告并命名了一只来自英国剑桥绿砂岩组的无牙翼龙（见第16

章），这比发现无齿翼龙的无齿颌骨还要早五年。丝莱的动物最终被命名为丝氏鸟嘴翼龙（*Ornithostoma sedgwicki*），可能是迄今为止发现的第一只无齿翼龙科翼龙（Unwin 2001）（不同意见见 Averianov 2012），虽然它的代表只是一件十分劣质的剑桥绿砂岩组标本，但它仍然记录了在新世界之前的旧世界里无齿翼龙的存在。一些翼龙研究者力图证明鸟嘴翼龙这个名字优先于无齿翼龙，但这个想法从未被采纳。最后要说的是，马什也并非提出巨型翼龙的第一人。早在1859年，理查德·欧文就断言过，一些剑桥绿砂岩组

翼龙的翼展肯定在6米以上（见 Martill 2010）。总之，虽然不能质疑马什的发现为美洲无齿巨型翼龙的存在提供了卓越的证据，但关于美洲翼龙"经典"的发现故事，我们显然需要进行一些修正。

时空中的无齿翼龙类

今天，无齿翼龙被认为是世界上非常著名的大型翼龙。几乎所有的无齿翼龙化石都被压成了薄饼状（图18.3），但由于世界各地的博物馆收藏了超

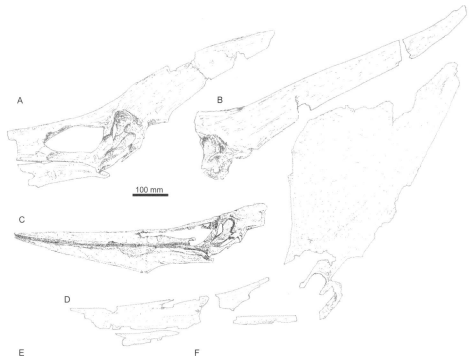

图18.3　来自堪萨斯州康尼亚克期—圣通期尼奥布拉拉白垩组烟雾山的无齿翼龙化石。A—B，大但不完整的长头无齿翼龙头骨，显示出"雄性"的脊冠形态；C，长头翼龙的头骨和下颌骨显示出"雌性"的脊冠形态；D，雄性斯氏无齿翼龙不完整的头骨；E，无齿翼龙的胸骨侧视图；F，无齿翼龙的骨骼碎片。A、B、D，改绘自贝内特（Bennet 2001）；C，改绘自伊顿（Eaton 1910）；E—F，版权归伦敦自然历史博物馆所有。

100 mm

过1100件翼龙标本，我们对其整体骨骼解剖结构有了充分的了解（全球的无齿翼龙收藏包括来自堪萨斯州、怀俄明州和南达科他州皮埃尔页岩层的标本，此外还有来自烟雾山白垩组的标本）。多年来，有11个无齿翼龙物种被命名，但最近的一次修订发现只有两个物种有效：斯氏无齿翼龙和长头无齿翼龙。从地质学角度来说，前者是两个物种中年代较早的（Harksen 1966），后者则年代稍晚，可能是斯氏无齿翼龙的后代（Bennett 1994）。一些作者，包括威利斯顿（Williston 1897）、伊顿（Eaton 1910）以及最近的贝内特（Bennett 2001），也对无齿翼龙的骨骼进行了专题研究。克里斯·贝内特关于无齿翼龙的不朽著作对现代研究者意义重大，因为它不仅强调了无齿翼龙解剖学的"经典"观点（由乔治·伊顿在1910年概述）中的几个错误，还利用数量庞大的无齿翼龙化石样本，深入探究了翼龙的生长（Bennett 1993）、性双型（Bennett 1992）、疾病（Bennett 2003c）和详细的解剖结构（Bennett 2007a）。最近的一些研究对上述观点提出了质疑，认为贝内特对无齿翼龙多样性的解释过于保守，提出可以将无齿翼龙分成四个种：长头无齿翼龙、斯氏乔斯坦伯格翼龙（*Geosternbergia*

sternbergi）、迈氏乔斯坦伯格翼龙（*Geosternbergia maiseyi*）和坎扎天空女神翼龙（*Dawndraco kanzai*）（Kellner 2010）。我必须承认我对最近的这一修订持一定怀疑态度。这些新物种似乎完全是通过脊冠和喙部形态来判断的，而这两种形态在无齿翼龙中已经被证明存在强烈的性别和个体差异（Bennett 1992；Tomkins et al. 2010）。因此，使用这些特征来鉴定新物种，可能就如同将分类学意义强加于鹿角或象牙上一样。为了谨慎起见，以下章节将遵循贝内特的无齿翼龙分类法。

各种各样的化石被称为无齿翼龙，但可能只代表了不确定的无齿翼龙科翼龙，证明它们在白垩纪晚期实现了全球分布（Barrett et al. 2008）。相比之下，夜翼龙科的化石比较罕见，只出现在美洲的康尼亚克期—马斯特里赫特期（8900万—6500万年前）的地层。第一批夜翼龙科化石是马什于1876年在尼奥布拉拉组中发现的，最初被认为是无齿翼龙属（纤细无齿翼龙）的一个种，但不久之后，人们发现两者有明显的不同，夜翼龙这个名字也随之被确立。马什一度错误地认为夜翼龙这个名字已经被占用，后来建议用夜手龙（*Nyctodactylus*）来替代，

图18.4 私人收藏的鹿角冠状的夜翼龙头骨。A，标本名称为"KJ2"；B，"KJ1"。改绘自贝内特（Bennett 2003b）。

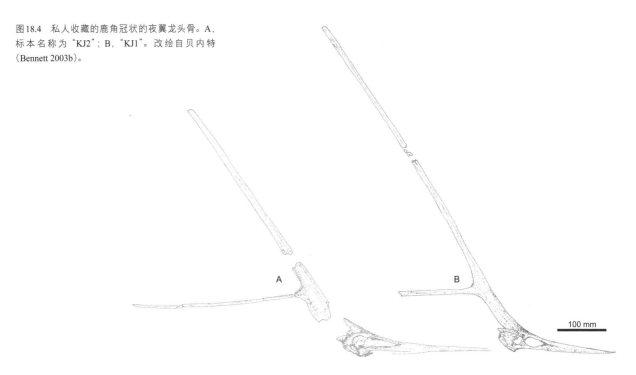

但萨缪尔·威利斯顿认为这是一个误解（Williston 1903），并恢复了夜翼龙这一正确的称呼。威利斯顿撰写了一系列关于这只翼龙的详细解剖学的论文，这意味着到20世纪末，夜翼龙几乎和无齿翼龙一样出名了（Williston 1902a，1902b，1903；等等）。来自尼奥布拉拉组的其他夜翼龙化石材料被认为代表了夜翼龙的不同种，包括侏儒夜翼龙（*N. nanus*）（Marsh 1881）和伯氏夜翼龙（*N. bonneri*）（Miller 1972），但似乎后者，甚至可能两个都和纤细夜翼龙（*N. gracilis*）是一回事（Bennett 1994；Unwin 2005）。一些成年的夜翼龙拥有已知所有翼龙中最复杂的头骨脊类型之一，即一只巨大且分叉的"鹿角"从它们的头骨背面向后突出（图18.4；Bennett 2003b）。凯尔纳认为这些有脊冠的动物属于一个独特的（未命名的）物种（Kellner 2010），但是有充分的证据表明无脊冠的夜翼龙也没有完全成年，考虑到我们在其他翼龙身上看到的头骨脊的生长模式，凯尔纳的观点也许是不可能的。

在美洲的更南端，人们还发现了更多的夜翼龙科翼龙。弗雷（Frey et al. 2006）在墨西哥康尼亚克期（8 900万—8 500万年前）的地层中发现的第二只夜翼龙科翼龙，命名为科阿韦拉穆兹奎茨翼龙（*Muzquizopteryx coahuilensis*），它的骨骼相当完整。这件标本在移交给墨西哥科学家之前的一段时间里，曾占据了采石场经理办公室中一块华丽的墙石。再往南走，我们就会看到来自巴西东北部马斯特里赫特期（7 000万—6 500万年前）地层的一件单独的夜翼龙科肱骨，这可能是迄今为止发现的最重要的夜翼龙科石之一，尽管毫不起眼（Price 1953）。这个标本（被命名为"拉氏夜翼龙"［*Nyctosaurus*

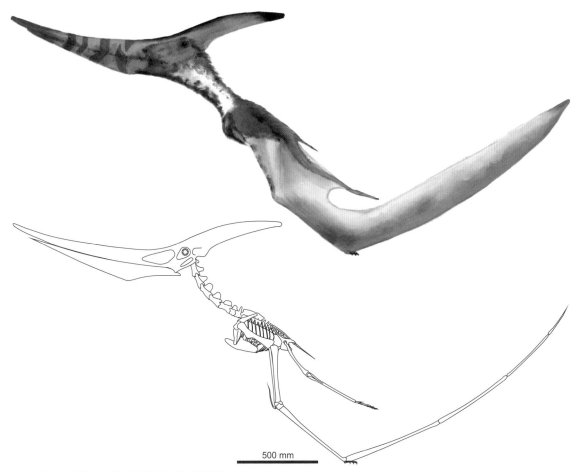

图18.5　起飞中的长头无齿翼龙的骨骼复原和实体复原。

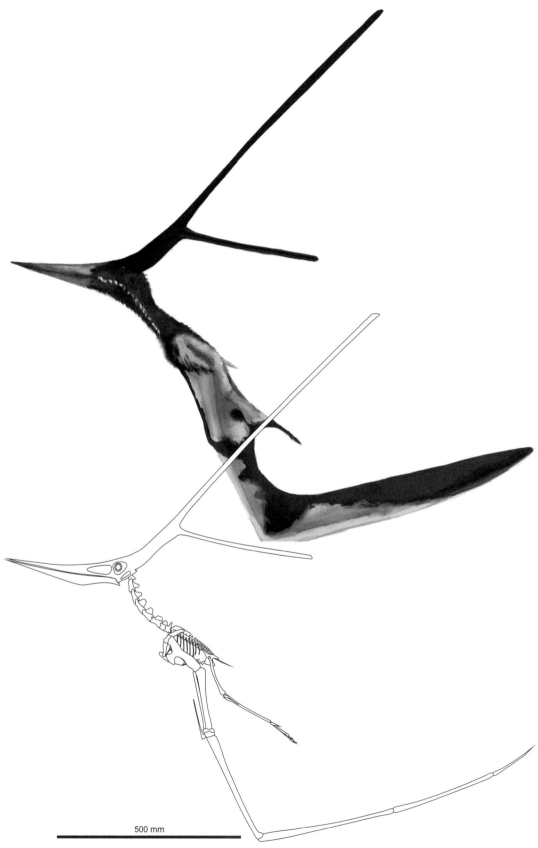

500 mm

图18.6 起飞中的夜翼龙未定种的骨骼复原和实体复原。

20 mm

图18.7　无齿翼龙的怪异的尾椎系列。注意宽宽的"双层"椎体和长而成对的尾杆。改绘自贝内特（Bennett 2001）。

图18.8　风吹过夜翼龙的密集纤维，它身后是日落，还有壮观的云景。

lamegoi]，但因为太过残缺，这个命名可能显得证据不足），是目前唯一来自中生代末期的无齿翼龙类的记录，这也使它们成为仅有的两个活到白垩纪末期的翼龙类群之一。正如在第26章我们将讨论的，这对翼龙灭绝之谜有着重要的影响。

解剖学

无齿翼龙类翼龙具有与鸟掌翼龙科翼龙相同的基本身体结构，长翼、大头，但它们在其中注入了足够多自己的特征，所以它们的大部分解剖结构即使分开来看，也可以识别（图18.5—18.6）。无齿翼龙类翼龙的解剖结构也非常有名，在威利斯顿（Williston 1903）和贝内特（Bennett 2001）的专论中有大量的详细描述，贝内特（Bennett 2003b）和弗雷等人（Frey et al. 2006）也描述了更多的细节。

无齿翼龙类的翼展相当多样。夜翼龙科翼龙比许多鸟掌翼龙超科翼龙要小，既有穆氏翼龙那2米的翼展（Frey et al. 2006），也有夜翼龙那2.9米的翼展（Wellnhofer 1991a）。"拉氏夜翼龙"可能是最大的夜翼龙科翼龙，翼展可达4米（Price 1953）。相比之下，无齿翼龙科翼龙则算得上巨兽了。它们是所有鸟掌翼龙超科翼龙中最大的，也是除了强大的神龙翼龙科翼龙之外，所有翼龙中最大的。鸟嘴翼龙的翼展由于残缺不全而无法估计，但贝内特发现，无齿翼龙的翼展经常超过6米，已知最大的个体翼展为7.25米，但似乎只有所谓的雄性的翼展才会如此之大（Bennett 2001）；相比之下，雌性翼展则较为节制，只有4米（见图8.8；Bennett 1992）。

无齿翼龙类头骨的特征在于长且呈锥形的颌部，颌中无牙。雄性无齿翼龙的口鼻部呈现出近乎平行的背面和腹面边缘，形成了相对钝且粗壮的上颌尖。它们的上颌明显比下颌长，这一特征在雄性中比在雌性中更为突出。夜翼龙的上颌尖似乎相当脆弱，在很多标本中都是断裂的，这也使得很多艺术家错误地将其复原成了反颌（Bennett 2003b）。无齿翼龙下颌支愈合处比下颌骨的其他地方都要高（Unwin 2003），而夜翼龙科也表现出类似的下颌骨形态，但不太明显。所有的无齿翼龙科翼龙下颌联合体都很长，至少占据了其下颌长度的75%。

77

178

175

无齿翼龙类的鼻眶开孔和颞孔相对较小，但眼眶很大，且位于颅骨的高处。虽然穆氏翼龙和一些夜翼龙缺乏脊冠，但所有无齿翼龙及一些成年的夜翼龙都有上枕脊，其中最大的上枕脊，其底部从颅后一直延伸到眼眶的正前方。所有所谓的雄性无齿翼龙都有着短且朝向后背面的脊冠，边缘呈圆形，而无齿翼龙不同物种的雄性则至少呈现出两种不同的脊冠形态；长头无齿翼龙具有狭窄且向后突出的脊冠，其几乎是头骨长度的两倍，而斯氏无齿翼龙具有朝向背面且前部鼓起的脊冠，高度是其下的头骨的4倍（图18.3）。如上所述，有脊冠的夜翼龙，拥有细而分叉的从其头骨后方伸出的下颌支，构成一个几乎比头骨本身长3倍的脊冠（图18.4）。这种类似船帆桅杆的结构并没有被研究者们忽略，有作者已经对夜翼龙脊冠的空气动力学特性进行了建模，在其下颌支之间有一张张开的类似船帆的薄膜（Cunningham and Gerritsen 2003；Xing et al. 2009）。夜翼龙的脊冠支撑着一张帆，这种想法在许多有关夜翼龙的插图中可见，但这差不多是毫无根据的。正如我们在其他章节中所看到的，脊冠上有大量软组织成分的翼龙，通常（但不总是；见第5章）在骨质脊冠固定软组织成分的地方有纤维状的边缘（例如，Campos and Kellner 1997；Bennett 2002）。像所有鸟掌翼龙超科翼龙一样，夜翼龙的骨质脊冠十分光滑，所以没有理由认为这类翼龙拥有一张由软组织构成的"帆"（Bennett 2003b）。

无齿翼龙类的头后骨骼广泛有气孔构造，甚至后肢的骨骼也具有气孔构造（Claessens et al. 2009）。无齿翼龙类的前七节颈椎与其他鸟掌翼龙超科翼龙的颈椎大致相似，呈相对复杂且坚固的结构，有高大的三角形神经棘。颈部关节的性质，以及一些保存下来的无齿翼龙的关节连接的颈部表明，无齿翼龙类——可能所有的鸟掌翼龙超科翼龙，基于它们的颈部相似性，可以使颈部保持在一个比较尖锐的弧度（Williston 1902b；Bennett 2001）。和所有的翼龙一样，它们最后面的两块颈椎是"背化"

的，位于愈合的联合背椎前面，而联合背椎又是由多达6个（无齿翼龙）或7个（夜翼龙）背骨组成的。在大多数无齿翼龙个体中，大约有6个未愈合的背椎骨位于联合背椎后面，荐椎的数量也是类似的（Bennett 2001）。穆氏翼龙和成熟夜翼龙的荐骨由8个椎骨组成，而一件骨化良好的无齿翼龙标本显示其有1个综荐骨，这个综荐骨由10个椎骨组成，其中包括1个"荐骨化"的尾椎。无齿翼龙的11个或数量更多的自由尾椎非常独特，这要归功于其远端骨骼形成了愈合且细长的"双层"椎体（图18.7）。在前部或后部视图中，这两个圆形的椎体呈现出阿拉伯数字"8"的轮廓，但又在远端分开，形成了两个平行的"尾棒"。这个音叉状结构的长度使得无齿翼龙的尾巴在翼手龙亚目这个群体中格外突出，与北方翼龙科翼龙的尾巴长度相当（第17章）。然而，这些双层椎体的功能仍然不清楚。贝内特提出，它支撑并控制着一个延伸到大腿之间的小型尾膜（Bennett 2001），但这与翼龙化石有悖，化石表明它们的尾巴没有被束缚在尾膜中（例如，Sharov 1971；Wellnhofer 1970）。当然，无齿翼龙完全有可能违背这一趋势，但不能排除其他功能（如充当游泳辅助器、固定软组织展示物结构或作为尾部风向标等）。相比之下，夜翼龙科翼龙的尾巴要么很短，要么由相当不起眼的尾椎组成（穆氏翼龙），或者末端拥有单一而非呈"音叉状"的尾巴杆（夜翼龙）。

无齿翼龙科翼龙和夜翼龙科翼龙的主要区别体现在前肢形态上，这主要是由于夜翼龙科翼龙发展出的翅膀解剖结构与其他翼龙相当不同。在所有实例中，它们的肩胛乌喙骨都是宽大而坚固的。但夜翼龙科翼龙的肩胛骨突很奇怪，没有与联合背椎关节相连。相反，夜翼龙科翼龙肩胛骨的近端巨大且呈圆形。无齿翼龙和夜翼龙科翼龙的胸骨很相似，从比例上来说都很长，中间深深地凹进去。无齿翼龙科的肱骨和北方翼龙科翼龙以及鸟掌翼龙科翼龙的肱骨十分相似，有着长而扭曲的三角肌嵴，外形普遍粗壮，而夜翼龙科翼龙再次表现出了不同之处，即它们有着不扭曲的呈"斧头状"的三角肌嵴，从其肱骨轴上突出来。在这一点上，它们与进步的喙嘴龙亚科（第13章）相似，只不过比例更大，且具有一套独特的肌痕，甚至与无齿翼龙科相比也是如此（Bennett 1989）。所有无齿翼龙类的翼掌骨都非常长，是肱骨长度的2倍（无齿翼龙）或2.5倍（夜翼龙科）（Unwin 2003）。这样的比例只在另外一个翼龙类群中出现过：亲缘关系较远的神龙翼龙科（第25章）。在夜翼龙科翼龙中，许多与上臂和前臂相关的肌腱是骨化了的（在穆氏翼龙中最为广泛，但在夜翼龙中也存在），这是翼龙目中其他类群所没有的特征。无齿翼龙类的翼指很长，在无齿翼龙身上占据了超过60%的翅膀骨骼，在夜翼龙身上则占据了55%。夜翼龙翼指进一步的差异在于只有三节趾骨，这种构造在其他翼龙中并非没有（见第11章和第19章），但也相当罕见。也许无齿翼龙类各群体之间最引人注目的差异之一，是它们较小的掌骨和手指。无齿翼龙第Ⅰ掌骨、第Ⅱ掌骨和第Ⅲ掌骨已经失去了与腕骨的联系，但它们的远端仍然支撑着三个小手指。相比之下，夜翼龙科的第Ⅰ—Ⅲ掌骨和它们相应的指头都已丧失。因此，除了飞行手指之外，夜翼龙科翼龙没有任何其他手指。

与不寻常的前肢相比，无齿翼龙类的后肢是相当保守的，具有相当标准的鸟掌翼龙超科翼龙的后肢和腰带结构。它们与鸟掌翼龙科翼龙一样，后肢有后偏的耻骨板和背面弯曲的前髋臼突。两个类群的后髋臼突都是背面突出，但无齿翼龙的后髋臼突更复杂，而且比例更大。相对而言，无齿翼龙类的后肢是所有翼龙类群中最短的，其中无齿翼龙的后肢仅占单翼长度的20%，而夜翼龙的后肢更短，只有16%。这使得夜翼龙成为目前已知的翼龙中，后肢相对于身体的大小最不起眼的。人们对夜翼龙科翼龙的足部了解甚少，但无齿翼龙的足部似乎更类似于鸟掌翼龙科翼龙大大的足部，而不是北方翼龙科翼龙和帆翼龙科翼龙那超小的足部。和大多数翼手龙亚目翼龙一样，无齿翼龙的脚有四个脚趾，爪子发育不良，而且完全没有第Ⅴ趾。

运动

飞行

对无齿翼龙飞行能力的研究比对任何其他翼龙都要广泛得多。对翼龙飞行的先驱研究就是在这类动物身上进行的，随后几代的研究人员对其飞行动力学进行了模拟，且日益复杂（Hankin and Watson 1914；Kripp 1943；Bramwell and Whitfield 1974；Stein 1975；Brower 1983；Hazlehurst and Rayner 1992；Chatterjee and Templin 2004；Elgin et al. 2008；Witton 2008a；Satoet et al. 2009；Witton and Habib 2010）。夜翼龙科翼龙的飞行能力还没有得到一致的研究。但有一小部分研究确实存在（Brower and Veinus 1981；Chatterjee and Templin 2004；Witton 2008a；Xing et al. 2009）。

无齿翼龙类通常被认为是超凡的海洋翱翔者，它们狭长的翅膀非常适于从海洋上毫不费力地滑翔而过，同时利用气流获得升力，很少鼓翼拍打。在这一点上，像信天翁和海燕这样的远洋海鸟是无齿翼龙在现代的最佳类比物。反对这一假说的唯一一个理由是，无齿翼龙太大、太重，无法飞行。这是在将现代信天翁的鼓翼率和起飞策略与无齿翼龙进行对比后提出的观点（Sato et al. 2009）。翼龙研究者对这一观点不怎么看好，提出了许多论据来驳斥无齿翼龙不会飞行的假说（Witton and Habib 2010）。最根本的是，人们认为信天翁和无齿翼龙的起飞不能互换，因为两者很可能使用了非常不同的起飞策略，无齿翼龙使用的四足起飞的方式，使其比同等大小的两足鸟类拥有更强大的起飞动力。此外，无齿翼龙拥有所有飞行爬行动物中最发达的飞行解剖结构，我们只能通过翼展在飞行中的作用来对其解读，而不能从体型对现代鸟类的限制方面。

进一步证明无齿翼龙具有飞行能力的证据，是它们的大部分化石标本出现在距离最近的古海岸线数百千米的沉积物中，那里恰恰位于西部内陆海道的中心。由于没有强大的游泳适应特性，数以千计的无齿翼龙类若要到达离海岸这么远的地方，唯一的途径就是强有力地飞行。曾经盛行的观点是，无齿翼龙类在飞行过程中将脊冠作为舵或减速板使用（例如，Bramwell and Whitfield 1974；Stein 1975），但在风洞和数字实验中，对各种脊冠的无齿翼龙模型的测试表明，它们的脊冠对空气动力学的影响可以忽略不计，因而上述观点在现代已经不受欢迎了（Elgin et al. 2008；Xing et al. 2009）。

像大多数鸟掌翼龙超科翼龙一样，无齿翼龙科翼龙似乎很适合从水中起飞，它们拥有这项活动所需的强壮的肩部和肌肉组织（Habib and Cunningham 2010）。然而，夜翼龙科翼龙是否能如此娴熟地运用这一技巧还是个疑问。习惯于从水中起飞的两个关键特征——下冲肌肉的扩张和重构以及肩胛骨/联合背椎的强化，在其类型标本中都是缺乏的，相比之下，夜翼龙科翼龙似乎特别喜欢在空中活动，也许甚于其他翼龙类群（图18.8）。在它们的近端翅膀上出现了骨化的肌腱，这个理由能充分印证上述假设，因为这些结构只有在肌肉和肌腱持续受到压力，促使其强化到矿化的程度时才会发展出。同样的现象发生在许多鸟类的后肢上，有时甚至会发生在我们自己的腿上，如果我们过度沉迷于高跟鞋的话。夜翼龙科的骨化肌腱可能是通过翼部肌肉的不断收缩形成的，也有可能是长时间维持飞行姿势带来的。夜翼龙科的解剖结构对地面运动的不适应性（见下文）进一步证实了这一观点，它们翅膀荷载轻，有着长宽比极高的形状，这是极其高效的翱翔能力的明显标志（见图6.4O）。事实上，夜翼龙科翼龙的翅膀形状暗示着它们可能拥有所有生物中最高的滑翔率（Michael Habib，私人通信，2012）；也许，就像现代军舰鸟一样，它们能够有效地进行无限的飞行，只是偶尔降落在地上栖息和繁殖。

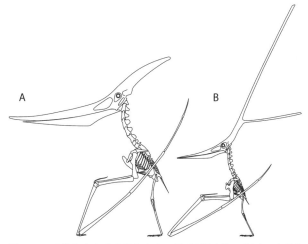

图18.9　无齿翼龙（A）和夜翼龙（B）可能采用的姿势。请注意，夜翼龙的前肢太长了，在行走过程中几乎无法产生推进力，很可能只能作为稳定身体的辅助器。

地面运动

对于无齿翼龙在陆地上首选的运动方法，人们已经提出了许多不同的看法。哈金和沃特森（Hankin and Watson 1914），以及布莱姆威尔和怀特菲尔德认为，无齿翼龙几乎没有任何陆上运动的能力，它们会趴在地上，用后肢推着身体移动（Bramwell and Whitfield 1974）（图7.2B）。韦尔恩霍费尔则将无齿翼龙复原为一种爬行的四足总纲成员（Wellnhofer 1991a），而贝内特认为它是一种完全直立的双足动物，并提出它的前肢太长，四足着地无法有效运动（Bennett 1990，2001）（图7.2C）。在我看来，似乎没什么理由认为翼龙不能像我们在第16章中讨论的鸟掌翼龙超科翼龙那样拖曳着脚行走，抑或跳跃，尽管它的前肢似乎过于长了，无法有效地使用四足运动（图18.9A）。

夜翼龙有过之而无不及。正如贝内特指出的，这类动物的前肢非常长，无法与后肢一起在地面上运动（Bennett 1996）。但这并不一定意味着夜翼龙就是两足动物，它们的前肢在行走时更像拐杖，而不是推进肢，可以用来辅助平衡，后肢则用来推动身体前进。这很有可能。它们失去了较小的手指，提供的牵引力却增加了，这反映了它们的前肢在陆地运动中的使用能力有限。这种构造可能使得夜翼

180

图18.10 最不友好的翼龙，一只雄性斯氏无齿翼龙和它的眷群（harem）。

龙科翼龙斩获了翼龙最差运动奖，但它们可能也不会太在意。对飞行的巨大适应性表明，它们不经常着陆，且对着陆点有所选择，会小心翼翼地确保自己不受到捕食者的威胁或地形的挑战。

古生态学

由于无齿翼龙的巨大的样本量，人们对其生活史细节的了解比对其他任何一种翼龙都要详细。事实上，从无齿翼龙身上获取到的许多古生物学方面的知识已经揭示了其他翼龙的生活方式，特别是关于它们的繁殖机制（Bennett 1992）和生长策略（Bennett 1993）。有趣的是，迄今为止已知的所有无齿翼龙个体都是骨质成熟或非常接近成熟的个体（Bennett 1993）。由于所有这些标本都出现在远海，这或许表明只有成熟的无齿翼龙才能飞过西部内陆海道的中部。幼年的个体在哪里还不清楚，但它们可能生活在不同的环境中，也许填补了不同的生态位（这一观点在Unwin 2005中最受欢迎）。然而，对于夜翼龙来说，情况似乎并不完全如此，它与无齿翼龙

181

182 一样来自开阔的海洋地层，但却有着各年龄段的个体（Bennett 2003b）。我们可以把这看作夜翼龙科翼龙在生命中比无齿翼龙更早开始远洋生活的证据。

翼龙的成熟度与脊冠生长之间的相关性首先在无齿翼龙身上被发现，在这类翼龙身上观察到的模式似乎也适用于其他无齿翼龙类（Bennett 1992）。在成熟的夜翼龙中看到的脊冠发育状况，与它们无脊冠的幼年群体形成对比，代表了所有翼龙物种记录中最极端的颅骨变化。正如在第8章所讨论的以及上文所描述的那样，已知无齿翼龙脊冠的样式与它们的腰带形态和整个体型相关，所有这些都是明显的性双型指标（图18.10）。贝内特将此解释为无齿翼龙竞偶场求偶策略的证据（Bennett 1992）。竞偶场，即雄性争夺雌性时聚集的场所。这就要求离岸觅食的无齿翼龙在短暂存在的群落中进行繁殖。在群居期间，雄性会为了获得雌性的繁殖权而相互激烈竞争，这之后群落再次解散。这样的情况对体型最大，最为华丽，可能也是脾气最坏的雄性有利。这种解释可能听起来有些牵强，但在无齿翼龙身上看到的性双型的程度，在许多不相关的现代鸟类和哺乳动物身上也都能看到，这些鸟类和哺乳动物，如海豹、鹿、松鸡和天堂鸟，也使用了竞偶场求偶策略。贝内特的推论不应该被随意否定（Bennett 1992）。夜翼龙的脊冠是否反映了类似的性选择压力和激烈的雄性竞争，还有待观察，但有趣的是，这些生活在最远洋的翼龙也有着已知最大的翼龙脊冠之一。也许，正如针对无齿翼龙提出的看法那样，夜翼龙个体相互之间也很少见面，由此产生了竞争激烈、力图打动潜在配偶的繁殖窗口期，以及具有强烈性选择意义的脊冠。

无齿翼龙类常常出现在海洋沉积物中，更不必说还有一只翼龙反刍的肠道内容物（图8.10A；Brown 1943），可以表明无齿翼龙类以小鱼和其他游水动物为食。人们提出了许多不同的无齿翼龙类觅食策略，包括滤食（例如，Marsh 1876；Eaton 1910；Bramwell and Whitfield 1974；Wellnhofer 1980；Cunningham and Gerritsen 2003）、浸食（Wellnhofer 1991a）、潜水捕食（Brown 1943；Kripp 1943；Bennett 2001），或落在水面上抓取过往猎物（Bramwell and Whitfield 1974）。所有无齿翼龙类都缺乏滤食的适应特性（Humphries et al. 2007；Witton 2008b），表明它们不能以这种方式觅食。无齿翼龙相对较小的前颈部和已知对小型猎物的偏好，可能表明习惯性的浸食对无齿翼龙也行不通（见第13章和第16章关于这种捕食策略的讨论）。相反，这些相同的特征可能有利于更从容的觅食策略，即漂浮在水面上抓取鱼类（Bramwell and Whitfield 1974）。这种觅食策略与无齿翼龙特别细长、横向薄弱的颌尖相适应。似乎也没有理由认为无齿翼龙不能像许多现代海鸟一样先漂浮，后潜入水中（图18.1）。无论它们是否下潜，无齿翼龙的肩带对水中起飞的适应特性与它们经常降落在水面上这一推测是相符的，而进食也许是它们经常弄湿脚的理由。

夜翼龙科化石显然只出现在开阔的海洋沉积物中，而且缺乏陆生的适应特性，表明它们也必须在开阔的水域进食。缺乏水中起飞的适应特性，说明它们经常在飞行中进食。由于也缺乏滤食的适应特性，它们似乎很可能采取的是浸食：在水面上俯冲，用颌尖抓取鱼或鱿鱼。这将使这些动物与军舰鸟形成更完善的对比，因为军舰鸟也是以这种方式获得大部分食物的（或者，从其他鸟类那里掠夺新鲜捕获的食物），并且也不愿意游泳（尽管有这个能力）。

19

梳颌翼龙超科

翼龙目＞单孔翼龙类＞翼手龙亚目＞冠饰翼龙类＞梳颌翼龙超科

梳颌翼龙超科（Ctenochasmatoidea）是我们将要见到的第一个冠饰翼龙类。冠饰翼龙类包括翼手龙亚目中的7个主要的类群，是翼手龙亚目中更适应陆地的一类，与我们在前几章讨论过的极度适应飞行的鸟掌翼龙超科形成对比。[1]长长的后肢和强健的四肢是冠饰翼龙类的两个特征，这是对陆地生存的明显的适应特性，而它们形状"简单"的三角肌嵴又为其增添了一个显著特征（Unwin 2003）。它们的名字意为"有脊冠的头"，反映了冠饰翼龙类的颅骨倾向于长有脊冠，且脊冠占据了头骨长度的绝大部分。通常它们喙部有突起，延伸到后颅，其范围以低矮的骨脊为标志，这些骨脊在活生生的翼龙身上因覆盖着巨大的软组织延伸物而看起来更为巨大（图19.1）。这曾被认为是该类动物的独有特征，但在悟空翼龙科和一些"曲颌形翼龙科"中发现的类似的脊冠表明，这种结构并不是冠饰翼龙类独有的。它们的完整范围，有时甚至是其存在，往往只能在紫外线下确定，由于这种技术只是最近才确定的，脊冠在冠饰翼龙类中普遍存在是一个相对现代的概念（Frey and Tischlinger 2000；Frey，Tischlinger，et al. 2003；Tischlinger 2010）。

最早也最"原始"的冠饰翼龙类是前面提到的梳颌翼龙超科，它是一个庞大、长寿且形态多样的翼手龙亚目类群，在翼龙研究史上占有重要地位。

这个支系的一个著名成员——翼手龙，是科学界所知的第一只翼龙（图2.2），显然，作为翼龙的主要类群，翼手龙亚目因其而得名。在19世纪的大部分时间里，"翼手龙"这个名字主导了翼龙的命名（见前面几章的例子），而且由于这类动物的解剖结构在200多年前就获得了良好的记录，其在系统发育研究和功能研究中始终保持着突出的地位。在20世纪后半叶复兴的翼龙研究中，梳颌翼龙超科也发挥了重要作用。20世纪70年代，彼得·韦尔恩霍费尔出版了大量关于索伦霍芬石灰岩翼手龙亚目的专论，梳颌翼龙超科是其中的焦点，因此，它们也成为现代翼龙研究重启中重要出版物的主要组成部分。

大多数梳颌翼龙超科翼龙好比是翼龙中的涉水岸鸟，它们使用极度特化的颌部和牙齿来捕食浮游在水中的小猎物。其余的则似乎更适应陆地生活，但它们的真正奇怪的颌部和牙齿难以解释。在亚洲、欧洲和南美洲晚侏罗世至早白垩世（1.5亿—1.05亿年前）的沉积物中，存有梳颌翼龙超科的良好的代表性化石，在非洲和北美洲晚侏罗世的沉积物中也有一些零星的化石（图19.2；Barrett et al. 2008），其中德国南部钦莫利期（1.56亿—1.51亿年前）努斯普林根石灰岩和提塘期（1.51亿—1.45亿年前）索伦霍芬石灰岩中的代表化石尤佳。对这些梳颌翼龙超科的分类和描述工作，奠定了我们对这一类群的现代认识（例如，

1　并非所有的翼龙研究者都同意"冠饰翼龙类"的存在（例如，Kellner 2003；Andres and Ji 2008；Wang et al. 2012）。恰恰相反，他们认为"梳颌翼龙超科"是"翼手龙亚目"的第一个分支。在这些研究者的方案中，鸟掌翼龙超科与准噶尔翼龙科以及神龙翼龙超科的关系更加密切。所幸这些解读并没有过多影响我们对翼龙多样性的认识，因为更大的类群所包含的内容仍然相当相似，只是它们在谱系树上的位置有所不同罢了。

图19.1　这是一幅晚侏罗世苏维鹅喙翼龙的肖像，它有傻傻的牙齿，分叉的前颌，以及看起来像一顶傻里傻气的帽子的脊冠。这不是开玩笑，真实的动物曾经看起来就是这样的。证据见图19.10。

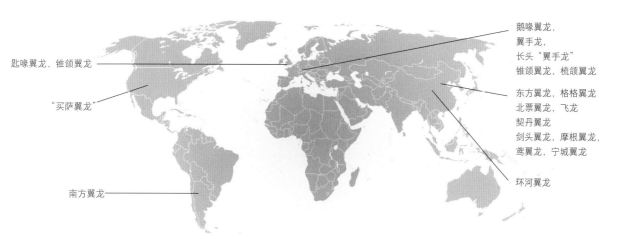

图19.2　梳颌翼龙超科分类群的分布

右图标注：
鹅喙翼龙，
翼手龙，
长头"翼手龙"
锥颌翼龙，梳颌翼龙

东方翼龙，格格翼龙
北票翼龙，飞龙
契丹翼龙
剑头翼龙，摩根翼龙，
鸢翼龙，宁城翼龙

环河翼龙

左图标注：
匙喙翼龙，锥颌翼龙

"买萨翼龙"

南方翼龙

图19.3　梳颌翼龙超科的系统发育表，引自吕君昌、安文等人（Lü, Unwin, et al. 2010）。

图标注：
鹅喙翼龙
翼手龙
梳颌翼龙科
真梳颌翼龙类
梳颌翼龙超科

Wellnhofer 1970，1978；Bennett 1996b）。

　　在各种演化模型中，有关梳颌翼龙超科的内容都相当统一。有些方案将一个几乎完全相同的类群标记为"古翼手龙下目"（Archaeopterodactyloidea）（Kellner 2003；Lü, Ji, Yuan, and Ji 2006；Andres and Ji 2008；Wang et al. 2009），但其与"梳颌翼龙超科"的唯一区别在于包含了有争议的翼手龙亚目翼龙——德国翼龙。在我们本书所使用的吕君昌、安文等人的方案中（Lü, Unwin, et al. 2010），德国翼龙被归为准噶尔翼龙超科的成员，我们将在下一章中对之进行更多讨论。在漫长的研究历史中，梳颌翼龙超科分类群的确切数量经历了很大波动，即使在今天，它们的分类在某些位置上也仍然存在争议。该类群大约有15个种，但确切的数量取决于所遵循的系统发育方案。所有物种都是通过一系列与后颅形状相关的特征被归类在一起的，可以分为三个分支（图19.3）（Unwin 2003）。在梳颌翼龙超科谱系树的底部是十分奇怪的鹅喙翼龙（*Cycnorhamphus*），这是一群长颈物种——真梳颌翼龙类的近亲。真梳颌翼龙类包括著名的翼手龙和另一组进步物种——梳颌翼龙科，其特点是细长的颌骨内有异常多的细长牙齿。

回到最初

　　正如第2章中简要提及的，对梳颌翼龙超科的研究历史至少可以追溯到1784年，当时科西莫·科利尼对德国巴伐利亚提塘期索伦霍芬组中的一具保存完好、结构完整的梳颌翼龙超科标本进行了描述。著名的法国博物学家乔治·居维叶注意到它可能具有飞翔的特质，并在1809年给它起了一个如今看来

186

极具标志性的属名："翼指龙"（Ptero-dactyle）。1812年，托马斯·冯·索默林赋予了这个标本一个种名，古老"鸟头翼龙"（"Ornithocephalus" antiquus）。居维叶的翼指龙之后被修正为"翼手龙"，这个名字比索默林的"鸟头龙"早了三年，有命名优先权，所以在1819年这两个名字合在一起，就构成了"古老翼手龙"。在接下来的一个世纪里，无数的标本和几十种翼手龙被归入翼手龙属（见下文，以及第10、13、16、17、20、21章的例子）。之后，人们发现这些翼龙其实都是独一无二的属，是翼龙谱系树上的不同部分，所以翼手龙属再也不像曾经那样是分类垃圾桶了（Wellnhofer 1970；Bennett 1996b）。

然而，关于我们能识别多少翼手龙物种，仍然存在一些问题。只有一种翼手龙即古老翼手龙，被一些人承认（Bennett 1996b；Atanassov 2000；Jouve 2004），但对于另一个物种，寇氏翼手龙（P. kochi），许多人则持保留意见（例如，Unwin 2003，2005；Andres and Ji 2008；Wang et al. 2009）。然而，关于第三种所谓的翼手龙，人们有一些共识：它是来自努斯普林根的类型，长颈翼手龙（"Pterodactylus" longicollum）。人们广泛认为这种动物需要自成一属，在梳颌翼龙超科中应放置在其他位置上（例如，Unwin 2003；Andres and Ji 2008）。最近被命名的索伦霍芬翼龙物种中有一只神龙翼龙超科翼龙"原始黎明神龙翼龙"（Aurorazhdarcho primordius）（Frey et al. 2011；更多关于神龙翼龙超科的内容，请参见第22—25章），几乎可以肯定是与长颈翼手龙相同的生物，黎明神龙翼龙不仅浑身都具有梳颌翼龙超科的特征（且严重缺乏任何明确的神龙翼龙超科特征），还与长颈翼手龙独特的比例以及解剖特征十分吻合。（D. M. Unwin，私人通信，2011）。

翼手龙只是在欧洲沉积物中发现的众多梳颌翼龙超科翼龙中的一个。接下来被发现的是一件孤零零的颌骨，也来自索伦霍芬石灰岩，记录于1832年，两年后被命名为钻形锥颌翼龙（Gnathosaurus subulatus）（Meyer 1834）。不久之前锥颌翼龙还被看作鳄鱼的一种，原因也不难理解。它细长的颌部上长着长而弯曲的牙齿，与恒河鳄这类牙齿细长的鳄鱼近似。直到1951年人们发现了一件完整的锥颌翼龙头骨，它的翼龙特质才凸显出来（Mayr 1964）。贝内特认为索伦霍芬石灰岩中一种小型的所谓翼手龙的物种（Bennett 1996b），即小爪"翼手龙"，可能代表这个动物的幼年阶段，但这个对等关系并没有被所有人接受（如Unwin 2005）。已知锥颌翼龙也来自英国南部的贝里阿斯期（1.45亿—1.4亿年前）珀贝克石灰岩组，尽管是另一个种：长尾锥颌翼龙（G. macrurus）（Howse and Milner 1995）。另一件英国化石，是来自中侏罗世（巴通期；1.68亿—1.65亿年前）司东费尔德板岩组的零碎的颌骨，也可能代表着一只类似锥颌翼龙的动物（Buffetaut and Jeffrey 2012）。如果鉴定无误，司东费尔德板岩组的标本将成为世界上最古老的翼手龙亚目化石之一。然而，与首次发现锥颌翼龙的情况相反，许多翼龙研究人员怀疑这些标本实际上代表了一种海鳄类。

下一个被发现并命名的梳颌翼龙超科分类群是锥颌翼龙的近亲，牙齿似梳子的梳颌翼龙（图19.4）。它最初发现于德国萨克森州"珀贝克"提塘期的地层（Meyer 1851），后来在法国东部的索伦霍芬石灰岩和同期地层中出现（Taquet 1972；Jouve 2004）。根据最近的综述，目前梳颌翼龙有三个种已被确认：来自萨克森州的标本罗氏梳颌翼龙（C. roemeri）、来自索伦霍芬的秀丽梳颌翼龙（C. elegans）（其中包括最近被认定为与其同物异名的孔脊梳颌翼龙 [C. porocristata]；参见Bennett 1996b），以及法国种塔氏梳颌翼龙（C. taqueti）（Bennett 2007c）。这种长吻翼龙的特征是长长的颌骨上嵌有非常细的、相互啮合的牙齿，这一类型与下一个被发现的梳颌翼龙超科翼龙——鹅喙翼龙形成了强烈的对比。最近发现的头骨和下颌骨揭示了鹅喙翼龙是多么的奇怪（图19.1）——有着奇特弯曲的颌部、怪异的口腔软组织和极度不寻常的牙齿。然而，19世纪和20世纪的古生物学家并不了解这些特征，因

图19.4 一只幼年纤弱梳颌翼龙（*Ctenochasma elegans*）的头骨和下颌骨在紫外线下的腹面视图，这些化石来自提塘期索伦霍芬石灰岩。照片由赫尔穆特·蒂斯彻林格尔提供。

为当时已知的两个鹅喙翼龙标本，要么是缺乏成年奇怪颌骨形态的幼年个体，要么是不完整的头骨。鹅喙翼龙最初是在德国的努斯普林根石灰岩中发现的，并被命名为苏维翼手龙（*Pterodactylus suevicus*）（Quenstedt 1855），但后来在1870年，哈里·丝莱将其转回到了它自己的属——鹅喙翼龙。类似鹅喙翼龙的化石后来在法国提塘期的沉积岩中被发现，其中一具相当完整的骨架被命名为康瑞艾高卢翼龙（*Gallodactylus canjuerensis*）（Fabre 1976）。贝内特最近将所有与这类翼龙有关的化石材料整合成了一个物种（Bennett 1996c，2010），叫苏维鹅喙翼龙（*Cycnorhamphus suevicus*）。他认为这些化石之间解剖结构的细微差别反映了该翼龙不同的生长阶段。

19世纪欧洲发现了大量的梳颌翼龙超科翼龙，20世纪则见证了它们在世界其他地区也是同样的丰富多样。吉氏南方翼龙于20世纪70年代在阿根廷被发现，至今仍是梳颌翼龙超科（乃至翼龙类）中已知最具特色的翼龙之一，它长而弯曲的颌部上布满了数以百计的针状牙齿，表面看来很像须鲸（图19.5；Bonaparte 1970）。目前，已知有数百只该物种的标本来自阿根廷阿尔布期（1.12亿—1亿年前）拉加尔西托组，其中包括完整的头骨（Chiappe et al. 2000）、幼体（Codorniú and Chiappe 2004）和一只蛋（图8.3；Chiappe et al. 2004）。的确，南方翼

的化石极为丰富，以至于产出它们化石的地点因之而得名南方翼龙之坡（*Loma del Pterodaustro*）。南方翼龙也可能出现在年代更古老的阿普特期（1.25亿—1.12亿年前）的岩层中，因为它可能与来自阿根廷的梳颌翼龙科翼龙球形鹿角翼龙（*Puntanipterus globosus*）同物异名（Bonaparte and Sánchez 1975；Chiappe et al. 1998）。

1989年，"恐龙吉姆"詹森（"Dinosaur Jim" Jensen）和凯文·帕迪安命名了"鸟形买萨翼龙"（*Mesadactylus ornithosphyos*），该翼龙可能是一只嵌合的北美翼龙，来自晚侏罗世（钦莫利期—提塘期；1.56亿—1.45亿年前）莫里逊组，在第11章被提及过。虽然只有部分的"买萨翼龙"化石材料可能代表着某只梳颌翼龙超科翼龙，且分类学上的有效性使人高度怀疑（Bennett 2007b；Smith et al. 2004），但其仍然具有重要意义，因为它是迄今在北美发现的唯一有价值的梳颌翼龙超科化石。相比之下，下一个被命名的梳颌翼龙超科翼龙，即来自英格兰南部早白垩世（贝里阿斯期；1.45亿—1.4亿年前）珀贝克地层的环齿匙喙翼龙（*Plataleorhynchus streptorophodon*），由于有着非常像篦鹭的下巴，更容易被识别（Howse and Milner 1995）。

与许多翼龙类群一样，梳颌翼龙超科研究的最新篇章也是用中文写成的。董枝明公布了中国第一只梳颌翼龙超科翼龙庆阳环河翼龙（*Huanheterus*

图19.5 阿根廷阿尔布期拉加尔西托组的吉氏南方翼龙的头骨和下颌骨。值得注意的是，它的大部分下颌牙齿都缺失了，但是前牙列仍然能显示出清晰的滤食功能。照片由劳拉·柯多由提供。

qingyangensis），来自一件从晚侏罗世华池–环河组发现的部分完整的骨架（Dong 1982）。在短暂的发现中断后，中国古生物学家开始以前所未有的速度发现并命名了白垩纪的梳颌翼龙超科物种。自1997年以来，有8个不同的梳颌翼龙超科物种出自义县组（可能是巴雷姆期；1.3亿—1.25亿年前）并获得描述。这些物种包括杨氏东方翼龙（*Eosipterus yangi*）（Ji and Ji 1997）、陈氏北票翼龙（Lü 2003）、杨氏飞龙（*Feilongus youngi*）（Wang et al. 2005）、葛氏契丹翼龙（*Cathayopterus grabaui*）（Wang and Zhou 2006b）、张氏格格翼龙（*Gegepterus changi*）（Wang et al. 2007）、长指鸢翼龙（*Elanodactylus prolatus*）（Andres and Ji 2008）、吕氏宁城翼龙（*Ningchengopterus liuae*）（Lü 2009a），以及金刚山剑头翼龙（*Gladocephaloideus jingangshanensis*）（Lü, Ji, et al. 2012）。（如果朱氏摩根翼龙［*Morganopterus zhuiana*］也是梳颌翼龙超

科翼龙，物种数量将增加到9个。）每个物种都有部分骨骼或颅骨材料，但很少两者都有，这阻碍了它们之间的比较。化石商人对其做的"改进"也阻碍了人们对东方翼龙和北票翼龙标本的解读（Wang et al. 2007）。在可比较的地方，这些动物的解剖结构非常相似，非常有可能其中一些物种，是大多数物种，彼此间同物异名。

特别值得一提的是飞龙和摩根翼龙，这是我们之前在第17章中提到过的两只独特的翼龙。一些人认为飞龙是梳颌翼龙超科翼龙（Wang et al. 2005；Andres and Ji 2008；Wang et al. 2009），但也有人认为它和摩根翼龙一道，应该被归入北方翼龙科（Lü, Ji, Yuan, and Ji 2006；Lü, Pu, et al. 2012；Lü 2010b）。然而，我们有充分的理由对后者提出疑问。飞龙和摩根翼龙的解剖结构与北方翼龙科非常不同，但对于梳颌翼龙超科来说则相当典型。它们

20 mm

图19.6 起飞中的苏维鹅喙翼龙的骨骼复原和实体复原。

的牙齿比北方翼龙科的短得多，且仅生长在颌骨前部，而并非几乎从眼眶下就开始生长。它们的脊冠沿着头骨的大部分延伸，且与所有的鸟掌翼龙超科翼龙不同的是，脊冠有纤维边缘，可能在现实中附着着软组织脊冠。它们的眼眶是圆形的，后颅区极度倾斜，颈椎长而低（Lü 2010c；Lü, Pu, et al. 2012）。这些特征表明，飞龙和摩根翼龙更适合放在梳颌翼龙超科，而非鸟掌翼龙超科，特别是它们的颌尖似乎与侏罗纪中国梳颌翼龙超科翼龙——环河翼龙相似。

解剖学

梳颌翼龙超科的物种和物种之间身体比例的差异可能比其他任何翼手龙亚目类群都要大（图19.6—19.9）。令人高兴的是，它们的解剖结构被记录得相当好，读者可以参考韦尔恩霍费尔（Wellnhofer 1970）、法布尔（Fabre 1976）、贝内特（Bennett 1996b，2007c）和奇阿佩等人（Chiappe et al. 2000）作出的一些最为详细的描述。尽管梳颌翼龙超科翼龙多种多样，但它们都有着扩大的

189

187

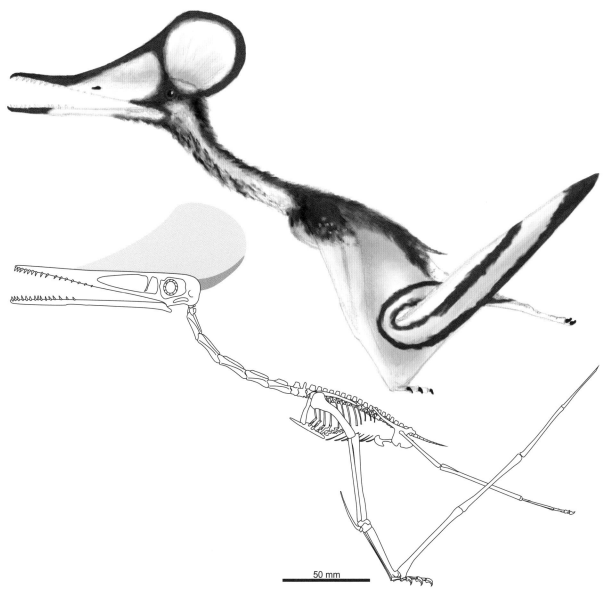

图19.7 起飞中的古老翼手龙的骨骼复原和实体复原。

脑神经区（即头骨包含大脑的部分），这导致它们的后颅向后倾斜，大多数物种的枕面向腹面突出。在大多数物种中都发现了冠饰翼龙类典型的头骨脊，最近的报告表明，头骨即使没有这些骨质支撑物，也可以拥有大量的软组织脊冠（图19.7；Frey，Tischlinger，et al. 2003；Tischlinger 2010）。在翼手龙亚目中，梳颌翼龙超科相对特殊，因为它们的气腔特征仅限于头骨和轴线骨骼，但南方翼龙除外，有证据显示它们的翅膀上有气孔构造（Claessens et al. 2009）。

梳颌翼龙超科通常无法达到许多其他翼手龙亚目分支声名在外的巨大比例，虽然此处有必要强调的是，许多梳颌翼龙超科物种尚未有成年个体被发现。摩根翼龙是个例外。它的头骨长750毫米（包括上枕脊在内超过950毫米），是已知最大的有齿翼龙头骨之一。这使得它成为已知的最大的梳颌翼龙超科翼龙，翼展为4.2米（这比吕君昌等人的估值要小得多［Lü，Pu，et al. 2012］），他们认为摩根翼龙的翼展为7米。但就算他们对身份为北方翼龙科的推测是正确的，7米也是一个相当夸张的翼展估值，

190

188

19

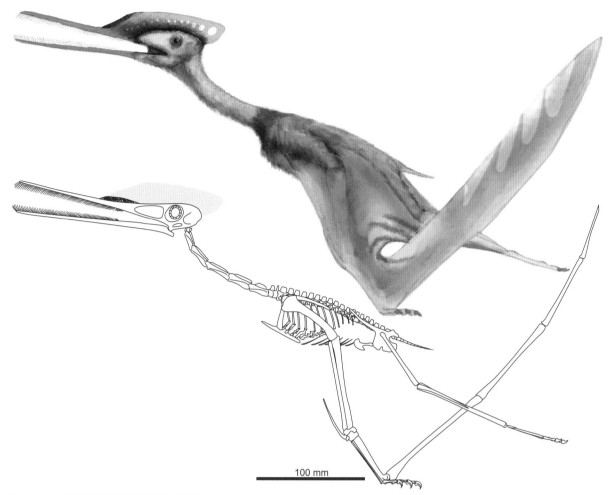

图19.8 起飞中的纤弱梳颌翼龙的骨骼复原和实体复原。

100 mm

因为一个头骨比例类似摩根翼龙的北方翼龙科翼龙，翼展约为4.7米）。体型紧随其后的是南方翼龙、飞龙、鹅喙翼龙和鸢翼龙，它们的翼展都在2.5米左右。环河翼龙的翼展略小，为2米。相比之下，其他大多数梳颌翼龙超科翼龙的翼展不超过1.5米。翼手龙可能是这一类群中最小的物种之一，翼展可能小于1米。

骨学

梳颌翼龙超科翼龙的头骨和牙齿是它们差异最大的特征。有些在形态上与悟空翼龙科及准噶尔翼龙超科（第14章和第20章）没有太大的不同，但另一些则拥有翼龙中最"极端"的颅骨解剖结构。最常见的梳颌翼龙超科翼龙头骨是翼手龙的，有着长

而平缓的锥形吻部、球状的神经颅区域，以及大而圆的眼眶（图19.10A）。它的上颌和下颌各有大约40颗两侧扁平的圆锥形牙齿，与那些更为进步的梳颌翼龙超科翼龙相比，这个数目相当少；牙齿或多或少地局限在颌部的前半部分。飞龙和环河翼龙（就目前所知不多的情况而言）的头骨与翼手龙的并没有什么不同，牙齿数量相当，位置局限在颌部前部。摩根翼龙的颅骨也与翼手龙的有一些相似之处，尽管它的要长得多。飞龙和摩根翼龙都拥有特别长的骨质脊冠支撑物，自非常接近颌尖的地方一直延伸到上枕脊。在环河翼龙身上可以看到一个类似的脊冠前端，但其后部覆盖的范围和这个动物后颅区的其余部分都是未知的。环河翼龙、飞龙和摩根翼龙比翼手龙的齿列更纤细、更紧凑（Dong 1982；

192

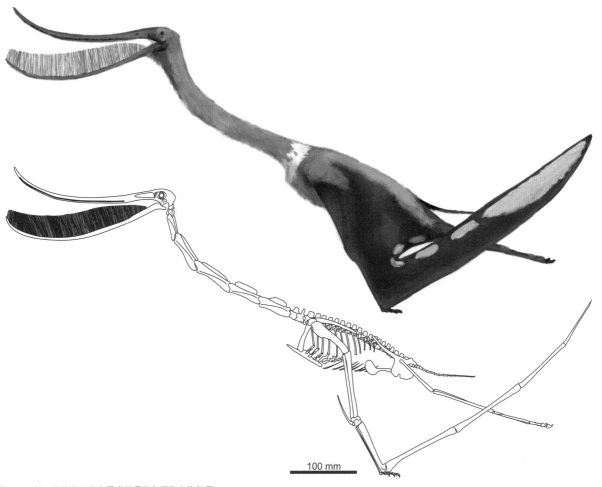

图19.9 起飞中的吉氏南方翼龙的骨骼复原和实体复原。

100 mm

Wang et al. 2005；Lü，Pu，et al. 2012），飞龙进一步表现为明显的覆咬合。然而，这可能反映了它的头骨保存得不完善以及头骨和下颌骨有所分离的情况（D. M. Unwin，私人通信，2012）。

细长且紧密咬合的牙齿这一设想在梳颌翼龙科中体现到了极致。这些动物的头骨形态与翼手龙的大体相似，但它们有极度伸长的颌部，可以容纳数百颗牙齿。它们的牙齿也向两侧张开，从背面或腹面视角来看，每个物种都有着独特的牙齿轮廓（图19.11）。锥颌翼龙的各个物种的牙齿计数为120—130颗（Wellnhofer 1970；Howse and Milner 1995），已知的格格翼龙的牙齿计数也与此十分接近（150颗）。从背面轮廓来看，锥颌翼龙的牙齿是这样排列的：在颌尖形成一个匙形的环状齿座，这种情况可

能也存在于勺状嘴的匙喙翼龙身上（仅上颌就有至少62颗牙齿）。自背面观察，梳颌翼龙的260颗牙齿呈平行的"梳状"排列，比大多数梳颌翼龙科翼龙的牙齿更加纤细。梳颌翼龙超科的内颚表面可能极其复杂，有脊、丰富的孔和褶皱（Howse and Milner 1995），这表明它们上颚周围有复杂的软组织。众所周知，锥颌翼龙和梳颌翼龙的上颌顶部都有较低的骨质脊冠支撑物（Frey and Tischlinger 2010），表明这些分类群身上存在软组织脊冠。已知格格翼龙也拥有软组织脊冠，但与翼手龙（见下文）一样，它缺乏相应的骨骼成分（Wang et al. 2007）。

也许在所有梳颌翼龙科中，最为进步的下颌来自南方翼龙（图19.5；详细描述可参见Chiappe et al. 2000）。这只翼龙的喙是已知所有翼龙中最长的，是

193

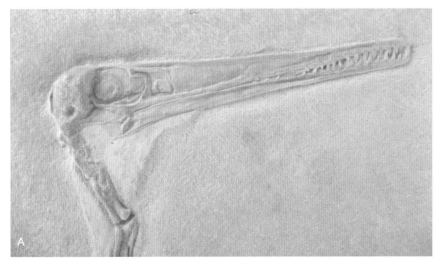

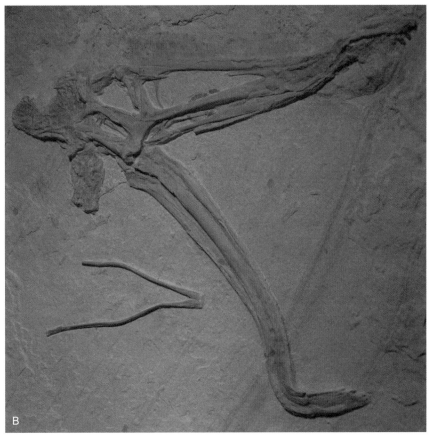

图19.10 来自索伦霍芬的梳颌翼龙超科的颅骨标本。A，寇氏翼手龙（"维也纳标本"）；B，苏维鹅喙翼龙。注意寇氏翼手龙喉部和颈部周围的软组织的保存状况，以及苏维鹅喙翼龙巨大的脊冠底部和喙部软组织的保存状况。

其高度的12倍（Martill and Naish 2006）。整个长度显示出明显的上升曲线。颌内布满了两种牙齿，估计总共有1 000颗，共占颌部长度的90%（Chiappe and Chinsamy 1996）。最显眼的是下颌的牙齿，它们又长又窄，只有0.3毫米宽。数百颗这样的牙齿紧紧地排列在下颌骨两侧，以致在颌骨的大部分长度中，它们都长在同一个齿槽，而不是各自的齿槽中。这

些牙齿的长度是宽度的20倍，是所有动物牙齿中宽高比最大的，形成了类似滤食性鲸的鲸须的齿系。事实上，一些作者提出南方翼龙的"长牙齿"根本不是牙齿，而是角蛋白或其他一些蛋白质的衍生物，因此在成分上与鲸须趋同（Benton 1990；Wellnhofer 1991a）。然而，对南方翼龙下颌牙齿的详细检查证实，它们具有真实牙齿的微观特征（牙髓腔、珐琅

质和牙本质；参见 Chiappe and Chinsamy 1996），这使其成为演化史上最引人注目的牙齿之一。

相比之下，南方翼龙上颌的牙齿仅仅呈小型泪滴状的结构，长度只有1毫米，位于凹槽边缘。人们认为，它们是通过韧带或其他软组织结构固定在这些凹槽中的。和下颌一样，上颌牙齿的数量也有数百颗，每颗牙齿都位于若干小骨（最多4块）的下方，这些小骨呈前背偏斜的线状排列。就像牙齿一样，小骨似乎也是通过软组织附着在颌部的。南方翼龙上颌牙齿的不同寻常的结构使一些人认为，肌肉发达的"嘴唇"沿着上颌延伸（Chiappe and Chinsamy 1996；Chiappe et al. 1998），尽管相邻的骨表面缺乏营养孔（嘴唇和脸颊多肉的典型特征）可能表明情况并非如此。也许更为确定的是，假设南方翼龙下颌骨上巨大的关节后突固定着大得不同寻常的颌骨闭合肌肉（见第5章），那么能够驱动这组不同寻常颌骨的颚肌则相当巨大。除了颌部，南方翼龙的头骨就没什么特别的地方了，与其他梳颌翼龙超科翼龙相当相似，至少到目前为止尚未发现它长有头骨脊。

南方翼龙头骨的怪异程度可与另一只梳颌翼龙超科翼龙鹅喙翼龙相媲美（图19.10B）。这只动物的头骨相对较短，只在颌部尖端有牙齿，这些特征使它成为一只不寻常的梳颌翼龙超科翼龙。它的牙齿数量少，有点像木钉，从略微呈匙形的颌尖平直地突出来。牙齿形态的一些变化似乎是随着生长发生的，幼年翼龙拥有相对尖尖的圆锥形牙齿，年龄较大的个体则呈现出更钝、更结实的牙齿。头骨最奇怪的部分在齿列后面，上颌和下颌在咬合面处拱起，在紧闭的颌部之间形成一个突出的圆形开口。在成年鹅喙翼龙头骨中保存的软组织表明，这个开口被一个从上颌突出的矿化结构占据，但该结构的性质尚不清楚（图19.1，Frey and Tischlinger 2010）。一个发育良好的纤维状骨沿头骨顶部的大部分区域延伸，另一个相当圆的骨质脊冠从后颅伸出。很可能这些结构在现实中会通过软组织脊冠连接在一起，

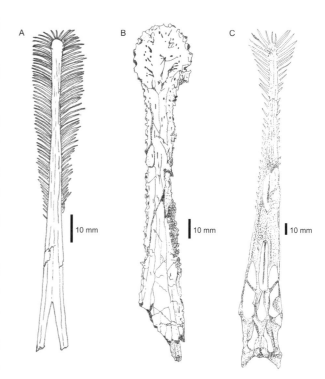

图19.11　梳颌翼龙超科翼龙的各种各样的颌部。A，来自提塘期索伦霍芬石灰岩的标本，纤弱梳颌翼龙的下颌骨，腹面视图；B，贝里阿斯期珀贝克地层的物种，环齿匙喙翼龙的上颌，腹面视图；C，来自索伦霍芬的标本，钻形锥颌翼龙的头骨，腹面视图。A和C改绘自韦尔恩霍费尔（Wellnhofer 1970）；B，改绘自豪斯等人（Howse et al. 1995）。

但还没有任何化石报告过直接的证据。

鹅喙翼龙的颈部在梳颌翼龙超科中也很不寻常，其具有翼手龙亚目的"典型"长度，由结实复杂的椎骨组成。与此相反，所有其他梳颌翼龙超科翼龙的颈椎都很细长，形成了翼龙目中最长的颈部。这些梳颌翼龙超科翼龙的颈椎与枪嘴翼龙科翼龙及神龙翼龙科翼龙的类似（分别在第21章和第25章），但独特的解剖结构足以表明它们细长的颈部是独立演化出来的（Andres and Ji 2008）。例如，与其他长颈的翼手龙亚目翼龙相比，梳颌翼龙超科翼龙的颈椎仍然相对复杂，椎体高，神经棘明显且细长。这些神经棘越靠近颈部底部就越大，且像刀片，表明在这个区域存在较大的颈部肌肉。鸢翼龙的颈椎上还有颈肋，这是所有翼手龙亚目翼龙中不常见的特征。

在翼手龙亚目翼龙中，梳颌翼龙超科翼龙的躯干骨骼很不寻常，原因有二：它们的长度是肱骨的

两倍以上，按比例来说，它们很长；与几乎所有其他翼手龙亚目翼龙都不相似的是，在骨骼成熟的个体中，背椎没有愈合。这种愈合的缺乏可能解释了梳颌翼龙超科翼龙相对较小的体型，未愈合的躯干骨骼使它们不能像其亲属那样应对飞行压力。它们特别长的、带状的肩胛骨（在一些物种中，肩胛骨自肋骨延伸到第8块背椎[Bennett 2003a]），可能在某种程度上弥补了这一缺陷，使得中轴和上冲肌肉有更大的附着部位，有助于它们的躯干与软组织结合。然而，与它们非典型的长肩胛骨相比，梳颌翼龙超科翼龙的乌喙骨和胸骨似乎不是特别大。就我们所知的，梳颌翼龙超科翼龙的尾巴相当短，也不明显，由大约14块简单尾椎组成。然而，南方翼龙拥有可观的22块尾锥，这使得它与其他翼手龙亚目翼龙相比异常地长（Codorniú 2005）。只有鸟掌翼龙超科中的无齿翼龙和振元翼龙的尾巴长度相似，这些"长尾巴"的结构各具特色，足以表明它们有独特的功能。

与大多数其他翼手龙亚目类群相比，梳颌翼龙超科的四肢不太发达。的确，这样也让一些物种看起来相当不优雅，这要归因于它们长长的躯干骨骼和短短的四肢（图19.9）。它们的肱骨上没有特别大的或改良的三角肌嵴，虽然比非翼手龙亚目的更长，但与其他翼手龙亚目家族相比，它们的掌骨相对较短。大多数梳颌翼龙超科翼龙的翼骨相当粗壮，鹅喙翼龙的则非常长且纤细，几乎达到其尺骨长度的70%（Bennett 2007a）。长颈翼手龙和鹅喙翼龙在比例上也比其他梳颌翼龙超科翼龙要长。梳颌翼龙超科翼龙的前三指相当发达，有粗壮的爪子。它们的翼指大约是翅膀长度的60%，但这只能从少数已知有完整翅膀骨骼的物种中得到确定（翼手龙、环河翼龙、南方翼龙和梳颌翼龙）。

梳颌翼龙超科翼龙的后肢长度与前肢长度在翼龙中相当成比例，尽管与该类群的其他成员相比，鹅喙翼龙的前肢长得有些比例失调。真梳颌翼龙类的足部长而粗壮，有些物种把这一点发挥到了极致。

翼手龙的足长占其胫骨长度的69%，而南方翼龙的足部尺寸可谓巨大，占胫骨长度的84%（Witton and Naish 2008）。后者还拥有特别宽且强健的足骨。有趣的是，这些类型的足骨比例与小脚翼龙的足骨比例并没有太大的不同，表明梳颌翼龙超科的足部是整体放大的，而并非足上的特定部分巨大才使得足部巨大。

软组织

目前记录下来的几种梳颌翼龙超科的软组织类型都来自翼手龙。与其他翼手龙亚目相比，这些软组织数据让我们能够更全面地了解到翼手龙在现实中的外观（图2.1；Wellnhofer 1970, 1987b；Frey and Martill 1998；Frey and Tischlinger 2000；Frey, Tischlinger, et al. 2003；Elgin et al. 2011）。

翼手龙上下颌尖各有一颗角蛋白质地的"假牙"，再加上相互咬合的牙齿，它们的颌部就像一对带粗锯齿的镊子（图5.11D）。翼手龙头骨的后侧面有一个朝向后背面的枕骨锥突，支撑着一块巨大的软组织脊冠。脊冠本身沿着头骨延伸至鼻眶前孔的后部（Frey, Tischlinger, et al. 2003），若不然的话就略微延伸至口鼻部（Tischlinger 2010）。不同寻常的是，头骨的脊冠上没有骨骼支撑，只有在保存有特殊软组织的标本中才有记录。已知翼手龙皮毛的一些细节：它们颈部后面的密集纤维比身体其他部位的长（Frey and Martill 1998）。另一只梳颌翼龙超科翼龙格格翼龙，展示了翼手类具有毛茸茸尾巴的罕见证据（Jiang and Wang 2011）。在翼手龙身上还保存有喉囊（Wellnhofer 1987b；Frey and Martill 1998），以及复杂的带有微小（直径0.2毫米）鳞片的脚垫和趾蹼（Frey, Tischlinger, et al. 2003）。

有一件翼手龙标本（即所谓的维也纳标本）保存下来的臂膜，多年以来一直是唯一保存完好的翼手龙亚目的翼膜（图19.12；Wellnhofer 1987b；也见第5章）。虽然这么多年都被用来证明翼手龙亚目的臂膜附着在膝盖或大腿上，但对该标本的重新解

196

197

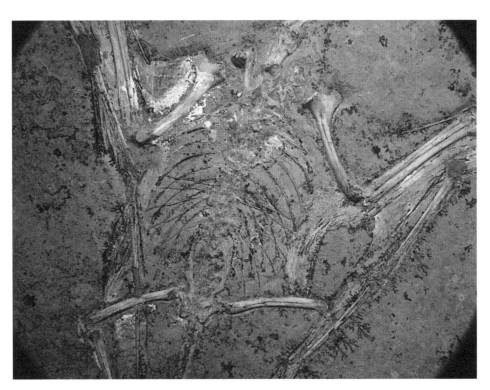

图19.12 寇氏翼手龙"维也纳标本"的躯干和紫外线下膜的照片。请注意臂膜的稀疏分布，现在人们认为这代表着其略微干燥、干瘪的情况，而不意味着真实的完整范围。

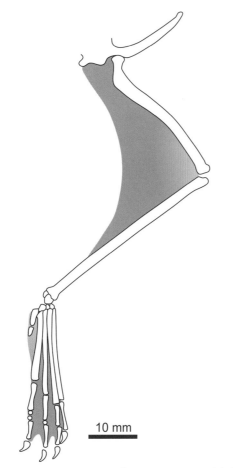

10 mm

图19.13 寇氏翼手龙（"维也纳标本"）的右后肢软组织。注意它的小尾膜、足跟垫和蹼趾。改绘自韦尔恩霍费尔（Wellnhofer 1970）。

释表明，该动物的翅膀组织在保存之前已经萎缩了（Elgin et al. 2011）。新的翼手龙标本以及中国的梳颌翼龙超科翼龙北票翼龙表明，这些翼龙的主要飞行膜可能固定在小腿上（Frey and Tischlinger 2000；Lü 2002）。然而，维也纳标本仍然很重要，因为它保存了关于翼手龙亚目尾膜形状和范围的唯一证据（图19.13；Wellnhofer 1987b）。宁城翼龙中也有相关记录（Lü 2009a），它的翼膜保存完好，具有翼龙翼膜的典型特征（第5章）。

运动

飞行

尽管对梳颌翼龙超科的研究历史悠久，但对其飞行力学的研究却鲜少。弗雷、蒂斯彻林格尔等人利用翼手龙已知的丰富的软组织数据构建了翼手龙亚目的通用飞行模型（Frey, Tischlinger, et al. 2003），表明它们的各种蹼、冠和膜都可以用来控制飞行。威顿对翼手龙、南方翼龙以及梳颌翼龙的基本翅膀特征进行了模拟（Witton 2008a），发现前两种动物的飞行能力可以与涉水的鸟类，比如鹬和滨鹬相媲美，而后者则与贼鸥等强大的飞行者类似。所有这些鸟都能长途飞行，至少在迁徙期间如此。梳颌翼龙超科翼龙缺乏某些翼龙特有的飞行解剖结构，但似乎没有理由将其排除在梳颌翼龙超科的此类行为之外。事实上，许多梳颌翼龙超科翼龙的细长肩胛骨可能代表着巨大的上冲肌肉组织，适合强度大且持续的飞行。

在梳颌翼龙超科的物种之间，起飞效率可能存在显著差异。鹅喙翼龙的长肢和相对较短的躯干表明，它在起飞方面可能没有什么困难，但一些进步梳颌翼龙科翼龙的加长的身体和更短的四肢可能在一定程度上降低了起飞效率。似乎梳颌翼龙超科翼龙的长颈和身体按比例来说是很沉重的（Henderson 2010），而且相当匍匐的四肢会在起飞时产生相对较小的杠杆作用，因此对这些动物来说，起飞可能比其他翼龙更困难。南方翼龙可能在这方面遭受了不同寻常的打击，因为它的四肢特别短，颈、头和躯干很长。这些因素结合在一起，形成了一个身体重心靠前且很低的身体结构（图19.9）。也许有点像天鹅和鹅，南方翼龙受限于角度相当低、颇费力气的起飞机制。

地面运动

大多数梳颌翼龙超科翼龙的巨大且强健的足部证明了它们具有行走能力。相对匀称的肢体比例、发育良好的腰带区域和巨大的足垫，也表明梳颌翼龙超科翼龙有相当一部分时间是在地面上度过的。然而，它们的大脚显然专门用于其他目的，而不仅仅是为了行走。长而跖行的脚很难在行走周期中用来"推离地面"，而且还会给抬脚造成沉重负担。因此，对于那些大部分时间都在坚实的地面上行走的动物来说，这种脚是一个累赘，因为降低了后肢的力学效率。然而超大的脚也可以成为另一种情况下的理想选择，它们可以将体重分散在更大的区域，使它们的主人能够比短而紧凑的脚的主人更

有效地在柔软的表面上行走。考虑到梳颌翼龙超科翼龙似乎是一群适合在浅水中寻找食物的翼龙（见下文），这样的适应特性显然是有用的。然而，应该注意的是，它们的手部似乎没有类似的增大，这是更令人困惑的，因为翼龙是重心靠前的动物（例如，Henderson 2010）。也许在涉水过程中，梳颌翼龙超科的不具有气孔构造的后肢，比起满是气孔构造的具有较大浮力的前躯更需要支撑。另一种可能更有趣的假设是，梳颌翼龙超科足部的增大是为了在游泳时增强推进力。事实上，与其他体型较短的翼龙物种相比，这些动物长长的躯干可能提高了它们在水上漂浮时的稳定性。

古生态学

关于梳颌翼龙超科的古生态学已经有很多论述。一些物种的各生长阶段相当完整（对南方翼龙来说，这些阶段还包括了一只蛋和一个胚胎），这使得我们对它们的生长速度和骨骼异速生长情况得以进行一些详细的记录（例如，Wellnhofer 1970；Bennett 1996b，2007c；Chiappe et al. 2004；Codorniú and Chiappe 2004；Chinsamy et al. 2009）。在整个生长过程中，它们最显著的形态变化似乎与颌部的伸长以及牙齿数量的显著增加有关（图19.14）。据贝内特估计，从孵化到成年，梳颌翼龙的牙齿数量和头骨长度增加了6倍（Bennett 1996b）。多亏了南方翼龙，我们知道这种增长可能需要几年的时间，且速度各异（Chinsamy et al. 2009；详见第8章）。人们还试图厘清翼手龙的性双型（例如，Wellnhofer 1970），但迄今为止还没有发现标本之间明显的性别相关差异。

也许梳颌翼龙超科古生态学最有趣的部分是它们那不寻常的牙齿所起的作用，以及它们可能拥有的涉水习惯。颅骨形态的差异可能反映了不同的饮食偏好和觅食策略，说明它们的生态位划分类似于现代涉禽。看起来它们偏好的食物大小会随着牙齿

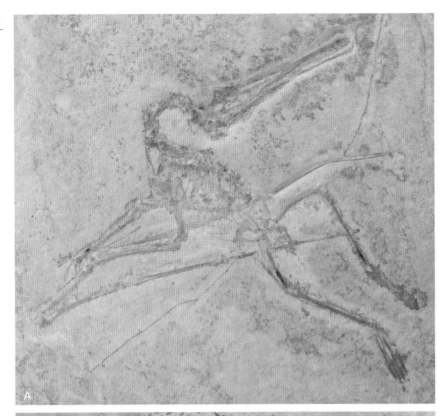

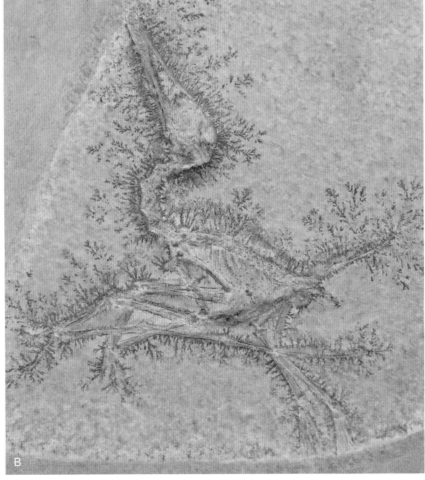

图 19.14　来自提塘期索伦霍芬石灰岩的幼年梳颌翼龙超科翼龙化石。A，纤弱梳颌翼龙；B，未定种翼手龙。后者特别小，头骨长度只有30毫米。照片B版权归伦敦自然历史博物馆所有。

大小以及齿距的减小而减小，这也许使得许多不同种类的梳颌翼龙超科翼龙可以在相同的环境中共存，而不会造成食物争抢。像其他长颈翼龙一样，梳颌翼龙超科翼龙的长颈可能反映了寻找小猎物的适应能力，使它们能够在不用费力移动身体的情况下，用颌部四处搜寻食物。翼手龙很可能能够用它相对强壮、间隔适度的牙齿吃下相对较大的食物，可能是泛化捕食者。同样的情况也可能发生在环河翼龙、飞龙、摩根翼龙和格格翼龙中，尽管它们的牙齿相对狭窄紧密，表明它们偏爱较小的猎物。巴克尔指出翼手龙会探入海岸线和潮滩上无脊椎动物的洞穴（Bakker 1986），但这一观点与其缺乏触觉感知器官和从洞穴中取得猎物的构造相矛盾。现代探食动物表现出一系列与这些活动相关的适应特性，但在翼手龙身上却没有发现。相反，翼手龙可能只是从水中或水面搜食猎物，这些食物可能包括无脊椎动物和小鱼。

进步的梳颌翼龙科翼龙通常被认为是滤食性动物（例如，Wellnhofer 1991a），但这一术语太过频繁地被用在这些类型上了。真正的滤食可以通过许多方式实现，但总是需要具备可以生成水流和过滤食物的解剖结构。这通常与颌部控制水流的复杂动作和将收集的食物运送到喉咙的能力有关，因此是一种非常复杂且特化的觅食机制（Zweers et al. 1995）。在翼龙中，只有南方翼龙的解剖结构看似符合这一行为（图19.15）。南方翼龙进食器官的细节还没有被详细研究过，但颌部的几个特征表明它拥有一个高度复杂的滤食结构。这包括颌部向上的曲率——减少了开口时两颌表面之间的距离，当颌部张开或关闭时，可以最大限度地产生水流并使过滤效率最大化。它的长关节后突可能固定着长长的抗疲劳的颌部肌肉，能够连续为了进食而运作下颌骨。下颌长而密的牙齿显然是一种滤食结构，水从牙齿之间冲出，食物则会被留在两颌之间。最后，上颌奇特的牙齿和一排排小骨的作用可能是将过滤后的食物留在嘴里，并将其移向喉咙。这些结构可能会让过滤后的食物在水流入时沿着嘴部移动，但当水被泵

出后，食物就留在了口中。可惜的是，我们缺乏对南方翼龙口腔软组织的了解，这可能会阻止我们获得对它们滤食结构的完整了解。这些软组织对现代滤食动物的过滤策略做出了至关重要的贡献（Zweers et al. 1995），似乎没有理由认为南方翼龙不具有同样复杂精密的过滤解剖结构。无论它如何获得食物，最近在翼龙标本的肠区中发现的砂囊石都表明，它们需要强大的研磨动作才能从食物中获取营养（Codorniú et al. 2009）。因此，人们认为南方翼龙主要靠坚硬的食物，如种子、浮游节肢动物或微小的有壳软体动物来维持生存（例如，Chiappe et al. 2000）。

其他牙齿纤细的梳颌翼龙科翼龙似乎不适合像南方翼龙那样进行滤食，因为它们的颌部缺乏从水中过滤食物所需的特化特征。相反，它们加长且宽阔的颌尖以及啮合的牙齿似乎更适合"触觉捕食"策略，当小猎物接触到觅食动物敏感的嘴部区域时，它们就会立即被觅食者从水中攫出。锥颌翼龙和匙喙翼龙那匙形的颌部及牙齿轮廓与现代篦鹭的喙有着惊人的相似；匙喙翼龙上颚丰富的血管和复杂的形态表明，其上排列着触觉敏感的组织，方式与这些鸟类的排列方式相似（参见Swennen and Yu 2004）。这些翼龙可能会在水中轻轻将嘴张开，在小鱼或是其他游水的动物轻轻擦过它们嘴巴敏感的内部时，将其捕食。梳颌翼龙可能也采用了这种方法，尽管相对脆弱的牙齿和范围更大的捕食区域表明它追求更精细的食物。

对于梳颌翼龙超科古生态学的讨论有一个棘手的部分，那就是长着奇怪颌部的鹅喙翼龙，这种动物有着神秘的觅食策略和饮食偏好。也许它盘状的下颌骨前部和"塞子"喙部反映了一种与极特殊的下颌形态有关的饮食习惯，就像今天的钳嘴鹳和交嘴雀食用蜗牛和松果的方式一样。这种食物究竟是什么还不清楚，但圆圆的牙齿可能暴露出鹅喙翼龙的饮食相当粗糙。也许鹅喙翼龙以大型昆虫、贝类或其他粗硬的生物为食，这些食物会磨掉它们的牙

图19.15　夜晚的南方翼龙之坡，还有一群涉水觅食的滤食性翼龙吉氏南方翼龙。

齿。摇篮般的下颌可能是一种装置，能以某种特殊的方式抓住猎物，使得矿化的脊冠组织可以将它们打开、等分或粉碎。显然，还有很多研究要做，但我们可能需要警惕，以免对这种动物的奇怪之处过度解读，别忘了许多翼龙为了视觉展示结构费了多少周章。这只是一种可能：鹅喙翼龙不寻常的颌部与进食无关，而只是另一种向其他翼龙炫耀威力或地位的构造。

20

准噶尔翼龙超科

翼龙目＞单孔翼龙类＞翼手龙亚目＞冠饰翼龙类＞ 准噶尔翼龙超科

从形态上来看，准噶尔翼龙超科（Dsungaripteroidea）与我们在前几章中讲过的那些体态纤长的翼龙相去甚远。它们的头骨和牙齿十分厚实，颈部和躯干紧实，肢壁也十分结实，似乎是一群适应艰苦饮食和粗糙生活方式的动物（图20.1；Fastnacht 2005b）。它们的化石在欧洲、亚洲、南美洲和非洲的侏罗纪及白垩纪的岩层中都有出现（图20.2），这使其成为一个分布广泛的分支，有大约4 000万年的演化历史，从钦莫利期（1.55亿—1.5亿年前）直至阿尔布期（1.12亿—1亿年前）。然而，含有年代最晚的准噶尔翼龙超科化石材料的中国地层的年代尚不明确，因此它们的时间范围的上限还不能确定。幸好一些德国和中国的准噶尔翼龙超科物种的解剖结构已经被人们熟知，同时已知的还有这两个物种的各阶段生长概况（Unwin 2005；Bennett 2006）。但遗憾的是，其他准噶尔翼龙超科则是从既不那么坚固，也不那么丰富的化石中被人们所知的。

在进一步研究之前，需要注意的是翼龙研究者们对"准噶尔翼龙超科"这个名字的解释存在很大的不同。一些作者用它来指代一个相对独立的分支，可能只包含8个属（例如，Unwin 2003；Lü, Unwin, et al. 2010），但也有人将其作为翼手龙亚目中一个主要分支的名称，本质上包含了所有具有联合背椎的翼手龙亚目翼龙（例如，Kellner 2003, 2004；Wang et al. 2009）。还有些人则倡导更为严格地使用这个名字，他们声称翼龙类群有不同的联合背椎结构（Bennett 2001）——表明一些分支是独立演化出联合背椎的（Unwin 2003）。此外，似乎只

有达到巨大成年尺寸的翼手龙亚目翼龙才拥有联合背椎，而已知翼展在2米以下的成年翼龙标本则没有（Unwin 2003）。因此，联合背椎演化背后的主要驱动力可能是体型，而不是分类学。我们这里则更为考究地使用"准噶尔翼龙超科"，它包含了准噶尔翼龙科（即一群进步的、体型强壮的准噶尔翼龙类，如诺氏准噶尔翼龙，该类群得到所有现代系统发育研究的支持）和一些早期的准噶尔翼龙超科（即我们在第19章简要介绍过的在系统分类上存在争议的分类群），如德国翼龙。

顽强翼龙的历史

德国翼龙的发现标志着准噶尔翼龙超科研究的开始。这只翼龙的第一件标本是一具零散的骨架，来自晚侏罗世索伦霍芬石灰岩（提塘期；1.51亿—1.45亿年前）（图20.3），最初由菲利克斯·普利宁格描述并将其归入寇氏翼手龙（Plieninger 1901）。不久之后，卡尔·威曼认定这件标本自成一个种——脊饰翼手龙（*Pterodactylus cristatus*），因为它的头骨与寇氏翼手龙的明显不同（Wiman 1925）。然而，著名的中国古生物学家杨钟健认为，仅仅将其与寇氏翼手龙区分开来是不够的，并为该标本创建了一个全新的属：德国翼龙（Young 1964）（注意，杨钟健似乎不知道威曼创立的脊饰翼手龙。直到韦尔恩霍费尔在1970年的专论发表，"脊饰德国翼龙"这个名字才被完全确立）。没多久德国翼龙就有了第二个物种，即彼得·韦尔恩霍费尔提出的巨嘴"翼

图20.1　粗糙的头骨、厚实的牙齿和坚硬的骨骼表明，如图所示的早白垩世魏氏准噶尔翼龙这样的准噶尔翼龙超科翼龙，是比其他翼龙更顽强的动物，也更适合出现在摇滚音乐专辑的封面上。

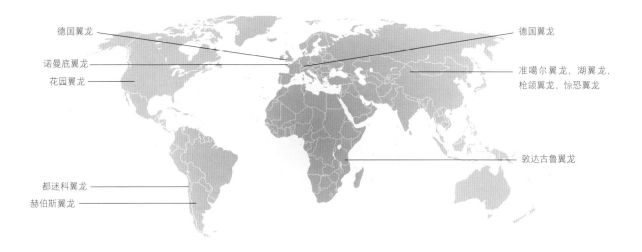

图20.2 准噶尔翼龙超科分类群的分布

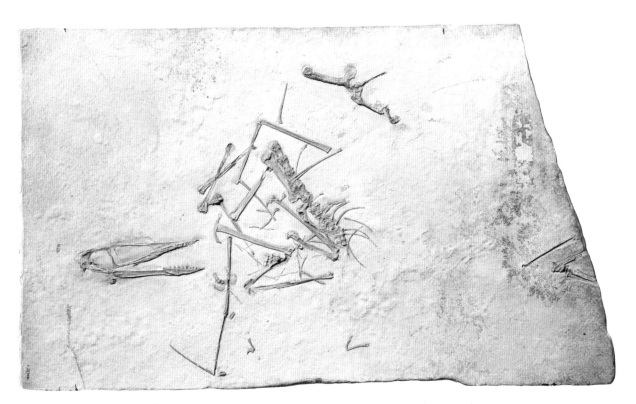

图20.3 来自提塘期索伦霍芬的准噶尔翼龙超科翼龙——脊饰德国翼龙不完整的骨骼（保存在慕尼黑巴伐利亚国家古生物学和地质学收藏馆；使用已获得许可）。

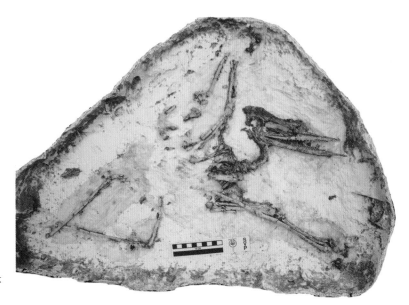

图20.4　蒙古早白垩世塔干萨布组最近发现的一具不完整的复齿湖翼龙的骨架。照片来自吕君昌。

手龙"（*"Pterodactylus" rhamphastinus*），一个来自默恩斯海姆组石灰岩（类似索伦霍芬的地层，比索伦霍芬组年代稍晚）的，体型相对较大的翼手龙亚目翼龙，与脊饰德国翼龙同属（Wellnhofer 1970）。然而，最近关于巨嘴德国翼龙（*Germanodactylus rhamphastinus*）应该被赋予自己的属的建议向这一观点发出了挑战（Maisch et al. 2004）。德国翼龙似乎也存在于英格兰南部多塞特钦莫利期的地层（1.56亿—1.51亿年前）（Unwin 1988c）。

关于德国翼龙在准噶尔翼龙超科中的位置的争论，与杨钟健在1964年为另一只准噶尔翼龙超科翼龙命名有关。这是一只来自中国上吐谷鲁群的早白垩世大型翼龙——魏氏准噶尔翼龙。上吐谷鲁群因包括了大量化石而闻名，其中既有完整且三维立体保存的头骨，也有不完整的骨骼（Young 1964，1973）。由于强健的颅骨形态、无齿的颌尖和增厚的肢骨，准噶尔翼龙大大有别于当时已知的几乎所有其他翼龙，以至杨钟健意识到他发现了一条翼龙演化的全新路径。杨钟健指出，当时已知的唯一与准噶尔翼龙有相似之处的翼龙是脊饰德国翼龙，他认为它可能是准噶尔翼龙的祖先，原因是其牙齿很钝，下颌尖无齿。许多翼龙学家同意这一观点（例如，Wellnhofer 1978；Unwein 2003；Lu, Unwin,

et al. 2010），但另外一些人则倾向于原先的解释，即德国翼龙属于梳颌翼龙超科（例如，Bennett 1994，1996b，2006；Kellner 2003；Andres and Ji 2008；Wang et al. 2009）。在这个问题上，我投杨钟健阵营一票。这是因为德国翼龙不仅牙齿与所有的准噶尔翼龙超科翼龙一样，头骨还具有极度扩张的外耳骨突（位于后颅固定颈部肌肉组织的侧向凸缘），以及加厚的骨壁和极度弯曲的股骨。其他翼龙类群没有表现出这些特征。这表明，就像杨钟健早在甲壳虫乐队上演迷幻摇滚之前就假设的那样，德国翼龙代表了侏罗纪的准噶尔翼龙超科。

杨钟健对这个类群的贡献仍在继续，他描述了与准噶尔翼龙来自同一地层的另一种大型准噶尔翼龙科翼龙：复齿湖翼龙（*Noripterus complicidens*）（图20.4；Young 1973）。几年后，来自蒙古的较小的娇小"惊恐翼龙"（*"Phobetor" parvus*）也加入了这一行列（Bakhurina 1986；Bakhurina and Unwin 1995b；请注意，这一形态的属名已被另一种动物占用了，所以需要一个新的名字）。最近的研究颇有争议，人们提出湖翼龙和"惊恐翼龙"是同一种动物（Lü 2009c），尽管大多数人仍然认为它们是不同的。令人沮丧的是，尽管这些翼龙似乎很可能代表了最后的准噶尔翼龙超科翼龙，但含有

204

其化石的沉积物很难被界定年代，所以确切年代仍然未知。

自从中国的准噶尔翼龙超科出土以来，其他地方发现的准噶尔翼龙超科化石标本的质量大幅下降。小赫伯斯翼龙（*Herbstosaurus pigmaeus*）那看起来傻乎乎的标本是现代准噶尔翼龙超科发现中比较典型的，其代表是股骨和腰带化石，最初被认为属于一只小型恐龙（Casamiquela 1975）。一些学者已经注意到这些阿根廷侏罗世最晚期（提塘期晚期；约1.45亿年前）的化石和翼龙有亲缘关系，这些人中就包括安文（Unwin 1996），他认为它可能是一只准噶尔翼龙超科翼龙。来自科罗拉多州晚侏罗世（钦莫利期—提塘期；1.55亿—1.45亿年前）莫里逊组的意外花园翼龙（*Kepodactylus insperatus*），也是通过少量化石材料被人们所知的，只有一件颈椎和若干翅膀骨骼（Harris and Carpenter 1996）。法国北部钦莫利期（1.55亿—1.51亿年前）的威氏诺曼底翼龙（*Normanognathus wellnhoferi*）的化石材料则更少，只有颌部前端（Buffaut et al. 1998）。坦桑尼亚的雷氏敦达古鲁翼龙（*Tendaguripterus recki*）（钦莫利期—提塘期；Unwin and Heinrich 1999）、智利的赛氏都迷科翼龙（*Domeykodactylus ceciliae*）（年代不确定，但可能源自晚侏罗世或早白垩世；Martill et al. 2000），以及来自中国的尖嘴枪颌翼龙（*Lonchognathosaurus acutirostris*）（阿普特期—阿尔布期；1.25亿—1亿年前；Maisch et al. 2004；注意，该物种可能只代表着准噶尔翼龙的化石［Andres et al. 2010］）。除了这些发现，世界各地，如罗马尼亚、日本、中国和德国的沉积中，还报告了未命名的准噶尔翼龙超科，其化石材料的代表为各种骨骼（Barrett et al. 2008）。

解剖学

有几位学者已经注意到，准噶尔翼龙超科的颅骨解剖结构变化相当多，而且容易发生趋同演

化（Buffetaut et al. 1998；Unwin and Heinrich 1999；Maisch et al. 2004）。因此，很难将准噶尔翼龙超科区分为"基干形态"或"进步形态"，尤其是对那些不完全被人了解的物种。一般来说，德国翼龙、敦达古鲁翼龙和诺曼底翼龙被认为代表着准噶尔翼龙超科相对较早的分化，而湖翼龙、"惊恐翼龙"、准噶尔翼龙和枪颌翼龙则构成了相对更进步的准噶尔翼龙科形态（Unwin and Heinrich 1999；Unwin 2003；Maisch et al. 2004）。准噶尔翼龙超科化石已经被充分描述，大量关于这些动物的描述性论文提供了丰富的信息，但是那些追求尤为全面的信息总览的人应该诉诸普利宁格（Plieninger 1901）、杨钟健（Young 1964，1973）、韦尔恩霍费尔（Wellnhofer 1970）和吕君昌（Lü 2009c）的作品。

早期的准噶尔翼龙超科翼龙一般都很小，脊饰德国翼龙的翼展刚刚达到1米（图20.5），巨嘴德国翼龙的翼展不超过1.1米。惊恐翼龙（图20.6）和湖翼龙的翼展略大，有1.5米。枪颌翼龙和准噶尔翼龙则是已知最大的准噶尔翼龙超科翼龙，翼展可达3米。但即便是最大型的准噶尔翼龙超科翼龙，在翼手龙亚目翼龙中也只能算得上中等大小。准噶尔翼龙超科翼龙的椎骨和四肢骨骼通常都有增厚的骨壁，这使得它们的骨骼密度与早期翼龙、哺乳动物和一些鸟类更为类似。因为与其他翼龙相比，准噶尔翼龙超科的解剖结构更为进步，所以人们认为这些加厚的骨壁代表了其他翼手龙亚目中常见的薄壁状况发生了逆转演化。考虑到有这种增厚，准噶尔翼龙超科翼龙除了头骨和脊柱之外似乎没有具气孔构造的骨骼，也就不足为奇了（Claessens et al. 2009）。有趣的是，与其他翼龙相比，它们强化的四肢骨骼在整体尺寸上并没有减少，这表明准噶尔翼龙超科可能拥有相对较重，但也许异常坚固的骨骼。加厚的骨壁会使它们更为强壮，得以应对屈曲力，而骨壁较薄的翼龙则比较脆弱（Fastnacht 2005b）。骨关节极大地扩张，为四肢增加了额外的强度，可以在相对大的范围内抵消加之在它们身上的力量

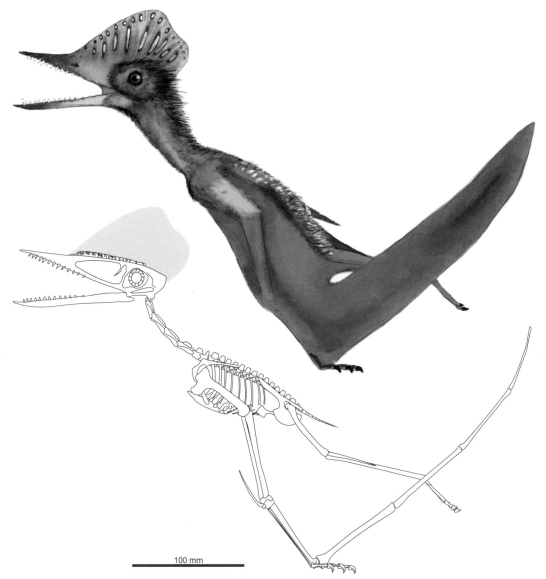

图20.5 起飞中的脊饰德国翼龙的骨骼复原和实体复原。

100 mm

（Fastnacht 2005b）。这种强化使准噶尔翼龙超科翼龙的骨骼比其他翼手龙亚目翼龙更有特色，即使这种特征演化背后的具体力量尚不完全清楚（见下文）。

准噶尔翼龙超科翼龙头骨的特点是厚实，颌骨、眼眶和颅区周围的骨骼粗壮、增厚（图20.7）。像一些帆翼龙科翼龙一样，其进步形态有部分封闭或完全封闭的朝向腹面的眼眶，这是由于眼窝的中间高处有一个小小的横贯支柱（如"惊恐翼龙"），或者眼窝的下半部被骨骼填充（准噶尔翼龙）。所有的准噶尔翼龙超科翼龙都具有沿口鼻部生长的纤维状的骨质脊冠，尽管它们到颌尖的距离各有不同（例如，

Buffetaut et al. 1998）。准噶尔翼龙科翼龙也有薄薄的上枕脊，从头骨的后背面伸出。这两个脊冠几乎可以肯定在现实中支撑着软组织成分，尽管它们从未在化石中被记录。准噶尔翼龙超科翼龙的独特之处在于，它们的头骨后面水平伸出有极度扩张的外耳骨突，而且颌尖无齿（除了巨嘴德国翼龙，它的颌尖长满了牙齿）。这个无齿区的范围似乎会随着时间的推移而增大，使它们的颌尖比早期形态的颌尖两侧更为扁平，也更细长。大多数准噶尔翼龙超科翼龙的颌骨是相当直的，但是准噶尔翼龙和诺曼底翼龙的颌骨尖端则微微上翘。与它们的头骨一样，准噶尔翼龙超科的下颌

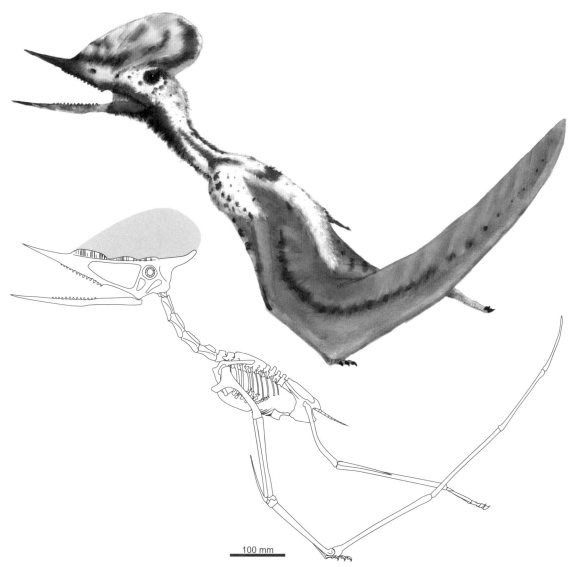

图20.6 起飞中的娇小"惊恐"翼龙的骨骼复原和实体复原。

也很粗壮，有厚而高的下颌支和下颌联合体，占其下颌长度的30%—50%。在大多数形态中，沿着下颌骨联合体的底部长着一个相当薄的脊冠，这在准噶尔翼龙身上最为突出。准噶尔翼龙也有一个奇特多节的脊贯穿其上颚的中部，大致上与齿列的后半部分平行。

准噶尔翼龙超科翼龙的牙齿是非常奇怪的，就像它们的其他解剖结构一样，似乎适合于应对巨力。一些形态的齿列前后都很狭窄，形成了特有的短牙区（Maisch et al. 2004）。它们的牙齿普遍坚固，数量少（上下颌两侧各15颗左右），间距均匀，越靠齿列后方的牙齿尺寸越大。这在整个类群的演化过程中变得更加明显，在德国翼龙中，后牙只轻微增大，而在准噶尔翼龙中，后牙则极端地增大。然而，湖翼龙在准噶尔翼龙超科中是不寻常的，因为它拥有"正常"的翼龙齿态，即较大的牙齿长在颌骨的前端（Lü 2009c）。准噶尔翼龙超科翼龙的牙槽也很奇特，它们隆起并包裹在牙齿周围，以至于颌骨包围并超过了牙齿基底。在一些物种中，这些边缘几乎覆盖了整个齿列，这种情况引发了各种关于其功能的有趣疑问，其中最重要的是，准噶尔翼龙超科是如何，甚或是否像其他爬行动物一样在一生中不断脱落并更换牙齿？

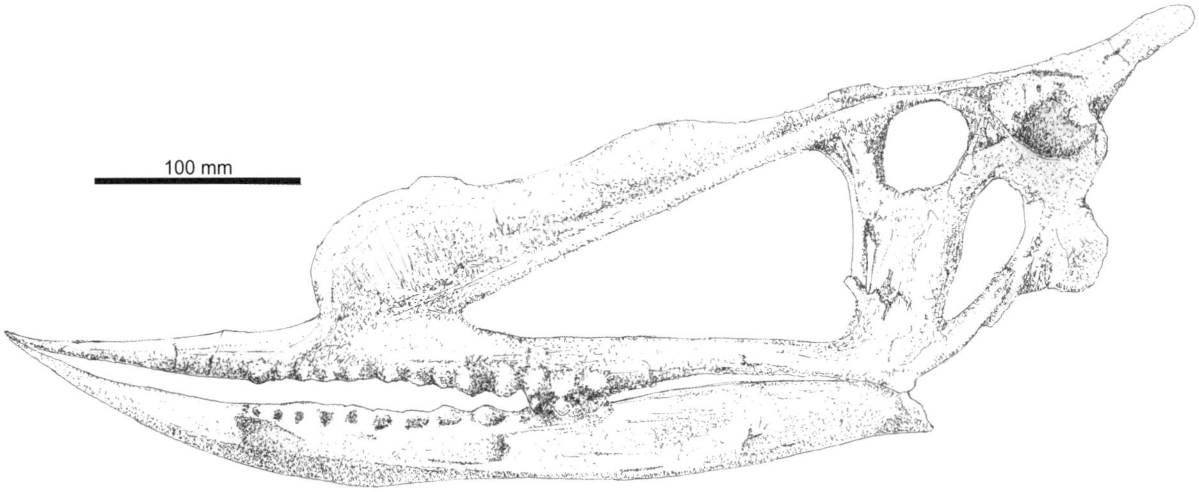

图20.7　早白垩世大型准噶尔翼龙科翼龙——魏氏准噶尔翼龙的完整头骨和下颌骨。请注意被填充的腹面眼眶、坚固的颌骨和牙齿结构。改绘自杨钟健（Young 1973）。

准噶尔翼龙科翼龙的脊柱似乎与神龙翼龙超科翼龙的脊柱有许多共同特征（第22—25章）。它们的颈椎背侧相当方正，呈块状，有突出的椎骨关节突，其上有大关节面。神经棘相当低，神经弓包含在椎骨的底部（Buffaut and Kuang 2010）。完整的准噶尔翼龙超科翼龙的背椎系列骨骼尚是个谜，但是准噶尔翼龙、湖翼龙和德国翼龙的躯干骨架部分已为人们所知。在德国一具保存完好的部分准噶尔翼龙骨架中至少具有10块背椎（Fastnacht 2005b），而且准噶尔翼龙和湖翼龙都表明，进步的准噶尔翼龙超科形态的前背骨愈合成了联合背椎。有趣的是，在较小的形态（例如德国翼龙）中似乎并非如此，这表明准噶尔翼龙超科愈合的背椎是为了适应巨大的体型（Unwin 2003，也见Bennett 2003a；还有反驳意见，见Kellner 2003）。准噶尔翼龙超科翼龙的荐骨数量也鲜为人知，但在准噶尔翼龙中发现了7个愈合的荐骨。准噶尔翼龙超科翼龙的尾椎很少被保存下来，但似乎相对复杂且健硕，貌似尾巴在这种形态中异常强大。相比之下，德国翼龙的尾巴则一目了然，由15个短且简单的椎骨组成。

与脊柱一样，人们对准噶尔翼龙超科翼龙的肩带也不完全清楚。德国翼龙的肩胛乌喙骨显示出带状的肩胛，比乌喙骨长，而湖翼龙的肩胛骨与其他翼龙的相比似乎更加坚固。关节连接的标本显示，其肩胛跨胸腔，与脊柱呈锐角，这表明准噶尔翼龙超科翼龙保留了肩胛骨的"原始"方向，而不像鸟掌翼龙超科那样有所旋转，与脊柱呈垂直角。对准噶尔翼龙超科翼龙腰带的了解则更为详细一些，有几件相当完整的腰带被保存了下来（Young 1964；Fastnacht 2005b）。这些骨骼显示了发育良好的腰带，后髋臼突升高，在某些形态中，可能与那些适应陆地的神龙翼龙超科翼龙类似（Hyder et al.，尚未发表）。

准噶尔翼龙超科翼龙的前肢显示出独特的肱骨形态，缺乏气腔组织侵入的开口，并具有一个相当长且向内侧偏斜的三角肌嵴。在早期的形态中，前臂比翼掌骨稍短，但在更多进步物种中，情况则相反。它们的翼骨约占前臂长度的一半，已知的前三只指骨，是由相当粗壮的翼指骨组成。准噶尔翼龙超科翼龙翼指的比例只有德国翼龙和湖翼龙能完全代表，两者都显示出翼指占据大约60%翼长的状况。翼指骨通常从近端至远端逐节减少10%—25%，所以末端的翼指骨约为第一节翼指骨长度的65%。准噶尔翼龙超科的近端翼指骨似乎呈现出不寻常的弯曲（Unwin 2003），这个特征也许可以用来辨别这个类群。

准噶尔翼龙超科翼龙的后肢相当长且粗壮，是其前肢长的75%（不包括翼指在内）。股骨通常呈特殊的弓形，从侧面看具有明显的弧度，从正面看则轻微内弯（图2.5和20.6）。没有其他翼龙的股骨会以这种方式弯曲，表明股骨在准噶尔翼龙超科中具有独特的生物力学机制（Fastnacht 2005b）。它们的胫骨比股骨长约70%。现对准噶尔翼龙超科翼龙足部的了解不多，但德国翼龙的第Ⅰ跖骨和趾骨表明它们有相当紧凑且坚固的结构。湖翼龙的足部构造与之类似，大约是胫骨长度的30%，足趾很短，爪子细长，相对直。

运动

飞行

对准噶尔翼龙超科飞行力学进行的少数研究无一例外地得出结论，它们适合在陆地环境中飞行。对准噶尔翼龙翅膀属性的计算表明，这种动物要么是像现代鸢类那样相当熟练且敏捷的飞行者（Hazlehurst and Rayner 1992），要么就是与之形成鲜明对比的负载较重的飞行者，类似于经常在沼泽地和河流中的鸟类，比如蛇鹈和河乌（Witton 2008a）。这些解释虽然截然不同，但至少都认同准噶尔翼龙超科翼龙不像海鸥或信天翁那样在海洋上翱翔，它们相对短而宽的翅膀似乎很适合在陆生环境中拍打。对这一解释的进一步支持来自于大陆沉积物中大量的准噶尔翼龙化石，以及对它们相当不寻常的股骨形态的研究。法斯特纳特证明（Fastnacht 2005b），准噶尔翼龙弯曲的股骨轴、加厚的骨壁和扩张的膝关节有着极强的减震作用，他认为这种减震特征的演变是由重复且频繁地在硬地上着陆产生的。根据法斯特纳特的说法，这表明准噶尔翼龙超科翼龙主要适应于在内陆环境中频繁、短暂地飞行。

然而，有必要谨慎地对待上述结论。所有已发表的关于准噶尔翼龙超科飞行的研究，都没有将它们的强化且可能因此更重的骨骼会如何影响它们的飞行性能这一点考虑在内。鉴于骨骼质量似乎与身体质量成正比（Prange et al. 1979；也见第6章），准噶尔翼龙超科翼龙可能不得不在空中拖着更大的身

体重量飞行。这可以解释为什么它们明显没有长到与许多其他翼手龙亚目演化支相同的大小，尽管它们拥有与所有其他大型翼龙类似的强化的躯干骨架。也许它们四肢发展出减震的特性也是出于同样的原因；更大的质量显然会在着陆时对翼龙四肢产生更大的作用力，而并非因为它们比其他翼龙着陆得更频繁。因此，尽管关于准噶尔翼龙超科翼龙适应在陆地环境中飞行的基本结论可能仍然是正确的，但我们仍有通过评估强化的骨骼对其整体质量的影响来完善这些动物的飞行模型的空间。

在地面上

在探究翼龙究竟多擅长陆地活动方面，准噶尔翼龙超科翼龙的尾巴发挥了一些作用。一件保存优秀的准噶尔翼龙的部分骨骼标本显示，其关节连接的股骨在变成化石时是交叉放置在腰带下面的，这驳斥了翼龙髋关节限制其后肢在身体正下方运动的观点（图2.5；Bennett 1990）。对另一个准噶尔翼龙超科腰带的生物力学研究表明，如果以直立的双足姿势站立，那么翼龙腰带的形态为后肢肌肉提供的支撑点很少，但采用四足站立这种身体与地面更为平行的姿势时运动效率要高得多（Fastnacht 2005b）。撇开这些研究不谈，准噶尔翼龙超科翼龙具体的陆生能力鲜少被提及，但我们可以假设它们可能是相当熟练的陆生运动者。由于后肢几乎和前肢一样长，两组肢体在行走和奔跑时都能迈出同样的步幅。它们短而有力的足骨解剖特征也表明了高效的行走力学，因为这种构造可以最大限度地提高跖行动物的足部在步行推进阶段的动力输出。它们增厚的肢体骨壁、弯曲的股骨和扩张的关节也与此有关，使其肢体在行走或奔跑时更能抵抗压力（Fastnacht 2005b）。这样的强化可能使准噶尔翼龙超科翼龙的足部更加灵活，就像扩张的关节对奔走速度快的哺乳动物和鸟类的作用一样（Coombs 1978）。也许甚至是充满活力的陆上运动推动了准噶尔翼龙超科翼龙骨骼的强化，使它们能够频繁地奔跑、跳跃而不用担心受伤。

210

另一种非飞行的运动形式也许可以用来解释这些翼龙加厚的骨壁。准噶尔翼龙超科翼龙是水生动物吗？一些水生鸟类和哺乳动物利用加厚的骨壁来抵消肺和气囊的浮力，从而能够更好地控制在水中的姿态（Wall 1983）。没有理由认为水生翼龙不能做同样的事情，但在准噶尔翼龙超科翼龙中，特定游泳适应性的缺乏表明事实并非如此。即使是半水生动物也会发展出一些有利于在水中生活的特征（如缩短四肢以提高划水效率，发展出类似于桨的四肢等）（Stein 1989）。因此，准噶尔翼龙超科翼龙缺乏这样的特征，可能说明它们并不经常游泳，甚至不涉足深水或沼泽地。因此，它们较大的骨量不太可能反映出对水生生活方式的适应。

古生态学

到目前为止，我们对准噶尔翼龙骨架中的坚固骨骼的讨论，并没有谈及它们解剖特征中的一个特别坚固的骨骼：头骨。即使是最小的物种也有坚固的颅骨和牙齿，而更大、更为进步的形态则拥有所有翼龙中最坚固的颅骨和颌部。这与它们奇怪的牙齿构造相匹配，表明准噶尔翼龙超科翼龙在进食时使用了强大的咬合力。它们最大的牙齿位于牙弓后部（咬合力最强的地方），同时腹面眼眶闭合（从而加强了头骨的后部），是对这种习性的进一步明显适应。它们牙齿的构造特别适合于碾碎或击碎坚硬、脆弱的食物，而不是钳制住柔软的猎物，我们可以想象，准噶尔翼龙的节状腭脊也参与了碾碎的动作。这样的牙齿和颌骨很适合于击碎贝类，如双壳类软体动物或甲壳动物（例如，Wellnhofer 1991a；Unwin 2005），而较小的准噶尔翼龙超科翼龙也许也食用硬壳昆虫。它们可能是通过狭窄且无齿的颌尖获取这些猎物的，这种颌尖与那些探食鸟类的类似。

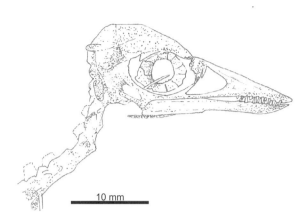

图20.8　来自提塘期索伦霍芬石灰岩的一只幼年脊饰德国翼龙的头骨和颈椎前部。值得注意的是，它们的颌尖与较成熟的德国翼龙的一样短且无牙，这表明二者的生活方式大体相似。改绘自贝内特（Bennett 2006）。

准噶尔翼龙超科翼龙可能用它们的钳状颌抓取、探寻及撬开贝类，之后在嘴中把它们粉碎。很可能颌尖形状的不同反映了获取不同类型食物的适应特性，使不同物种能够共享觅食地，而不会与其他物种产生生态争抢（Unwin 2005）。扩大的外耳骨突可能是以贝类为食的另一项指征，因为它们固定着强壮的颈部肌肉，使头部能够强力扭动，以获取或移动猎物（Habib and Godfrey 2010）。由于它们小小的足部和沉重的骨骼，我们可以假设，准噶尔翼龙超科翼龙通常在湖泊或河流的岩石上，或者至少是坚固的岸滩寻找食物，并不涉足深水。

有一些证据表明，准噶尔翼龙超科翼龙从孵化的那一刻起就以这种方式觅食。年代极晚的脊饰德国翼龙化石（图20.8），显示出与成年德国翼龙相同的典型牙齿样式、强壮的颌部和颈部肌肉扩张的迹象（Bennett 2006）。因此，与其他一些翼龙物种不同，幼年的准噶尔翼龙超科翼龙是它们父母的缩小版，也许它们唯一的区别是不能钳制并击碎成年个体食用的硬壳猎物。然而，小德国翼龙确实与成年个体不同，它没有颅骨饰物，这表明准噶尔翼龙超科是另一个只有性成熟才会发展出颅骨饰物的翼龙类群（Bennett 2006）。

21

枪嘴翼龙科

翼龙目＞单孔翼龙类＞翼手龙亚目＞冠饰翼龙类＞枪嘴翼龙科

11   总的来说，翼龙研究者一致认为，我们本书中所涉及的大多数主要类群都以某种形式存在。正如我们所看到的，它们在翼龙谱系树中的位置、组成和命名基础可能都存在争议，但至少有一个普遍的共识，即它们确实存在。但枪嘴翼龙科（Lonchodectidae）却并非如此，这些动物被一些人视为白垩纪翼龙动物群中神秘但重要的成员（图21.1；Unwin 2005），但也有一些人认为它们只是鸟掌翼龙超科中的一类（例如，Kellner 2003；Andres and Ji 2008；Wang et al. 2009）。因此，在翼龙目中是否真的存在独特的枪嘴翼龙科身体结构，或者将它们视为翼手龙亚目的一个主要类群是否夸大了它们形态上的独特性，这是一个问题。

可以预见的是，这一争论的核心焦点是一些特别支离破碎的化石，直到最近，这些化石还表明枪嘴翼龙科只存在于英国白垩纪（瓦兰今期—土仑期；1.40亿—9 000万年前）的岩层中（图21.2）。这些标本主要是颌骨和一些零碎的肢骨（图21.3—21.4），但其特点足以让戴维·安文认为它们代表了白垩纪翼手龙亚目的一个独特分支。这些标本中有许多可以直接与雷吉·瓦尔特·胡雷在1914年命名为枪嘴翼龙的动物联系起来，这是一只来自阿尔布期晚期（约1亿年前）剑桥绿砂岩组的翼龙，却很大程度上被人们忽视了（Unwin 2001）。胡雷认为在剑桥绿砂岩组有6种枪嘴翼龙（Hooley 1914），但是安文只发现了4种（Unwin 2001），即压喙枪嘴翼龙（*L. compressirostris*）、小齿枪嘴翼龙（*L. microdon*，可能与前者同物异名）、剑喙枪嘴翼龙（*L. machaerorhynchus*）、平口枪嘴翼龙（*L. platystomus*）。

相比之下，一些研究者甚至认为枪嘴翼龙不是一个有效且可辨别的属（Kellner 2003；Wang et al. 2009）。

基于与这些零散的绿砂岩组化石的相似性，其他的翼龙化石也被归入了枪嘴翼龙科。英国的其他地层，特别是英格兰南部的威尔登和白垩类群（年代分别为贝里阿斯期晚期—瓦兰今期［1.42—1.36亿年前］，以及塞诺曼期—土仑期［1亿—9 000万年前］），已经产出了一些零碎的枪嘴翼龙科化石，包括箭枪嘴翼龙（*L. sagittirostris*，来自威尔登）和巨大枪嘴翼龙（*L. giganteus*，来自白垩组）等物种（Unwin, Lü, and Bakhurina 2000；Unwin 2001；Witton et al. 2009）。后者仍然是已知的最重要的枪嘴翼龙科物种之一，因为与几乎所有其他物种不同的是，它既有颅骨化石，也有头后骨骼化石。然而，后者的重要性最近被中国九佛堂组（可能是阿普特期；1.25亿—1.12亿年前）中一具不完整的枪嘴翼龙科骨架取代了。这具骨架还没有被命名，但安文等人为其口头取名为"嫦娥"（Chang-e），也叫"月神"（Moon Goddess）（Unwin et al. 2008年）。更多的可能十分重要的枪嘴翼龙科化石材料来自西班牙的下安普第期乐兹组，该组出土了居氏普雷哈诺翼龙（*Prejanopterus curvirostra*）的颌尖、部分下颌骨和多种头后骨骼（Vidarte and Calvo 2010）。维达特和卡尔沃认为该物种的身份是个谜（Vidarte and Calvo 2010），但下颌长且低的特性和不寻常的齿槽形态，初步表明它可能代表一只枪嘴翼龙科翼龙。同样，来自巴西桑塔纳组（可能是阿普特期—阿尔布期；1.25亿—1亿年前）的一件不完整的颌骨可能记录了这一类群在南半球的首次出现。这种动物被戴维·马蒂尔鉴定为一只

图21.1 这幅图片画成之前，枪嘴翼龙未定种曾飞翔于白垩纪的太阳前，光线再次模糊了它神秘的解剖结构。

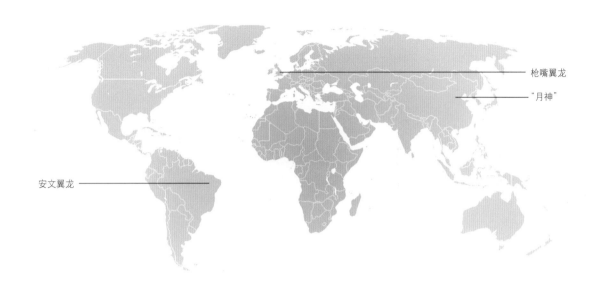

枪嘴翼龙

"月神"

安文翼龙

图21.2　枪嘴翼龙科分类群的分布

A

500 mm

B

图21.3　枪嘴翼龙的颅骨标本的左侧视图。A，来自塞诺曼期—土仑期白垩的物种，巨大枪嘴翼龙的喙部和下颌尖；B，贝里阿斯期—瓦兰今期哈斯廷地层的物种——箭枪嘴翼龙的左下颌支。照片由鲍勃·洛夫瑞吉提供，版权归伦敦自然历史博物馆所有。

不寻常的梳颌翼龙超科翼龙（Martill 2011年），并被命名为三角安文翼龙（*Unwindia trigonus*），但同样，其颌骨和牙齿形态的一些特征与枪嘴翼龙科的一致（D. M. Unwin，私人通信，2011）。如果安文翼龙确实是枪嘴翼龙科动物，那么它代表了这个类群中前所未有的形态，值得进一步关注。

那么，枪嘴翼龙科到底是什么？

上面提到的标本和物种具有一些特征，这些特征使它们无法被鉴定为其他翼龙分支的成员。这向我们表明，虽然确定它们在翼龙演化中的确切位置并不容易，但枪嘴翼龙科的身体结构确实存在。枪

213

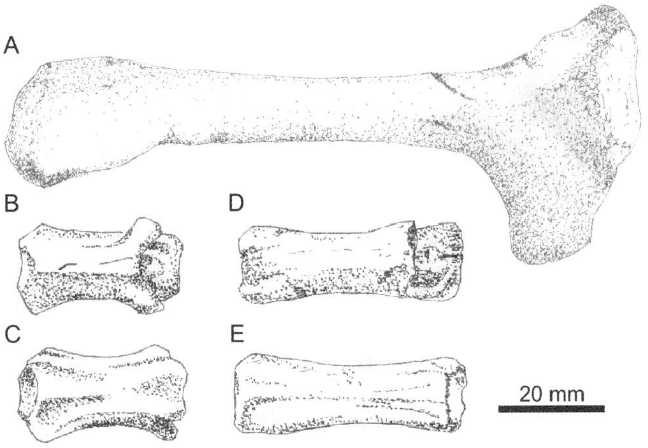

图21.4 枪嘴翼龙科的头后骨骼。A，右侧肱骨背面视图；B—E，相连的颈椎中段。B—C代表D—E的颈椎前部。B和D是每只骨骼的背面视图，C和E反映腹面视图。A，来自丝莱（Seeley 1870）；B—E，来自欧文（Owen 1851）。

20 mm

嘴翼龙科似乎最适合由颌部特征来界定，其有着低矮的颌部轮廓，凸起的牙槽，小且牙基狭窄的牙齿。这样的解剖结构在翼龙目中十分独特。它们的肱骨，虽然与其他冠饰翼龙类大致相似，但也有一些独有的特征。这些特征可能足以将枪嘴翼龙科与鸟掌翼龙超科区分开来，因为这些翼龙拥有极度不寻常的颌骨和肱骨（将图21.3—21.4与第15—18章的图比较；也见Unwin 2001，2003），可能反而提示我们应该将其置于冠饰翼龙类中的某处（Unwin 2001）。人们对枪嘴翼龙科在该类群中的位置提出了几种不同看法（Unwin 2003；Lü，Unwin，et al. 2008；Lü，Unwin，et al. 2010；Lü，Unwin，et al. 2011），但是目前已知最完整的枪嘴翼龙科解剖学代表——"月神"，肢体骨骼长度显示出其与神龙翼龙超科的密切关系（第22—25章；Unwin et al. 2008）。然而，要验证它们在翼龙谱系树中的位置，还需要对这个标本进行正式的描述，或许还需要发现更多的枪嘴翼龙科化石材料。

解剖学

　　枪嘴翼龙科是一个相当受忽视的翼龙类群，到目前为止，还没有对它们的解剖学或分类学进行实质性的综合研究被发表。目前，安文给出了关于它

们解剖学的最佳概述（Unwin 2001），但进一步的细节只能在其他文献中找到，且通常是历史文献（例如，Owen 1851；Seeley 1870；Hooley 1914；Witton et al. 2009；Martill 2011）。对于它们的解剖结构，我们知之甚少，甚至连估算其身体大小都很困难。但它们已知的肱骨长度不超过100毫米，如果假定其比例类似神龙翼龙超科翼龙，则意味着其翼展远小于2米。安文翼龙可能是一个例外，因为保存下来的颌部表明其头骨长度超过300毫米，翼展超过3米。

　　大多数枪嘴翼龙科的颌部似乎相当窄长，无脊冠。巨大枪嘴翼龙可能是一个例外，它的鼻眶前孔前部具有一个极短的喙，上下颌各具有薄薄的脊冠（Martill 2011）。剑喙枪嘴翼龙也有一只下颌脊冠，但形状不详。所有物种上下颌咬合面的中线都具有不同形状的脊和沟槽。它们的牙槽间隔规则，大小一致，并或多或少地自颌骨边缘抬升，给人一种牙齿长在小小的基座上的印象。牙弓本身占据了颌骨的大部分长度，至少在箭枪嘴翼龙中占据了下颌支长度的大部分。牙齿的间距得当，特点是纤细但相对较短，两侧相当扁平，通常略微内弯，牙基略微"狭窄"。在一些物种中，上颌的第三对牙齿较齿列的其他部分稍向侧面偏移，前牙有点向前突出。

　　在完成对"月神"标本的研究之前，对枪嘴翼龙科头后骨骼的解剖学几乎无从谈起。它们的颈椎

214

很长，有低矮的神经棘，也许与长颈的梳颌翼龙超科翼龙非常类似。巨大枪嘴翼龙的关节盂已知，遗憾的是，肩带的其他部分并不清楚。它们的肱骨具有大多数冠饰翼龙类的典型特征，即笔直、方正且不弯曲的三角肌嵴，自肱骨轴垂直伸出。对"月神"标本的初步研究表明，它具有神龙翼龙超科典型的相当短的翼指和加长的后肢（Unwin et al. 2008），但骨骼的确切比例还有待确定。

运动和古生态学

在化石材料如此零散的情况下，有人思考枪嘴翼龙科活着时候的模样已经很令人意外了，更不用说将相关观点发表出来。尽管如此，不仅有人提出枪嘴翼龙科是泛化的进食者（Unwin 2005），还有人认为它们的长腿会赋予其一些与神龙翼龙超科翼龙相当的陆地能力（Unwin et al. 2008）。也许我们可以进一步拓展对这些动物的了解，认为它们类似神龙翼龙超科翼龙的翅膀比例更适合在陆地环境中飞行，而不是海洋环境（见第22—25章）。当然，所有这些想法都是非常暂时的，在发现和描述更多实质性的枪嘴翼龙科化石之前，它们无法得到验证。一个世纪以来人们对其真实模样充满了困惑，希望这些发现不会让我们等太久。

22

古 神 翼 龙 科

翼龙目＞单孔翼龙类＞翼手龙亚目＞头饰翼龙类＞

神龙翼龙超科＞古神翼龙科

古神翼龙科是翼龙研究领域中的新成员。这个早白垩世的翼手龙亚目类群已经被认为是已知最惊人的翼龙之一（图22.1），这主要是由于它们的脊冠极度发达，头骨短而高，有着类鸟的下弯颌尖。简而言之，它们看起来就像是魔鬼狂饮了一番能量饮料后又用鹤鸵（食火鸡）的残骸把自己装扮了一番。1989年，亚历山大·凯尔纳对第一批古神翼龙科的化石进行了报告，当时翼龙界对古神翼龙科所属的更大的类群，即神龙翼龙超科尚未特别清楚。在整个20世纪，人们发现了一些神龙翼龙超科的化石碎片，但它们的多样性、丰富性和重要性只是在过去25年左右才变得明显起来。我们现在认识到神龙翼龙超科至少存在4种主要身体结构类型，其特征丰富，包括无齿颌、延伸至眼窝上方的巨大的鼻眶前孔、具有明显缩短的远端翼指骨的短翼指，以及长长的后肢（例如，Unwin 2003；Kellner 2003；Lü, Unwin, et al. 2008；然而，注意也有文章并未承认"神龙翼龙超科"这一类群，见 Andres and Ji 2008）。神龙翼龙超科似乎是一个非常重要的翼龙分支，其在早白垩世出现，并且主导了翼龙演化史的晚期。事实上，它们是唯一真正大量见证了中生代末期大规模灭绝的翼龙，而其他大多数分支早在这之前就消失不见了（第26章）。

神龙翼龙超科的位置关系一直是争论的热点。在本书我们所采用的方案中，古神翼龙科是神龙翼龙超科的第一个分支，保留了许多"原始"翼手龙亚目的特征，这使它们不能被分入相对进步的神龙翼龙超科类群，即新神龙翼龙类（见第23—25章）。这一发现得到了许多研究的支持（Unwin 2003；Lü, Jin, et al. 2006；Lü, Ji, Yuan, and Ji 2006；Lü, Unwin, et al. 2008；Lü, Unwin, et al. 2010；Martill and Naish 2006；Witton 2008b）。但在其他方案中，新神龙翼龙类并不存在，人们认为古神翼龙科包含了我们称为朝阳翼龙科（第23章）和掠海翼龙科（第24章）的动物（Kellner 1995, 2003, 2004；Kellner and Campos 2007；Andres and Ji 2008；Wang et al. 2009；Pinheiro et al. 2011）。新神龙翼龙类这个类群得到了一些特征的支持，包括直直的颌部、鼻眶区的一些特征、完全凹陷在头骨下半部的眼眶、相对加长且缺乏头骨脊的喙，以及细长的下颌骨（Lü, Jin, et al. 2006；Lü, Unwin, et al. 2008）；而一些观点所认为的广泛的古神翼龙科，仅由其鼻眶前孔的比例、梨形眼眶的存在，以及分隔眼眶和鼻眶开口的薄薄的骨支来界定（Pinheiro et al. 2011）。我们遵循的是明显的证据权重，并在此使用前一种方案，但这并不意味着我们已经了解到关于这个问题的最终结论。对这个问题的争论还在继续，还有几个保存完好的神龙翼龙超科的骨架在等待全面的描述和讨论。随着新数据的出现，我们对神龙翼龙超科演化的理解很可能会发生变化。

图22.1 皇帝雷神翼龙在阿普特期拉托湖贫瘠的腹地大展神威，仿若美国西部的独行侠克林特·伊斯特伍德（Clint Eastwood）。

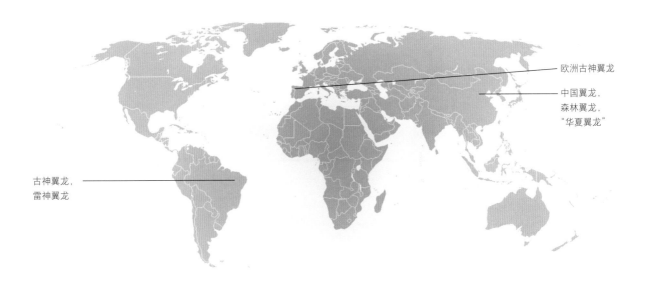

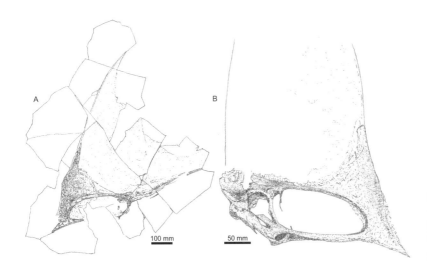

欧洲古神翼龙

中国翼龙，
森林翼龙，
"华夏翼龙"

古神翼龙，
雷神翼龙

图22.2　古神翼龙科分类群的分布

图22.3　阿普特期克拉托组古神翼龙科的头骨。一种是皇帝雷神翼龙，是已知拥有最大头骨脊的翼龙；B，帆冠雷神翼龙，一只缺少上枕脊的不寻常的古神翼龙科翼龙。A，改绘自坎普斯和凯尔纳（Campos and Kellner 1997）。

何处，何时，何物？

　　世界各地都有大量的古神翼龙科化石被发现（图22.2）。中国和巴西的早白垩世地层中发现的数量最多，但在摩洛哥和西班牙的沉积物中也有出现（Wellnhofer and Kellner 1991；Eck et al. 2011）。古神翼龙科最早是因一只来自巴西桑塔纳组（可能是阿普特期—阿尔布期；1.25亿—1亿年前）的破碎

头骨而获得描述的（Kellner 1989）。这些化石虽然残缺不全，但揭示了一只短脸、无牙的生物，其长着一只突出的喙部脊冠。此后，这只被命名为威氏古神翼龙（*Tapejara wellnhoferi*）的动物近乎完整的骨架被发现，使得它的解剖结构得到了详细的记录（Wellnhofer and Kellner 1991；Eck et al. 2011）。古神翼龙是唯一以三维立体化石为代表的古神翼龙物种，所有其他古神翼龙科物种的化石或多或少都

被压成了纸片般厚薄。对于最壮观的古神翼龙科翼龙，即大型且有帆状脊冠的皇帝雷神翼龙来说（图22.3A；Campos and Kellner 1997；Kellner and Campos 2007），情况也是如此。这只动物也来自巴西，但是是克拉托组（可能是阿普特期；1.25亿—1.12亿年前），该地层位于含有古神翼龙的桑塔纳地层之下。目前该物种有四件头骨和一件下颌骨已知（Pinheiro et al. 2011），但还没有发现任何与头后骨骼相关的化石。这种不寻常的保存也适用于克拉托组的另一个古神翼龙科物种，即同样壮观的帆冠雷神翼龙（图22.3B和图5.11—5.12；Frey, Tischlinger et al. 2003）。由于与古神翼龙和雷神翼龙在分类学上有一系列错综复杂的联系，这只翼龙陷入了棘手的命名问题。被发现时，该标本被认为是古神翼龙属中的一个种，但最近的研究表明它可能属于雷神翼龙属（Unwin and Martill 2007；Kellner and Campos 2007；Pinheiro et al. 2011）。其他人虽然同意该标本不能归于古神翼龙属，但几乎没有找到什么证据支持，他们建议该标本需要一个新的属名（Martill and Naish 2006；Witton 2008b）。正如我们将在下面看到的，比起其他古神翼龙科翼龙，帆冠雷神翼龙和皇帝雷神翼龙更为相似，所以将它们包含在同一个属名中似乎并没有什么不合理，我们在这本书中就是这么做的。其他克拉托组的古神翼龙科翼龙由完整程度不同的无头骨架代表，不能确切地称为皇帝雷神翼龙或帆冠雷神翼龙，但它们仍然因完好保存的翅膀和足部的软组织而引人注目（如图5.10）。

2003年，古神翼龙科翼龙爱好者的目光转向了东方——董氏中国翼龙（*Sinopterus dongi*），第一只来自中国九佛堂组（可能是阿普特期）的古神翼龙科翼龙，于当年得到描述（Wang and Zhou 2003b；Lü, Liu, et al. 2006）。中国的古神翼龙科翼龙比它们的巴西亲属年代略早，似乎代表了古神翼龙科演化的一个早期阶段。第二个中国物种谷氏中国翼龙（*S. gui*），在第一个物种之后很快被命名（Li et al. 2003），但是凯尔纳和坎普斯提供了充分的理由证明

谷氏中国翼龙是董氏中国翼龙的幼年个体（Kellner and Campos 2007）。现在，中国翼龙已有许多标本，这些标本对神龙翼龙超科来说是独一无二的，为我们展现了它们各阶段极为完整的生长情况。

另一只来自九佛堂的古神翼龙科龙"华夏翼龙"，与帆冠雷神翼龙一样陷入了命名上的混乱。"华夏翼龙"这个名字来源于季氏华夏翼龙（*Huaxiapterus jii*），该物种是从相当完整的骨架中被人们所知的（Lü and Yuan 2005）；此外还有两个物种，具冠华夏翼龙（*H. corollatus*）（Lü, Jin, et al. 2006）和脊冠巨大的本溪华夏翼龙（*H. benxiensis*）（Lü et al. 2007）。凯尔纳和坎普斯（Kellner and Campos 2007）以及平赫罗等人（Pinheiro et al. 2011），都认为季氏华夏翼龙与中国翼龙没有足够多的区别，不能成为一个单独的属，而应该被称为季氏中国翼龙（*Sinopterus jii*）。与帆冠雷神翼龙的情况相同，具冠"华夏翼龙"和本溪"华夏翼龙"现在正等待一个新的属名。然而，这个问题可能需要进一步思考。本溪"华夏翼龙"与中国翼龙的真正区别在于头骨脊的大小，而正如我们一再看到的（第8、14、18章），翼龙颅骨的比例在种级分类中的作用有待商榷。因此，九佛堂古神翼龙科的大部分物种有可能，甚至大有可能代表着同一个物种，即董氏中国翼龙（图22.4）。

更多争议是围绕着另一种与古神翼龙科有关的九佛堂翼龙的身份展开的，它们是小体型的隐居森林翼龙（*Nemicolopterus crypticus*）（图22.5；Wang, Kellner, et al. 2008）。这种动物只有一件化石已知，是一具很小但近乎完整的骨架，翼展约为250毫米。汪筱林、凯尔纳等人认为这件标本代表了一种独特的翼手龙亚目类型，因为它的解剖结构显然与任何已知的翼龙类群都不匹配（Wang, Kellner, et al. 2008）。这些作者认为，除了体型以外，骨化的趾骨、肋骨和腹膜肋表明，该动物并不十分年幼，从而表明它与其他翼龙之间的差异具有分类学上的意义，而不仅仅是因生长阶段不同造成的假象。就个

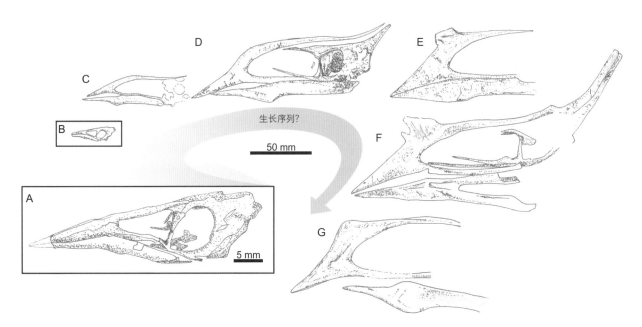

图22.4　阿普特期九佛堂组古神翼龙科的头骨和下颌骨，按大小顺序排列。A，隐居森林翼龙，放大视图；B，隐居森林翼龙与B—G的比例对比；C，"谷氏中国翼龙"；D，董氏中国翼龙；E，具冠"华夏翼龙"；F，本溪"华夏翼龙"；G，季氏中国翼龙。注意头骨大小和冠饰发育之间的关系。A和B，改绘自汪筱林、凯尔纳等人（Wang, Kellner, et al. 2008）；C，改绘自据李建军（Li et al. 2003）；D，改绘自汪筱林、周忠和（Wang and Zhou 2003a）；E，改绘自吕君昌、金幸生（Lü, Jin, et al. 2006）；F，改绘自吕君昌等人（Lü et al. 2007）；G，改绘自吕君昌和袁崇禧（Lü and Yuan 2005）。

图22.5　九佛堂组古神翼龙科翼龙——隐居森林翼龙可能的幼崽的实体复原。

人而言，我对该说法不太确定。翼龙胚胎期拥有骨化的腹膜肋和翼指骨（Chiappe et al. 2004），而森林翼龙相当简单且未愈合的骨骼显示出与其他幼年翼龙相同的幼年特征和比例（例如，Bennett 1996b，2006；也见第8章）。该标本还表现出一些古神翼龙科的特征（包括无牙、颌尖弯垂，以及肱骨中的一些古神翼龙科特征），因此看起来森林翼龙可能是一只非常年幼的，甚至可能是刚刚孵化的古神翼龙科翼龙。它甚至看起来有点像曾经被称为"谷氏中国

翼龙"的幼年中国翼龙标本，这可能表明它与谷氏中国翼龙有亲缘关系。如果这个看法是正确的，"森林翼龙"将使中国翼龙的各生长阶段相当完整，即从刚孵化的幼崽（"森林翼龙"）一直到完全成长的成年翼龙（本溪"华夏翼龙"）都被人们所知。

在巴西和中国以外发现的古神翼龙科代表着这些翼龙已知的生存时间范围。来自摩洛哥塞诺曼期（1亿—9 400万年前）卡玛卡玛群的一件相当深的无齿下颌尖，可能记录了年代最晚的古神翼龙科

（Wellnhofer and Buffetaut 1999），尽管鉴于非常不完整，其作为古神翼龙科的身份有点值得怀疑。我们可以对来自西班牙巴雷姆期（1.3亿—1.25亿年前）拉斯霍亚斯特异埋藏的一只古神翼龙科的部分头骨标本给予更多的信任（Vullo et al. 2012）。这一材料标本被命名为奥卡德斯欧洲古神翼龙（*Europejara olcadesorum*），是已知的最古老的古神翼龙科化石，它证明了该群体早在白垩纪就已经拥有了不寻常的头骨形态。

解剖学

骨学

在有关翼龙的文献中，古神翼龙科受到的对待有所区别：一些物种被记录得非常好，另一些则情况堪忧。最详细的古神翼龙科解剖学图片来自韦尔恩霍费尔和凯尔纳（Wellnhofer and Kellner 1991）

及艾克等人（Eck et al. 2011）对威氏古神翼龙的全面描述，也有对克拉托组的古神翼龙科的各种描述（Frey，Tischlinger，et al. 2003；Unwin and Martill 2007；Pinheiro et al. 2011）。在中国的该类标本中，具冠华夏翼龙可能是被描述得最好的（Lü，Jin，et al. 2006）。中国古神翼龙科的完整性为我们提供了机会，来探寻它们被人知之甚少的巴西亲属究竟体型有多大。尽管它们的脊冠所占比例很高，但古神翼龙科似乎是最小的神龙翼龙超科类群。最大的物种（雷神翼龙和"来自卡玛卡玛群的古神翼龙科"）可能翼展不超过3米（图22.6）。其他物种则更小。中国翼龙的翼展不超过1.9米，具冠华夏翼龙最长为1.5米，而最大的古神翼龙翼展不超过1.5米（但是还没有发现成年古神翼龙的标本，所以它有可能长得更大）。

古神翼龙科翼龙的特点是脸短，这是喙部发育不良和下弯颌尖的产物（图22.3—22.7）。幼崽的头骨相当矮长，但会随着年龄的增长而变得短且

图22.6 为什么古神翼龙科翼龙都如此惹眼？尽管拥有翼龙中最大的头骨脊，但皇帝雷神翼龙的估计翼展只有3米，大约接近于肩膀高度1.5米的人类。

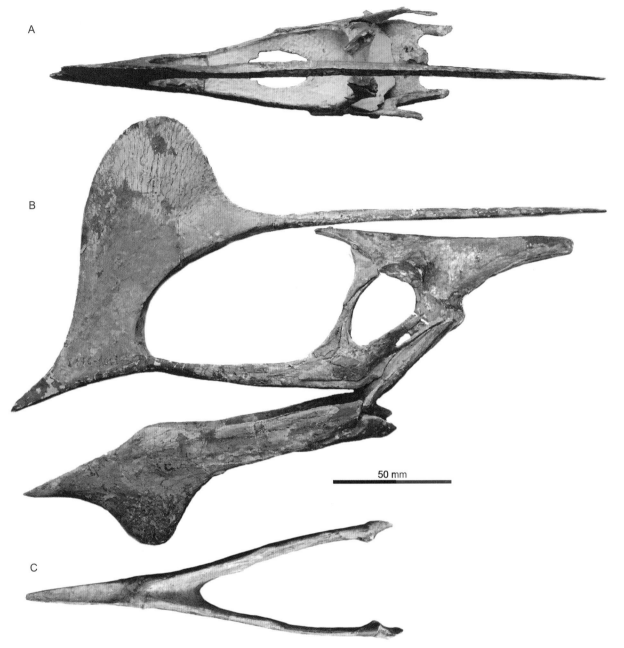

图22.7 来自阿尔布期的桑塔纳标本，威氏古神翼龙完整的头骨和下颌骨。A，头骨背视图；B，头骨和下颌骨的左侧视图；C，下颌骨的背面视图。照片由安德鲁·弗莱德梅杰和厄诺·恩德伯格提供。

高，而且不像我们在其他翼龙中看到的那样下颌长度有显著增加。古神翼龙科翼龙的眼眶呈水滴形，和所有的神龙翼龙超科翼龙一样，它们在头骨上的位置低于鼻眶前孔的上缘。它们的下颌骨和头骨一样，都短而深，下颌尖弯垂，与上颌尖相似。古神翼龙科翼龙的颌部闭合时会存在一些间隙，所以它们只有后半部分颌骨线和颌尖相互接触（Wellnhofer

and Kellner 1991）。圆形的脊冠从成熟的下颌联合体伸出，通常带有大致呈半圆形的边缘。然而，欧洲古神翼龙呈现了一个不寻常的后掠的下颌骨脊冠（Vullo et al. 2012）。

大多数成熟的古神翼龙科头骨都有两个脊冠：一个在头骨的前部，另一个在后部。脊冠的软组织部分占据了这两个结构之间的空间，因此，仅从这

22

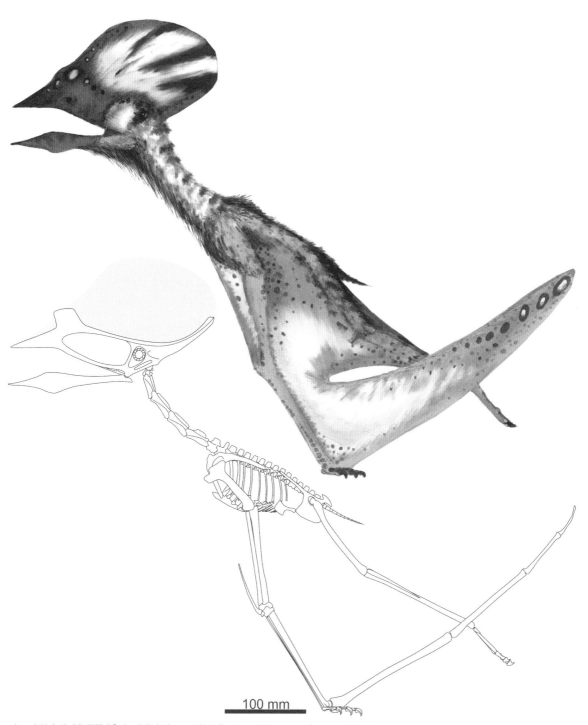

图22.8　起飞中的本溪"华夏翼龙"（可能代表着一只成熟的董氏中国翼龙）的骨骼复原和实体复原。

100 mm

些成分就可以粗略判断出它们脊冠的大概尺寸。然而，帆冠雷神翼龙是一只不寻常的古神翼龙科翼龙，因为它拥有一个并不锋利的后颅面。脊冠前部从喙部向背面或前背侧伸出50毫米，形状多样，既有中国种那种小角状突起，也有巴西种那极度扩张的三角形或圆形突起。雷神翼龙软组织脊冠的前缘由长长的骨质脊冠支撑，这些骨质脊冠从喙部脊冠的顶端向背侧延伸。骨质脊冠后部由喙骨，即前颌骨，向后突出形成，超过了整个头骨，一直延伸到头骨后缘之外。其在幼年时与头骨分开，但在成年时融合，即与后方突出的上枕脊结合，形成了一个坚固的后支。克拉托组古神翼龙科骨质脊冠的完整范围令人印象深刻（图22.3和图22.6），高度（和皇帝雷神翼龙的长度）相当于其主人翼展的三分之一。它们广泛的软组织脊冠固定处留下了沿头骨长度生长的纤维骨痕迹，从质地上讲，与在其他翼手龙亚目中看到的骨质脊冠的纤维边缘非常相似。

古神翼龙科翼龙的颈椎具有翼手龙亚目翼龙的典型长度（图22.8）。如同准噶尔翼龙超科、枪嘴翼龙科和其他神龙翼龙超科一样，它们的颈部形态低矮，神经棘退化，神经弓进入椎体。它们的背椎相当短，在成年的中国翼龙身上由多达13块椎骨组成（Lü，Liu，et al. 2006），但与其他一些神龙翼龙超科翼龙相比，它们的前背似乎并没有愈合成一个联合背椎。古神翼龙科翼龙的一系列荐骨和尾椎鲜少被人们了解，但在成熟的中国翼龙中，有5块由椎骨组成的荐骨。古神翼龙（Eck et al. 2011）、中国翼龙（Wang and Zhou 2003）和森林翼龙（Wang，Kellner et al. 2008）的少数尾椎的发现，表明与大多数翼手龙亚目翼龙一样，它们的尾巴不值一提。

与许多其他翼手龙亚目翼龙相比，古神翼龙科翼龙的腰带强大而复杂，肩胛骨和乌喙骨异常地长，后表面有大的凸缘（Frey，Buchy，and Martill 2003）。上述这些与看起来相当方正且又宽又深的胸骨相连，尽管它们的胸骨前突很短。就目前所知，它们的腰带表明其后肢带也同样复杂，而且肌肉发达，有长长的

髋臼前突和高且呈斧头状的髋臼后突。这样的突起只在其他的神龙翼龙超科翼龙和可能的准噶尔翼龙超科翼龙中比较常见（第20章）。

古神翼龙科翼龙的肩胛乌喙骨在翼龙中相当独特，可能代表了其拥有一种独特的飞行方式（Frey，Buchy，and Martill 2003）。由于古神翼龙科的肩胛骨比乌喙骨长整整三分之一，且以类鸟的方式直接与前几节背椎相连，使得关节盂位于躯干腹面，与胸骨水平。弗雷、巴克和马蒂尔认为这是一种"底层"构造（Frey，Buchy，and Martill 2003），而其他翼龙的构造则是"上层"（鸟掌翼龙超科）或"中层"的（神龙翼龙科；第25章），这取决于关节盂在体内的高度。然而，我对"底层"构造的解释持怀疑态度，原因有很多。第一，肋骨上的痕迹，以及其他神龙翼龙超科翼龙的肩胛骨和联合背椎之间关节连接的特征（见第24章和第25章），都表明它们的肩胛骨从脊柱的前外侧突出，以相当标准的翼龙的方式横置于肋骨上，而不是像鸟掌翼龙超科翼龙那样与脊柱垂直衔接。这种痕迹在古神翼龙科中仍然是未知的，但它们的近亲表明，其肩带并不是以鸟掌翼龙超科那种不寻常的方式构造的。第二，一些关节互相连接的翼龙骨架有着过长的肩胛骨（曲颌形翼龙科翼龙和梳颌翼龙超科翼龙；第12章和第19章），表明类似的肩胛骨只位于背外侧表面上，并且比其他翼龙类向躯干下方延伸得更远，因此，较长的肩胛骨并不一定表明关节盂位置的改变。第三，并没有证据表示一个较低构造的腰带会与其主人的肋骨契合，这是复原已灭绝生物的骨骼系统时一个相当重要的，也是经常出现问题的部分（负责组装用于博物馆展示的恐龙骨骼的工程师经常要与这个问题作斗争）。因此，我们目前假设古神翼龙科翼龙有着"典型"的肩部构造可能更稳妥些，或者至少在"底层"构造的更多实质性证据出现之前我们应当如此。

古神翼龙科翼龙的四肢相较于体型来说相当修长，这是神龙翼龙超科翼龙的一个共同特征。它们的四肢比例与其他神龙翼龙超科翼龙类似，后肢长

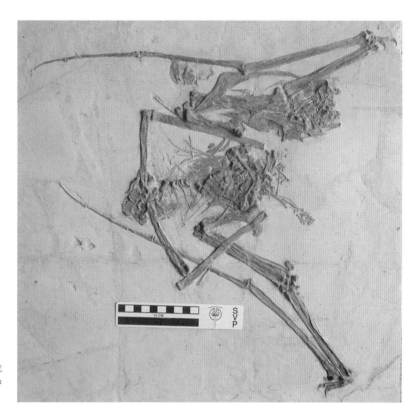

图22.9　来自九佛堂组的分类群，季氏中国翼龙（原名为季氏华夏翼龙，但可能代表一个大型董氏中国翼龙）的正模标本骨骼。照片由吕君昌提供。

度约为前肢的75%（不包括翼指），翼掌骨加长（约占整个翅膀的20%），但翼指相当短（不到翅膀长度的57%）。一些古神翼龙科物种（如中国翼龙"华夏翼龙"）的前三只掌骨特别短，够不到腕骨（图22.9；如在大多数其他神龙翼龙超科翼龙和无齿翼龙［第18章］中所见），但其他分类群（如古神翼龙）似乎没有发展成这种状况。古神翼龙科翼龙肱骨的特点是其近端有两个气孔（一个在上表面，另一个在下表面），三角肌崤略短，可能比其他神龙翼龙超科翼龙的三角肌崤更方正。它们的股骨通常相当长，大约是成年体肱骨长度的1.2倍，但相比之下，足部就短且紧凑，有着紧密结合的足部骨骼和短足趾。值得注意的是森林翼龙的足趾，因为它们拥有略微弯曲的足骨，而且不寻常的是，足趾的长度从第Ⅰ趾到第Ⅳ趾逐渐增加。

软组织

　　克拉托组的古神翼龙科因保存大量的软组织结构而闻名，其中许多结构是类似大小或进步的翼龙所没有的（Frey，Tischlinger，et al. 2003；Elgin et al. 2011；Pinheiro et al. 2011）。不可否认，脊冠是最引人注目的软组织特征。它们似乎是由相当惰性的角质材料组成的，因为标本没有显示出血液供应或神经组织通过脊冠的迹象。它们很明显是巨大的，但其覆盖范围在克拉托组物种中尚不完全清楚（图22.3）。4个已知的皇帝雷神翼龙头骨都破碎不堪（Pinheiro et al. 2011），显然在被埋葬之前，它们置于克拉托组烈日之下的时间有点长。相比之下，两个已知的帆冠雷神翼龙头骨脊顶端的缺失可能是人为的错误造成的：它们被采石工人锯掉了，那时这些工人正将石灰岩切割成屋顶瓦片，并不知道里面保存着化石（图5.12；Frey，Tischlinger et al. 2003）。对这些脊冠缺失部分的估计表明，帆冠雷神翼龙的脊冠相当高，前后缘近乎平行，而皇帝雷神翼龙的脊冠则宽得多，后侧边缘极度突起，长度和高度几乎相等（图22.6；Pinheiro et al. 2011）。根据估算的面积大小，每只脊冠大约是其相应头骨横向宽度的3—4倍。在中国翼龙和"华夏翼龙"中也有软组织脊冠成分已知，但它们的实际大小比克拉托组的标本更为神秘。在雷神翼龙的两个物种中，沿着喙的前端可以看到额外的较小的脊冠组织，并且在帆冠雷神翼龙中形成了角质喙鞘（见第5章；Frey，Tischlinger et al. 2003）。已知一些代表鼻中隔的软组织也来自这只翼龙的鼻眶前孔，也许表明古神翼龙科的鼻孔位置在头骨的前端。

克拉托组古神翼龙科翼龙的手部和足部软组织也已被人们充分了解（图5.10；Frey, Tischlinger, et al. 2003）。在一些标本中出现了手足的爪鞘，其中足爪的爪鞘特别长，是内部骨骼长度的两倍。同样的标本显示足部骨骼下有带鳞的足跟和足底垫，足跟垫大到足以完全覆盖残存的第Ⅴ趾。在古神翼龙科脚趾之间保存有蹼，这是翼龙行迹所显示的特征，但在化石中很少保存下来。翼膜出现在几件标本中，其中一件标本有极为明显的臂膜附着在踝关节上（图22.10；Frey，Tischlinger，et al. 2003；Unwin and Martill 2007；Elgin et al. 2011）。

运动

飞行

如同大多数神龙翼龙超科类群一样，古神翼龙科是相当新的发现，尚未得到研究功能形态的翼龙学家的专门关注。因此，我们对它们飞行方式的了解仍处于起步阶段。威顿将中国翼龙和"华夏翼龙"设想成具有相当强的适应特性（Witton 2008a），是可与现代鹦鹉和乌鸦相媲美的泛化飞行者。它们相对较短的翅膀似乎适应在内陆环境中飞行；由于有长长的四肢和巨大且可能肌肉发达的肢带，我们似乎可以相当有把握地预测，它们善于起飞和拍打翅膀。

古神翼龙科翼龙的脊冠对它们飞行的影响还有待确定。据弗雷和蒂斯彻林格尔等人推测（Frey，Tischlinger，et al. 2003），它们的脊冠在飞行中可以充当方向舵，还有一个相当激进的想法是，当它们飞到离水足够近的地方时，脊冠可以起到帆的作

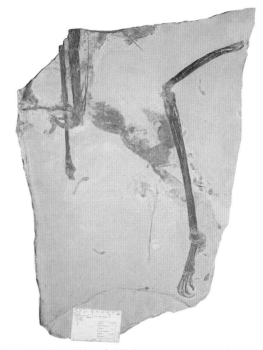

图22.10　阿普特期克拉托组古神翼龙科的左后肢和远端前肢的部分骨骼，由保存完好的翼膜后缘（两肢之间的橙色矿物）连接。注意脚踝附近僵硬的纤维移位。图片由鲍勃·洛夫瑞吉提供。

用，这样它们的脚就可以浸在水下辅助航行。然而，这种翼龙"双体船"的观点几乎没有得到其他研究者的支持。在古神翼龙科翼龙的骨骼中没有看到为"航行"习惯所产生的变化，这些变化可能包括为将头部保持在相对于风向的理想位置的更大的颈部肌肉，以及发达的在水中起飞的特性，等等。此外，紧凑的足部有着小小的表面积、弯曲的爪子和大大的足垫，将使它们成为糟糕的舵手。然而，这并不排除古神翼龙科的头骨脊对它们的飞行具有一定影响的可能性。邢立达等人发现（Xing et al. 2009），假想的（很可能不存在；见第18章）夜翼龙的帆状冠，对其飞行的转向及速度有很大影响，也许是古神翼龙科的最佳实验模拟物。这表明，古神翼龙科的头骨脊可能也同样会在大风条件下影响其主人的飞行模式。鉴于翼龙脊冠的功能似乎主要与展示和社交有关，而不是飞行（对古神翼龙科来说可能也是如此；见下文），我们不得不怀疑古神翼龙科翼龙是否享受到了脊冠可能带来的飞行优势，也有可能它们觉得麻烦，索性不在有风险的情况下飞行。

在地面上

所有神龙翼龙超科翼龙似乎都特别善于地面活动，古神翼龙科也不例外。长而有力的四肢表明它们可能具有熟练的行走能力，紧凑有垫的足部非常适合在坚实的地面上行走。在白垩纪的中国林地或同时代巴西的开阔灌丛中，可能经常会有古神翼龙科翼龙在大步走动。森林翼龙弯曲的足趾和不对称的足被认为是强大攀爬能力的证据（Wang，Kellner，et al. 2008），但是其他更成熟的古神翼龙科翼龙并没有表现出同样的适应特性。也许古神翼龙科翼龙的幼崽大部分时间都躲藏在植被中，只有当长到足够大，较小的捕食者不会造成困扰时，它们才会冒险到开阔的环境中。无论采用哪种方式，这些动物与所有神龙翼龙超科翼龙一样，都倾向于保存在大陆沉积物或至少是海洋边缘的沉积物中，这些沉积物保存了大量来自当地内陆的动植物，由此证明了它们具有明显的陆生能力。最近对古神翼龙科骨骼的分析证实了这种生活环境的偏好，因为它们骨骼上有着强烈的淡水化学物质标记，这些标记是通过在远离海洋的栖息地觅食和饮水获得的（Tütken and Hone 2010）。

古生态学

古神翼龙科翼龙短短的面部和下弯的喙确切表明它们的进食习惯与其他翼龙不同。韦尔恩霍费尔和凯尔纳提出（Wellnhofer and Kellner 1991），它们的喙部形态非常适合食用水果、种子和其他有营养的植物物质，这对翼龙来说是一个相当新颖的生态位。其他作者沿用了这一看法（例如，Unwin 2005；Wang and Zhou 2006a；Vullo et al. 2012），这与翼龙可能是白垩纪重要的种子传播者的观点有关（Fleming and Lips 1991；Vullo et al. 2012）。飞行动物是种子传播最有效的媒介，这使得翼龙和早期鸟类比植食性恐龙或其他陆生中生代动物更适合担任这一角色。人们认为古神翼龙科的脊冠位置绝佳，可以用来推动并分开植被，有助于它们直接从植物上获取果实，并且当它们在落叶层中寻找食物时，陆地适应性将使它们凸显出优势。然而，我确实对古神翼龙科翼龙是否只食用种子和果实存在疑惑，因为吃种子的鸟类往往也吃小动物。对于较小的鸟类来说，这些小动物可能仅仅是虫子和蠕虫，但较大的鸟类能够捕捉大型无脊椎动物和小型四足总纲成员。古神翼龙科翼龙在饮食上可能也同样不加挑剔。

古神翼龙科的脊冠不仅仅有分开树枝的功能。凯尔纳提出，它们的脊冠还能调节温度（Kellner 1989）。虽然现实中软组织脊冠可能是惰性的，对改变体温作用不大，但活性的骨质区域可能由于其大小和形状而容易失去或聚集热量。这是表面积与体积拥有高比值的附肢必然会带来的影响，正如我们将在第24章中看到的，这并不能反映古神翼龙科脊冠的主要功能。与此相关的是中国翼龙脊冠的发育情况，它表明只有年长的个体才有大脊冠（图22.4）。这就提出了一个问题：如果古神翼龙科的脊冠具有上述功能，那么年轻的无冠个体如何进行体温调节？与此相反的是，中国翼龙脊冠的生长模式与翼龙头骨脊的性展示功能学说完全一致（图22.4），这可能表明，古神翼龙科的脊冠并不是奇怪的散热器、船帆状结构或觅食工具，而只是类似于爱尔兰麋鹿的角以及孔雀羽毛这样的明显的性选择产物。我们很容易想象，在日常生活中，比如飞行、在狭窄的空间里觅食、躲避捕食者，以及应对强风时，古神翼龙科翼龙的脊冠与其说是一种优势，不如说是一种累赘。在这方面，它们的脊冠与现代动物演化出的那些极端的性装饰结构相比较来说，相当的不便，可能会对它们的主人产生明显的负面影响。这种解释可能会使古神翼龙科翼龙退去一些神秘怪异的色彩，但这也许与它们的解剖学、翼龙的古生物学以及在其他动物身上观察到的演化模式更为相符。

23

朝阳翼龙科

翼龙目＞单孔翼龙类＞翼手龙亚目＞头饰翼龙类＞神龙翼龙超科＞
新神龙翼龙类＞朝阳翼龙科

　　我们很难不为朝阳翼龙科（图23.1）感到一丝遗憾。不仅与其他翼龙类群相比时，它们明显不够华丽（没有壮观的翼展或巨大的头冠），而且在讨论神龙翼龙超科的多样性时，它们往往也会被翼龙研究者忽视。然而，朝阳翼龙科不仅是一个令人兴奋的全新翼龙类群（Wang and Zhou 2002），而且在其短暂的早白垩世演化史中曾遍布全球（Witton 2008c），目前已知的物种已达6个。朝阳翼龙科最近才被认为是神龙翼龙超科中一个独立的类群（Lü，Unwin，et al. 2008；Witton 2008c；Pinheiro et al. 2011），最初，不同的朝阳翼龙科物种被放在翼龙谱系树的不同分支中。这些分支包括夜翼龙科（Wang and Zhou 2003a）、无齿翼龙科（Lü and Zhang 2005；Wang and Zhou 2006a；Lü，Gao，et al. 2006）、神龙翼龙科（Lü and Ji 2005b）和古神翼龙科（Unwin 2005）。有些人认为朝阳翼龙科翼龙与已知的翼手龙亚目翼龙非常不同，不能放在任何现有的类群中（Dong et al. 2003）。然而，这种坎坷的分类历史从现在开始可能会趋向稳定，因为它们的无齿颌骨、大大的鼻眶前孔、凹陷的眼窝、肱骨形态、长长的后肢和短翼指，已经被确定为是某些神龙翼龙超科翼龙的特征（Lü，Unwin，et al. 2008；Witton 2008c；Pinheiro et al. 2011），而它们与无齿翼龙类的联系还没有得到任何系统发育分析的支持。

　　朝阳翼龙科在神龙翼龙超科中的确切位置还存在争议。大多数研究发现，根据颈椎和后颅骨的特征，它们是神龙翼龙科的近亲(Andres and Ji 2008; Lü, Unwin, et al. 2008; Witton 2008b; Vullo et al. 2012)。吕君昌、安文等人（Lü, Unwin et al. 2008）以及威顿（Witton 2008b）指出，与神龙翼龙科相邻的位置可能使它们因此成为新神龙翼龙类的成员，新神龙翼龙类这一拥有着直直颌部的类群我们在第22章中讨论过。平赫罗等人提供了另一种解释（Pinheiro et al. 2011），即朝阳翼龙科与古神翼龙科亲缘关系十分密切，而其他分析则没有单独指出任何类群是它们的近亲（Lü, Unwin, et al. 2010）。似乎朝阳翼龙科与直颌的神龙翼龙超科关系更为密切，原因在前面讨论过。但是，目前可能还没有足够的数据来评估它们究竟离神龙翼龙科更近，还是离另一个新神龙翼龙类的类群——掠海翼龙科更近（第24章）。事实上，它们在新神龙翼龙类中的三种可能演化位置都各具说服力。掠海翼龙科和神龙翼龙科之间的密切关系，可以通过它们共同拥有的不寻常的翼指比例、背椎的愈合以及头骨结构的一些特征来证明。另一方面，神龙翼龙科和朝阳翼龙科拥有同样简化且加长的颈椎，但掠海翼龙科和朝阳翼龙科则拥有一些相同的颅骨和肢体骨骼指标。掠海翼龙科和神龙翼龙科的共同特征也许让它们的亲缘关系在上述难以抉择的三个方案中更具说服力，但这毕竟只是一种不确定的解释。正如我们将在接下来的几章中看到的，关于新神龙翼龙类的解剖学还有很多需要了解的地方，而新的发现几乎肯定会改变

图23.1 它们也许没什么特色，但有风度。两只巨大的湖氓翼龙在阿普特期克拉托组的湖边跳跃着，展示着华丽的求偶舞蹈。

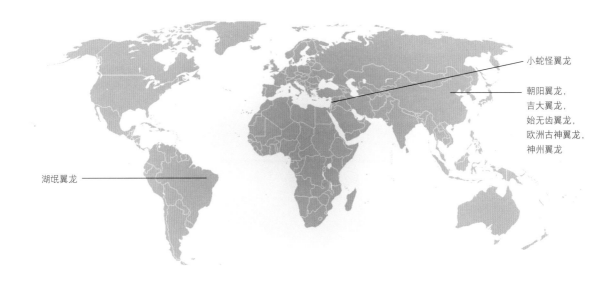

小蛇怪翼龙

朝阳翼龙，
吉大翼龙，
始无齿翼龙，
欧洲古神翼龙，
神州翼龙

湖氓翼龙

图23.2　朝阳翼龙科分类群的分布

人们对它们演化的看法。

已确定身份的朝阳翼龙科化石材料仅来自中国和巴西的早白垩世地层（图23.2）。前者最具代表性，自2003年以来，在中国辽宁地区的义县组（可能是巴雷姆期；1.3亿—1.25亿年前）和九佛堂组（可能是阿普特期；1.25亿—1.12亿年前）中有5个物种获得了描述。第一个获得描述的张氏朝阳翼龙（*Chaoyangopterus zhangi*）是该类群的同名物种，由九佛堂组几乎完整的骨骼所代表（Wang and Zhou 2003a）。令人沮丧的是，人们只找到了头骨及下颌骨的前半部分，这是朝阳翼龙科发现中一个反复出现的特征。九佛堂标本，即无齿吉大翼龙（*Jidapterus edentus*）（Dong et al. 2003）和辽西始神龙翼龙（*Eoazhdarcho liaoxiensis*）（Lü and Ji 2005b）的几乎完整的骨骼已被人们所知，但与朝阳翼龙和义县组的物种李氏始无齿翼龙（*Eopteranodon lii*）一样，它们缺少颅骨后部区域（Lü and Zhang 2005；Lü, Gao, et al. 2006）。因此，目前只有一件完整的朝阳翼龙科头骨已知，它属于九佛堂组一个相当小的物种标本——朝阳神州翼龙（*Shenzhoupterus*

chaoyangensis）（Lü, Unwin, et al. 2008）。代表这种动物的唯一标本还有着近乎完整的头后骨骼，因此是该类群中被人们最完整所知的成员（图23.3A）。尽管朝阳神州翼龙与它的亲缘物种可以很容易地区分开来，但中国地层中的其他朝阳翼龙科物种数量很可能被夸大了，需要重新进行详细的分类学评估。

在中国以外的地区，只有一件标本被确定为朝阳翼龙科。与几乎完整的中国化石材料不同的是，它只有一件来自巴西克拉托组（可能是阿普特期）的巨大而破碎的口鼻部（图23.3B—C；Witton 2008c）。但此后并没有发现这只翼龙的其他化石，它被命名为巨型湖氓翼龙（*Lacusovagus magnificens*）。虽然安文和马蒂尔指出，一些具有类似新神龙翼龙类特征的克拉托组的无头翼龙骨架可能属于该物种（Unwin and Martill 2007）。

还有一种可能与朝阳翼龙科有亲缘关系的翼龙是来自黎巴嫩的类型，高飞小蛇怪翼龙（*Microtuban altivolans*）（Elgin and Frey 2011b）。这个物种出现在塞诺曼期（1亿—9 400万年前）的桑宁山组中，仅从头后骨骼被人们所知，这些化石与朝阳翼龙科化

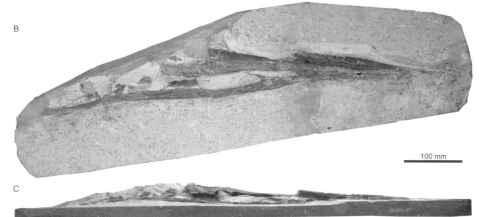

100 mm

图23.3 两件大小不一的朝阳翼龙科正模标本。A，阿普特期九佛堂组物种，朝阳神州翼龙的完整骨架；B—C，克拉托组物种巨大湖氓翼龙的不完整头骨，背面视图（B）和左侧视图（C）。

石的比例相似，除了它们那极度发育不良，只占翼指长度1%的第Ⅳ翼指骨。遗憾的是，小蛇怪翼龙颅骨材料的缺乏意味着它与朝阳翼龙科的亲缘关系并不能确定，它很可能代表一只掠海翼龙科翼龙（第24章）或神龙翼龙超科中另一支独立的分支。无论如何，出现在塞诺曼期沉积物中这一事实是很重要的，因为它代表了神龙翼龙超科中唯一一件来自晚白垩世的非神龙翼龙科翼龙化石。

解剖学

尽管朝阳翼龙科的化石通常相当完整，但它们往往要么保存不佳，要么风化严重，因此许多精致的细节，比如具气孔构造的骨骼系统的范围，仍然不为人所知。对其化石的描述也相应地十分简短。到目前为止，也许朝阳翼龙科中化石最优秀以及被描述最广泛的当属神州翼龙（Lü，Unwin，et al. 2008），尽管如此，这件标本也有相当多的地方难以理解。大多数朝阳翼龙科翼龙是体型相当小的翼手龙亚目翼龙，翼展从始无齿翼龙的1.1米到朝阳翼龙的1.9米不等。神州翼龙成年后的最大体型似乎也相当小（翼展为1.4米）。然而，湖氓翼龙却打破了这一趋势，它的翼展超过了4米，是克拉托组翼龙群体中最大的翼龙之一（Witton 2008c）。

撇开体格不谈，朝阳翼龙科的解剖结构相当统一（图23.4）。它们的头骨比例非常大（Lü，Unwin，et al. 2008），有长且直的颌部和扁而无脊冠的喙。头骨向上膨起，有特别大的鼻眶前孔——特征是背面有非常薄且平行的骨片为界。有人认为，这些骨骼的纤细特质可以解释朝阳翼龙科的颅骨背面区域为何鲜少获得保存，因为将头骨末端固定在一起的骨骼似乎有些脆弱（Witton 2008c）。湖氓翼龙拥有比

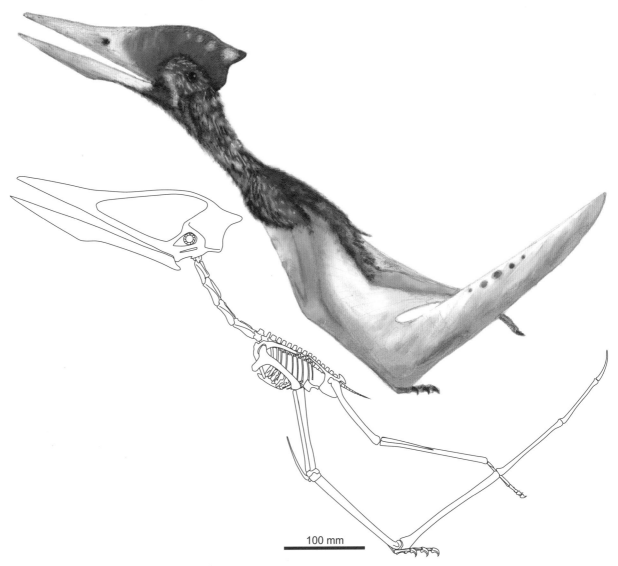

图23.4 起飞中的朝阳神州翼龙的骨骼复原与实体复原。

其他同类更宽的颌骨和喙，以及相当蜿蜒的下颌轮廓（图23.3B）。朝阳翼龙科唯一已知的颅骨后部区域，即神州翼龙的后颅区，骨矿物质似乎因风化作用而"渗入"周围的沉积物中，所以保存得相当模糊。然而仔细观察可以发现，这个区域在其他新神龙翼龙类翼龙中相当典型，其背面被一片宽大的骨片占据，眼眶和两个颞孔位于下半部。然而，神州翼龙鼻眶前孔的后背区域在神龙翼龙超科翼龙中却十分不寻常：它延伸到了颌骨关节之外并直达颅骨的背面区域。神州翼龙还拥有一个发育较弱、向后背面突出的上枕脊，它（像古神翼龙科和掠海翼龙

科的上枕脊）包含了自喙部过度生长至头骨前颌骨的部分骨骼（Lü，Unwin，et al. 2008）。当然，我们需要更多朝阳翼龙的头骨来确定这种颅骨形态究竟是所有朝阳翼龙科翼龙所共有的，还是神州翼龙所独有的。

朝阳翼龙科翼龙的下颌总是长而无脊冠，有加长的下颌骨联合体和浅浅的下颌支。至少在神州翼龙中，一系列颈椎片以相当低的角度与头骨链接，可能大大超过一系列背椎和荐椎的总长度（Lü，Unwin，et al. 2008）。中段颈椎有点让人联想到神龙翼龙科独特的中段颈椎（见第25章），神经

弓包含在两侧扁平的椎体、发达的椎骨关节突和低矮且呈脊状的神经棘中（Wang and Zhou 2003a；Lü and Ji 2005b；Lü，Unwin，et al. 2008；Andres and Ji 2008）。背椎似乎没有在任何物种身上愈合成联合背椎，尽管我们所知的大多数朝阳翼龙科个体在骨学上是不成熟的，它们死亡时可能还没有达到形成联合背椎的年龄。朝阳翼龙科的尾椎大多是神秘未知的，但始神龙翼龙的尾椎可能形成了一个愈合的尾巴，有点像无齿翼龙类的（第18章；Lü and Ji 2005b）。

和大多数神龙翼龙超科翼龙一样，朝阳翼龙科的肩胛骨比乌喙骨长。后者的腹面有长而突出的凸缘，这是另一个属于神龙翼龙超科的特征。朝阳翼龙科翼龙的胸骨，目前仅在始神龙翼龙中有代表化石，是一个长方形结构，有短短的胸骨前突（Lü，Gao，et al. 2006）。令人沮丧的是，即使是最好的朝阳翼龙科的腰带化石也保存得很差，所以它们的详细解剖结构仍然不清楚（例如，Lü and Ji 2005b；Lü，Gao，et al. 2006；Lü，Unwin，et al. 2008）。

朝阳翼龙科的肱骨表现出典型的神龙翼龙超科形态，有长而侧边平行的三角肌嵴，向外突出，与肱骨轴垂直。然而，在所有标本中，肱骨的详细结构都不清楚，因此无法确定其是否拥有具有分类学意义上的独特的具气孔构造的骨骼特征。翼掌骨是朝阳翼龙科前肢中最长的骨头（除第 I 翼指骨外），其长度可达肱骨的两倍，比尺骨长约40%。前三只掌骨极其退化且细长，似乎不与腕骨接触。前三个手指比脚趾大得多，并有相对内弯的爪子。如同所有的神龙翼龙超科翼龙一样，它们的翼指从比例上来说很短，仅占翼长的53%，由指骨组成，指骨的长度从远端逐渐变短，依次占翼指的40%、30%、20%和10%。朝阳翼龙科翼龙的后肢很长，大约占前肢长度的75%—80%，足短而紧凑。它们前四只跖骨紧紧地挤在一起，形成了相对狭窄的足，末端是短而细长的足趾，爪子微微弯曲。像大多数翼手龙亚目一样，第 V 跖骨比其他的短得多，很像骨刺。

运动

由于朝阳翼龙科对翼龙学家来说是一个相对陌生的面孔，它们的运动生物力学还没有得到详细的研究。它们的肢体比例与古神龙翼龙科的非常相似，我们可以想象它们的飞行和陆生能力也同样适应陆地环境（见第22章）。长长的后肢和紧凑的足部在其他神龙翼龙超科翼龙中与强大的陆生能力有关（Witton and Naish 2008），而远端缩短的翅膀很适合在相对杂乱的陆生环境中飞行（Rayner 1988）。我们也可以把它们的乌喙骨凸缘解释为大型下冲肌肉组织的固定点，表明它们具有强大的拍打或起飞能力。与古神龙翼龙科一样，朝阳翼龙科翼龙适应于陆生环境的这一观点，因其频繁出现在淡水沉积物（如义县组和九佛堂组）或有大量陆源化石的咸水环境（克拉托组）中而得到了证实。

古生态学

关于朝阳翼龙科翼龙可能的生活方式几乎没有人提及，尽管有人认为它们长长的颌部和发达的飞行能力可能适合食鱼（Wang and Zhou 2006a）。就我个人而言，我不确定这些特征是否比其他属性更能说明它们有着食鱼的习惯，因为朝阳翼龙科翼龙的颌部似乎并不十分特化，也许适合多样的觅食策略。就像其他神龙翼龙超科翼龙一样，朝阳翼龙科翼龙可能在陆地上十分娴熟，说明它们能够在陆地上觅食，但是也如人们针对神龙翼龙超科所提出的观点那样（Witton and Naish 2008），它们紧凑的足对于涉水也许不是特别有用。我们可以把其头骨中间区域的细长骨骼解释为，它们一般不以大型且活跃的动物为食，所以也许食物主要来自较小的猎物、营养丰富的植物，甚至还有腐肉。如若如此，朝阳翼龙科的觅食策略与其他新神龙翼龙类的觅食策略会非常相似，后者似乎也是杂食性动物，适合在陆地环境中寻找小型猎物。

24

掠海翼龙科

翼龙目 > 单孔翼龙类 > 翼手龙亚目 > 头饰翼龙类 > 神龙翼龙超科 >

新神龙翼龙类 > 掠海翼龙科

掠海翼龙科（Thalassodromidae）是我最喜欢的翼龙类群之一，这无疑要归功于我在博士阶段对它们的分类学和古生物学上的研究，坦率地说，它们超大的头骨和后掠的骨状脊冠看起来相当酷（图24.1）。这种头饰是它们最独特的地方，大大加深且扩大了颅骨背面区域，使其形成了巨大而独特的帆状头骨脊。目前看来，掠海翼龙科是一个相当小的群体，由来自巴西一个小地方的4个物种组成。尽管这个群体的规模庞大，但事实证明，掠海翼龙科是一个极具争议的研究课题，自从它们在20世纪80年代末被发现以来，对它的分类学和古生物学的看法就众说纷纭。

有关掠海翼龙科最具争议的问题也许是它们与其他翼龙的关系。自它们被发现以来，人们已经接受了掠海翼龙科属于神龙翼龙超科这一观点（例如Unwin 1992），但正如我们在前几章所看到的，对于掠海翼龙科究竟是与古神翼龙科（例如，Kellner 2003，2004；Kellner and Campos 2007；Andres and Ji 2008；Wang et al. 2009；Pinheiro et al. 2011）的关系近，还是与新神龙翼龙类演化支中的神龙翼龙科关系更为密切则存在分歧（例如，Unwin 2003；Lü，Jin，et al. al. 2010；Martill and Naish 2006；Witton 2008b）。正如我们在第22章和第23章所讨论的，从一些头骨比例、轴向愈合方面以及翼骨指标看来，掠海翼龙科可能与神龙翼龙科的关系更为密切，胜过与所有其他翼龙类群的关系，但我这样说是很谨慎的。

掠海翼龙科的解剖学记录比所有其他翼龙类群都要少（见下文），所以在我们了解它们的详细结构之前，明智的做法是不对它们的关系下任何大赌注。

迄今为止，人们只在一个地质单位中发现了确定的掠海翼龙科：巴西东北部晚白垩世的阿拉里皮群（图24.2）。该组包含经常提到的克拉托组和桑塔纳组（年代可能分别属于阿普特期［1.25亿—1.12亿年前］和阿普特期—阿尔布期［1.25亿—1亿年前］），这两个组都有掠海翼龙科化石。在克拉托组中只有零星的掠海翼龙科化石材料获得了描述（Unwin and Martill 2007），在桑塔纳组中则发现了更具鉴定性意义的、获得名称的掠海翼龙科化石。

第一只被命名的掠海翼龙科是长冠妖精翼龙（*Tupuxuara longicristatus*），代表化石是一件颌骨碎片和一些混在一起的翼骨（图24.3A；Kellner and Campos 1988）。这些碎片足以揭示出这只不寻常的掠海翼龙科的脊冠形态、无牙的颌和不寻常的腭脊等方面的特征，这些特征后来被发现是该群体的特征。第二件零碎的颌骨标本与第一件标本的区别在于腭部的细节，该标本很快被用来命名第二个物种：莱氏妖精翼龙（图24.3B；Kellner and Campos 1994）。此后，更完整的莱氏妖精翼龙化石材料被发掘出来，其中包括一具几乎完整的亚成体骨架（Kellner and Hasagawa 1993；Kellner 2004）和一件来自半成年个体的严重粉碎的头骨（图24.3C和E；Martill and Witton 2008）。第三个妖精翼龙物种，疯

图24.1　现在形势发生了逆转：在白垩纪晚期的巴西，翼龙界外表粗糙的恶棍塞氏掠海翼龙伏击了一只棘龙类宝宝（对比图见图8.1）。

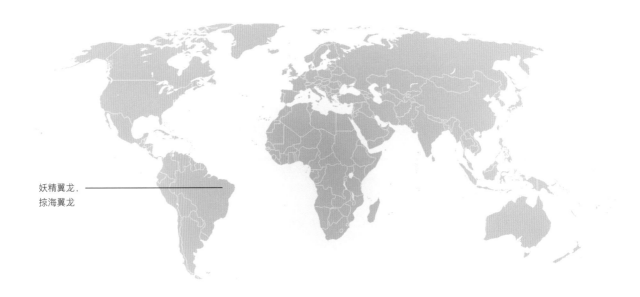

图 24.2　掠海翼龙科分类群的分布

妖精翼龙，
掠海翼龙

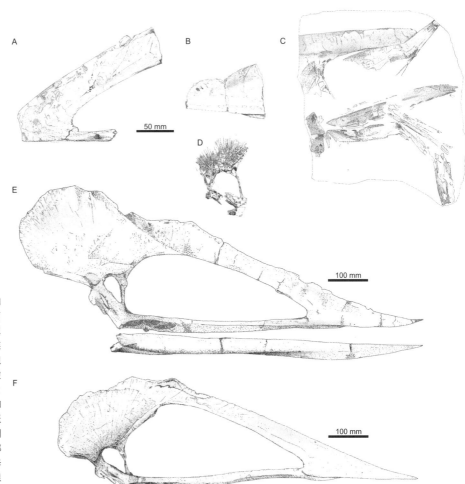

图 24.3　这三种妖精翼龙的头骨和下颌骨，都来自巴西阿普特期—阿尔布期桑塔纳组。A，长冠妖精翼龙的喙前部（左侧视图）；B，莱氏妖精翼龙的喙部正模（左侧视图）；C，幼年莱氏妖精翼龙的破碎的颅骨和下颌骨（右侧视图）；D，疯狂钻石妖精翼龙的后颅骨和下颌骨（右侧视图）；E，莱氏妖精翼龙完整的颅骨和下颌骨（右侧视图）；F，疯狂钻石妖精翼龙的部分头骨和完整的下颌骨（喙部已修复；右侧视图）。A、B、E、F 根据安德鲁·弗莱德梅杰和厄诺·恩德伯格提供的照片重绘。

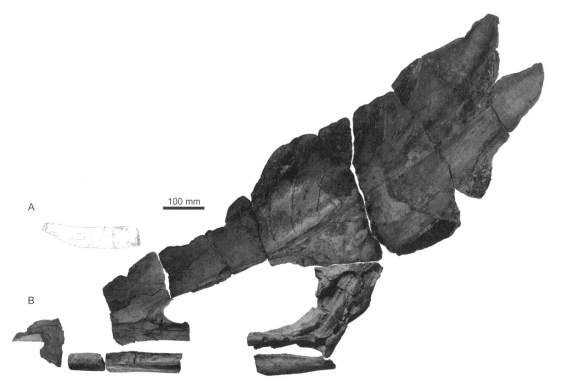

图24.4 阿普特期—阿尔布期桑塔纳组的物种，塞氏掠海翼龙的头骨和下颌骨。A，所谓的下颌联合体；B，头骨和下颌骨正模标本。B 是根据安德鲁·弗莱德梅杰和厄诺·恩德伯格提供的照片合成的。

狂钻石妖精翼龙，因一件残缺的标本而得名，其有着奇特的眼窝和鼻眶前孔的形态（图24.3D；Witton 2009）。更为完整的疯狂钻石妖精翼龙化石，是一个相当大的个体，也有待进一步描述（图24.3F）。

严格来讲，妖精翼龙并不是第一个被古生物学家发现的掠海翼龙科翼龙。1983年发现的一件大型的破碎的头骨化石在20世纪80年代初被短暂报告过（Bonaparte et al. 1984），之后由凯尔纳和坎普斯在1990年对其进行了部分描述和说明。不知何故，这件头骨的碎片分布在美洲不同大陆的两个博物馆里，但在2002年之前它们重获组装，因而显露出了整个头骨的形态（图24.4B；Kellner and Campos 2002）。这只动物被命名为塞氏掠海翼龙[1]。

它显然与妖精翼龙相似，但颌骨和上颚的许多细节有所差异，其中包括下颌骨尖有着扁平且呈刀片状的咬合面。除了一件幼年个体的部分脊冠和一件完整的下颌骨联合体，掠海翼龙主要是通过一件大型头骨被人们了解到的（图24.4A；Veldmeijer et al. 2005；Martill and Naish 2006；Witton 2008b）。在相当短的时间内，有人曾认为所有的掠海翼龙科都属于同一个物种（长冠妖精翼龙）（Martill and Naish 2006），但是这些观点后来都被坚决否定了（Kellner and Campos 2007）。

其他掠海翼龙科的化石材料在陆地上相当稀少。来自桑塔纳组的一件孤立的腕部复合体（斯氏"桑塔纳翼龙"["*Santanadactylus*" *spixi*]）可能代表一只

---

1 从字面上翻译，"塞氏掠海翼龙"（*Thalassodromeus sethi*）的意思是"塞氏掠海者"，意指这种动物所谓的滤食习惯（见下文），以及它的头骨与埃及神塞特（Set）所戴的王冠相似（Kellner and Campos 2002）。这个名字本身非常棒，但实际上，当这个名字被创造出来的时候，却犯了一大堆的命名错误。这种动物滤食的观点已经遭到许多作者质疑（Chatterjee and Templin 2004；Humphries et al. 2007；Witton 2008b），而且塞特神在埃及古物学家眼中也并没有戴王冠。弗莱德梅杰等人认为另一个埃及神阿蒙的羽毛王冠可能才是命名的参考依据（Veldmeijer et al. 2005）。

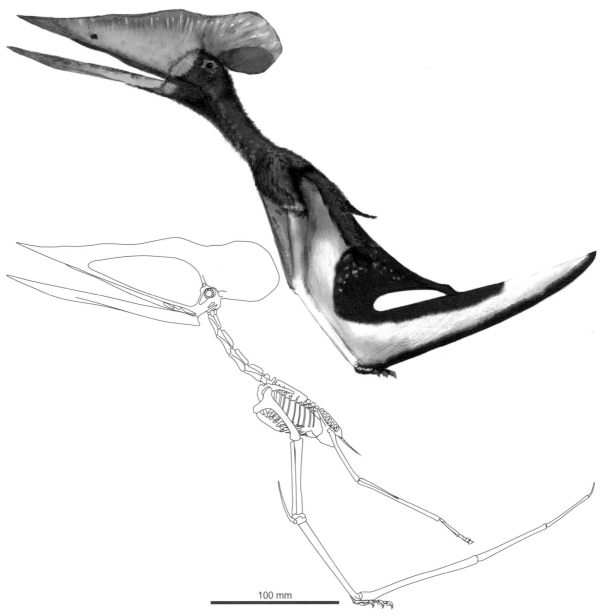

图24.5　起飞中的莱氏妖精翼龙的骨骼复原和实体复原。

掠海翼龙科翼龙，但其与已命名物种的亲缘关系尚不清楚（Kellner 1995；Unwin 2003）。同样，在克拉托组中发现的孤立的翅膀和后肢具有掠海翼龙科的特征比例，但没有特征能够将其定义为新种或归入现有的分类群。到目前为止，在巴西以外找到的翼龙化石中，没有一件可以确定为掠海翼龙科。来自得克萨斯州马斯特里赫特期（7 000万—6 500万年前）沉积物中的一件大型头骨被认为与掠海翼龙科有关（图25.4H；Kellner 2004；Martill and Naish 2006），但几乎可以肯定它是一只神龙翼龙科翼龙（见第25章；Lü，Jin，et al. 2006；Witton 2008b）。在英国和美国得克萨斯州的巴雷姆期（1.3亿—1.25亿年前）与阿普特期的沉积物中发现的翼龙肱骨，似乎也代表了新神龙翼龙类中的非神龙翼龙科翼龙，但目前还不能确切地将其与掠海翼龙科或朝阳翼龙科联系起来（Witton et al. 2009）。因此，就目前而言，掠海翼龙科被认为是巴西东北部阿普特期—阿尔布期的岩层所特有的。

238

239

解剖学

大量对掠海翼龙解剖学进行讨论的文献更多地关注它们在分类学上的重要特征，而不是对其整体形态的描述，因此没有全面且详细的解剖学概述或图解能推荐给翼龙爱好者。掠海翼龙的颅骨解剖结构可能（暂时）是掠海翼龙颅骨材料中描述得最好的部分（Kellner and Campos 1990，2002），而它们的头后结构在一篇有关莱氏妖精翼龙的简短摘要中获得了简要概述（Kellner and Hasagawa 1993）。其他已发表的文献资料包括一份肢体比例的列表（Unwin et al. 2001），以及对克拉托组标本碎片的描述（Unwin and Martill 2007）。希望那些陈列在博物馆收藏架上更为完整的掠海翼龙科不久将获得更多关注。

妖精翼龙的解剖结构几乎完全为人所知（图24.5），经过精确测量，它的翼展可达4米（Unwin et al. 2001），而掠海翼龙的翼展估计稍大一些，为4.2—4.5米（Kellner and Campos 2002）。它们的克拉托组表亲要小一些，翼展可能只有2—2.6米（Unwin and Martill 2007）。虽然有着相似的大体解剖结构和比例，但掠海翼龙和妖精翼龙很容易通过身体构造的重量区分开。掠海翼龙的头骨有着巨大而坚固的骨骼、奇怪的"有罩"眼眶，而妖精翼龙的头骨构造相对较轻巧。这些差异可能意味着不同类群有着不同的头骨结构和觅食策略，可能解释了为什么两种非常相似的生物可以在相同的环境中共存（见下文）。

从比例上来说，掠海翼龙科的头骨很大，颌部长0.7—0.8米，相当于翼展的五分之一。与其他神龙翼龙类相比，它们的鼻眶前孔在比例上较大，但 240

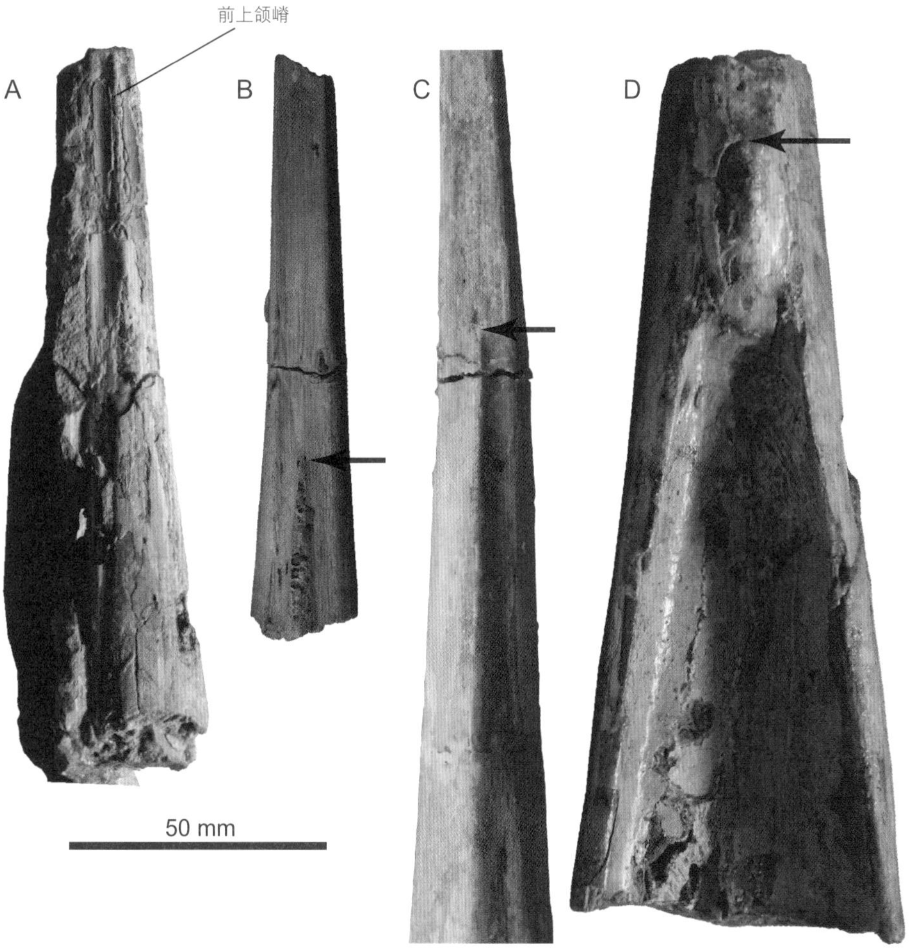

图24.6 掠海翼龙科颈部细节的侧视图。长冠妖精翼龙；B，莱氏妖精翼龙；C，莱氏妖精翼龙；D，塞氏掠海翼龙。箭头表示腭脊的前端。照片由安德鲁·弗莱德梅杰和厄诺·恩德伯格提供。

前上颌嵴

50 mm

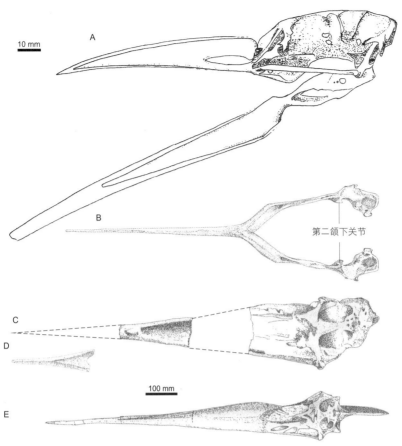

10 mm

A

B

第二颌下关节

C

D

100 mm

E

图24.7 现代掠食动物，黑剪嘴鸥的头骨和下颌骨的解剖结构，与掠海翼龙科的对比。A，黑剪嘴鸥颅骨和下颌骨的左侧视图；B，黑剪嘴鸥颅骨下颌骨背面视图；C，掠海翼龙头骨的腹面视图；D，掠海翼龙下颌骨的背面视图；图E，莱氏妖精翼龙头骨的腹面视图。A图中黑剪嘴鸥颌骨周围的轮廓标志其角喙的范围，这是通过拉长喙部以提高捕获猎物的潜力的特征，但在滤食时会严重磨损且经常破碎。

无牙、直直的下颌边缘却与新神龙翼龙类的形态相一致。眼眶至少比鼻眶前孔的背缘低20%，使得眼窝在颅骨上位于非常低的位置。它们脊冠的底部几乎紧挨眼眶上方，两侧扁平的骨片构成了脊冠结构的后腹部。

头骨脊的主体是由一块骨头，也就是前上颌骨构成的，这块骨头从喙部长出，延伸至整个头骨（见图8.7）。掠海翼龙科的脊冠前端和末端不明显，但提升了喙部的高度，所以它们的喙部比其他翼龙的要短且高得多。这导致鼻前眶区顶部的骨骼深度是颌骨的4倍，成为该类群的一个鉴定特征（Martill and Naish 2006）。掠海翼龙科的脊冠似乎缺少其他具有软组织脊冠翼龙所拥有的纤维骨，这表明它们没有与其他组织相结合。然而，即便没有这些软组织，它们的脊冠也依然十分大。妖精翼龙的脊冠远远超过了其后颅面，但在掠海翼龙那巨大的饰物面前，却相形见绌：掠海翼龙的脊冠几乎是头骨长度和

高度的两倍。掠海翼龙的脊冠特征是，顶端长有一个突出的V形缺口，位于前上颌骨和下方骨骼之间。这个脊冠的侧面让人想起在大型鸟类的喙下可见的骨骼纹理，上面有着很深的分叉通道，可能曾经固定着血管组织。这表明，掠海翼龙科的脊冠可能被一层角质膜覆盖，这层膜与颌部的覆盖物相连。

掠海翼龙科颌部的咬合面十分多样，可以用来区分不同的物种（图24.6）。它们的喙部下方都有一个隆起的脊，有的很长很矮（长冠妖精翼龙），有的很短很高（莱氏妖精翼龙），还有的发展成了一个圆形突起。其腭面可能十分膨大并突起，该突起一直延伸到颌关节（妖精翼龙），还有可能深深内凹（掠海翼龙）。在颌部尖端，我们发现妖精翼龙的咬合面是扁平的，而掠海翼龙的咬合面则紧压在一起形成了锋利的边缘（图24.7D）。它们的下颌骨在构造上同样千差万别。掠海翼龙的下颌骨尖端轻微上翘，下颌联合体很短，妖精翼龙的下颌联合体则很长，很直。

24

对于翼手龙亚目来说，妖精翼龙的颈椎异常短且呈块状，长度大约与宽度相同（Kellner 1995）。每块颈椎宽阔的关节面表明，掠海翼龙科翼龙有相当灵活的颈部（D. M. Unwin，私人通信，2008），同时，每块颈椎上都有相当高的神经棘，似乎有足够的空间供颈椎肌肉附着。一块部分形成的联合背椎由4块背椎组成，背椎上固定着肩胛乌喙骨，其中肩胛骨比乌喙骨长（Kellner and Hasagawa 1993）。联合背椎和肩胛骨上的关节面显示，掠海翼龙科的肩带位于脊柱前外侧，而非与其垂直，这种特征也可见于鸟掌翼龙超科（第15—18章）。它们乌喙骨的腹面表面有一个突起，似乎固定着特别发达的下冲肌肉。来自桑塔纳组的可能的掠海翼龙科腰带化石表明，这些翼龙的腰带骨骼也发育良好，具有斧状的髋臼后突和宽阔的腰带护盾（Bennett 1990；Hyder et al.，尚未发表）。

掠海翼龙科的后肢长度是前肢的80%（不包括翼指在内），这使它们的四肢在所有翼手龙亚目翼龙中是最为平均的。像所有神龙翼龙超科翼龙一样，它们的足相当短且紧凑。肱骨相对较长，近端前部表面具有一个巨大的气腔开口。这是掠海翼龙科周身骨骼中那广泛的具气孔构造的骨骼网络的一部分，其程度只有气腔骨骼程度高的鸟掌翼龙超科和神龙翼龙科才能与之匹敌（Claessens et al. 2009）。它们的较小手指的掌骨似乎完全与腕骨失去了连接（Kellner and Campos 1988），这是其与无齿翼龙类、其他新神龙翼龙类，或许还包括古神翼龙科翼龙中国翼龙在内所共有的特征。像所有的神龙翼龙超科一样，它们的翼指相当短（占翼长的54%），呈现指骨向末端逐渐缩短的特征。第I翼指骨比例较大，几乎占据整个翼指的一半；相比之下，第IV指就很小了，只有翼指长度的4%。这些翼指的比例在翼龙目的其他类群中是见所未见的，当然除了神龙翼龙科。

软组织

掠海翼龙科的软组织几乎是未知的，但来自巴西桑塔纳组的一组颇具争议的神龙翼龙超科翼龙的身体组织初步可能与这一类群有关。在第5章中我们曾简要提及，它们是颇具争议的三维立体"翼组织"化石，人们对它有各种解释，有些人将其解释为近端翼膜（Martill and Unwin 1989；Unwin 2005），有些认为它是体壁的一部分（Kellner 1996b；Xing 2011；这种解释可能最有可能）。这些组织被归入掠海翼龙科是由于它们与一件巨大的桑塔纳组神龙翼龙超科的肱骨混在一起，该肱骨背部表面缺乏气孔构造，此外还存在一些相当圆的肋骨。这两个特征都被认为是具有联合背椎的翼龙的特征。目前，桑塔纳组中已知的唯一具有这些特征的翼龙是掠海翼龙科翼龙，这表明这些软组织可能属于这一类群（Hing 2011）。

运动

飞行

迄今为止，还没有掠海翼龙科翼龙成为运动学分析的对象。因为一些掠海翼龙科化石材料保存得很好，希望上述情况能很快改变。由于四肢比例与已更为深入研究的神龙翼龙科的比例相似，它们的翅膀形状和飞行方式可能也相当相似。和神龙翼龙科翼龙一样，掠海翼龙科翼龙可能最适合在内陆飞行，因为它们相对短且宽的翅膀比海洋滑翔动物长而窄的翅膀更灵活，更不容易被障碍物钩住（Rayner 1988）。掠海翼龙科突起的乌喙骨凸缘表示其肥大的肩部腹面肌肉有所增大，这可能有助于强劲且频繁的翅膀下划，或许也能提高起飞能力。就像具有大脊冠的古神翼龙科翼龙一样，脊冠更大的掠海翼龙科可能不得不采用一些方法在飞行中弥补它们的饰物带来的不便，但这一特征的个体发育（见下文），并不支持这些结构纯粹为空气动力学用途而发展的说法。

在地面上

如同飞行动力学方面的特征，掠海翼龙科翼龙 242

和神龙翼龙科翼龙的肢体比例间的相似性，表明它们在陆地上的能力同样具有广泛的可比性。在没有任何关于掠海翼龙科陆生能力专门研究的情况下，这种比较是目前最好的评估。如果根据肢体比例来判断的话，掠海翼龙科翼龙将会和神龙翼龙科翼龙一样，是非常熟练的陆生动物，四肢细长，能够跨出大步，足短而紧实，能够提供有效的足部力学支撑。增大的肩腹肌肉可能增强了掠海翼龙科翼龙的起飞能力，但也同样适用于地面运动，可能会让其在跑步或跳跃时产生爆发力。这些特性表明，掠海翼龙科翼龙可能和它们的巨型亲戚一样擅长地面运动，尽管我们应该记住，这些结论是基于非常有限的数据得出的，对掠海翼龙科骨骼的进一步解剖和功能分析也许会证明事实并非如此。

古生态学

虽然很难说我们现在已经对掠海翼龙科翼龙的各生长阶段有了完整的了解，但除了长冠妖精翼龙以外，所有物种都有完全成熟和不成熟个体的颅骨标本被人们所知，这让我们能够了解到它们的头骨是如何随着年龄的变化而变化的（图8.7B；Martill and Naish 2006；Witton 2009）。和许多翼龙一样，掠海翼龙科翼龙的颌部随着个体的成长而变长，同时，相对而言，它们的眼眶尺寸几乎没有什么变化。毫无疑问，年幼的掠海翼龙科翼龙和年长的掠海翼龙科翼龙之间最显著的区别在于脊冠的大小。前上颌骨自位于口鼻部的起始位置生长，当它们达到成年体型的一半时会超过眼窝，成年时则会长至头骨后方。前上颌骨增深，所以成年掠海翼龙科翼龙的喙和脊冠要比幼年掠海翼龙科翼龙的更加坚固。当然，这与只有成年翼龙才会关注与脊冠相关的活动的观点是完全一致的，也表明在使用方面，它们的行为意义大于生理意义。

尽管如此，也有人认为，掠海翼龙科翼龙的脊冠比起单纯的展示结构更具内在功能。横贯掠海翼龙科翼龙脊冠后部的血管网已被解释成为体温

调节功能的证据（Kellner and Campos 2002），古神翼龙科翼龙古神翼龙的脊冠也被假设为有此用途（Kellner 1989；第22章）。然而，将脊冠作为体温调节辅助器的看法是成问题的，因为翼龙的脊冠并不是伴随着体型增长而按部就班发育的。相反，它们在接近成年体身上的生长速度远远超过了体温调节结构生长的预期需求（Tomkins et al. 2010），况且，翼龙可能不需要这样的结构。它们巨大且血管丰富的翼膜肯定能提供体温调节所需的所有表面积。此外，掠海翼龙脊冠的血管模式与位于鸟喙下方骨骼上的血管相比，似乎没有什么特别的不同，也没有更加密集。这里的血管化表明它们需要将营养输送至喙部骨骼以及软组织，而不是体温调节结构的管道。然而，鸟喙确实能迅速散热，这就解释了为什么长嘴鸟在受冷时经常把喙埋进羽毛里。但这显然不是它们的主要功能，而只是身体构造的产物。我认为同样的情况也发生在掠海翼龙科翼龙和其他翼龙的脊冠中；它们可能有体温调节的作用，但几乎没有理由认为它们最初是为这一作用而发展出来的。

虽然关于妖精翼龙觅食习惯的说法很少，但掠海翼龙不寻常的颌部使得它的食性一直是人们讨论的焦点。凯尔纳和坎普斯认为，相对较宽的头骨、流线型的下颌骨联合体，以及其他一些掠海翼龙颅骨和下颌骨的特征（Kellner and Campos 2002），让人回想起现代滤食鸟——剪嘴鸥的样子，剪嘴鸥是一种高度特化的物种，几乎完全靠在水中划动下颌骨来觅食，它会攫取所有与其下颌骨相触的猎物（图24.7）。人们认为掠海翼龙有着极为明显的滤食适应特性，以至于这种动物以其传说中的习性命名。我们在其他章节中已经看到，许多翼龙都被认为采用滤食的方式进食，而且将剪嘴鸥的颌部和这些翼龙的颌部进行的类比至少可以追溯到19世纪（Marsh 1876）。（一份关于滤食翼龙的非详尽的清单包括"曲颌形翼龙科"、喙嘴龙亚科、鸟掌翼龙科、无齿翼龙类和神龙翼龙科；参见第12、13、16、18、25章。）

然而，所有翼龙，甚至是掠海翼龙，以滤食方

式进食的观点在近年受到了相当多的批评（Chatterjee and Templin 2004；Humphries et al. 2007；Witton and Naish 2008；Witton 2008b）。反对的原因是翼龙头骨缺乏真正的滤食适应特性。剪嘴鸥的头骨上有很多明显的滤食特性，以至于有一整本书专门讨论这个话题（Zusi 1962），但是翼龙几乎没有这些特性，也不能提供任何合适的类似特征。例如，与其他翼龙相比，掠海翼龙的下颌联合体可能具有一个流线型的横截面，但按比例来说，它仍然比剪嘴鸥的刀状下颌骨宽得多。剪嘴鸥的该结构非常长，侧面极度扁平，但掠海翼龙的该结构，即便对于翼龙来说也非常短，且呈圆形。许多被认为是滤食性动物的翼龙沿颌部长度也具有牙齿和扁平的咬合面，当两者被用来推开水面时，会造成巨大的阻力和湍流，因此可以立即排除滤食行为。考虑到这些特征，汉普瑞斯等人为几种翼龙（妖精翼龙、风神翼龙、无齿翼龙和掠海翼龙）建立了颌部的物理模型（Humphries et al. 2007），直接测量并将它们的流线型结构与剪嘴鸥的相比较。没有一种（甚至连掠海翼龙都没有），接近于剪嘴鸥的流线型，而且人们发现它们破开水面的能力非常差，若想滤食，它们要下很大一番功夫。具有讽刺意味的是，施加在掠海翼龙下颌骨模型上的力是如此之大且不稳定，以至于在高速滤食时破坏了模型设备的铝制索具。如果这还不能说明我们要对掠海翼龙滤食假说重新思考，那就没有什么能了。

对剪嘴鸥和翼龙其他解剖结构的比较也没有取得任何进展。剪嘴鸥拥有扩大的颌肌，两块增强的颌关节（图24.7B；值得注意的是，许多鸟类种群都有两个颌关节，但没有一种像滤食动物那样发达，参见Bock 1960），异常宽大且粗壮的头骨，深而结实的下颌骨，还有强壮灵活的颈部。对于一种用嘴咬住猎物的动物来说，这些特征不足为奇，再说一次，没有翼龙表现出类似的适应特性。人们认为掠海翼龙至少符合这些标准中的一些（Kellner and Campos 2002），但它的头骨实际上并不比其他大多

数长吻翼龙宽，下颌肌肉的附着部位也不是特别大，颌关节也不明显，而颅骨的强化程度远不及剪嘴鸥（Humphries et al. 2007；Witton 2008b）。即使是强大而有力的掠海翼龙，也不太可能成为滤食动物，因此似乎也没有什么理由认为任何已知的飞行爬行动物适合这种觅食方式。

这就引出了一个问题：掠海翼龙和它的同类是如何填饱肚子的呢？若撇开滤食不谈，关于掠海翼龙科翼龙的觅食方法也就几乎没什么说法了。安文和马蒂尔提出（Unwin and Martill 2007），它们可能过着一种类似鹳的生活，这一观点将它们解剖上的相似性与神龙翼龙科翼龙的可能类鹳的觅食方法联系起来（Witton and Naish 2008；也参见下一章）。类似神龙翼龙科翼龙，掠海翼龙科翼龙那长度和比例相等的前后肢，加之细长的颌部似乎非常适合在陆地上漫游，并伺机捕捉小动物和其他食物。值得注意的是，它们相对灵活的短颈与其表亲神龙翼龙科翼龙的长颈非常不同。这也许能让我们推断出这些群体在觅食策略上的一些差异。也许掠海翼龙科翼龙粗壮的颈部给它们提供了更泛化的饮食策略和食物来源，但神龙翼龙科翼龙在这方面却有些受限，因为它们的颈部长而僵硬。掠海翼龙和妖精翼龙的颌骨结构和头骨构造上的不同可能也反映了一些饮食上的差异。妖精翼龙相对较轻的头骨可能更适合处理相对较小或较弱的猎物。相比之下，掠海翼龙的头骨更圆也更饱满，表明更擅长处理相对较大且好斗的动物。生物力学家迈克·哈比卜和我曾经思考过，掠海翼龙是否可以用其锋利的钩状颌部造成强有力且致命的咬伤，凶猛地制服猎物（图24.1）。也许内凹的腭部和短短的下颌联合体，为囫囵吞下较大的猎物提供了口腔内的额外空间。如果是这样，掠海翼龙就是猛禽般的掠食者，擅长以小博大，可谓翼龙中的奇葩。不过，在对这些形态的解剖结构和功能形态进行更详细的研究和记录之前，还是不要过于沉迷这些想法为好。

25

神龙翼龙科

翼龙目＞单孔翼龙类＞翼手龙亚目＞头饰翼龙类＞神龙翼龙超科＞
新神龙翼龙类＞神龙翼龙科

在我们关于翼龙多样性的探讨之旅程中，将神龙翼龙科（Azhdarchidae）作为最后一个群体再合适不过了。神龙翼龙科翼龙可能是所有翼龙中外表最为壮观的（图25.1），许多物种的体型和比例不仅令所有其他翼龙相形见绌，而且也使所有其他已知的飞行动物（无论灭绝与否）都黯然失色。自20世纪70年代以来，翼龙学家就开始研究它们的化石（Lawson 1975a），揭示了它们在解剖结构、力量和飞行能力方面令人震惊的细节。许多神龙翼龙科翼龙的高度堪比长颈鹿，可能拥有陆相四足总纲成员中最长的头骨，但体重可能还不及一只中等大小的家猪。据预测，它们在天空中翱翔的速度若放诸大多数高速公路上，恐怕都要被开超速罚单，而且也许它们轻而易举就能从地球的一端飞到另一端。有证据表明，它们在白垩纪大草原上成群结队地追逐猎物，吞食狐狸大小的恐龙和其他小型猎物。它们也是演化的王者，踪迹遍布全球（图25.2），并在其他翼龙种群灭绝的晚白垩世发展壮大。简而言之，如果神龙翼龙科都不能戳中你古生物学上的兴趣点，那你可能得去看医生了。

神龙翼龙科的分类学是相对不存在什么争议的。它们是一个定义清晰的翼龙分支，最好的鉴定点是超长且简化的颈椎（Howse 1986；Unwin 2003；Kellner 2003；Andres and Ji 2008），以及头骨和四肢的一些特征（Unwin and Lü 1997；Unwin 2003）。但就像其他神龙翼龙超科类群一样，它们在神龙翼

龙超科中的确切位置是什么尚有些不确定。对一些人来说，神龙翼龙科代表了神龙翼龙超科中所有的非古神翼龙科翼龙（例如，Kellner 2003；Wang et al. 2009），但其他人则认为它们是新神龙翼龙类的进步成员（Unwin 2003；Lü，Unwin et al. 2010），可能与朝阳翼龙科密切相关（Andres and Ji 2008；Lü，Unwin et al. 2008）。已有十多个物种被人们提出，尽管确切的数量因个人对什么是"有效"物种的认识不同而有所不同。包括一些最著名形态在内的神龙翼龙科，基于的都是一些鉴定上存疑的化石（Witton et al. 2010）。

神龙翼龙科独特的解剖结构对现代人来说很容易辨认，但却曾经让翼龙研究者感到困惑。第一件被命名的神龙翼龙科化石是一件不完整的颈椎（但仍有620毫米长！），20世纪30年代或40年代自约旦马斯特里赫特期（7 000万—6 500万年前）的磷地层中发现（Frey and Martill 1996）（图25.3A）。由于这块骨头非常长且呈管状，多年来一直被解释为是翼掌骨（Arambourg 1954，1959），而且人们认为它代表着一只翼展7米的巨型动物。它的描述者C.A.阿拉姆伯格将其命名为费氏泰坦翼龙（*Titanopteryx philadelphiae*）（Arambourg 1959）。直到20世纪70年代发现了完整的神龙翼龙科颈椎，人们才认识到泰坦翼龙的标本其实也是一件颈椎（Lawson 1975a），当人们发现它的名字（意为"巨大的翅膀"）已经被一种微小的双翅目苍蝇占据时，

图25.1　意识到下一章就要谈及翼龙灭绝了，一群罗马尼亚马斯特里赫特期翼龙——怪物哈特兹哥翼龙试图往书的前页飞，以避免被殃及。

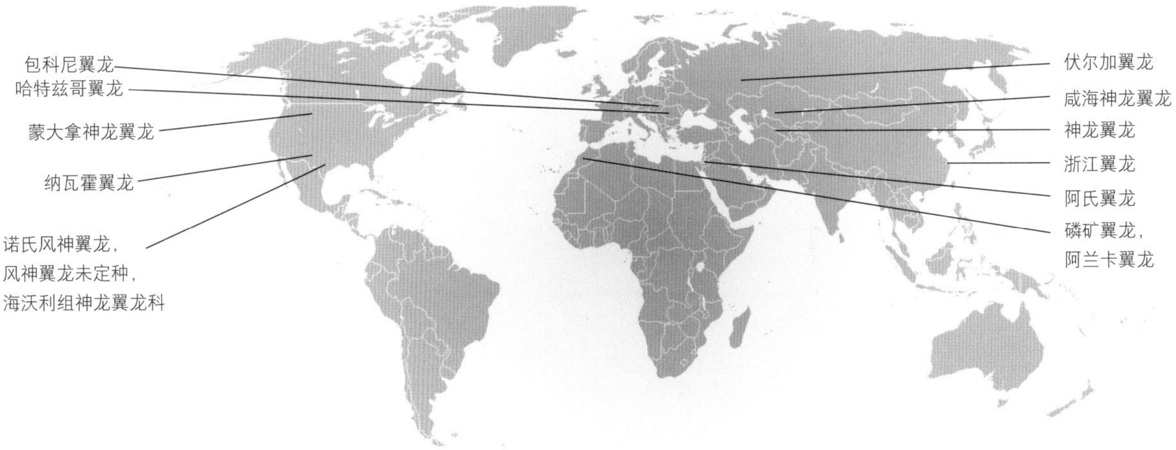

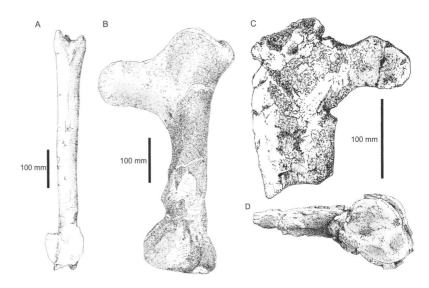

包科尼翼龙
哈特兹哥翼龙

蒙大拿神龙翼龙

纳瓦霍翼龙

诺氏风神翼龙，
风神翼龙未定种，
海沃利组神龙翼龙科

伏尔加翼龙

咸海神龙翼龙

神龙翼龙

浙江翼龙

阿氏翼龙

磷矿翼龙，
阿兰卡翼龙

图25.2 神龙翼龙科分类群的分布

A B C

100 mm 100 mm 100 mm

D

图25.3 巨大的神龙翼龙科的化石。A，颈椎，代表约旦马斯特里赫特期磷酸盐沉积物中的费氏阿氏翼龙（背视图）；B，得克萨斯马斯特里赫特期海沃利组的诺氏风神翼龙的左肱骨（背面视图）；C和D，罗马尼亚马斯特里赫特期丹苏斯西拉组的怪物哈特兹哥翼龙的部分肱骨视图（C为腹面视图；D为远视图）。A，引自弗雷和马蒂尔（Frey and Martill 1996）；B，引自韦尔恩霍费尔（Wellnhofer 1991a）。

只好对其进行了改动。"泰坦翼龙"后来被重新命名为阿氏翼龙（*Arambourgiania*）（Nessov et al. 1987）。这件巨大的颈椎经历了一些波折，并在此后重新获得了相当详细的描述（Frey and Martill 1996；Martill et al. 1998）。

20世纪70年代，人们迎来了神龙翼龙科家族最重要的发现之一。1972—1975年，道格拉斯·劳森和他的同事们在得克萨斯州大本德国家公园的马斯特里赫特期海沃利组中进行勘探，发现了几件不完

整的神龙翼龙科骨架标本。在距离这些较为完整的标本40千米的地方，他们发现了一件不完整但巨大的翅膀，其大小远远超过了以前发现的所有翼龙翅膀（图25.4B；Lawson 1975a）。这些标本构成了诺氏风神翼龙（Lawson 1975b），它是所有翼龙中最大也最为著名的一个。现在"诺氏风神翼龙"这个名字专门指这些巨大的翅膀标本（Langston 1981），而更小且更完整的化石材料在得到种名之前会被称为风神翼龙未定种（Kellner and Langston 1996）。世人

图25.4 神龙翼龙科的颅骨化石。A，怪物哈特兹哥翼龙的枕骨面，后视图；B，怪物哈特兹哥翼龙右上颌关节和腭部构造，右侧视图；C，风神翼龙未定种复原的颅骨和下颌骨，左侧侧视图；D，风神翼龙未定种完整的下颌骨，背侧视图；E，来自坎潘期唐山组的形态，临海浙江翼龙的完整颅骨及下颌骨，左侧视图；F—G，来自匈牙利圣通期切赫巴尼奥组的加氏包科尼翼龙的完整下颌骨右侧视图（F）和背侧视图（G）；H，来自马斯特里赫特期"海沃利组神龙翼龙科"的不完整的头骨和下颌骨。D，改绘自凯尔纳和朗斯顿（Kellner and Langston 1996）；E，改绘自蔡正全和魏丰（Cai and Wei 1994）；F—G，改绘自奥西等（Ösi et al. 2005）；H，改绘自韦尔恩霍费尔（Wellnhofer 1991a）。

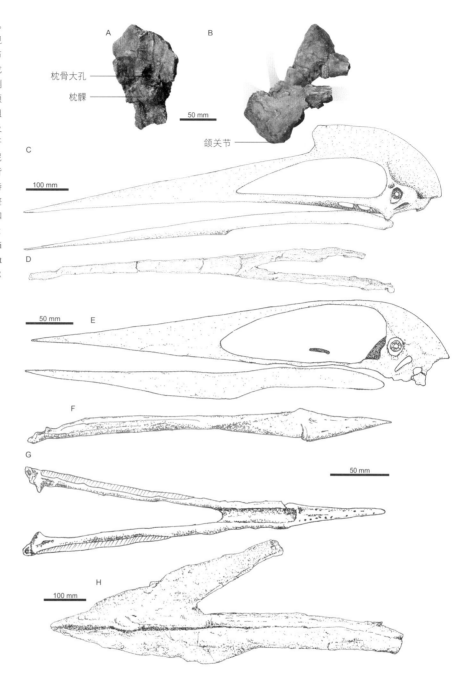

枕骨大孔
枕髁
50 mm
颌关节
100 mm
50 mm
50 mm
100 mm

仍在等待风神翼龙化石材料的完整清单有朝一日能被披露，但从翼龙文献中所了解到的关于这种动物的有限资料来看，它们代表了迄今为止已知的最完整、最高质量的神龙翼龙科化石（例如图25.4C—D）。类似风神翼龙的化石也得到了报道，远至法国（Buffaut et al. 1997）、蒙大拿州（Padian and Smith 1992；Henderson and Peterson 2006）和阿尔伯塔州（Godfrey and Currie 2005），使其成为地理上分布最

广泛的神龙翼龙科翼龙。近年来，日益明显可知风神翼龙不是唯一出现在海沃利组中的神龙翼龙科翼龙。一种短吻的神龙翼龙科翼龙因一组800毫米的颌部化石和一些颈部化石被人们得知，这是另一种尚未命名的海沃利组的物种（图25.4H；以下将其称为"海沃利组神龙翼龙科"[Javelina azhdarchid]）。这种动物被韦尔恩霍费尔误认为是风神翼龙（Wellnhofer 1991a），并被一些人认为是妖精翼龙的

亲戚（Kellner 2004；Martill and Naish 2006），但它的几个解剖特征后来被人们明确鉴定属于神龙翼龙科，且明显有别于风神翼龙（Lü，Jin，et al. 2006；Witton 2008b）。因此，在海沃利组的古环境中，至少有3个神龙翼龙科物种共存，这使其成为神龙翼龙科多样性研究的热点。

20世纪80年代，神龙翼龙科的化石开始自全球各地晚白垩世的岩层中冒出来，这种情况一直延续至今。另一个重要的物种，长颈神龙翼龙（*Azhdarcho lancicollis*），出土于乌兹别克斯坦土仑期晚期（9 100万—8 900万年前）的比斯科特组（Nessov 1984）。神龙翼龙现有200多件碎骨化石作为代表（Averianov 2010），神龙翼龙科因其而得名，在命名过程中，"神龙翼龙科"一举击败另一个绕口的名称——泰坦翼龙科（Titanopterygiidae）（Padian 1984b），取得了该类群的优先命名权，这耗费了几个月的时间，虽然几个月对于出版日程表来说不过是一眨眼的时间罢了。其他中亚的神龙翼龙科翼龙也因一些零星的化石而得名，包括来自圣通期—早坎潘期（8 600万—7 500万年前）的乌兹别克斯坦物种博斯托贝咸海神龙翼龙（*Aralazhdarcho bostobensis*）（Averianov 2007），以及来自俄罗斯坎潘期（8 300万—7 000万年前）地层的波氏伏尔加翼龙（*Volgadraco bogolubovi*）（Averianov et al. 2008）。另一个鲜为人知的神龙翼龙科翼龙，"东方波氏翼龙"（"*Bogolubovia orientalis*"）来自同一地区（Bogolubov 1914；Nessov 1991），但其有效性值得怀疑。不幸的是，围绕这只动物产生的不确定性不太可能得到解决，因为它的唯一一件标本，即部分颈椎后部，现在已经丢失（Averianov 2007）。

到了20世纪90年代，更多的神龙翼龙科翼龙被命名。根据俄勒冈州阿尔布期（1.12亿—1亿年前）地层中的一件单独的肱骨（该标本最初由吉尔莫于1928年报告），奈索沃建立了俄勒冈班尼特翼龙（*Bennettazhia oregonensis*）（Nessov 1991），尽管其近端手掌表面没有气腔开口，说明它不属于神

龙翼龙超科。事实上，仅凭一件肢骨就能鉴定出这个物种，让人们心生怀疑。20世纪90年代的另一个神龙翼龙科产物是临海浙江翼龙（*Zhejiangopterus linhaiensis*），这是一只更为知名的动物，由中国坎潘期早期（8 300万—7 500万年前）唐山组的几具不完整的骨架代表。在风神翼龙的化石材料获得详细记录之前，浙江翼龙为我们了解神龙翼龙科的身体结构提供了最佳视角（图25.4E和25.5；Cai and Wei 1994）。然而，这个物种的神龙翼龙科亲缘关系经过一段时间才变得明朗，因为最初人们将它破碎的标本解释为属于夜翼龙科，后来才辨认出它具有许多神龙翼龙科的特征（Unwin and Lü 1997）。在蒙大拿州坎潘期的沉积物中，出土了下一件被命名的神龙翼龙科化石，那是一个翼展为2.5米、翼掌骨发育不良的矮小类型：小蒙大拿神龙翼龙（*Montanazhdarcho minor*）（Padian et al. 1995；McGowen et al. 2002）。确定蒙大拿神龙翼龙是一个独特的物种，而不是一只巨兽的幼年体，关键在于对其骨骼进行的详细的组织学分析，该分析表明它虽然个头小，但已经完全成年。

千禧年之交人们发现了更多的神龙翼龙科翼龙。另一只巨兽，怪物哈特兹哥翼龙（*Hatzegopteryx thambema*），是21世纪第一个被命名的神龙翼龙科翼龙（图23.3C—D和25.4A—B；Buffetaut et al. 2002；Buffetaut et al. 2003）。哈特兹哥翼龙是目前已知最大的翼龙之一，属于它的几件头骨和肢体碎片来自罗马尼亚马斯特里赫特期的哈特兹哥盆地。它的翼展似乎与诺氏风神翼龙相当（见下文），但头骨巨大且强壮，这可能意味着它的整个体格更大更重。事实上，哈特兹哥翼龙的头骨标本是如此巨大，以至于它们最初被解释为属于一种大型食肉恐龙。毛里塔尼亚磷矿翼龙（*Phosphatodraco mauritanicus*）是在哈特兹哥翼龙之后发现的，该发现包括许多来自摩洛哥马斯特里赫特期磷化沉积物的一系列不完整的颈椎片（Pereda-Suberbiola et al. 2003）。下一个登场的是加氏包科尼翼龙（*Bakonydraco*

图25.5 这是一具被严重压扁的临海浙江翼龙的无头骨架，产于中国坎潘期唐山组。照片由吕君昌提供。

galaczi），目前它仍然是已知较为完整的神龙翼龙科之一，拥有完整的下颌骨（图25.4F—G）、大量的颌尖，以及几个来自匈牙利桑托尼亚期（8 500万—8 300万年前）切赫巴尼奥组的头后骨骼。另一个来自摩洛哥的神龙翼龙科翼龙——撒哈拉不死鸟翼龙（*Alanqa saharica*），因一只断裂的下颌骨和其他来自卡玛卡玛群的碎片（可能是塞诺曼期；1亿—9 300万年前），获得易卜拉欣等人的命名（Ibrahim et al. 2010）。伯氏纳瓦霍翼龙（*Navajodactylus boerei*）是最新加入这一行列的神龙翼龙科翼龙，其代表是来自新墨西哥州坎潘期科特兰组的第Ⅰ翼指骨的近端化石（Sullivan and Fowler 2011）。必须承认，我对纳瓦霍翼龙的有效性，甚至对它被归类为神龙翼龙科，都相当怀疑，因为翼龙近端指骨的近端多种多样，尚未证明其对的翼龙类群具有鉴定价值，更不用说是在鉴定属或种的层面上了。

除了已命名的神龙翼龙科标本，在南极洲外的每个大陆的沉积物中都发现了大量难以确定的神龙翼龙科化石材料（关于神龙翼龙科化石分布的一些概述，参见 Averianov et al. 2005；Witton and Naish 2008；Barrett et al. 2008 and Ösi et al. 2011）。总的来说，神龙翼龙科在晚白垩世最为丰富，在中生代

末期仍然大量存在。在大陆沉积物中频繁出现的神龙翼龙科化石表明，神龙翼龙科在晚白垩世数量丰富，甚至可能是晚白垩世陆地生态系统的常见成员（Witton and Naish 2008）。然而，第一批神龙翼龙科翼龙出现的确切时间并未得到明确界定。许多关于它们于早白垩世甚至侏罗纪出现的报告都受到了质疑（参见 Andres and Ji 2008；Unwin and Martill 2007；Witton et al. 2009），但是可以肯定的是，来自罗马尼亚贝里阿斯期（1.45亿—1.4 亿年前）沉积物的神龙翼龙科化石，可能表明该类群最早起源于早白垩世（Dyke et al. 2010）。这使得神龙翼龙科的演化史跨越了大约8 000万年时间，几乎占据了中生代时长的一半。没有其他已知的翼龙家族有类似的寿命，也许拥有5 000万年演化史的鸟掌翼龙科是下一个寿命最长的家族。

解剖学

许多神龙翼龙科都获得了良好的描述，但标本的残缺不全意味着我们鲜少能了解到单个动物的整体解剖结构。迄今为止已发表的最为完整的概述，是来自蔡正全和魏丰（Cai and Wei 1994）以及安文和吕君昌（Unwin and Lü 1997）的对浙江翼龙的描

249

247

图25.6　长颈鹿、哈特兹哥翼龙和我。最大的神龙翼龙科翼展在10—11米之间，这意味着它们几乎和现代最高的长颈鹿一样大（图中展示的是6米高的雄性马赛长颈鹿）。

述，此外还有凯尔纳和朗斯顿对风神翼龙头骨的描述（Kellner and Langston 1996）。威顿和纳什也提供了关于神龙翼龙科解剖学特征的概述（Witton and Naish 2008）。遗憾的是，尽管有迹象表明十几年前有人曾准备编写一份描述性的手稿（例如，Langston 1981；Kellner and Langston 1996），但目前发表的文献中几乎没有关于风神翼龙未定种的头后骨骼的详细信息。对风神翼龙未定种肢骨和颈椎比例的描述可以从翼龙文献中零星搜集到，让我们对它们的头后解剖特征有了粗略的了解（Frey and Martill 1996；Unwin, Lü, and Bakhurina 2000；Witton and Naish 2008）。但在撰写本文时，最著名的神龙翼龙科翼龙，也是最著名的翼龙之一，其真实细节仍然是一个谜。

体型

神龙翼龙科的体型差异很大，最大物种的翼展是最小物种的4倍。已知最小型的是蒙大拿神龙翼龙，翼展2.5米，而包科尼翼龙和浙江翼龙稍大一点，翼展3.5米。神龙翼龙则属于中等大小，翼展4—6米，这个体型范围内的还有翼展5米的风神翼龙未定种、海沃利组的神龙翼龙科翼龙和磷矿翼龙。一些零碎的化石，包括一些被认为代表着撒哈拉不死鸟翼龙的化石，表明体型在5—9米之间的标本也十分常见（例如，Padian 1984b；Buffetaut et al. 1997；Company et al. 1999；Ibrahim et al. 2010）。

一些神龙翼龙科翼龙甚至比这些体型惊人的物种还要大得多，它们的翼展和重量非常可观，可谓是翼龙中的巨兽联盟。这些巨型动物的化石材料又是如此之少，以至于你的餐桌就能放下世界上所有巨型翼龙的化石（图24.3）。因此，过去对神龙翼龙科的解剖学知识还处于起步阶段，人们对这些动物体型的估值也不受什么限制，导致对它们翼展的估计开始夸张，在11—21米之间（Lawson 1975a）。随着对神龙翼龙科身体结构了解的增加，翼展估值也得到了修正：风神翼龙为10.5米（Langston 1981）；哈特兹哥翼龙为12米（Buffetaut et al. 2003）；阿氏翼龙为11—13米（Frey and Martill 1996）。威顿和哈比卜最近表示，哈特兹哥翼龙的翼展与风神翼龙的（10.5米）相当，而我们对于神龙翼龙科的颈部生长机制知之甚少，无法估计阿氏翼龙的大小（Witton and Habib 2010）。这表明10.5米的翼展是目前对巨型神龙翼龙科的可靠的最大估值（图25.6），该估值显示其站立时肩高约2.5米，总站立高度超过5米。

人们常常会质疑灭绝动物如此巨大体型背后的演化意义。最简单也最有可能的解释是，这些巨兽们之所以能演化出如此多的种类，仅仅是因为它们有这个能力。体型增加有很多好处，包括减少运动消耗和捕食压力；有能力吃下更多的食物，渡过困难时期；提高体温调节的效率；以及增加一些物种的繁殖力。神龙翼龙科的演化不过是在生物力学的

限制范围和生态学的允许范围内利用了这些优势，远胜过其他翼龙。有趣的是，10.5米的翼展可能与有飞行能力的神龙翼龙科翼龙的假定体型限制相去不远（M. B. Habib and J. R. Cunningham，私人通信，见 Witton 2010）。让古生物学家饱受恶评的是，他们对灭绝动物体型范围的预测被越来越庞大的生物化石证据打破，但目前我们对动物体型范围的理解已经足够成熟，足以作出预测：在骨骼强度以及起飞能力的承受范围内，最大的神龙翼龙科的翼展区间在12—13米。这并不意味着能够飞行的翼龙的翼展无法超过这个极限，但它们在形态上肯定不仅与神龙翼龙科不同，而且可能与所有其他翼龙都不同。

骨学

虽然神龙翼龙科在解剖学上表现得相当保守（图25.7），但它们的颅骨形态相当多样（图25.4）。神龙翼龙科的头骨和下颌骨似乎有两种类型：一种头骨极长且低，长度可能是宽度的10倍，另一种头骨更短，比例更像其他翼龙。浙江翼龙和风神翼龙未定种的头骨反映了二者是头骨长且低的种类，阿兰卡翼龙的下颌骨较长，表明其头骨也属于这一类。它们壮观的长度主要是来自一只长而不具脊冠的喙部，喙部长度是高度的4.5—7倍，占据了颌骨长度的一半以上。喙部后面是巨大的鼻眶前孔和低矮的后颅区。浙江翼龙的后头骨完全无脊冠，而风神翼龙未定种鼻眶前孔的后半部分有一个短且显著隆起的脊冠（Kellner and Langston 1996）。风神翼龙未定种头骨的后部尚不完全清楚，所以它的确切形状和软组织脊冠延伸的可能性都无法确定。事实上，关于风神翼龙未定种的后颅区，除了它的眼眶位于头骨的腹面，以及下颌关节异常强壮外，几乎没有什么可谈及。然而，浙江翼龙的颅骨后部区域已获得完整发现，它那属于新神龙翼龙类的典型背面扩张的颅骨后部区域下方，具有一个类似凹陷的眼眶。浙江翼龙的后颅面几乎完全面向腹面（Unwin 2003），这表明神龙翼龙科的颅骨与脊柱以一个相当

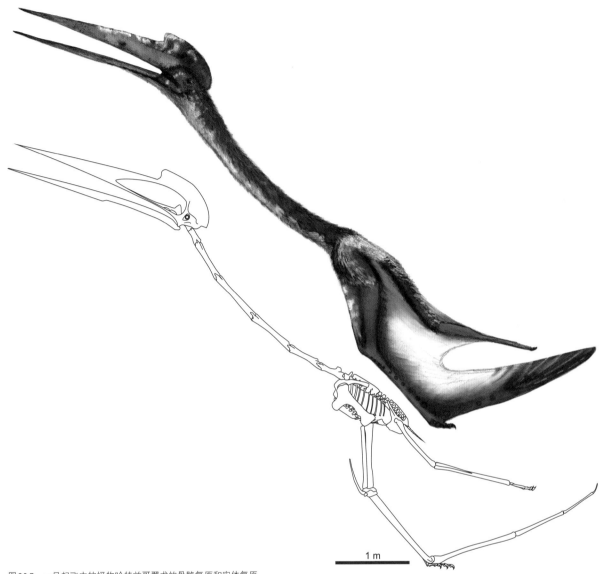

图25.7 一只起飞中的怪物哈特兹哥翼龙的骨骼复原和实体复原。

尖锐的角度连接（与进步的梳颌翼龙超科的情况一致；见第19章）。长脸的神龙翼龙科翼龙的下颌骨拥有非常长且浅的下颌联合体，可能占据了颌骨长度的60%（Kellner and Langston 1996）。阿兰卡翼龙下颌骨的独特之处是其联合体后部有一个狭窄的脊冠（Ibrahim et al. 2010），这一情况也反映在其他显示出复杂咬合面的神龙翼龙科翼龙身上。威顿和纳什认为风神翼龙未定种的后腭区域可能呈腹弓形，而哈特兹哥翼龙的腭区呈高拱形（Witton and Naish 2008）（图25.4B—C）。

所有"短吻"神龙翼龙科的头骨都保存得不完整，但我们仅有的一点证据表明，它们的头骨断掉了，而且可能原本比长脸物种更结实。包科尼翼龙完整下颌骨的长度是宽度的5倍，就宽度而言，其总长只有风神翼龙未定种的一半。包科尼翼龙的下颌联合体占据了颌骨的50%，具有明显坚固的末端，末端上有横向内凹的脊状咬合面，这与它最近被发现的相对细长简单的喙部标本形成鲜明对比（图25.4F—G；Ösi et al. 2011）。"海沃利组神龙翼龙科"头骨的整体大小尚不清楚，但与其他神龙翼龙科相比，它似乎有着相对短而高的喙。神龙翼龙的头骨也有类似的形态（Averianov 2010），其喙部

图 25.8 神龙翼龙科的颈椎。A—C,（分别为）风神翼龙未定种的第 3 颈椎、第 4 颈椎和第 5 颈椎；D, 来自摩洛哥马斯特里赫特期地层的毛里塔尼亚磷矿翼龙的一系列颈椎。D, 来自佩里达·苏北比奥拉等（Pereda Suberbiola et al. 2003）。

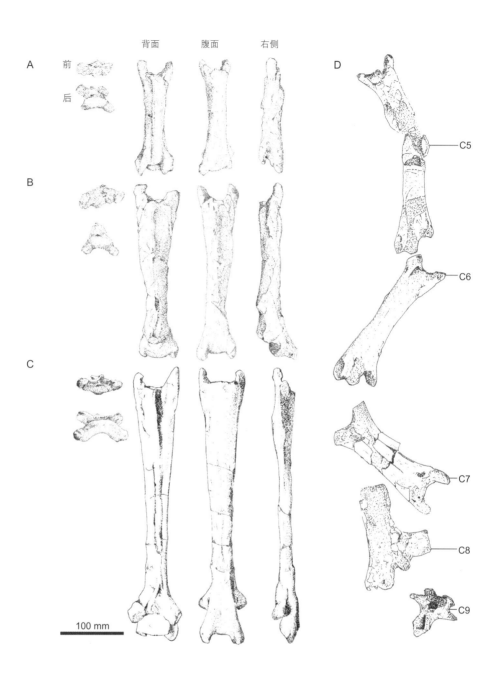

背面 腹面 右侧

A
前
后

B

C

100 mm

D

C5

C6

C7

C8

C9

背面边缘略凹，可能表明它有一个异常短且扁的口鼻部。

　　神龙翼龙科头骨形态的变化引发了一些有趣的问题，围绕着鲜为人知的哈特兹哥翼龙头骨的比例展开。该物种保留了足够多的颅骨后部区域，颌骨宽度估值约为 0.5 米，这可能相当于颌部长度在 2.5 米（假设它有着类似包科尼翼龙的颌骨）到 5 米（假设它是类似风神翼龙未定种的形态）之间。后一个数字即使对翼龙来说也有点离谱，这一点不难

理解（Buffetaut et al. 2003），但意外的是即使是更保守的估值也仍然令人吃惊。如果假设颌骨长 2.5 米，一旦加上颅骨后部区域，整个头骨的长度必将接近 3 米。如果数字正确的话，那么怪物哈特兹哥翼龙将拥有陆地动物中最长的头骨之一，当然也是所有已知的陆相动物中最长的颌部。除了巨型翼龙，已知的陆地脊椎动物中最长的颌部当属巨型掠食性恐龙——埃及棘龙（*Spinosaurus aegyptiacus*）的颌部，但估计长度只有 1.75 米（Dal Sasso et al.

252

253

2005）。怪物哈特兹哥翼龙的头骨甚至可以与有角恐龙媲美。有角恐龙是陆地动物中头骨长度的最长记录保持者（多亏了它们精致的颈褶）。斯氏五角龙（*Pentaceratops sternbergi*）是目前的佼佼者，它的头骨几乎有3米长（Lehman 1998）。如果我们的估计是正确的，怪物哈特兹哥翼龙很可能不需要冠饰或颈褶也能与之匹敌。当然，翼龙的头骨高度含气孔，远不如它的竞争对手——恐龙的头骨那么结实，但这改变不了一个令人警醒的事实：陆生动物最大的头骨之一，曾经存在于飞行动物身上。

神龙翼龙科的颈部也是出了名的大，从比例上来说，比所有其他翼龙的颈部都长（图25.7；对神龙翼龙科颈椎进行的一些迄今为止最详细的研究，参见Howse 1986；Frey and Martill 1996；以及Pereda-Suberbiola et al. 2003）。这惊人的长度是由于第3颈椎至第8颈椎的增长，其中第5颈椎特征明显，长度是宽度的8倍（图25.8）。没有一只完整的神龙翼龙科的系列颈椎片被人们所知，但它们的颈椎测量数据获得了足够详细的记录，足以让我们推测出巨大的阿氏翼龙的颈椎应该属于一个大约3米长的颈部（Frey and Martill 1996）。与其他神龙翼龙超科以及准噶尔翼龙超科一样，神龙翼龙科的颈椎非常低，神经弓包含在椎体内，由于中系神经棘高度退化，乃至消失的程度，所以它们的颈椎呈明显的"管状"外观。神龙翼龙科的颈椎关节突巨大且呈喇叭状，因而被一些人描述为"角状"（例如，Nessov 1991），并暗示颈椎之间可进行的运动有限（例如，Lawson 1975a；Wellnhofer 1991；Martill 1997）。然而，神龙翼龙科颈椎髁突的球根状关节面在某种程度上反驳了这一观点（例如，Godfrey and Currie 2005），它表明单个颈椎之间发生的运动比之前人们认为的要多；它们可能相对不易活动，但并非固定不动。据我们所知，神龙翼龙科的脊柱是具气孔构造的，包括它们整个前肢在内的大部分骨骼也是如此（Claessens et al. 2009）。

神龙翼龙科翼龙的躯干骨骼相当小，大约比肱

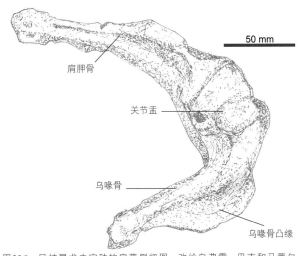

图25.9　风神翼龙未定种的肩带侧视图。改绘自弗雷、巴克和马蒂尔（Frey，Buchy and Martill 2003）。

骨长50%（Cai and Wei 1994）。这意味着巨大的神龙翼龙科翼龙尽管颈长，头大，翼展巨大，但躯干可能只有70厘米左右的长度，这大约是一个典型的成年男子的躯干长度（Witton and Habib 2010）。然而，巨大的神龙翼龙科翼龙的躯干骨骼结构强健，弥补了它们体型较小的不足。如果参考肩膀周围的大片肌肉附着区来看，神龙翼龙科翼龙的身体一定布满肌肉。保罗估计大约有50千克的肌肉固定在它们的肩膀周围，依据的是它们巨大的乌喙骨凸缘和长而宽的三角肌嵴（Paul 2002）（图片25.3和图25.9；关于后一特征特殊性的讨论，参见Padian 1984b）。它们的肩部骨骼相对粗壮，其中胛骨和乌喙骨坚实且长度相等，关节盂较大，颈前骨被固定在一个联合背椎内（Nessov 1984）。

神龙翼龙科翼龙的肱骨已被人们所熟知，也许是除颈椎外最常见的化石。它们通常与掠海翼龙科的肱骨相似，具有形状简单且稍向远端移位的三角肌嵴。正如人们所料想的那样，这些庞然大物的肱骨非常结实，轴宽80毫米（与2吨重的成年河马的肱部轴宽相当！），有巨大且厚实的关节表面。它们的翼掌骨几乎是这些骨头的2.5倍长，这使其成为所有翼龙中相对而言最大的翼掌骨，也是神龙翼龙科翼龙中最长的骨骼。蒙大拿神龙翼龙则相反，它们拥有明显发育不良的翼掌骨，这些翼掌骨实际上比

图中标注：肩胛骨　50 mm　关节盂　乌喙骨　乌喙骨凸缘

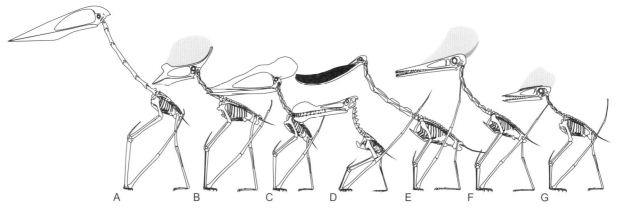

图25.10 没有什么能比得上神龙翼龙科。以下翼龙的骨架采用标准化的站立姿势，肱骨被缩放到相等长度。A，临海浙江翼龙；B，本溪"华夏"翼龙；C，莱氏妖精翼龙；D，南方鸟掌翼龙；E，吉氏南方翼龙；F，古老翼手龙；G，脊饰德国翼龙。

尺骨短（McGowen et al. 2002）。所有神龙翼龙科翼龙的前三个掌骨都非常短，完全位于巨大的第Ⅳ掌骨的末端。它们翼指的特征明显，在整个翅膀长度上占比不到50%，并且和其他翼指一样，第一节翼指骨比其他翼指骨大得多（翼指骨的比例分别为翼指的55%、30%、15%和5%）。第一节和第三节翼指骨有一个奇怪的T形横截面，这可能增强了它们拍打翅膀时远端翅膀的扭转运动（Habib 2010）。神龙翼龙科的前三个手指并没有获得任何详细的报告，但我们知道浙江翼龙的手指与四肢长度相比非常短（Cai and Wei 1994）。

人们对神龙翼龙科的腰带了解甚少，但浙江翼龙被压碎的腰带化石表明，它们与其他神龙翼龙科的腰带非常相似（Cai and Wei 1994）：相对强壮，有巨大且可能呈斧形的髋臼后突。浙江翼龙还表明，神龙翼龙科的后肢骨骼非常长，其中胫跗骨拉长，股骨占据其长度的80%（Unwin 2003）。与其他翼龙相比，长后肢和长翼掌骨的结合使得神龙翼龙科的四肢更长，体型更高（图25.10）。相比之下，它们的足部则又窄又短，还不到胫骨长度的30%（Cai and Wei 1994）。除了体型庞大，它们可能还相当强壮，贝内特指出风神翼龙的足部比无齿翼龙的结实有力得多（Bennett 2001）。神龙翼龙科的足迹表明（见下图），它们的足部有类似枪嘴翼龙科的可见的足垫（第22章）。

运动

飞行

近年来，人们对神龙翼龙科翼龙的飞行能力进行了深入的讨论，主要的关注点是这一最大的物种是否能够飞行。有人认为，长颈鹿般大小的神龙翼龙科体重只有200—250千克，但还是太重了，根本无法起飞（此处假设它们采用的是双足起飞策略［见第6章］；Chatterjee and Templin 2004；Sato et al. 2009）。此外还有一项实例表明，巨大的神龙翼龙科体重超过了500千克，根本无法飞行（Henderson 2010）。这些观点都受到了质疑，对于长颈鹿大小的翼龙来说，200—250千克的重量更有可能是估计的质量，主要是因为它们躯干占比相对较小（Witton 2008；Witton and Habib 2010），而巨大的神龙翼龙科翼龙与其较小的同胞具有相同的飞行解剖学特征，尽管它们之间的体型差异较大（Buffetaut et al. 2002；Witton and Habib 2010）。此外，新提出的四足起飞策略为巨大的翼龙提供了足够的力量，使其飞向天空（Habib 2008）。神龙翼龙科的肱骨可以在发生机械性故障之前将接近500千克的动物弹射出去（Witton and Habib 2010）。因此，巨型神龙翼龙科是否会飞的这个问题就不那么重要了，重要的是它飞得有多好。

人们普遍认为神龙翼龙科翼龙适合翱翔飞

行（Lawson 1975a；Nessov 1984；Chatterjee and Templin 2004；Witton 2008；Witton and Habib 2010），不过也有些人认为庞大的飞行肌肉组织可以让它们像飞翔的天鹅和鹅一样不停地拍打翅膀（Paul 2002；Frey，Buchy，and Martill 2003）。近来，有一种观点认为神龙翼龙科那短且可能很宽的翅膀适合在陆地上飞行，在神龙翼龙科和翱翔于陆地的大型鸟类之间发现了相似翅膀形状这一事实证实了这个观点（Witton 2008a；Witton and Naish 2008；Witton and Habib 2010）。像信天翁一样在海洋环境中翱翔也被认为是可能的（Nessov 1984；Chatterjee and Templin 2004），但神龙翼龙科的化石极度偏向于在陆生环境中沉积，更不用说它们那些地面觅食的适应特性了，因而上述观点遭到了反驳。

神龙翼龙科的详细的飞行模型给出了惊人的统计数据。一只刚起飞，体重200千克，翼展为10米的神龙翼龙科似乎能够在无氧动力下以超过30米每秒（108千米每小时或67.5英里每小时）的最佳速度持续鼓翼飞行约2分钟，这使得翼龙可以在近2 000米的距离内寻找额外的升力源，即热上升气流，或者寻找升高地面的折射风，以飞得更高，之后它们便可毫不费力地向前翱翔，速度可接近鼓翼飞行（Witton and Habib 2010）。注意，这个模型是基于一个保守的估计，使用的是相对宽阔的翅膀形状。翅膀缩小（考虑到我们对翼龙翼膜的了解，这未必不合理）将允许它们以更快的速度飞行。在这样的速度下，假设拥有着充足的燃料储备（即补充途中的脂肪和肌肉组织消耗），我们的神龙翼龙科可以在不着陆的情况下飞行16 000千米（10 000英里）（Habib 2010）。用迈克·哈比卜的话说，地理障碍对它们来说不值一提。

在地面上

神龙翼龙科翼龙是唯一一类有特定行迹供人们可靠参考的翼龙。韩国全罗南道足迹化石中那大而

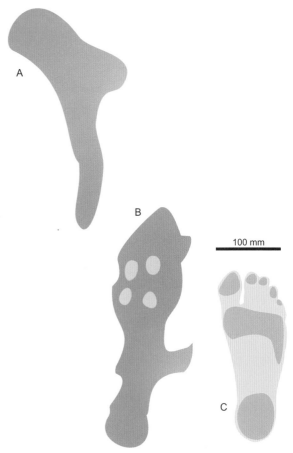

图25.11　晚白垩世神龙翼龙科翼龙的乌汉格全罗南道足迹，来自韩国晚白垩世安格里组，按人脚10.5码（约28.5厘米）的比例绘制。改绘自黄钟健等（Hwang et al. 2002）。

紧凑的足迹（图25.11），与神龙翼龙科翼龙的外形、生活年代，以及某些情况下的体型相一致。最后这一因素对全罗南道足迹被确定为神龙翼龙科足迹起到了很大的助力。全罗南道足迹中的一些前足迹和后足迹有35厘米长，而神龙翼龙科是已知唯一能留下如此规模足迹的翼龙。到目前为止，只有来自韩国的全罗南道足迹被确切鉴定（Hwang et al. 2002），但来自墨西哥坎潘期的另一组翼龙足迹可能也是全罗南道足迹（Rodriguez-dela Rosa 2003）。这条来自韩国的全罗南道足迹长达7米，是世界上最长且没有间断的翼龙行迹（图7.3），该行迹显示出神龙翼龙科翼龙行走时四肢位于身体正下方。这一点与它们的长肢以及紧实的足垫有关，已经被当作证据来证明与大多数其他翼龙群体相比，神龙翼龙科特别擅长陆地运动（Witton and Naish 2008）。

256

相比之下，神龙翼龙科可能并不擅长游泳（Witton and Naish 2008）。它们长长的四肢、极度沉重的骨架，以及小小的身体似乎不适合在水中摆出一个稳定的姿势，小巧紧凑的足部也不会附上多大的蹼。尽管如此，已经有人预测风神翼龙未定种可以从水上起飞（Habib and Cunningham 2010），虽说可能不像鸟掌翼龙科翼龙那样优雅（第16章）。生物力学模型表明，通过前肢的巨大推力，风神翼龙未定种可以从深水中起飞，但这样的重量产生了更大的能量消耗和生物力学负荷，远超过了在水中更熟练的鸟掌翼龙科翼龙可能会采取的水中跳跃起飞法（图16.8；Habib and Cunningham 2010）。这种不那么具有爆破力的跳跃方法也适用于风神翼龙未定种（Habib and Cunningham 2010），但这也证明了神龙翼龙科四肢的绝对力量可以使其采用一个灵巧的动作来完成水中起飞。无论如何，鉴于它们对坚实地面的明显偏好，神龙翼龙科似乎不太可能频繁地采用水上起飞。

古生态学

对于神龙翼龙科翼龙的觅食，几乎每一种我们已知的觅食策略都曾被人提出过。食腐（Lawson 1975a），在沉积物中探食（例如，Langston 1981；Wellnhofer 1991a），涉水寻食（例如，Paul 1987；Bennett 2001），滤食或在某种程度上进行空中捕鱼（例如，Nessov 1984，1991；Kellner and Langston 1996；Martill 1997；Martill et al. 1998；Prieto 1998），游水逐猎（Nessov 1984），空中捕食（Nessov 1984），陆地觅食（Witton and Naish 2008），上述这些都被认为是神龙翼龙科翼龙可能的生活方式。神龙翼龙科解剖结构的奇异性加剧了人们对其生活习惯看法的分歧，对其功能的解释也相互矛盾（我们无法提供关于这一主题的相关文献的完整列表，但有研究对所有已被人提出的神龙翼龙科翼龙的生活方式进行了全面的回顾［Witton and Naish 2008］）。

一些人认为神龙翼龙科翼龙的生态学很少受到关注。特别是空中捕食和游水逐猎，还没有被翼龙研究者广泛讨论或引用。食腐假说也从未真正得到广泛的支持，尽管几乎所有现代食肉动物和杂食动物都有的食腐倾向我们表明，不能将神龙翼龙科会有一些见机食腐行为的观点排除在外。事实上，飞行能力将非常有助于它们早于陆地食肉动物发现并接触到尸体，而且它们通常体型巨大，这保证了其能在白垩纪的大多数啄食顺序中占据首位。然而，从神龙翼龙科的解剖结构来看，它们并没有像某些翼龙那样是习惯性的食腐动物（第15章），而且在所有的可能性中，很可能它们的食腐行为与大多数其他翼龙没什么太大差别。从沉积物中探食也从来没有成为一种流行的假设，主要是因为神龙翼龙科解剖结构的许多方面与将喙插入沉积物中猎取穴居动物的做法不匹配（Martill 1997；Witton and Naish 2008）。

相比之下，滤食则在20世纪90年代中期成为神龙翼龙科的觅食假说。人们认为长长的颈部和颌部使得它们可以一边在水面上翱翔，一边用下颌尖在水中划动，由此它们能够在不撞击水面的情况下拍打翅膀（Martill 1997）。然而这一观点缺乏确凿的证据，使得汉普瑞斯等（Humphries et al. 2007）以及威顿和纳什（Witton and Naish 2008）对这一说法提出了强烈的怀疑。神龙翼龙科翼龙的颌骨和颈部的解剖结构与现代滤食性鸟类完全不同（请回忆一下第24章的内容，现代滤食性鸟类是极度特化的滤食性动物），即使是相对较小的神龙翼龙科翼龙，其飞行能量也不足以让它们用厚实的颌尖在水中划动。后一做法适用于翼展10米的神龙翼龙科翼龙。就力量来说，尽管它们很强大，但它们可用的能量输出仅为其巨大体型进行有效滤食所需能量的5%（Humphries et al. 2007）。从解剖学来看，浸食也受到了批评，长而相对不灵活的颈部被认为是这一假设的主要（但不是唯一）问题（Witton and Naish 2008）。

神龙翼龙科在陆地上的显著能力使得一些作者得出结论，它们可能是熟练的涉水者，在水道上逡巡，并在浅滩上捕获一口可吞咽的动物（例如，Paul 1987；Bennet 2001；Witton 2007）。这样的生活方式解释了为何许多神龙翼龙科有着宽大的颌部，以及该群体特有的长肢。印证这一观点的还有它们长而相对僵硬的颈部，这样的颈部可能曾帮助它们在深水中够得更远，或是在涉水的四肢无法触及的区域觅食。这一假设非常说得通，除了一个问题：神龙翼龙科那高跷般的腿部末端拥有的是小小的足部。与梳颌翼龙超科巨大且脚趾张开的脚不同（见第19章），神龙翼龙科翼龙小小的手足可能无助于在水域边柔软泥泞的区域分散体重，使它们要么无法接近许多主要的觅食点，要么在试图接近时有陷入泥潭的危险。

然而据推测，那些大部分时间都在坚实地面上生活的动物的足部会比较小。当大步前进时，短的足能最大程度地减少推离地面所需的力量，因此，与长而张开的四肢相比，短足能更有效地行走。连同一系列其他特征，包括它们的长肢和非特化的颌骨结构在内，这样的足部表明神龙翼龙科是"陆地潜行者"，是地面觅食的翼龙类，类似于现代的地犀鸟和一些鹳鸟（Witton and Naish 2008）。在这样的假设中，长长的四肢十分适合在有植被覆盖的环境中高效行走，而长长的头骨和颌部，由于后枕骨面向后旋转而自然下翻，更加适合接触地面。长而

僵硬的颈部，在许多其他觅食假说中都会带来问题，但在此则能带来益处，因为它增加了颈底的运动，帮助降低头部来更好地接触地面，同时也为寻找猎物提供了一个较高的有利位置。也许，就像涉水假说一样，长长的颈部也能让神龙翼龙科在猎物被它们的脚步声吓走之前就将其抓住。神龙翼龙科颌部的普遍结构可能使其能够以广泛的杂食性食物为食，比如小动物和子实体等（Ösi et al. 2005），但似乎更大的神龙翼龙科物种可能主要是食肉动物。不仅是因为相对较小的植物性物质很难被它们巨大的颌部咬住，而且食用这些物质获得的净能量也许只能抵消这些巨大动物觅食的消耗。因此，较大的神龙翼龙科可能只以较小的恐龙、蛋和其他中小型四足总纲成员为食。对神龙翼龙科可能的猎物来说糟糕的是，对大量或偶尔混杂在一起的神龙翼龙科遗骸的研究表明，一些物种可能具有社会性，会成群觅食（例如，Langston 1981；Cai and Wei 1994；Ösi et al. 2005）。巨大的腿似高跷的翼龙成群出现，它们视野高而广，嘴巴长，动作快，这场景对许多小型动物来说一定十分可怕。有趣的是，白垩纪最晚的陆生群落中包含了最大的神龙翼龙科，却没有中型的恐龙捕食者（例如，Farlow and Pianka 2002），这种情况与早期的恐龙生态系统形成了鲜明的对比。一个虽然是推测，但仍然很有趣的看法是，在白垩纪末期，巨型神龙翼龙科可能至少部分地填补了这些生态系统里中型捕食者的角色。

258

26

翼龙帝国的兴与衰

在之前的章节中，我们希望能够说明翼龙是一种与人们心中中生代鬼怪般的刻板形象相去甚远的多种多样且大获成功的动物。但一个显而易见的问题仍然没有答案：既然它们如此成功，又为什么会灭绝？和非飞行类恐龙一样，翼龙也一直持续生存到白垩纪末期（Buffetaut et al. 1996），表明它们中的最后一批死于白垩纪-第三纪（也称"K-T"）灭绝事件，该事件毁灭了中生代地球上75%的物种（图26.1）。这是地球历史上最大的灭绝事件之一，其发生原因仍有争议，但巨大的陨石撞击、大量的火山活动和中生代最后几百万年的气候变化可能都对此起了推波助澜的作用。但翼龙是在这之前就已经濒临灭绝了，还是正值繁盛时期戛然而止？

与翼龙科学的大多数方面一样，这个问题的答案很复杂。翼龙化石记录表明，在白垩纪末期，翼龙的种类相对较少，且形态相似（Butler et al. 2012）。在白垩纪最上部的岩层中，只保存了两类翼龙的化石证据（图26.2）：神龙翼龙科（数量相当多）和夜翼龙科（极罕见，以一件单独的肱骨为代表 [Price 1953]）。表面上看，这表明翼龙种群在6500万年前中生代世界结束时已经普遍减少，意味着白垩纪-古近纪灭绝事件仅仅是消灭了一个濒临灭绝的分支。然而，我们必须对上述解释持谨慎态度，因为翼龙化石记录可能颇不完整，无法揭示翼龙家族在历史上各个时期的整体"健康状况"。这一点可以通过观察翼龙在时间或空间分布上的主要差距、测试其化石记录中的重大偏差，以及确定某些物种或标本在形态学上是否与所有其他翼龙存在极大差

异来评估。这类标本表明我们的系统发育数据集有很大的空白，意味着翼龙的演化记录不完整。

从地理学和地层学的角度来说，翼龙的化石记录分布非常不均（图26.3）。虽然除南极洲外，每个大陆都有翼龙标本（Barrett et al. 2008），但地球上还有大片地区尚未发现翼龙化石。例如，非洲和澳大利亚确实出土了少量翼龙化石，而世界各地大量的中生代地层（代表着数百万年的时间）却没有多少翼龙化石的踪迹，或者根本连影儿也见不着。三叠纪和侏罗纪的记录尤其不完整，虽然白垩纪的记录总体上要好些，但还远算不得完整。当然，情况并非总是如此，从一些特异埋藏，比如索伦霍芬石灰岩或中国辽宁地区的几个优秀化石地层发现了大量的翼龙化石。注意到这一点，比弗托等人（Buffetaut et al. 1996）和凯尔纳（Kellner 2003）提出，翼龙化石记录严重受到所谓的"特异埋藏效应"影响。该效应指的是古生物学数据中的一种常见偏差，即我们对化石群的分类和空间分布的认识因这些沉积物中丰富的化石而发生偏差。根据巴特勒、巴瑞特、诺巴斯和阿普丘奇提供的这方面的定量证据（Butler, Barrett, Nowbath, and Upchurch 2009），以及巴特勒等人的其他研究（Butler et al. 2012），各时期翼龙的多样性在很大程度上与出土化石的岩层数量相关（图26.3）。因此，我们目前绘制的翼龙多样性曲线主要反映的是取样偏差，而并非实际情况，三叠纪和侏罗纪的情况尤其如此。然而格外明显的是，白垩纪末期翼龙化石的数量高于平均水平，但翼龙的多样性仍然很低。

图26.1　剧终。在中生代的最后一个周末，所有活着的翼龙都会目睹地球陷入一场短暂的核冬天，这要感谢墨西哥那场臭名昭著的希克苏鲁伯陨石撞击事件，这场事件造成大量火山灰和灰尘喷射入大气中。虽然可能只持续了一两个月，但在这段时间里，即使是中纬度地区的温度也在零度以下，全球生态系统一步步崩溃。这个阶段，翼龙们已是穷途末路，对于这种大型且高耗能的动物来说，晚马斯特里赫特期的这个冬天意味着它们的末日。

含翼龙地层（组）数量表

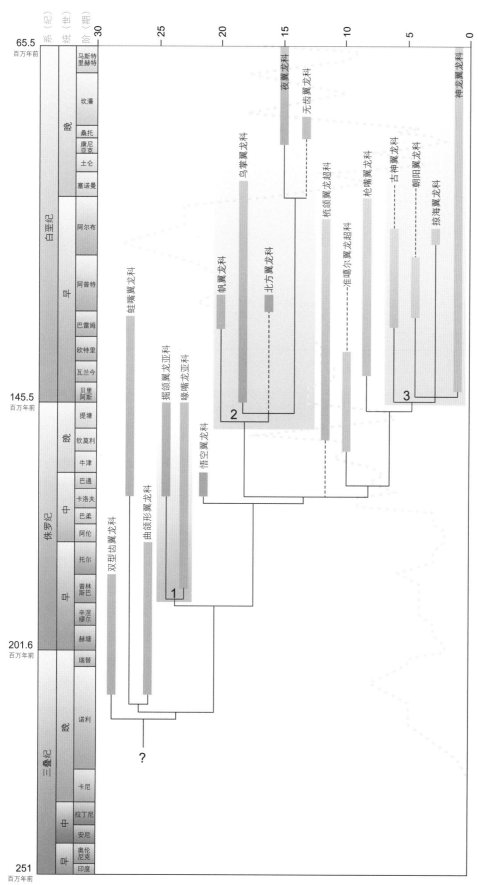

图26.2 翼龙演化的系统发育树，根据吕君昌、安文等人提出的系统发育关系绘制（Lü, Unwin, et al. 2010），且与各年代含翼龙的组的数量（蓝色曲线表示）形成对照；数据引自巴特勒、巴瑞特、诺巴斯和阿普丘奇（Butler, Barrett, Nowbath and Upchurch, 2009）。数字表示主要的翼龙群：1，喙嘴龙科；2，鸟掌翼龙超科；3，神龙翼龙超科。

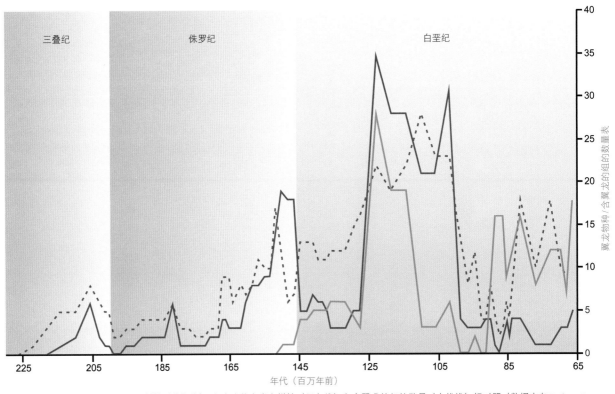

图 26.3　翼龙物种随时间发展的多样性（紫色线），与中生代鸟类多样性（绿色线）和含翼龙的组的数量（点状线）相对照（数据来自 Butler，Barrett，Nowbath and Upchurch，2009）。注意翼龙的多样性通常与岩石质量关系密切，但似乎不受鸟类类群数量的影响。

与这些发现形成鲜明对比的是，大多数新发现的翼龙化石与之前已知的标本之间存在足够多的共同特征，只有少数的翼龙化石在现代系统发育中显得格格不入。21世纪发现的大多数翼龙物种都利落地填入了系统发育的空缺，而没有引发太多变动（例如，Lü，Unwin，et al. 2008；Lü，Unwin et al. 2010），这表明我们已经发现了翼龙谱系树的大部分主要分支。此外，翼龙的系统发育和它们在岩石记录中的分布情况之间存在着粗略的相关性，这表明我们对每个翼龙家族出现的时间已有了粗略的了解（尽管戴克等人提出了另一种观点，参见 Dyke et al. 2009）。这可能意味着，尽管对不同时间和空间中翼龙的实际物种数量知之甚少，但我们也许可以对它们的整体形态范围有一个粗略的了解。因此，在白垩纪最晚期，神龙翼龙科的优势地位可能是翼龙演化史的一个真正特点，因为我们应该能很容易地识别出这个时期的所有非神龙翼龙科翼龙化石。当然，

晚白垩世翼龙特异埋藏若是被发现，可能会在一夜之间颠覆这种看法，但目前的数据似乎表明，在中生代末期，神龙翼龙科确实统治了翼龙王国。

倘若如此，对翼龙灭绝的疑问就不再是"为什么翼龙会灭绝"，而将变为"为什么神龙翼龙科会灭绝"。在某种程度上，这个问题不难回答。安文指出，由于体型庞大，神龙翼龙科翼龙通常比其他翼龙更容易灭绝（Unwin 2005）。大型动物繁殖和适应环境的速度相对较慢，因而只能维持相对较少的种群数量。当世界范围内的生态系统因白垩纪-第三纪灭绝事件的破坏而陷入混乱时，神龙翼龙科及其所代表的翼龙家族都难逃厄运。神龙翼龙科可能甚至不需要经历大规模灭绝混乱的摧残，就已自行走向灭亡了，因为更为普通的灭绝催化因素正不断销蚀着各个物种。神龙翼龙科和其他物种一样容易受到这些"环境灭绝"因素的影响，它们在第三纪界线的消失可能只是一个巧合。不管事实如何，都无关

262

26

紧要了；重要的是，晚白垩世翼龙种群几乎全部集中在一个演化缓慢的分支上，因而脆弱不堪。因此，我们的问题的性质再次发生了变化，因为翼龙灭绝的真正谜团并不在于中生代末期如何如何，而在于晚白垩世其他类型的翼龙是如何消失的。

在试图解开这部分疑问时，翼龙化石记录的不完整性成为真正的阻碍。翼龙究竟是在晚白垩世飞速灭绝的，还是仅仅没能在普遍的"环境"灭绝率下继续多样化和自我更新？我们所掌握的有限数据表明，后者的可能性更大。经历过早白垩世的"爆发式"演化之后，翼龙似乎完全停止了所有明显的多样化进程。我们在中白垩世和晚白垩世看到的翼龙与它们在晚白垩世的祖先其实没有什么不同。这种演化停滞的原因还不清楚。有人提出，在整个白垩纪，鸟类可能在生态上逐渐取代了翼龙，因而阻碍了其新类群的演化，在白垩纪－第三纪灭绝事件发生前的 1 500 万年中，存活的只剩下特化的巨型翼龙（Unwin 2005）。然而，这一观点在试验中几乎没有得到支持。翼龙数量的下降与鸟类的多样性之间没有关联（图26.3；Slack et al. 2006；Butler，Barrett，Nowbath，and Upchurch 2009；Dyke et al. 2009）。而且早期鸟类和翼龙在生态位上的重叠不太可能达到直接竞争资源的程度（Slack et al. 2006）。同样，也没有任何迹象表明神龙翼龙科翼龙比它们的翼龙同胞更有竞争力，并仗势获得统治地位。神龙翼龙科的解剖结构似乎并未显示出比其他翼龙更强大的适应特性，也不具任何"优势"。最近的形态学分析也没有发现神龙翼龙科和其他分支之间存在直接竞争的迹象（Prentice et al. 2011）。因此，翼龙的灭绝似乎并不是由神龙翼龙科的突变引起的。

那么，我们就没有明确的证据表明翼龙的多样性为何在晚白垩世下降到如此危险的程度。值得注意的是，不仅仅是白垩纪的翼龙，所有的翼龙似乎在演化上都相当保守。许多类群在地球上的不同地区存在了数千万年，却没有与它们的祖先或同时代翼龙产生巨大差异（例如，Unwin，Lü，and Bakhurina 2000；Lü，Unwin et al. 2012）。也许除了鸟类演化，其他因素也使得翼龙失去了在不断变化的白垩纪生态系统中继续多样化的机会或能力。无论何种原因，缺乏新的翼龙来取代旧的翼龙，意味着它们的多样性只能在中生代末期逐渐下降，这就增加了以下风险：下一个分支灭绝可能就意味着整个翼龙目从地球历史上谢幕。

艰难的尾声

当然，翼龙灭亡的真正原因只是我们关于这些皮翼伙伴的众多未解难题之一。我们是否能够回答这些问题还不确定，但在我看来还是大有希望的。现在，翼龙研究人员比过去的228年里所有时期的都要多，新的化石正在以创纪录的速度获得发掘、描述和分析。处理和分析这些数据有了新方法，这意味着即使是前几年最热门的争议，也已经通过结构合理、几乎无懈可击的论述得到解答，而目前翼龙研究中激烈的争论终有一天会以类似的方式得到解决。如此一来，我们很难不对翼龙研究的未来感到乐观。我希望这本书能让你像我一样，对那些即将到来的突破有所期待，对发现外形更疯狂的新物种有所期待。

这就是你们的翼龙，朋友们，非常感谢诸位的阅读。

参考文献

Abel, O. 1925. *Geschichte und Methode der Rekonstruktion vorzeitlicher Wirbeltiere.* Jena, G. Fischer.

Andres, B. 2007. Pterosaur systematics. Abstract. In *Flugsaurier: The Wellnhofer pterosaur meeting,* edited by D. Hone, 7. Abstract Volume. Munich, Bavarian State Collection for Palaeontology.

Andres, B., J. M. Clark, and X. Xu. 2010. A new rhamphorhynchid pterosaur from the Upper Jurassic of Xinjiang, and the phylogenetic relationships of basal pterosaurs. *Journal of Vertebrate Paleontology* 30: 163–187.

Andres, B., L. Howard, and L. Steel. 2011. Owen's pterosaurs, old fossils shedding light on new clades. Abstract. In *Programme and Abstracts,* Symposium of Vertebrate Palaeontology and Comparative Anatomy, 59th Annual Meeting, 2011, 4. Lyme Regis, U.K.

Andres, B., and Q. Ji. 2003. Two new pterosaur species from Liaoning, China, and the relationships of the Pterodactyloidea. Abstract. *Journal of Vertebrate Paleontology* 23: 29A.

———. 2006. A new species of *Istiodactylus* (Pterosauria, Pterodactyloidea) from the Lower Cretaceous of Liaoning, China. *Journal of Vertebrate Paleontology* 26: 70–78.

———. 2008. A new pterosaur from the Liaoning Province of China, the phylogeny of the Pterodactyloidea, and the convergence in their cervical vertebrae. *Palaeontology* 51; 453–469.

Arambourg, C. 1954. Sur la présence d'un ptérosaurien gigantesue dans les phosphates de Jordanie. *Comptes rendus de l'Académie des Sciences* 283: 133–134.

———. 1959. *Titanopteryx phildelphiae* nov. gen., nov. sp., pterosaurien géant. *Notes et Mémoires du Moyen Orient* 7: 229–234.

Arbour, V. M., and P. J. Currie. 2010. An istiodactylid pterosaur from the Upper Cretaceous Nanaimo Group, Hornby Island, British Columbia, Canada. *Canadian Journal of Earth Sciences* 48: 63–69.

Arthaber, G. von. 1919. Studien fiber Flugsaurier auf Grund der Bearbeitung des Wiener Exemplares von *Dorygnathus banthensis* Theod. sp. *Denkschrift der Akademie der Wissenschaften Wien, Mathematisch-Naturwissenschaftliche Klasse* 97: 391–464.

Arthaber, G. von. 1922. Über Entwicklung, Ausbildung und Absterben der Flugsaurier. *Paläontologische Zeitschrift* 4: 1–47.

Atanassov, M. 2000. Morphometric analysis of late Jurassic pterodactyloids from Germany and France. *Journal of Vertebrate Paleontology* 20: 27A.

Averianov, A. O. 2007. New records of azhdarchids (Pterosauria, Azhdarchidae) from the Late Cretaceous of Russia, Kazakhstan, and Central Asia. *Paleontological Journal* 41: 73–79.

———. 2010. The osteology of *Azhdarcho lancicollis* Nessov, 1984 (Pterosauria, Azhdarchidae) from the Late Cretaceous of Uzbekistan. *Proceedings of the Zoological Institute RAS* 314: 264–317.

———. 2012. *Ornithostoma sedgwicki*—valid taxon of azhdarchoid pterosaurs. *Proceedings of the Zoological Institute RAS* 316: 40–49.

Averianov, A. O., M. S. Arkhangelsky, E. M. Pervushov, and A. V. Ivanov. 2005. A new record of an azhdarchid (Pterosauria: Azhdarchidae) from the Upper Cretaceous of the Volga Region. *Paleontological Journal* 39: 433–439.

Averianov, A. O., M. S. Arkhangelsky, and E. M. Pervushov. 2008. A new late Cretaceous azhdarchid (Pterosauria, Azhdarchidae) from the Volga Region. *Paleontological Journal* 42: 634–642.

Bakhurina, N. A. 1986. Flying reptile. [In Russian.] *Priroda* 7: 27–36.

Bakhurina, N. A., and D. M. Unwin. 1992. *Sordes pilosus* and the function of the fifth toe in pterosaurs. *Journal of Vertebrate Paleontology* 12: 18A.

———. 1995a. A preliminary report on the evidence for 'hair' in *Sordes pilosus,* an Upper Jurassic pterosaur from Middle Asia. In *Sixth Symposium on Mesozoic Terrestrial Ecosystems and Biota, Short Papers,* edited by A. Sun and Y. Wang, 79–82. Beijing, China Ocean Press.

———. 1995b. A survey of pterosaurs from the Jurassic and Cretaceous of the former Soviet Union and Mongolia. *Historical Biology* 10: 197–245.

———. 2003. Reconstructing the flight apparatus of *Eudimorphodon. Rivista del Museo Civico di Scienze Naturali "E. Caffi" di Bergamo* 22: 5–8.

Bakker, R. T. 1986. *The Dinosaur Heresies.* New York, Citadel Press.

———. 1998. Dinosaur mid-life crisis: The Jurassic-Cretaceous transition in Wyoming and Colorado. In *Lower and Middle Cretaceous Terrestrial Ecosystems, New Mexico Museum of Natural History and Science Bulletin,* edited by S. G. Lucas, J. I. Kirkland, and J. W. Estep. Vol. 14, pp. 67–77.

Barrett, P. M., Butler, R. J., Edwards, N. P., and A. R. Milner. 2008. Pterosaur distribution in space and time: An atlas. *Zitteliana* B28: 61–107.

Bell, C. M. and K. Padian. 1995. Pterosaur fossils from the Cretaceous of Chile: Evidence for a pterosaur colony on an inland desert plain. *Geological Magazine* 132: 31–38.

Bennett, S. C. 1989. A pteranodontid pterosaur from the Early Cretaceous of Peru, with comments on the relationships of Cretaceous pterosaurs. *Journal of Paleontology* 63: 422–434.

———. 1990. A pterodactyloid pterosaur from the Santana Formation of Brazil: Implications for terrestrial locomotion. *Journal of Vertebrate Paleontology* 10: 80–85.

———. 1992. Sexual dimorphism of *Pteranodon* and other pterosaurs with comments on cranial crests. *Journal of Vertebrate Paleontology* 12: 422–434.

———. 1993. The ontogeny of *Pteranodon* and other pterosaurs. *Paleobiology* 19: 92–106.

———. 1994. Taxonomy and systematics of the Late Cretaceous pterosaur *Pteranodon* (Pterosauria, Pterodactyloidea). *Occasional Papers of the Natural History Museum, University of Kansas* 169: 1–70.

———. 1995. A statistical study of *Rhamphorhynchus* from the Solnhofen Limestone of Germany: Year-classes of a single large species. *Journal of Paleontology* 69: 569–580.

———. 1996a. The phylogenetic position of the Pterosauria within the

Archosauromorpha. *Zoological Journal of the Linnaean Society* 118: 261–308.

———. 1996b. Year-classes of pterosaurs from the Solnhofen Limestone of Germany: Taxonomic and systematic implications. *Journal of Vertebrate Paleontology* 16: 432–444.

———. 1996c. On the taxonomic status of *Cycnorhamphus* and *Gallodactylus* (Pterosauria: Pterodactyloidea). *Journal of Paleontology* 70: 335–338.

———. 1997a. The arboreal leaping theory of the origin of pterosaur flight. *Historical Biology* 12: 265–290.

———. 1997b. Terrestrial locomotion of pterosaurs: A reconstruction based on *Pteraichnus* trackways. *Journal of Vertebrate Paleontology* 17: 104–113.

———. 2000. Pterosaur flight: The role of actinofibrils in wing function. *Historical Biology* 14: 255–284.

———. 2001. The osteology and functional morphology of the Late Cretaceous pterosaur *Pteranodon*. *Palaeontographica Abteilung A* 260: 1–153.

———. 2002. Soft-tissue preservation of the cranial crest of the pterosaur *Germanodactylus* from Solnhofen. *Journal of Vertebrate Paleontology* 22: 43–48.

———. 2003a. Morphological evolution of the pectoral girdle in pterosaurs: Myology and function. In *Evolution and Palaeobiology of Pterosaurs*, edited by E. Buffetaut and J. M. Mazin, 191–215. Geological Society Special Publication 217. London, The Geological Society.

———. 2003b. New crested specimens of the Late Cretaceous pterosaur *Nyctosaurus*. *Paläontologische Zeitschrift* 77: 61–75.

———. 2003c. A survey of pathologies in large pterodactyloid pterosaurs. *Palaeontology* 46: 195–196.

———. 2005. Pterosaur science or pterosaur fantasy? *Prehistoric Times* 70: 21–23.

———. 2006. Juvenile specimens of the pterosaur *Germanodactylus cristatus*, with a review of the genus. *Journal of Vertebrate Paleontology* 26: 872–878.

———. 2007a. Articulation and function of the pteroid bone of pterosaurs. *Journal of Vertebrate Paleontology* 27: 881–891.

———. 2007b. A second specimen of the pterosaur *Anurognathus ammoni*. *Paläontologische Zeitschrift*, 81, 376–398.

———. 2007c. A review of the pterosaur *Ctenochasma*: Taxonomy and ontogeny. *Neues Jahrbuch für Geologie und Paläontologie* 245: 23–31.

———. 2008. Morphological evolution of the wing of pterosaurs: Myology and function. *Zitteliana* B28: 127–141.

———. 2010. The morphology and taxonomy of *Cycnorhamphus*. Abstract. *Acta Geoscientica Sinica* 31(1): 4.

Benton, M. J. 1990. *The Reign of the Reptiles*. New York, Crescent.

———. 1999. *Scleromochlus taylori* and the origin of dinosaurs and pterosaurs. *Philosophical Transactions of the Royal Society, London* B 354: 1423–1446.

———. 2005. *Vertebrate Palaeontology*, 3rd ed. Oxford, Wiley-Blackwell.

Billon-Bruyat, J. P., and J. M. Mazin. 2003. The systematic problems of tetrapod ichnotaxa: The case study of *Pteraichnus* Stokes, 1957 (Pterosauria, Pterodactyloidea). In *Evolution and Palaeobiology of Pterosaurs*, edited by E. Buffetaut and J. M. Mazin, 315–324. Geological Society Special Publication 217. London, Geological Society.

Bock, W. J. 1960. Secondary articulation of the avian mandible. *The Auk* 77: 19–55.

Bogolubov, N. N. 1914. On the pterodactyl vertebra from the Upper Cretaceous deposits of Saratov Government. [In Russian.] *Ezhegodnik po Geologii i Mineralogii Rossii* 16: 1–7.

Bonaparte, J. F. 1970. *Pterodaustro guinazui* gen. et sp. nov. Pterosaurio de la Formacion Lagarcito, Provincia de San Luis, Argentina y su significado en la geologia regional (Pterodactylidae). *Acta Geologica Lilloana* 10: 209–225.

Bonaparte, J. F., E. H. Colbert, P. Currie, A. de Ricqlés, Z. Kielan Jaworowska, G. Leonardi, N. Morello, and P. Taquet. 1984. *Sulle Orme dei Dinosauri*. Venezia, Erizzo.

Bonaparte, J. F., and T. M. Sánchez. 1975. Restos de un pterosaurio *Puntanipterus globosus* de la formación La Cruz provincia San Luis, Argentina. *Actas Primo Congresso Argentino de Paleontologia e Biostratigraphica* 2: 105–113.

Bonaparte, J. F., C. L. Schultz, and M. B. Soares. 2010. Pterosauria from the Late Triassic of southern Brazil. In *New Aspects of Mesozoic Biodiversity*, edited by S. Bandyopadhyay, 63–71. Lecture Notes in Earth Sciences 132. Berlin Heidelberg, Springer.

Bonde, N., and P. Christiansen. 2003. The detailed anatomy of *Rhamphorhynchus*: Axial pneumaticity and its implications. In *Evolution and Palaeobiology of Pterosaurs*, edited by E. Buffetaut and J. M. Mazin, 217–232. Geological Society Special Publication 217. London, Geological Society.

Bowerbank, J. S. 1851. On the pterodactyles of the Chalk formation. *Proceedings of the Zoological Society of London* 1: 14–20.

Bramwell, C. D., and G. R. Whitfield. 1974. Biomechanics of *Pteranodon*. *Philosophical Transactions of the Royal Society of London* 267: 503–581.

Broili, F. 1927. Ein Exemplar von *Rhamphorhynchus* mit Resten von Schwimmhaut. *Sitzungsberichte der Bayerischen Akademie der Wissenschaften, Mathematisch-Naturwissenschaftlichen* 1927: 29–48.

———. 1938. Beobachtungen an *Pterodactylus*. *Sitzungsberichte der Bayerische Akademie der Wissenschaften, Mathematisch-Naturwissenschaftlichen* 1938: 139–154.

Brower, J. C. 1983. The aerodynamics of *Pteranodon* and *Nyctosaurus*, two large pterosaurs from the upper Cretaceous of Kansas. *Journal of Vertebrate Paleontology* 3: 84–124.

Brower, J. C., and J. Veinus. 1981. Allometry in pterosaurs. *University of Kansas Paleontological Contributions* 105: 1–32.

Brown, B. 1943. Flying reptiles. *Natural History* 52: 104–111.

Brown, R. E., and A. C. Cogley. 1996. Contributions of the propatagium to avian flight. *Journal of Experimental Zoology* 276: 112–124.

Buckland, W. 1829. On the discovery of a new species of Pterodactyle in the Lias at Lyme Regis. *Transactions of the Geological Society, London* 3: 217–222.

Buffetaut, E., J. B. Clarke, and J. Le Loeuff. 1996. A terminal Cretaceous pterosaur from the Corbiéres (southern France) and the problem of pterosaur extinction. *Bulletin de la Société Géologique de France* 167: 753–759.

Buffetaut, E., D. Grigorescu, and Z. Csiki. 2002. A new giant pterosaur with a robust skull from the latest Cretaceous of Romania. *Naturwissenschaften* 89: 180–184.

———. 2003. Giant azhdarchid pterosaurs from the terminal Cretaceous of Transylvania (western Romania). In *Evolution and Palaeobiology of Pterosaurs*, edited by E. Buffetaut and J. M. Mazine, 91–104. Geological Society Special Publication 217. London, Geological Society.

Buffetaut, E., and J. P. Guibert. 2001. An early pterodactyloid pterosaur from the Oxfordian of Normandy (northwestern France). *Comptes Rendus de l'Académie des Sciences* 333: 405–409.

Buffetaut, E., and P. Jeffery. 2012. A ctenochasmatid pterosaur from the Stonesfield Slate (Bathonian, Middle Jurassic) of Oxfordshire, England. *Geological Magazine* 49: 552–556.

Buffetaut, E., and X. Kuang. 2010. The *tuba vertebralis* in dsungaripterid pterosaurs. Abstract. *Acta Geoscientica Sinica* 31 (1): 10–11.

Buffetaut, E., Y. Laurent, J. Le Loeuff, and M. Bilotte. 1997. A terminal Cretaceous giant pterosaur from the French Pyrenees. *Geological Magazine* 134: 553–556.

Buffetaut, E., J. Lepage, and G. Lepage. 1998. A new pterodactyloid from the Kimmeridgian of the Cape de la Héve (Normandy, France). *Geological Magazine* 135: 719–722.

Buffetaut, E., D. M. Martill, and F. Escuillié. 2004. Pterosaurs as part of a spinosaur diet. *Nature* 430: 33.

Butler, R. J., P. M. Barrett, and D. J. Gower. 2009. Postcranial skeletal pneumaticity and air-sacs in the earliest pterosaurs. *Biology Letters* 5: 557–560.

Butler, R. J., P. M. Barrett, S. Nowbath, and P. Upchurch. 2009. Estimating the effects of the rock record on pterosaur diversity patterns: Implications for hypotheses of bird/pterosaur competitive replacement. *Paleobiology* 35: 432–446.

Butler, R. J., S. L. Brusatte, B. Andres, and R. B. J. Benson. 2012. How do geological sampling biases affect studies of morphological evolution in Deep Time? A case study of pterosaur (Reptilia: Archosauria) disparity. *Evolution* 66: 147–162.

Cai, Z., and F. Wei. 1994. *Zhejiangopterus linhaiensis* (Pterosauria) from the Upper Cretaceous of Linhai, Zhejiang, China. *Vertebrata PalAsiatica* 32: 181–194.

Calvo, J. O., and M. G. Lockley. 2001. The first pterosaur tracks from Gondwana. *Cretaceous Research* 22: 585–590.

Campos, D. A., and A.W.A. Kellner. 1985. Panorama of the flying reptiles study in Brazil and South America. *Anais Academia Brasileira, Ciencias* 57: 453–466.

———. 1997. Short note on the first occurrence of Tapejaridae in the Crato Member (Aptian), Santana Formation, Araripe Basin, Northeast Brazil. *Anais Academia Brasileira, Ciencias* 69: 83–87.

Carpenter, K., D. Unwin, K. Cloward, C. Miles, and C. Miles. 2003. A new scaphognathine from the upper Jurassic Morrison Formation of Wyoming, USA. In *Evolution and Palaeobiology of Pterosaurs*, edited by E. Buffetaut and J. M. Mazin, 45–54. Geological Society Special Publication 217. London, Geological Society.

Casamiquela, R. M. 1975. *Herbstosaurus pigmaeus* (Coeluria, Compsognathidae) n. gen., n. sp. del Jurassico medio del Nequén (Patagonia septentrional): Uno de los más pequenos dinosaurios conocidos. *Acta Primero Congresso Argentino Paleontologia et Biostratigrafia* 2: 87–102.

Chatterjee, S., and R. J. Templin. 2004. Posture, locomotion and palaeoecology of pterosaurs.Geological Society of America Special Publication 376: 1–64.

Chiappe, L. M., and A. Chinsamy. 1996. *Pterodaustro*'s true teeth. *Nature* 379: 211–212.

Chiappe, L. M., L. Codorniú, G. Grellet-Tinner, and D. Rivarola. 2004. Argentinian unhatched pterosaur fossil. *Nature* 432: 571.

Chiappe, L. M., A.W.A. Kellner, D. Rivarola, S. Davila, and M. Fox. 2000. Cranial morphology of *Pterodaustro guinazui* (Pterosauria: Pterodactyloidea) from the Lower Cretaceous of Argentina. *Contributions in Science* 483: 1–19.

Chiappe, L. M., D. Rivarola, A. Cione, M. Fregenal-Martínez, H. Sozzi, L. Buatois, O. Gallego, et al. 1998. Biotic association and palaeoenvironmental reconstruction of the "Loma del *Pterodaustro*" fossil site (Early Cretaceous, Argentina). *Geobios* 31: 349–369.

Chinsamy, A., L. Codorniú, and L. M. Chiappe. 2008. Developmental growth patterns of the filter-feeder pterosaur, *Pterodaustro guinazui*. *Biology Letters* 23: 282–285.

———. 2009. Palaeobiological implications of the bone histology of *Pterodaustro guinazui*. *The Anatomical Record* 292: 1462–1477.

Claessens, L.P.A.M., P. M. O'Connor, and D. M. Unwin. 2009. Respiratory evolution facilitated the origin of pterosaur flight and aerial gigantism. *PLoS ONE* 4: e4497. http://www.plosone.org/article/info:doi/10.1371/journal.pone.0004497.

Clark, J. M., J. A. Hopson, R. Hernández, D. E. Fastovsky, and M. Montellano. 1998. Foot posture in a primitive pterosaur. *Nature* 391: 886–889.

Codorniú, L. 2005. Morfología caudal de *Pterodaustro guinazui* (Pterosauria: Ctenochasmatidae) del Cretácico de Argentina. *Ameghiniana* 42: 505–509. http://www.scielo.org.ar/scielo.php?script=sci_arttext&pid=S0002-70142005000200021&lng=en&nrm=iso.

Codorniú, L., and L. M. Chiappe. 2004. Early juvenile pterosaurs (Pterodactyloidea: *Pterodaustro guinazui*) from the Lower Cretaceous of central Argentina. *Canadian Journal of Earth Sciences* 41: 9–18.

Codorniú, L., L. M. Chiappe, A. Arcucci, and A. Ortiz-Suárez. 2009. First occurrence of gastroliths in Pterosauria (Early Cretaceous, Argentina). *Ameghiniana* 46: 15R–16R.

Colbert, E. H. 1969. A Jurassic pterosaur from Cuba. *American Museum Novitates* 2370: 1–26.

Company, J., J. I. Ruiz-Omenaca, and X. Pereda Suberbiola. 1999. A long-necked pterosaur (Pterodactyloidea, Azhdarchidae) from the Upper Cretaceous of Valencia, Spain. *Geologie en Mijnbouw* 78: 319–333.

Coombs, W. P. 1978. Theoretical aspects of cursorial adaptations in dinosaurs. *Quarterly Review of Biology* 53: 393–418.

Cope, E. D. 1866. Communication in regard to the Mesozoic sandstone of Pennsylvania. *Proceedings of the Academy of Natural Sciences of Philadelphia* 1866: 290–291.

Cunningham, J. R., and M. Gerritsen. 2003. The flight of the *Nyctosaurus*. *Bulletin of the American Physical Society: Program of the 56th Annual Meeting of the Division of Fluid Dynamics* 48: 24–25.

Currie, P. J., and A. R. Jacobsen. 1995. An azhdarchid pterosaur eaten by a velociraptorine theropod. *Canadian Journal of Earth Sciences* 32: 922–925.

Cuvier, G. 1801. Reptile volant. *Magasin Encyclopédique* 9: 60–82.

———. 1809. Mémoire sur le squelette fossile d'un Reptil volant des environs d'Aichstedt, que quelques naturalistes ont pris pour un oiseau, et done nous formons un genre de Sauriens, sons le nom de *Ptero-Dactyle*. *Annales du Muséum d'histoire naturelle* 13: 424.

Czerkas, S. A., and Q. Ji. 2002. A new rhamphorhynchoid with a head crest and complex integumentary structures. In *Feathered Dinosaurs and the Origin of Flight*. The Dinosaur Museum Journal 1: 15–41.

Dal Sasso, C., S. Maganuco, E. Buffetaut, and M. A. Mendez. 2005. New information on the skull of the enigmatic theropod *Spinosaurus*, with remarks on its size and affinities. *Journal of Vertebrate Paleontology* 25: 888–896.

Dalla Vecchia, F. M. 1993. *Cearadactylus? ligabuei* nov. sp., a new early Cretaceous (Aptian) pterosaur from Chapada do Araripe (Northeastern Brazil). *Bollettino della Societá Paleontologica Italiana* 32: 401–409.

———. 1995. A new pterosaur (Reptilia, Pterosauria) from the Norian (Late Triassic) of Friuli (Northeastern Italy). Preliminary note. *Gortania - Atti del Museo Friulano di Storia Naturale* 16: 59–66.

———. 1998. New observations on the osteology and taxonomic

status of *Preondactylus buffarinii* Wild, 1984 (Reptilia, Pterosauria). *Bollettino della Società Paleontologica Italiana* 36: 355–366.

———. 2003a. A review of the Triassic pterosaur fossil record. *Rivista del Museo Civico di Scienze Naturali "E. Caffi" di Bergamo* 22: 13–29.

———. 2003b. New morphological observations on Triassic pterosaurs. In *Evolution and Palaeobiology of Pterosaurs*, edited by E. Buffetaut and J. M. Mazin, 23–44. Geological Society Special Publication 217. London, Geological Society.

———. 2009a. Anatomy and systematics of the pterosaur *Carniadactylus* gen. n. *rosenfieldi* (Dalla Vecchia, 1995). *Rivista Italiana di Paleontologia e Stratigrafia* 115: 159–188.

———. 2009b. The first Italian specimen of *Austriadactylus cristatus* (Diapsida, Pterosauria) from the Norian (Upper Triassic) of the Carnic Prealps. *Rivista Italiana di Paleontologia e Stratigrafia* 115: 291–304.

Dalla Vecchia, F. M., and G. Ligabue. 1993. On the presence of a giant pterosaur in the Lower Cretaceous (Aptian) of Chapada of Araripe (northeastern Brazil). *Bollettino della Società Paleontologica Italiana* 32: 131–136.

Dalla Vecchia, F. M., G. Muscio, and R. Wild. 1989. Pterosaur remains in a gastric pellet from the upper Triassic (Norian) of Rio Seazza Valley (Udine, Italy). *Gortania—Atti Museo Friulano di Storia Naturale* 10: 121–132.

Dalla Vecchia, F. M., R. Wild, H. Hopf, and J. Reitner. 2002. A crested rhamphorhynchoid pterosaur from the Late Triassic of Austria. *Journal of Vertebrate Paleontology* 22: 196–199.

Delair, J. B. 1963. Notes on Purbeck fossil footprints, with descriptions of two hitherto unknown forms from Dorset. *Proceedings of the Dorset Natural History and Archaeological Society* 84: 92–100.

Dilkes, D. W. 1998. The Early Triassic rhynchosaur *Mesosuchus browni* and the interrelationships of basal archosauromorph reptiles. *Philosophical Transactions of the Royal Society of London B* 353: 501–541.

Döderlein, L. 1923. *Anurognathus ammoni* ein neuer Flugsaurier. *Sitzungsberichte der Bayerischen Akademie der Wissenschaften, Mathematisch-Naturwissenschaftlichen* 1923: 117–164.

Dong, Z. 1982. A new pterosaur (*Huanhepterus quingyangensis* gen. et sp. nov.) from Ordos, China. *Vertebrata PalAsiatica* 20: 115–121.

Dong, Z., and J. Lü. 2005. A new ctenochasmatid pterosaur from the Early Cretaceous of Liaoning Province. *Acta Geologica Sinica* 79: 164–167.

Dong, Z., Y. Sun, and S. Wu. 2003. On a new pterosaur from the Lower Cretaceous of Chaoyang Basin, Western Liaoning, China. *Global Geology* 22: 1–7.

Dyke, G. J., M. J. Benton, E. Posmosanu, and D. Naish. 2010. Early Cretaceous (Berriasian) birds and pterosaurs from the Cornet Bauxite Mine, Romania. *Palaeontology* 54: 79–95.

Dyke, G. J., A. J. McGowan, R, L. Nudds, and D. Smith. 2009. The shape of pterosaur evolution: Evidence from the fossil record. *Journal of Evolutionary Biology* 22: 890–898.

Dyke, G. J., R. L. Nudds, and J.M.V. Rayner. 2006. Flight of *Sharovipteryx mirabilis*: the world's first delta-winged glider. *Journal of Evolutionary Biology* 19: 1040–1043.

Eaton, G. F. 1910. Osteology of *Pteranodon*. *Memoirs of the Connecticut Academy of Arts and Sciences* 2: 1–38.

Eck, K., R. A. Elgin, and E. Frey. 2011. On the osteology of *Tapejara wellnhoferi* Kellner 1989 and the first occurrence of a multiple specimen assemblage from the Santana Formation, Araripe Basin, NE-Brazil. *Swiss Journal of Palaeontology* 130: 277–296.

Edinger, T. 1941. The brain of *Pterodactylus*. *American Journal of Science* 239: 665–682.

Elgin, R. A., and E. Frey. 2011a. A new ornithocheirid, *Barbosania gracilirostris* gen. et. sp. nov. (Pterosauria, Pterodactyloidea) from the Santana Formation (Cretaceous) of NE Brazil. *Swiss Journal of Palaeontology* 130: 259–275.

Elgin, R. A., and E. Frey. 2011b. A new azhdarchoid pterosaur from the Cenomanian (Late Cretaceous) of Lebanon. *Swiss Journal of Geosciences* 104: 21–33.

Elgin, R. A., C. A. Grau, C. Palmer, D.W.E. Hone, D. Greenwell, and M. J. Benton. 2008. Aerodynamic characters of the cranial crest of *Pteranodon*. *Zitteliana*, B28: 167–174.

Elgin, R. A., D.W.E. Hone, and E. Frey, E. 2011. The extent of the pterosaur flight membrane. *Acta Palaeontologica Polonica* 56: 99–111.

Engel, M. S., and D. A. Grimaldi. 2004. New light shed on the oldest insect. *Nature* 6975: 627–630.

Evans, S. E., and M. S. King. 1993. A new specimen of *Protorosaurus* (Reptilia: Diapsida) from the Marl Slate (late Permian) of Britain. *Proceedings of the Yorkshire Geological Society* 49: 229–234.

Everhart, M. J. 2005. *Oceans of Kansas: A Natural History of the Western Interior Sea*. Bloomington, Indiana University Press.

Fabre, J. 1976. Un nouveau Pterodactylidae sur le gisement "Portlandian" de Canjuers (Var): *Gallodactylus canjuerensis* nov. gen., nov. sp. *Comptes Rendus de l'Académie des Sciences* 279: 2011–2014.

Fajardo, R. J., E. Hernandez, and P. M. O'Connor. 2007. Postcranial skeletal pneumaticity: A case study in the use of quantitative microCT to assess vertebral structure in birds. *Journal of Anatomy* 211: 138–147.

Farlow, J. O., and E. R. Pianka. 2002. Body size overlap, habitat partitioning and living space requirements of terrestrial vertebrate predators: Implications for the paleoecology of large theropod dinosaurs. *Historical Biology* 16: 21–40.

Fastnacht, M. 2001. First record of *Coloborhynchus* (Pterosauria) from the Santana Formation (Lower Cretaceous) of the Chapada do Araripe, Brazil. *Paläontologische Zeitschrift* 75: 23–36.

———. 2005a. Jaw mechanics of the pterosaur skull construction and the evolution of toothlessness. PhD thesis, Johannes Gutenberg-Universität.

———. 2005b. The first dsungaripterid pterosaur from the Kimmeridgian of Germany and the biomechanics of pterosaur long bones. *Acta Palaeontologica Polonica* 50: 273–288

———. 2008. Tooth replacement pattern of *Coloborhynchus robustus* (Pterosauria) from the Lower Cretaceous of Brazil. *Journal of Morphology* 269: 332–348.

Fisher, D. C. 1981a. Crocodilian scatology, microvertebrate concentrations, and enamel-less teeth. *Paleobiology* 7: 262–275.

———. 1981b. Taphonomic interpretation of enamel-less teeth in the Shotgun Local Fauna (Paleocene, Wyoming). *Contributions from the Museum of Paleontology, the University of Michigan* 25: 259–275.

Fleming, T. H., and K. R. Lips. 1991. Angiosperm endozoochory: Were pterosaurs Cretaceous seed dispersers? *The American Naturalist* 138: 1058–1065.

Forrest, R. 2003. Evidence for scavenging by the marine crocodile *Metriorhynchus* on the carcass of a plesiosaur. *Proceedings of the Geologists' Association* 114: 363–366.

Fowler, D. W., E. A. Freedman, and J. B. Scannella. 2009. Predatory functional morphology in raptors: Interdigital variation in talon size is related to prey restraint and immobilisation technique. *PLoS ONE* 4: e7999. http://www.plosone.org/article/info%3Adoi%2F10.1371%2Fjournal.pone.0028964.

Frey, E., M. C. Buchy, and D. M. Martill. 2003. Middle- and bottom-decker Cretaceous pterosaurs: Unique designs in active flying vertebrates. In *Evolution and Palaeobiology of Pterosaurs*, edited by E. Buffetaut and J. M. Mazin, 267–274. Geological Society Special Publication 217. London, Geological Society.

Frey, E., M. C. Buchy, W. Stinnesbeck, A. G. González, and A. Stefano. 2006. *Muzquizopteryx coahuilensis*, n. g., n. sp., a nyctosaurid pterosaur with soft tissue preservation from the Coniacian (Late Cretaceous) of northeast Mexico (Coahuila). *Oryctos* 6: 19–40.

Frey, E., and D. M. Martill. 1994. A new pterosaur from the Crato Formation (Lower Cretaceous, Aptian) of Brazil. *Neues Jahrbuch für Geologie und Paläontologie* 194: 421–441.

———. 1996. A reappraisal of *Arambourgiania* (Pterosauria, Pterodactyloidea): One of the world's largest flying animals. *Neues Jahrbuch für Geologie und Paläontologie* 199: 221–247.

———. 1998. Soft tissue preservation in a specimen of *Pterodactylus kochi* (Wagner) from the Upper Jurassic of Germany. *Neues Jahrbuch für Geologie und Paläontologie* 210: 421–441.

Frey, E., D. M. Martill, and M. C. Buchy. 2003a. A new species of tapejarid pterosaur with soft tissue head crest. In *Evolution and Palaeobiology of Pterosaurs*, edited by E. Buffetaut and J. M. Mazin, 65–72. Geological Society Special Publication 217. London, Geological Society.

———. 2003b. A new crested ornithocheirid from the Lower Cretaceous of northeastern Brazil and the unusual death of an unusual pterosaur. In *Evolution and Palaeobiology of Pterosaurs*, edited by E. Buffetaut and J. M. Mazin, 55–63. Geological Society Special Publication 217. London, Geological Society.

Frey, E., C. A. Meyer, and H. Tischlinger. 2011. The oldest azhdarchoid pterosaur from the Late Jurassic Solnhofen Limestone (Early Tithonian) of Southern Germany. *Swiss Journal of Geoscience* 104: 35–55.

Frey, E., and J. Riess. 1981. A new reconstruction of the pterosaur wing. *Neues Jahrbuch für Geologie und Paläontologie* 194: 379–412.

Frey, E., and H. Tischlinger, H. 2000. Weichteilanatomie der Flugsaurierfüße und Bau der Scheitelkämme: Neue Pterosaurierfunde aus der Solnhofener Schichten (Bayern) und der Crato-Formation (Brasilien). *Archaeopteryx* 18: 1–16.

———. 2012. The Late Jurassic pterosaur *Rhamphorhynchus*, a frequent victim of the ganoid fish *Aspidorhynchus*? *PLoS ONE* 7: e31945. http://www.plosone.org/article/info%3Adoi%2F10.1371%2Fjournal.pone.0031945.

Frey, E., H. Tischlinger, M. C. Buchy, and D. M. Martill. 2003. New specimens of Pterosauria (Reptilia) with soft parts with implications for pterosaurian anatomy and locomotion. In *Evolution and Palaeobiology of Pterosaurs*, edited by E. Buffetaut and J. M. Mazin, 233–266. Geological Society Special Publication 217. London, Geological Society.

Fröbisch, N. B., and J. Fröbisch. 2006. A new basal pterosaur genus from the upper Triassic of the northern Calcareous Alps of Switzerland. *Palaeontology* 49: 1081–1090.

Gans, C., I. Darevski, and L. P. Tatarinov. 1987. *Sharovipteryx*, A reptilian glider? *Paleobiology* 13: 415–426.

Gao, K. Q., Q. Li, M. Wei, H. Pak, and I. Pak. 2009. Early Cretaceous birds and pterosaurs from the Sinuiju Series, and geographic extension of the Jehol Biota into the Korean Peninsula. *Journal of the Palaeontological Society of Korea* 1: 57–61.

Gasparini, Z., M. Fernandez, and M. de la Fuente. 2004. A new pterosaur from the Jurassic of Cuba. *Palaeontology* 47: 919–927.

Gauthier, J. A. 1986. Saurischian monophyly and the origin of birds. *Memoirs of the Californian Academy of Science* 8: 1–55.

Gilmore, C. W. 1928. A new pterosaurian reptile from the marine Cretaceous of Oregon. *Proceedings of the U. S. National Museum* 73: 1–5.

Godfrey, S. J., and P. J. Currie. 2005. Pterosaurs. In *Dinosaur Provincial Park: A Spectacular Ancient Ecosystem Revealed,* edited by P. J. Currie and E. B. Koppelhus, 292–311. Bloomington, Indiana University Press.

Goldfuss, A. 1831. Beiträge zur Kenntnis verschiedener Reptilien der Vorwelt. *Nova Acta Academiae Leopoldinae* 15: 61–128.

Gower, D. J., and M. Wilkinson. 1996. Is there any consensus on basal archosaur phylogeny? *Proceedings of the Royal Society B* 263: 1399–1406.

Graf, W., C. de Waele, and P. P. Vidal. 1995. Functional anatomy of the head-neck movement system of quadrupedal and bipedal animals. *Journal of Anatomy* 186: 55–74.

Grellet-Tinner, G., S. Wroe, M. B. Thompson, and Q. Ji. 2007. A note on pterosaur nesting behaviour. *Historical Biology* 19: 273–277.

Grimaldi, D. A., and M. S. Engel. 2005. *Evolution of the Insects*. Cambridge, UK, Cambridge University Press.

Habib, M. B. 2007. Structural characteristics of the humerus of *Bennettazhia oregonensis* and their implications for specimen diagnosis and azhdarchoid biomechanics. Abstract. In *Flugsaurier: The Wellnhofer Pterosaur Meeting,* edited by D. Hone, 20. Abstract Volume 20. Munich, Bavarian State Collection for Palaeontology.

———. 2008. Comparative evidence for quadrupedal launch in pterosaurs. *Zitteliana* B28: 161–168.

———. 2010. 10,000 miles: Maximum range and soaring efficiency of azhdarchid pterosaurs. *Journal of Paleontology* 30: 99A–100A.

———. 2011. Functional morphology of anurognathid pterosaurs. Abstract. *Geological Society of America Abstracts with Programs* 43: 118. Northeastern (46th Annual) and North-Central (45th Annual) Joint Meeting, Pittsburgh, Pennsylvania, March 2011.

Habib, M. B., and J. Cunningham. 2010. Capacity for water launch in *Anhanguera* and *Quetzalcoatlus*. Abstract. *Acta Geoscientica Sinica* 31: 24–25.

Habib, M. B., and S. J. Godfrey. 2010. On the hypertrophied opisthotic processes in *Dsungaripterus weii* Young (Pterodactyloidea, Pterosauria). Abstract. *Acta Geoscientica Sinica* 31: 26.

Halstead, L. B. 1975. *The Evolution and Ecology of the Dinosaurs*. London, Peter Lowe.

Hankin, E. H., and D.M.S. Watson. 1914. On the flight of pterodactyls. *Aeronautical Journal* 18: 324–335.

Harksen, J. C. 1966. *Pteranodon sternbergi*, a new fossil pterodactyl from the Niobrara Cretaceous of Kansas. *Proceedings of the South Dakota Academy of Sciences* 45: 74–77.

Harris, J. D., and K. Carpenter. 1996. A large pterodactyloid from the Morrison Formation (Late Jurassic) of Garden Park, Colorado. *Neues Jahrbuch für Geologie und Paläontologie* 8: 473–484.

Hazlehurst, G. A.. and J.M.V. Rayner. 1992. Flight characteristics of Triassic and Jurassic Pterosauria: An appraisal based on wing shape. *Paleobiology* 18 447–463.

He, X., K. Li, and K. J. Cai. 1983. A new pterosaur from the middle Jurassic of Dashanpu, Zigong, Sichuan. *Journal of Chengdu College* 1: 27–33.

Hedenström, A., and M. Rosén. 2001. Predator versus prey: On aerial hunting and escape strategies in birds. *Behavioural Ecology* 12: 150–156.

Henderson, D. M. 2002. The eyes have it: The sizes, shapes, and orientations of theropod orbits as indicators of skull strength and bite force. *Journal of Vertebrate Paleontology* 22: 766–778.

———. 2010. Pterosaur body mass estimates from three-dimensional mathematical slicing. *Journal of Vertebrate Paleontology* 30: 768–785.

Henderson, M. D., and J. E. Peterson. 2006. An azhdarchid pterosaur cervical vertebrae from the Hell Creek Formation (Maastrichtian) of southeastern Montana. *Journal of Vertebrate Paleontology* 26: 192–195.

Henderson, D. M., and D. M. Unwin. 1999. Mathematical and computational model of a walking pterosaur. Abstract. *Journal of Vertebrate Paleontology* 19: 50A.

Hertel, F. 1995. Ecomorphological indicators of feeding behaviour in recent and fossil raptors. *The Auk* 112: 890–903.

Hildebrand, M. 1995. *Analysis of Vertebrate Structure*, 4th ed. New York, John Wiley and Sons.

Hing, R. 2011. A re-examination of a specimen of pterosaur soft-tissue from the Cretaceous Santana Formation of Brazil. MPhil thesis, University of Ports-mouth, U.K.

Hone, D.W.E., and M. J. Benton. 2007. An evaluation of the phylogenetic relationships of the pterosaurs among archosauromorph reptiles. *Journal of Systematic Palaeontology* 5: 465–469.

———. 2008. Contrasting supertrees and total-evidence methods: Pterosaur origins. *Zitteliana* B28: 35–60.

Hone, D.W.E., D. M. Henderson, and C. Palmer. 2011. Investigating the buoyancy and floating posture of pterosaurs. Abstract. In *Programme and Abstracts,* Symposium of Vertebrate Palaeontology and Comparative Anatomy, 59th Annual Meeting, 2011, 26. Lyme Regis, U.K.

Hone, D.W.E., and J. Lü. 2010. A new specimen of *Dendrorhynchoides* (Pterosauria: Anurognathidae) with a long tail and the evolution of the pterosaurian tail. Abstract. *Acta Geoscientica Sinica* 31: 29–30.

Hone, D.W.E., D. Naish, and I. Cuthill. 2011. Does mutual sexual selection explain the evolution of head crests in pterosaurs and dinosaurs? *Lethaia* 45: 139–156.

Hone, D.W.E., H. Tischlinger, E. Frey, and M. Röper. 2012. A new non-pterodactyloid pterosaur from the Late Jurassic of Southern Germany. *PLoS ONE* 7: e39312. http://www.plosone.org/article/info%3Adoi%2F10.1371%2Fjournal.pone.0039312.

Hone, D.W.E., T, Tsuhiji, M. Watabe, and K. Tsogbataar. 2012. Pterosaurs as a food source for small dromaeosaurs. *Palaeogeography, Palaeoclimatology, Palaeoecology* 331–332: 27–30.

Hooley, R. W. 1913. On the skeleton of *Ornithodesmus latidens*; an ornithosaur from the Wealden Shales of Atherfield (Isle of Wight). *Quarterly Journal of the Geological Society* 96: 372–422.

———. 1914. On the ornithosaurian genus *Ornithocheirus*, with a review of the specimens of the Cambridge Greensand in the Sedgwick Museum. *Annals and Magazine of Natural History* 8: 529–557.

Howse, S.C.B. 1986. On the cervical vertebrae of the Pterodactyloidea (Reptilia: Archosauria). *Zoological Journal of the Linnaean Society, London* 88: 307–328.

Howse, S.C.B., and A. R. Milner. 1993. *Ornithodesmus*—a maniraptoran theropod dinosaur from the Lower Cretaceous of the Isle of Wight, England. *Palaeontology* 36: 425–437.

———. 1995. The pterodactyloids from the Purbeck Limestone Formation of Dorset. *Bulletin of the Natural History Museum, London* 51: 73–88.

Howse, S.C.B., A. R. Milner, and D. M. Martill. 2001. Pterosaurs. In *Dinosaurs of the Isle of Wight, Field Guide to Fossils* 10, edited by D. M. Martill and D. Naish, 324–335. London, The Palaeontological Association.

Humphries, S., R. H. C. Bonser, M. P. Witton, and D. M. Martill.

2007. Did pterosaurs feed by skimming? Physical modelling and anatomical evaluation of an unusual feeding method. *PLoS Biology* 5: e204. http://www.plosbiology.org/article/info%3Adoi%2F10.1371%2Fjournal.pbio.0050204.

Hwang, K. G., M. Huh, M. G. Lockley, D. M. Unwin, and J. L. Wright. 2002. New pterosaur tracks (Pteraichnidae) from the Late Cretaceous Uhangri Formation, S. W. Korea. *Geological Magazine* 139: 421–435.

Hyder, E., M. P. Witton, and D. M. Martill. In press. Evolution of the pterosaur pelvis. *Acta Palaeontologica Polonica.*

Ibáñez , C., J. Juste, J. L. García-Mudarra, and P. T. Agirre-Mendi. 2001. Bat predation on nocturnally migrating birds. *Proceedings of the National Academy of Sciences* 98: 9700–9792. http://www.pnas.org/content/98/17/9700.full.

Ibrahim, N., D. M. Unwin, D. M. Martill, L. Baidder, and S. Zouhri. 2010. A New Pterosaur (Pterodactyloidea: Azhdarchidae) from the Upper Cretaceous of Morocco. *PLoS ONE* 5: e.10875. http://www.plosone.org/article/info:doi/10.1371/journal.pone.0010875.

Jain, S. L. 1974. Jurassic pterosaur from India. *Journal of the Geological Society of India* 15: 330–335.

Jell, P. A., and P. M. Duncan. 1986. Invertebrates, mainly insects, from the freshwater, Lower Cretaceous, Koonwarra Fossil Bed (Korumburra Group), south Gippsland, Victoria. *Memoir of the Association of Australasian Palaeontologists* 3: 111–205.

Jenkins, F. A., Jr., N. H. Shubin, S. M. Gatesy, and K. Padian. 2001. A diminutive species of pterosaur (Pterosauria: Eudimorphodontidae) from the Greenlandic Triassic. *Bulletin of the Museum of Comparative Zoology, Harvard* 156: 151–170.

Jensen, J. A., and K. Padian. 1989. Small pterosaurs and dinosaurs from the Uncompahgre Fauna (Brusy Basin Member, Morrison Formation: ?Tithonian), Late Jurassic, Western Colorado. *Journal of Paleontology* 63: 364–373.

———. 1998. A new fossil pterosaur (Rhamphorhynchoidea) from Liaoning. [In Chinese.] *Jiangsu Geology* 22: 199–206.

Ji, Q., S. A. Ji, Y. N. Cheng, H. L. You, J. Lü, Y. Q. Liu, and C. X. Yuan. 2004. Pterosaur egg with a leathery shell. *Nature* 432: 572.

Ji, Q., and C. Yuan. 2002. Discovery of two kinds of protofeathered pterosaur in the Mesozoic Daohugou Biota in the Ningcheng Region and its stratigraphic and biologic significances. *Geological Review* 48: 221–224.

Ji, S., and Q. Ji. 1997. Discovery of a new pterosaur in Western Liaoning, China. *Acta Geologica Sinica* 71: 115.

Jiang, S., and X. Wang. 2011. Important features of *Gegepterus change* (Pterosauria: Archaeopterodactyloidea, Ctenochasmatidae) from a new specimen. *Acta PalAsiatica* 49: 172–184.

Jouve, S. 2004. Description of the skull of a *Ctenochasma* (Pterosauria) from the latest Jurassic of Eastern France, with a taxonomic revision of European Tithonian Pterodactyloidea. *Journal of Vertebrate Paleontology* 24: 542–554.

Kellner, A.W.A. 1984. Occurrência de uma mandíbula de Pterosauria (*Brasileodactylus araripensis*, nov. gen. nov. sp.) na Formação Santana, Cretáceo da Chapada do Araripe, Ceará, Brasil. *33° Anais Congresso Brasileiro de Geologia* 2: 578–590.

———. 1989. A new edentate pterosaur of the Lower Cretaceous of the Araripe Basin, Northeast Brazil. *Anais da Academia Brasileira de Ciências* 61: 439–446.

———. 1995. The relationships of the Tapejaridae (Pterodactyloidea) with comments on pterosaur phylogeny. In *Sixth Symposium on Mesozoic Terrestrial Ecosystems and Biota, Short Papers*, edited by A. Sun and Y. Wang, 73–77. Beijing, China Ocean Press.

———. 1996a. Description of the braincase of two early Cretaceous pterosaurs (Pterodactyloidea) from Brazil. *American Museum Novitates* 3175: 1–34.

———. 1996b. Reinterpretation of a remarkably well preserved pterosaur soft tissue from the early Cretaceous of Brazil. *Journal of Vertebrate Paleontology* 16: 718–722.

———. 2003. Pterosaur phylogeny and comments on the evolutionary history of the group. In *Evolution and Palaeobiology of Pterosaurs*, edited by E. Buffetaut and J. M. Mazin, 105–137. Geological Society Special Publication 217. London, Geological Society.

———. 2004. New information on the Tapejaridae (Pterosauria, Pterodactyloidea) and discussion of the relationships of this clade. *Ameghiniana* 41: 521–534.

———. 2010. Comments on the Pteranodontidae (Pterosauria, Pterodactyloidea) with the description of two new species. *Anais da Academia Brasileira de Ciências* 82: 1063–1084.

Kellner, A.W.A., and D. A. Campos. 1988. Sobre um novo pterossauro com crista sagital da Bracia do Araripe, Cretáceo Inferior do Nordeste do Brasil. *Anais da Academia Brasileira, Ciências* 60: 459–469.

———. 1990. Preliminary description of an unusual pterosaur skull of the Lower Cretaceous from the Araripe Basin. In *Atas do I Simpósio sobre a Bacia do Araripe e Bacias Interiores do Nordeste*, edited by D. A. Campos, M.S.S. Viana, P. M. Brito, and G. Beurlen, 401–406. Conference Proceedings. Crato, Ceara, Brazil.

———. 1994. A new species of *Tupuxuara* (Pterosauria, Tapejaridae) from the Early Cretaceous of Brazil. *Anais da Academia Brasileira, Ciências* 66: 467–473.

———. 2002. The function of the cranial crest and jaws of a unique pterosaur from the Early Cretaceous of Brazil. *Science* 297: 389–392.

———. 2007. Short note on the ingroup relationships of the Tapejaridae (Pterosauria, Pterodactyloidea). *Boletim do Museu Nacional, Nova Série, Rio de Janeiro—Brasil. Geologia* 75: 1–14.

Kellner, A.W.A., and Y. Hasagawa. 1993. Postcranial skeleton of *Tupuxuara* (Pterosauria, Pterodactyloidea, Tapejaridae) from the Lower Cretaceous of Brazil. *Journal of Vertebrate Paleontology* 13: 44A.

Kellner, A.W.A., and W. Langston, Jr. 1996. Cranial remains of *Quetzalcoatlus* (Pterosauria, Azhdarchidae) from Late Cretaceous sediments of Big Bend National Park. *Journal of Vertebrate Paleontology* 16: 222–231.

Kellner, A.W.A., T. H. Rich, F. R. Costa, P. Vickers-Rich, B. P. Kear, M. Walters, and L. Kool. 2010. New isolated pterodactyloid bones from the Albian Toolebuc Formation (western Queensland, Australia) with comments on the Australian pterosaur fauna. *Alcheringa* 34: 219–230.

Kellner, A.W.A., T. Rodrigues, and F. R. Costa. 2011. Short note on a pteranodontid pterosaur (Pterodactyloidea) from western Queensland, Australia. *Anais da Academia Brasileira de Ciências* 83: 301–308.

Kellner, A.W.A. and Y. Tomida. 2000. Description of a new species of Anhangueridae (Pterodactyloidea) with comments on the pterosaur fauna from the Santana Formation (Aptian-Albian), Northeastern Brazil. *National Science Museum, Tokyo, Monographs* 17: 1–135.

Kellner, A.W.A., X. Wang, H. Tischlinger, D. A. Campos, D.W.E. Hone, and X. Meng. 2009. The soft tissue of *Jeholopterus* (Pterosauria, Anurognathidae, Batrachognathinae) and the structure of the pterosaur wing membrane. *Proceedings of the Royal Society B* 277: 321–329.

Kripp, D. 1943. Ein Lebensbild von *Pteranodon ingens* auf flugtechnicsher Grundlage. *Luftwissen* 8: 217–246.

Kuhn, O. 1967. Die fossil Wirbeltierklasse Pterosauria. Krailling, Munich, Verlag Oeben.

Langston, W., Jr. 1981. Pterosaurs. *Scientific American* 244: 92–102.

Lawson, D. A. 1975a. Pterosaur from the Latest Cretaceous of West Texas: Discovery of the largest flying creature. *Science* 185: 947–948.

Lawson, D. A. 1975b. Could pterosaurs fly? *Science* 188: 676.

Lee, Y-N. 1994. The Early Cretaceous pterodactyloid pterosaur *Coloborhynchus* from North America. *Palaeontology* 37: 755–763.

Lehman, T. M. 1998. A gigantic skull and skeleton of the horned dinosaur *Pentaceratops sternbergi* from New Mexico. *Journal of Paleontology* 72: 894–906.

Leonardi, G., and G. Borgomanero, G. 1983. *Cearadactylus atrox*, nov. gen. nov. sp.; novo Pterosauria (Pterodactyloidea) da Chapada do Araripe, Ceará, Brasil. Abstract. *Congresso Brasileiro de Paleontologia, resumos*, 17.

———. 1985. *Cearadactylus atrox*, nov. gen. nov. sp.; novo Pterosauria (Pterodactyloidea) da Chapada do Araripe, Ceará, Brasil. *Coletanea de Trabalhos Paleontológicos, Série Geologia, Brasilia* 27: 75–80.

Li, J., J. Lü, and B. K. Zhang. 2003. A new lower Cretaceous sinopterid pterosaur from Western Liaoning, China. *Acta Palaeontologica Sinica* 42: 442–447.

Liem, K. F., W. E. Bemis, W. F. Walker, Jr., and L. Grande. 2001. *Functional Anatomy of the Vertebrates: An Evolutionary Perspective*, 3rd ed. Belmont, CA, Thomson Brooks/Cole.

Lockley, M. G., T. J. Logue, J. J. Moratalla, A. P. P. Hunt, J. Schultz, and J. M. Robinson. 1995. The fossil trackway *Pteraichnus* is pterosaurian, not crocodilian: Implications for the global distribution of pterosaur tracks. *Ichnos* 4: 7–20.

Lockley, M. G., and J. L. Wright. 2003. Pterosaur swim tracks and other ichnological evidence of behaviour and ecology. In *Evolution and Palaeobiology of Pterosaurs*, edited by E. Buffetaut and J. M. Mazin, 297–313. Geological Society Special Publication 217. London, Geological Society.

Logue, T. J. 1977. Preliminary investigation of pterodactyl tracks at Alcora, Wyoming. *Wyoming Geological Association Earth Science Bulletin* 10: 29–30.

Lü, J. 2002. Soft tissue in an Early Cretaceous pterosaur from Liaoning province, China. *Memoir of the Fukui Prefectural Dinosaur Museum* 1: 19–28.

———. 2003. A new pterosaur: *Beipiaopterus chenianus*, gen. et sp. nov. (Reptilia: Pterosauria) from Western Liaoning Province of China. *Memoir of the Fukui Prefectural Dinosaur Museum* 2: 153–160.

———. 2009a. A baby pterodactyloid pterosaur from the Yixian Formation of Ningcheng, Inner Mongolia, China. *Acta Geologica Sinica* 83: 1–8.

———. 2009b. A new non-pterodactyloid pterosaur from Qinglong County, Hebei Province of China. *Acta Geologica Sinica* 83: 189–199.

———. 2009c. New material of dsungaripterid pterosaurs (Pterosauria: Pterodactyloidea) from Western Mongolia and its palaeoecological implications. *Geological Magazine* 287: 283–389.

———. 2010a. An overview of the pterosaur fossil record in China. Abstract. *Acta Geoscientica Sinica* 31 (1): 49–51.

———. 2010b. A new boreopterid pterodactyloid pterosaur from the Early Cretaceous Yixian Formation of Liaoning Province, Northeastern China. *Acta Geologica Sinica* 84: 49–51.

Lü, J., and X. Bo. 2011. A new rhamphorhynchid pterosaur (Pterosauria) from the Middle Jurassic Tiaojishan Formation of Western Liaoning, China. *Acta Geologica Sinica* 85: 977–983.

Lü , J., X. Du, Q. Zhu, X. Cheng, and D. Luo. 1997. Computed tomography (CT) of braincase of *Dsungaripterus weii* (Pterosauria).

Chinese Science Bulletin 42: 1125–1129.

Lü, J., and X. Fucha. 2010. A new pterosaur (Pterosauria) from the Middle Jurassic Tiaojishan Formation of western Liaoning, China. *Global Geology* 13: 113–118.

Lü, J., X. Fucha, and J. Chen. 2010. A new scaphognathine pterosaur from the Middle Jurassic of Western Liaoning, China. *Acta Geoscientica Sinica* 31: 263–266.

Lü, J., C. Gao, J. Liu, Q. Meng, and Q. Ji. 2006. New material of the pterosaur *Eopteranodon* from the Early Cretaceous Yixian Formation, western Liaoning, China. *Geological Bulletin of China* 25: 555–571.

Lü, J., Y. Gao, L. Xing, Z. Li, and Q. Ji. 2007. A new species of *Huaxiapterus* (Pterosauria: Tapejaridae) from the Early Cretaceous of Western Liaoning, China. *Acta Geologica Sinica* 81: 693–687.

Lü, J., and Q. Ji. 2005a. A new ornithocheirid from the Early Cretaceous of Liaoning Province, China. *Acta Geologica Sinica* 79: 157–163.

———. 2005b. New azhdarchid pterosaur from the Early Cretaceous of Western Liaoning. *Acta Geologica Sinica* 79: 301–307.

Lü, J., Q. Ji, X. Wei, and Y. Liu. 2012. A new ctenochasmatoid pterosaur from the Early Cretaceous Yixian Formation of western Liaoning, China. *Cretaceous Research* 34: 26–30.

Lü J., S. Ji,, C. Yuan, Y. Gao, Z. Sun, and Q. Ji. 2006. New pterodactyloid pterosaur from the Lower Cretaceous Yixian Formation of Western Liaoning. In *Papers from the 2005 Heyuan International Dinosaur Symposium*, edited by J. Lü, Y. Kobayashi, D. Huang, and Y. N. Lee, 195–203. Beijing, Geological Publishing House.

Lü, J., S. Ji, C. Yuan, and Q. Ji. 2006. *Pterosaurs from China*. Beijing, Geological Publishing House.

Lü, J., X. Jin, D. M. Unwin, L. Zhao, Y. Azuma, and Q. Ji. 2006. A new species of *Huaxiapterus* (Pterosauria: Pterodactyloidea) from the Lower Cretaceous of Western Liaoning, China with comments on the systematics of tapejarid pterosaurs. *Acta Geologica Sinica* 80: 315–326.

Lü, J., J. Liu, X. Wang, C. Gao, Q. Meng, and Q. Ji. 2006. New material of the pterosaur *Sinopterus* (Reptilia: Pterosauria) from the Early Cretaceous Jiufotang Formation, Western Liaoning, China. *Acta Geologica Sinica* 80: 783–789.

Lü, J., H. Pu, L. Xu, Y. Wu., and X. Wei. 2012. Largest toothed pterosaur skull from the Early Cretaceous Yixian Formation of western Liaoning, China, with comments on the family Boreopteridae. *Acta Geologica Sinica* 86: 287–293.

Lü, J., D. M. Unwin, D. C. Deeming, X. Jin, Y. Liu, and Q. Ji. 2011. An egg-adult association, gender, and reproduction in pterosaurs. *Science* 331: 321–324.

Lü, J., D. M. Unwin, X. Jin, Y. Liu, and Q. Ji. 2010. Evidence for modular evolution in a long-tailed pterosaur with a pterodactyloid skull. *Proceedings of the Royal Society B* 277: 383–389.

Lü, J., D. M. Unwin, L. Xu, and X. Zhang, X. 2008. A new azhdarchoid pterosaur from the Lower Cretaceous of China and its implications for pterosaur phylogeny and evolution. *Naturwissenschaften* 95: 891–897.

Lü, J., D. M. Unwin, B. Zhou, G. Chunling, and C. Shen. 2012. A new rhamphorhynchid (Pterosauria: Rhamphorhynchidae) from the Middle/Upper Jurassic of Qinglong, Hebei Province, China. *Zootaxa* 3158: 1–19.

Lü, J., L. Xu, H. Chang, and X. Zhang. 2011. A new darwinopterid pterosaur from the Middle Jurassic of Western Liaoning, Northeastern China and its ecological implications. *Acta Geologica Sinica* 85: 507–514.

Lü, J., L. Xu, and Q. Ji. 2008. Restudy of *Liaoxipterus* (Istiodactylidae,

Pterosauria), with comments on the Chinese istiodactylid pterosaurs. *Zitteliana* B28: 229–242.

Lü, J., and C. Yuan. 2005. New tapejarid pterosaur from Western Liaoning, China. *Acta Geologica Sinica* 79: 453–458.

Lü, J., and B. K. Zhang. 2005. New pterodactyloid pterosaur from the Yixian Formation of western Liaoning. *Geological Review* 51: 458–462.

Lydekker, R. 1888. *Catalogue of the Fossil Amphibia and Reptilia in the British Museum (Natural History)*, Part 1. London, Trustees of the BM(NH).

Mader, B., and A.W.A. Kellner. 1999. A new anhanguerid pterosaur from the Cretaceous of Morocco. *Boletim do Museu Nacional, Geologia, Nova Série* 45: 1–11.

Maisch, M. W., A. T. Matzke, and G. Sun. 2004. A new dsungaripteroid pterosaur from the Lower Cretaceous of the southern Junggar Basin, north-west China. *Cretaceous Research* 25: 625–634.

Marden, J. H. 1994. From damselflies to pterosaurs: How burst and sustainable flight performance scale with size. *American Journal of Physiology* 266: 1077–1084.

Marsh, O. C. 1871. Note on a new and gigantic species of Pterodactyle. *American Journal of Science* Ser. 3, 1: 472.

———. 1876. Notice of a new sub-order of Pterosauria. *American Journal of Science* Ser. 3, 11: 507–509.

———. 1881. Note on American pterodactyls. *American Journal of Science* Ser. 3, 21: 342–343.

Martill, D. M. 1986. The diet of *Metriorhynchus*, a Mesozoic marine crocodile. *Neues Jahrbuch für Geologie und Paläontologie* H10: 621–625.

———. 1997. From hypothesis to fact in a flight of fancy: The responsibility of the popular scientific media. *Geology Today* 13: 71–73.

———. 2007. The age of the Cretaceous Santana Formation fossil Konservat Lagerstätte of north-east Brazil: A historical review and an appraisal of the biochronostratigraphic utility of its biota. *Cretaceous Research* 29: 895–920.

———. 2010. The early history of pterosaur discovery in Great Britain. In *Dinosaurs and Other Extinct Saurians: A Historical Perspective*, edited by R.T.J. Moody, E. Buffetaut, D. Naish, and D. M. Martill, 287–311. Geological Society Special Publication 343. London, Geological Society.

———. 2011. A new pterodactyloid pterosaur from the Santana Formation (Cretaceous) of Brazil. *Cretaceous Research* 32: 236–243.

Martill, D. M., and S. Etches. In press. A monofenestratan pterosaur from the Kimmeridge Clay Formation (Upper Jurassic, Kimmeridgian) of Dorset, England. *Acta Palaeontologica Polonica*.

Martill, D. M., E. Frey, R. M. Sadaqah, and H. N. Khoury. 1998. Discovery of the holotype of the giant pterosaur *Titanopteryx philadelphiae* Arambourg, 1959 and the status of *Arambourgiania* and *Quetzalcoatlus*. *Neues Jahrbuch für Geologie und Paläontologie* 207: 57–76.

Martill, D. M., E. Frey, G. C. Diaz, and C. M. Bell. 2000. Reinterpretation of a Chilean pterosaur and the occurrence of Dsungaripteridae in South America. *Geological Magazine* 137: 19–25.

Martill, D. M. and D. Naish. 2006. Cranial crest development in the azhdarchoid pterosaur *Tupuxuara*, with a review of the genus and tapejarid monophyly. *Palaeontology* 49: 925–941.

Martill, D. M. and D. M. Unwin. 1989. Exceptionally well preserved pterosaur wing membrane from the Cretaceous of Brazil. *Nature* 340: 138–140.

———. 2012. The world's largest toothed pterosaur, NHMUK R481, an incomplete rostrum of *Coloborhynchus capito* (Seeley, 1870) from the Cambridge Greensand of England. *Cretaceous Research* 34: 1–9.

Martill, D. M., P. Wilby, and D. M. Unwin. 1990. Stripes on a pterosaur wing. *Nature* 346: 116.

Martill, D. M., and M. P. Witton. 2008. Catastrophic failure in a pterosaur skull from the Cretaceous Santana Formation of Brazil. *Zitteliana* B28: 175–183.

Mateer, N. J. 1975. A study of *Pteranodon*. *Bulletin of the Geological Institute of the University of Uppsala* 6: 23–53.

Mayr, F. X. 1964. Die naturwissenschaftlichen Sammlungen der Philosophisch-theologischen Hochschule, Eichstätt. In *Festschrift zur 400 Jahre Coll. Willibald*, 302–334. Eichstätt, Brönner and Daentler.

Mazin, J. M., P. Hantzpergue, G. Lafaurie, and P. Vignaud. 1995. Des pistes de pterosaurs dans le Tithonien de Crayssac (Quercy, France). *Comptes rendus de l'Académie des Sciences* 321: 417–424.

Mazin, J. M., J. Billon-Bruyat, P. Hantzepergue, and G. Larauire. 2003. Ichnological evidence for quadrupedal locomotion in pterodactyloid pterosaurs: Trackways from the Late Jurassic of Crayssac. In *Evolution and Palaeobiology of Pterosaurs*, edited by E. Buffetaut and J. M. Mazin, 283–296. Geological Society Special Publication 217. London, Geological Society.

Mazin, J. M., J. P. Billon-Bruyat, and K. Padian. 2009. First record of a pterosaur landing trackway. *Proceedings of the Royal Society B* 276: 3881–3886.

McGowen, M. R., K. Padian, M. A. de Sosa, and R. W. Harmon. 2002. Description of *Montanazhdarcho minor*, an azhdarchid pterosaur from the Two Medicine Formation (Campanian) of Montana. *Paleobios* 22: 1–9.

Meyer, H. von. 1834. *Gnathosaurus subulatus*, ein saurus aus dem lithographischen Schiefen von Solnhofen. *Museum Senckenbergianum* 1: 3.

Meyer, H. von. 1847. Homoeosaurus maximiliani *und* Rhamphorhynchus (Pterodactylus) longicaudus, *zwei fossile Reptilien aus dem Kalkscheifer von Solnhofen*. Frankfurt am Main, Schmerber Verlag.

Meyer, H. von. 1851. *Ctenochasma roemeri*. *Palaeontographica* 2: 82–84.

Meyers, T. S. 2010. A new ornithocheirid pterosaur from the Upper Cretaceous (Cenomanian-Turonian) Eagle Ford Group of Texas. *Journal of Vertebrate Paleontology* 30: 280–287.

Miller, H. W. 1972. The taxonomy of *Pteranodon* species from Kansas. *Transactions of the Kansas Academy of Science* 74: 1–19.

Modesto, S. P., and H. D. Sues. 2004. The skull of the Early Triassic Archosauromorph reptile *Prolacerta broomi* and its phylogenetic significance. *Zoological Journal of the Linnaean Society* 140: 335–351.

Molnar, R. E., and R. A. Thulborn. 1980. First pterosaur from Australia. *Nature* 288: 361–363.

———. 2007. An incomplete pterosaur skull from the Cretaceous of North-Central Queensland, Australia. *Arquivos do Museu Nacional, Rio de Janeiro* 65: 461–470.

Naish, D. 2010. *Tetrapod Zoology Book One*. Bideford, North Devon, U.K., CFZ Press.

Nesbitt, S. J. 2011. The early evolution of archosaurs: Relationships and the origin of major clades. *Bulletin of the American Museum of Natural History* 352: 1–292.

Nesbitt, S. J., and D.W.E. Hone. 2010. An external mandibular fenestra and other archosauriform character states in basal pterosaurs. *Palaeodiveristy* 3: 223–231.

Nesbitt, S. J., A. C. Sidor, R. B. Irmis, K. D. Angielczyk, R.M.H. Smith, and L. A. Tsuji. 2010. Ecologically distinct dinosaurian sister group shows early diversification of Ornithodira. *Nature* 464: 95–98.

Nessov, L. A. 1984. Pterosaurs and birds of the Late Cretaceous of Central Asia. *Paläontologische Zeitschrift* 1: 47–57.

Nessov, L. A. 1991. Gigantskiye lyetayushchiye yashchyeryi semyeistva Azhdarchidae. I. Morfologiya, sistematika. *Vestnik Leningradskogo Gosudarstvennogo Universiteta. Seriya 7* 2: 14–23.

Nessov, L. A., L. F. Kanznyshkina, and G. O. Cherepanov. 1987. Dinosaurs, crocodiles and other archosaurs from the Late Mesozoic of Central Asia and their place in ecosystem. Abstract. In *Abstracts of 33rd session of the All-Union Palaeontological Society, Leningrad*, 46–47.

Newman, E. 1843. Note on the Pterodactyle Tribe considered as marsupial bats. *Zoologist* 1: 129–131.

Newton, E. T. 1888. On the skull, brain and auditory organ of a new species of pterosaurian (*Scaphognathus purdoni*) from the Upper Lias near Whitby, Yorkshire. *Proceedings of the Royal Society, London* 43: 436–440.

Norberg, U.M.L., and J.M.V. Rayner. 1987. Ecological morphology and flight in bats (Mammalia; Chiroptera): wing adaptations, flight performance, foraging strategy and echolocation. *Philosophical Transactions of the Royal Society, London B* 316: 335–427.

O'Connor, P. M. 2004. Pulmonary pneumaticity in the postcranial skeleton of extant Aves: A case study examining Anseriformes. *Journal of Morphology* 261: 141–161.

———. 2006. Postcranial pneumaticity: An evaluation of soft-tissue influences on the postcranial skeleton and the reconstruction of pulmonary anatomy in archosaurs. *Journal of Morphology* 10: 1199–1226.

O'Connor, P. M., and L.P.A.M. Claessens. 2005. Basic avian pulmonary design and flow-through ventilation in non-avian theropod dinosaurs. *Nature* 436: 253–256.

Ösi, A. 2010. Feeding-related characters in basal pterosaurs: Implications for jaw mechanism, dental function and diet. *Lethaia* 44: 136–152.

Ösi, A., E. Buffetaut, and E. Prondvai. 2011. New pterosaurian remains from the Late Cretaceous (Santonian) of Hungary (Iharkút, Csehbánya Formation). *Cretaceous Research* 32: 4556–463.

Ösi, A., D. B. Weishampel, and C. M. Jianu. 2005. First evidence of azhdarchid pterosaurs from the Late Cretaceous of Hungary. *Acta Palaeontologica Polonica* 50: 777–787.

Owen, R. 1851. *Monograph on the fossil Reptilia of the Cretaceous Formations. Part I.* Chelonia, Lacertilia, *etc.*, 80–104. London, The Palaeontographical Society.

———. 1861. *Monograph on the fossil Reptilia of the Cretaceous Formations Supplement III.* Pterosauria (Pterodactylus), 1–19. London, The Palaeontographical Society.

———. 1870. *Monograph on the Fossil Reptilia of the Liassic Formations. I. Part III. Plesiosaurus,* Dimorphodon, *and* Ichthyosaurus, 1–81. London, The Palaeontographical Society.

———. 1874. *A Monograph on the Fossil Reptilia of the Mesozoic formations. Monograph on the Order Pterosauria*, 1–14. London, The Palaeontographical Society.

Padian, K. 1983a. A functional analysis of flying and walking in pterosaurs. *Palaeobiology* 9: 218–239.

———. 1983b. Osteology and functional morphology of *Dimorphodon macronyx* (Buckland) (Pterosauria: Rhamphorhynchoidea) based on new material in the Yale Peabody Museum. *Postilla* 189: 1–44.

———. 1984a. The origin of pterosaurs. In *Third Symposium on Mesozoic Terrestrial Ecosystems*, edited by W.-E. Reif and F. Westphal, 163–168. Short papers. Tübingen, Attempto.

———. 1984b. A large pterodactyloid pterosaur from the Two Medicine Formation (Campanian) of Montana. *Journal of Vertebrate*

Paleontology 4: 516–524.

———. 2003. Pterosaur stance and gait and the interpretation of trackways. *Ichnos* 10: 115–126.

———. 2008a. The Early Jurassic pterosaur *Dorygnathus banthensis* (Theodori, 1830). *Special Papers in Palaeontology* 80: 1–64.

———. 2008b. The Early Jurassic pterosaur *Campylognathoides* Strand, 1928. *Special Papers in Palaeontology* 80: 65–107.

Padian, K., and P. E. Olsen. 1984. The fossil trackway *Pteraichnus*: Not pterosaurian, but crocodilian. *Journal of Paleontology* 58: 178–184.

Padian, K. and J.M.V. Rayner. 1993. The wings of pterosaurs. *American Journal of Science* 293: 91–166.

Padian, K., A. J. Ricqlés, and J. R. Horner. 1995. Bone histology determines a new fossil taxon of pterosaur (Reptilia: Archosauria). *Comptes Rendus de l'Académie des Sciences* 320: 77–84.

Padian, K., and M. Smith. 1992. New light on Late Cretaceous pterosaur material from Montana. *Journal of Vertebrate Paleontology* 12: 87–92.

Padian, K., and R. Wild. 1992. Studies of the Liassic Pterosauria, I. The holotype and referred specimens of the Liassic pterosaur *Dorygnathus banthensis* (Theodori) in the Petrefaktensammlung Banz, northern Bavaria. *Palaeontographica Abteilung A* 235: 59–77.

Paganoni, A. 2003. *Eudimorphodon* after 30 years: History of the finding and perspectives. *Rivista del Museo Civico di Scienze Naturali 'E. Caffi'* 22: 47–51.

Palmer, C. and G. J. Dyke. 2010. Biomechanics of the unique pterosaur pteroid. *Proceedings of the Royal Society B* 277: 1121–1127.

Parker, L. R. and J. K. Balsley. 1989. Coal mines as localities for studying dinosaur trace fossils. In *Dinosaur Tracks and Traces*, edited by D. D. Gillette and M. G. Lockley, 353–359. Cambridge, U.K., Cambridge University Press.

Paul, G. S. 1987. Pterodactyl habits – real and radio controlled. *Nature* 328: 481.

———. 1991. The many myths, some old, some new, of dinosaurology. *Modern Geology* 16: 69–99.

———. 2002. *Dinosaurs of the Air: The Evolution and Loss of Flight in Dinosaurs and Birds*. Baltimore, John Hopkins University Press.

Pennycuick, C. J. 1971. Gliding flight of the white-backed vulture *Gyps africanus*. *Journal of Experimental Biology* 55: 13–38.

———. 1990. Predicting wingbeat frequency and wavelength of birds. *Journal of Experimental Biology* 150: 171–185.

———. 1998. Computer simulation of fat and muscle burn in long-distance bird migration. *Journal of Theoretical Biology* 191: 47–61.

Pereda Suberbiola, X., N. Bardet, S. Jouve, M. Iarochéne, B. Bouya, and M. Amaghzaz. 2003. A new azhdarchid pterosaur from the Late Cretaceous phosphates of Morocco. In *Evolution and Palaeobiology of Pterosaurs*, edited by E. Buffetaut and J. M. Mazin, 79–90. Geological Society Special Publication 217. London, Geological Society.

Persons, W. S., IV. 2010. Convergent evolution of prezygapophysis/chevron rods in the tails of pterosaurs and dromaeosaurs and the parallel pattern of caudal muscle reduction in pterosaurs and birds. *Acta Geoscientica Sinica* 31(1): 54.

Peters, D. 2000. A reexamination of four prolacertiforms with implications for pterosaur phylogenies. *Rivista Italiana di Paleontologia e Stratigrafia* 106: 293–336.

———. 2008. The origin and radiation of the Pterosauria. In *Flugsaurier: The Wellnhofer Pterosaur Meeting, Munich, Abstract Volume* edited by D. Hone, 27–28. Munich, Bavarian State Collection for Palaeontology.

———. 2009. A reinterpretation of pteroid articulation in pterosaurs. *Journal of Vertebrate Paleontology* 29: 1327–1330.

Pinheiro, F. L., D. C. Fortier, C. L. Schultz, J.A.F.G. Andrade, and R.A.M. Bantim. 2011. New information on the pterosaur *Tupandactylus imperator*, with comments on the relationships of Tapejaridae. *Acta Palaeontologica Polonica* 56: 567–580.

Plieninger, F. 1901. Beiträge zur Kenntnis der Flugsaurier. *Palaeontographica* 48: 65–90.

Ponomarenko, A. G. 1976. The new insect from the Cretaceous of Transbaicalia a probable parasite of pterosauricn. [In Russian.] *Paleontologicheskii Zhurnal* 3: 102–106.

Prange, H. D., J. F. Anderson, and H. Rahn. 1979. Scaling of skeletal mass to body mass in birds and mammals. *American Naturalist* 113: 103–122.

Prentice, K. C., M. Ruta, and M. J. Benton. 2011. Evolution of morphological disparity in pterosaurs. *Journal of Systematic Palaeontology* 9: 337–353.

Price, L. I. 1953. A presença de Pterosáuria no Cretáceo superior do Estada da Paraiba. *Divisão de Geologia e Mineralogia Notas Preliminares e Estudos* 71: 1–10.

———. 1971. A presença de Pterosauria no Creteceo Inferior de Chapada do Araripe, Brasil. *Anais da Academia Brasileira de Ciências* 43: 452–461.

Prieto, I. R. 1998. Morfología funcional y hábitos alimentarios de *Quetzalcoatlus* (Pterosauria) [Functional morphology and feeding habits of Quetzalcoatlus (Pterosauria)]. *Coloquios de Paleontología* 49: 129–144.

Prondvai, E., and D.W.E. Hone. 2009. New models for the wing extension in pterosaurs. *Historical Biology* 20: 237–254.

Quenstedt, F. A. 1855. *Über* Pterodactylus suevicus *im lithographischen Schiefer Wüttembergs*. Tübingen, Universität Tübingen.

Rayner, J.M.V. 1988. Form and function in avian flight. *Current Ornithology* 5: 1–66.

Rayner, J.M.V., P. W. Viscardi, S. Ward, and J. R. Speakman. 2001. Aerodynamics and energetics of intermittent flight in birds. *American Zoologist* 41: 188–204.

Reily, S. M., L. D. McBrayer, and T. D. White. 2001. Prey processing in amniotes: Biomechanical and behavioural patterns of food reduction. *Comparative Biochemistry and Physiology Part A* 128: 397–415.

Riabinin, A. N. 1948. Remarks on a flying reptile from the Jurassic of Kara-Tau. [In Russian.] *Akademii Nauk, Paleontological Institute, Trudy* 15: 86–93.

Rieppel, O. 2008. The relationships of turtles within amniotes. In *Biology of Turtles*, edited by J. Wyneken, M. H. Godfrey, and V. Bels, 345–354. Boca Raton, FL, CRC Press.

Ricqlés, A. de, K. Padian, J. R. Horner, and H. Francillon-Veillot. 2000. Palaeohistology of the bones of pterosaurs (Reptilia, Archosauria): Anatomy, ontogeny, and biomechanical implications. *Zoological Journal of the Linnaean Society* 129: 349–385.

Rodrigues, T., and A.W.A. Kellner. 2008. Review of the pterodactyloid pterosaur *Coloborhynchus*. *Zitteliana* B28: 219–228.

Rodriguez-de la Rosa, R. A. 2003. Pterosaur tracks from the latest Campanian Cerro del Pueblo Formation of southeastern Coahuila, Mexico. In *Evolution and Palaeobiology of Pterosaurs*, edited by E. Buffetaut and J. M. Mazin, 275–282. Geological Society Special Publication, 217. London, Geological Society.

Sánchez-Hernández, B., M. J. Benton, and D. Naish. 2007. Dinosaurs and other fossil vertebrates from the Late Jurassic and Early Cretaceous of the Galve area, NE Spain. *Palaeogeography, Palaeoclimatology, Palaeoecology* 249: 180–215.

Sanz, J. L., L. M. Chiappe, Y. Fernández-Jalvo, F. Ortega, B. Sánchez-Chillón, F. J. Poyato-Ariza, and B. P. Pérez-Moreno. 2001. An Early Cretaceous pellet. *Nature* 409: 998–999.

Sato, K., K. Sakamoto, Y. Watanuki, A. Takahashi, N. Katsumata, C. Bost, and H. Weimerskirch. 2009. Scaling of soaring seabirds and implications for flight abilities of giant pterosaurs. *PLoS ONE* 4: e5400. http://www.plosone.org/article/info%3Adoi%2F10.1371%2Fjournal.pone.0005400.

Sayão, J. M., and A.W.A. Kellner. 2000. Description of a pterosaur rostrum from the Crato Member, Santana Formation (Aptian-Albian) northeastern Brazil. *Boletim do Museu Nacional, Nova Série Geologia* 54: 1–8.

Schutt, W. A., Jr., J. S. Altenbach, H. C. Young, D. M. Cullinane, J. W. Hermanson, F. Muradli, and J.E.A. Bertram. 1997. The dynamics of flight-initiating jumps in the common vampire bat *Desmodus rotundus*. *Journal of Experimental Biology* 200: 3003–3012.

Schweigert, G., G. Dietl, and R. Wild. 2001. Miscellanea aus dem Nusplinger Plattenkalk (Ober-Kimmeridgium, Schwäbische Alb) 3. Ein Speiballen mit Flugsaurierresten. *Jahresberichte und Mitteilungen des Oberrheinischen Geologischen Vereins* 83: 357–364.

Seeley, H. G. 1864. On the pterodactyle as evidence of a new subclass of Vertebrata (Saurornia). *Reports of the British Association of Scientists, 34th Meeting* 1864: 69.

———. 1870. *The Ornithosauria: An Elementary Study of the Bones of Pterodactyles*. Deighton, U.K., Bell.

———. 1887. On a sacrum apparently indicating a new type of bird, *Ornithodesmus cluniculus* Seeley from the Wealden of Brook. *Quarterly Journal of the Geological Society, London* 43: 206–211.

———. 1901. *Dragons of the Air*. London, Meuthuen.

Sereno, P. C. 1991. Basal archosaurs: Phylogenetic relationships and functional implications. *Journal of Vertebrate Paleontology Memoir* 2: 1–53.

Sereno, P. C., and A. B. Arcucci. 1993. Dinosaur precursors from the Middle Triassic of Argentina: *Lagerpeton chanarensis*. *Journal of Vertebrate Paleontology* 13: 385–399.

———. 1994. Dinosaurian precursors from the Middle Triassic of Argentina: *Marasuchus lilloensis*, gen. nov. *Journal of Vertebrate Paleontology* 14: 53–73.

Sharov, A. G. 1971. New flying Mesozoic reptiles from Kazakhstan and Kirgizia. [In Russian.] *Transactions of the Paleontological Institute, Academy of Sciences, USSR* 130: 104–113.

Slack, K. E., C. M. Jones, T. Ando, G. L. (A.) Harrison, R. E. Fordyce, U. Arnason, and D, Penny. 2006. Early penguin fossils, plus mitochondrial genomes, calibrate avian evolution. *Molecular Biology and Evolution* 23: 1144–1155.

Smith, D. K., R. K. Sanders, and K. L. Stadtman. 2004. New material of *Mesadactylus ornithosphyos*, a primitive pterodactyloid pterosaur from the Upper Jurassic of Colorado. *Journal of Vertebrate Paleontology* 24: 850–856.

Soemmerring, S. T. 1812. Uber einen *Ornithocephalus*. *Denkschriften der Akademie der Wissenschaften München, Mathematisch-Physik Klasse* 3: 89–158.

———. 1817. Uber einen *Ornithocephalus brevirostris* der Vorwelt. *Denkschriften der Akademie der Wissenschaften München, Mathematisch-Physik Klasse* 6: 89–104.

Spoor, C. F., and D. M. Badoux. 1986. Descriptive and functional myology of the neck and forelimb of the striped hyena (*Hyaena hyaena*, L. 1758). *Anatomischer Anzeiger* 161: 375–387.

Stecher, R. 2008. A new Triassic pterosaur from Switzerland (Central Austroalpine; Grisons), *Raeticodactylus filisurensis* gen. et sp. nov. *Swiss Journal of Geosciences* 101: 185–201.

Steel, L. 2008. The palaeohistology of pterosaur bone: An overview. *Zitteliana* B28: 109–125.

———. 2010. The pterosaur collection at the Natural History Museum, London, UK: History, overview, recent curatorial developments and exciting new finds. Abstract. *Acta Geoscientica Sinica* 31(1): 59–61.

Steel, L., D. M. Martill, D. M. Unwin, and J. D. Winch. 2005. A new pterodactyloid pterosaur from the Wessex Formation (Lower Cretaceous) of the Isle of Wight, England. *Cretaceous Research* 26: 686–698.

Stein, R. S. 1975. Dynamic analysis of *Pteranodon ingens*: A reptilian adaptation to flight. *Journal of Paleontology* 49: 534–548.

Stein, B. R. 1989. Bone density and adaptation in semiaquatic mammals. *Journal of Mammalogy* 70: 467–476.

Stieler, C. 1922. Neuer Rekonstrucktionsversuch eines liassischen Flugsaueriers. *Naturwissenschaftliche Wochenschrift* 20: 273–280.

Stokes, W. L. 1957. Pterodactyl tracks from the Morrison Formation. *Journal of Paleontology* 31: 952–954.

Stokes, W. L., and J. H. Madsen, Jr. 1979. Environmental significance of pterosaur tracks in the Navajo Sandstone (Jurassic) Grand County, Utah. *Brigham Young University Studies* 26: 21–26.

Sullivan, R. M., and D. Fowler. 2011. *Navajodactylus boerei*, n. gen., n. sp. (Pterosauria, ?Azhdarchidae) from the Upper Cretaceous Kirtland Formation (Upper Campanian) of New Mexico. *New Mexico Museum of Natural History and Science Bulletin* 53: 393–404.

Sweetman, S. C., and D. M. Martill. 2010. Pterosaurs of the Wessex Formation (Early Cretaceous, Barremian) of the Isle of Wight, southern England: A review with new data. *Journal of Iberian Geology* 36: 225–242.

Swennen, C., and T. Yu. 2004. Notes on feeding structures of the black-faced spoonbill *Platalea minor*. *Ornithological Science* 3: 119–124.

Taquet, P. 1972. Un crâne de *Ctenochasma* (Pterodactyloidea) du Portlandien inférieur de la Haute-Marne, dans les collections du Musée de St-Dizier. *Comptes Rendus de l'Académie des Sciences* 174: 362–364.

Taquet, P., and K. Padian. 2004. The earliest known restoration of a pterosaur and the philosophical origins of Cuvier's *Ossemens Fossiles*. *Comptes Rendus. Palaevol* 3: 157–175.

Taylor, M. P., M. J. Wedel, and D. Naish. 2009. Head and neck posture in sauropod dinosaurs inferred from extant animals. *Acta Palaeontologica Polonica* 54: 213–220.

Tischlinger, H. 2001. Bemerkungen zur Insekten-Taphonomie der Solnhofen Plattenkalke. *Archaeopteryx* 19: 29–44.

———. 2010. Pterosaurs of the "Solnhofen" Limestone: New discoveries and the impact of changing quarrying practises. *Acta Geoscientica Sinica* 31(1): 76–78.

Tischlinger, H., and E. Frey. 2010. Multilayered is not enough! New soft tissue structures in the *Rhamphorhynchus* flight membrane. Abstract. *Acta Geoscientica Sinica* 31(1): 64.

Tomkins, J. L., N. R. LeBas, M. P. Witton, D. M. Martill, and S. Humphries. 2010. Positive allometry and the prehistory of sexual selection. *American Naturalist* 176: 141–148.

Tütken, T. and D.W.E. Hone. 2010. The ecology of pterosaurs based on carbon and oxygen isotope analysis. *Acta Geoscientica Sinica* 31(1): 65–67.

Unwin, D. M. 1987. Pterosaur locomotion: Joggers or waddlers? *Nature* 327: 13–14.

———. 1988a. New pterosaurs from Brazil. *Nature* 332: 398–399.

———. 1988b. New remains of the pterosaur *Dimorphodon* (Pterosauria: Rhamphorhynchoidea) and the terrestrial ability of early pterosaurs. *Modern Geology* 13: 57–68.

———. 1988c. A new pterosaur from the Kimmeridge Clay of Kimmeridge, Dorset. *Proceedings of the Dorset Natural History and Archaeological Society* 109: 150–153.

———. 1989. A predictive method for the identification of vertebrate ichnites and its application to pterosaur tracks. In *Dinosaur Tracks and Traces*, edited by D. D. Gillette and M. G. Lockley, 259–274. Cambridge, U.K., Cambridge University Press.

———. 1992. The phylogeny of the Pterosauria. *Journal of Vertebrate Paleontology* 12: 57A.

———. 1996. The fossil record of Middle Jurassic Pterosaurs. In *The Continental Jurassic*, edited by M. Morales,. *Museum of Northern Arizona Bulletin* 60: 291–304.

———. 1997. Pterosaur tracks and the terrestrial ability of pterosaurs. *Lethaia* 29: 373–386.

———. 1999. Pterosaurs: Back to the traditional model? *Trends in Ecology and Evolution* 14: 263–268.

———. 2001. An overview of the pterosaur assemblage from the Cambridge Greensand (Cretaceous) of Eastern England. *Mitteilungen Museum für Naturkunde Berlin, Geowissenschaftliche* 4: 189–221.

———. 2002. On the systematic relationships of *Cearadactylus atrox*, an enigmatic Early Cretaceous pterosaur from the Santana Formation of Brazil. *Mitteilungen Museum für Naturkunde Berlin, Geowissenschaftliche* 5: 239–263.

———. 2003. On the phylogeny and evolutionary history of pterosaurs. In *Evolution and Palaeobiology of Pterosaurs*, edited by E. Buffetaut and J. M. Mazin, 139–190. Geological Society Special Publication 217. London, Geological Society.

———. 2005. *The Pterosaurs from Deep Time*. New York, Pi Press.

———. 2011. A new dimorphodontid pterosaur from the Lower Jurassic of Dorset, southern England. Abstract. In *Programme and Abstracts,* Symposium of Vertebrate Palaeontology and Comparative Anatomy, 59th Annual Meeting, 2011, 4. Lyme Regis, U.K.

Unwin, D. M., V. R. Alifanov, and M. J. Benton. 2000. Enigmatic small reptiles from the Middle-Late Triassic of Kirgizstan. In *The Age of Dinosaurs in Russia and Mongolia*, edited by M. J. Benton, M. A. Shishkin, D. M. Unwin, and E. N. Kurochkin, 177–186. Cambridge, U.K., Cambridge University Press.

Unwin, D. M., and N. N. Bakhurina. 1994. *Sordes pilosus* and the nature of the pterosaur flight apparatus. *Nature* 371: 62–64.

———. 2000. Pterosaurs from Russia, Middle Asia and Mongolia. In *The Age of Dinosaurs in Russia and Mongolia*, edited by M. J. Benton, M. A. Shiskin, D. M. Unwin, and E. N. Kurochkin, 420–433. Cambridge, U.K., Cambridge University Press.

Unwin, D. M., and D. C. Deeming. 2008. Pterosaur eggshell structure and its implications for pterosaur reproductive biology. *Zitteliana* B28: 19–207.

Unwin, D. M., E. Frey, D. M. Martill, J. B. Clarke, and J. Reiss. 1996. On the nature of the pteroid in pterosaurs. *Proceedings of the Royal Society B* 263: 45–52.

Unwin, D. M., and W. D. Heinrich. 1999. On a pterosaur jaw from the Upper Jurassic of Tendaguru (Tanzania). *Mitteilungen aus dem Museum für Naturkunde in Berlin Geowissenschaftliche* 2: 121–134.

Unwin, D. M., and D. Henderson. 1999. Testing the terrestrial ability of pterosaurs with computer-based methods. *Journal of Vertebrate Paleontology* 19: 81A.

Unwin, D. M., and J. Lü. 1997. On *Zhejiangopterus* and the relationships of pterodactyloid pterosaurs. *Historical Biology* 12: 199–210.

———. 2010. *Darwinopterus* and its implications for pterosaur phylogeny. *Acta Geoscientica Sinica* 31(1): 68–69.

Unwin, D. M., J. Lü, and N. N. Bakhurina. 2000. On the systematic and stratigraphic significance of pterosaurs from the Lower Cretaceous Yixian Formation (Jehol Group) of Liaoning, China. *Mitteilungen aus dem Museum für Naturkunde in Berlin Geowissenschaftliche* 3: 181–206.

Unwin, D. M., and D. M. Martill. 2007. Pterosaurs from the Crato Formation. In *Window into an Ancient World: The Crato Fossil Beds of Brazil*, edited by D. M. Martill, G. Bechly, and R. F. Loveridge. Cambridge, U.K., Cambridge University Press.

Unwin, D. M., X. Wang, and M. Xi. 2008. How the Moon Goddess, Chang-e, helped us to understand pterosaur evolutionary history. Abstract. In *Programme and Abstracts,* Symposium of Vertebrate Palaeontology and Comparative Anatomy, 56th Annual Meeting, 2008, edited by G. Dyke, D. Naish, and M. Parkes, 55–56. Dublin.

Veldmeijer, A. J. 2003. Description of *Coloborhynchus spielbergi* sp. nov. (Pterodactyloidea) from the Albian (Lower Cretaceous) of Brazil. *Scripta Geologica* 125: 35–139.

Veldmeijer, A. J., M. Signore, and H.J.M. Meijer. 2005. Description of two pterosaur (Pterodactyloidea) mandibles from the Lower Cretaceous Santana Formation, Brazil. *Deinsea* 11: 67–86.

Veldmeijer, A. J., M. Signore, and E. Bucci. 2006. Predator-prey interaction of Brazilian Cretaceous toothed pterosaurs: A case example. In *Predation in Organisms – A Distinct Phenomenon*, edited by A.M.T. Elewa, 295–308. Berlin, Springer-Verlag.

Veldmeijer, A.J., H.J.M. Meijer, and M. Signore. 2009. Description of pterosaurian (Pterodactyloidea: Anhangueridae, *Brasileodactylus*) remains from the Lower Cretaceous of Brazil. *Deinsea* 13: 9–40.

Vidal, P. P., W. Graf, and A. Berthoz. 1986. The orientation of the cervical vertebral column in unrestrained awake animals. *Experimental Brain Research* 61: 549–559.

Vidarte, C. F., and M. Calvo. 2010. Un nuevo pterosaurio (Pterodactyloidea) en el Cretácico Inferior de La Rioja (Espana). *Boletín Geológico y Minero* 121: 311–328.

Vila Nova, B. C., A.W.A. Kellner, and J. M. Sayao. 2010. Short note on the phylogenetic position of *Cearadactylus atrox,* and comments regarding its relationships to other pterosaurs. *Acta Geoscientica Sinica* 31(1): 73–75.

Vršanksky, P., D. Ren, and C. Shih. 2010. Nakridletia ord. n. – enigmatic insect parasites support sociality and endothermy of pterosaurs. *Amba Projekty* 8: 1–16.

Vull, R., E. Buffetaut, and M. J. Everhart. 2012. Reappraisal of *Gwawinapterus beardi* from the Late Cretaceous of Canada: A saurodontid fish, not a pterosaur. *Journal of Vertebrate Paleontology* 32: 1198–1201.

Vullo, R., J. Marugán-Lobónm, A.W.A. Kellner, A. Buscalioni, M. Fuente, and J. J. Moratalla. 2012. A new crested pterosaur from the Early Cretaceous of Spain: The first European tapejarid (Pterodactyloidea: Azhdarchoidea). *PLoS ONE* 7: e38900. http://www.plosone.org/article/info%3Adoi%2F10.1371%2Fjournal.pone.0038900.

Wagler, J. G. 1830. *Natürliches System der Amphibien*. Munich, Stuttgart, and Tübingen, J. G. Cotta.

Wagner, A. 1861. Neue Beiträge zur Kenntnis d. urwltl. Fauna des lithograph. Schiefers. 2. Abt. Schildkröten und Saurier. *Abhandlungen der königlichen bayerischen Akademie der Wissenschaften* 9: 67–124.

Wall, W. P. 1983. The correlation between high limb-bone density and aquatic habits in recent mammals. *Journal of Paleontology* 57: 197–207.

Wang, X., D. A. Campos, Z. Zhou, and A.W.A. Kellner. 2008. A primitive istiodactylid pterosaur (Pterodactyloidea) from the Jiufotang Formation (Early Cretaceous), northeast China. *Zootaxa* 18: 1–18.

Wang, S., A.W.A. Kellner, S. Jiang, and X. Cheng. 2012. New toothed flying reptile from Asia: Close similarities between early Cretaceous pterosaur faunas from China and Brazil. *Naturwissenschaften* 99: 249–257.

Wang, X., A.W.A. Kellner, S. Jiang, X. Cheng, X. Meng, and T. Rodrigues. 2010. New long-tailed pterosaurs (Wukongopteridae) from western Liaoning, China. *Anais da Academia Brasileira de Ciências* 82: 1045–1062.

Wang, X., A.W.A. Kellner, S. Jiang, and X. Meng. 2009. An unusual long-tailed pterosaur with elongated neck from western Liaoning of China. *Anais da Academia Brasileira de Ciências* 81: 793–812.

Wang, X., A.W.A. Kellner, Z. Zhou, and D. A. Campos. 2005. Pterosaur diversity and faunal turnover in Cretaceous terrestrial ecosystems in China. *Nature* 437: 875–879.

——. 2007. A new pterosaur (Ctenochasmatidae, Archaeopterodactyloidea) from the Lower Cretaceous Yixian Formation of China. *Cretaceous Research* 28: 245–260.

——. 2008. Discovery of a rare arboreal forest-dwelling flying reptile (Pterosauria, Pterodactyloidea) from China. *Proceedings of the National Academy of Sciences* 105: 1983–1987.

Wang, L., L. Li, Y. Duan, and S. L. Cheng. 2006. A new iodactylid [*sic*] pterosaur from western Liaoning, China. *Geological Bulletin of China* 25: 737–740.

Wang, X., and J. Lü. 2001. Discovery of a pterodactylid pterosaur from the Yixian Formation of western Liaoning, China. *Chinese Science Bulletin* 46: 1112–1117.

Wang, X., and Z. Zhou. 2003a. Two new pterodactyloid pterosaurs from the early Cretaceous Jiufotang Formation of Western Liaoning, China. *Vertebrata PalAsiatica* 41: 34–41.

——. 2003b. A new pterosaur (Pterodactyloidea, Tapejaridae) from the Early Cretaceous Jiufotang Formation of Western Liaoning, China and its implications for biostratigraphy. *Chinese Science Bulletin* 47: 15–21.

——. 2004. Pterosaur embryo from the Early Cretaceous. *Nature* 429: 621.

——. 2006a. Pterosaur assemblages of the Jehol Biota and their implication for the Early Cretaceous pterosaur radiation. *Geological Journal* 41: 405–418.

——. 2006b. Pterosaur adaptive radiation of the Early Cretaceous Jehol Biota. In *Originations, Radiations and Biodiversity changes – Evidences [sic] from the Chinese Fossil Record*, edited by J. Rong, Z. Fang, Z. Zhou, R. Zhan, X. Wang, and X. Yuan, 665–689, 937–938. Beijing, Beijing Science Press.

Wang, X., Z. Zhou, F. Zhang, and X. Xu. 2002. A nearly completely articulated rhamphorhynchoid pterosaur with exceptionally well-preserved wing membranes and "hairs" from Inner Mongolia, northeast China. *Chinese Science Bulletin* 47: 226–230.

Wedel, M. J. 2003. Vertebral pneumaticity, air sacs, and the physiology of sauropod dinosaurs. *Paleobiology* 29: 243–255.

Wellnhofer, P. 1970. Die Pterodactyloidea (Pterosauria) der Oberjura-Plattenkalke Süddeutschlands. *Bayerische Akademie der Wissenschaften, Mathematisch- Wissenschaftlichen Klasse, Abhandlungen* 141: 1–133.

——. 1974. *Campylognathoides liasicus* (Quenstedt), an Upper Jurassic pterosaur from Holzmaden – the Pittsburgh specimen. *Annals of the Carnegie Museum* 45: 5–34.

——. 1975. Die Rhamphorhynchoidea (Pterosauria) der Oberjura-Plattenkalke Süddeutschlands. *Palaeontographica A* 148: 1–33, 132–186; 149: 1–30.

——. 1978. *Handbuch der Paläoherpetologie. Teil 19: Pterosauria*. Stuttgart, Gustav Fischer Verlag.

——. 1980. Flugaurierreste aus der Gosau-Kriede von Muthmannsdorf (Niederösterreich – ein Beitrag zue Kiefermechanik der Pterosaurier. *Mitteilungen der Bayerischen Staatssammlung für Paläontologie und Historische Geologie* 20: 20–112.

——. 1985. Neue pterosaurier aus der Santana-Formation (Apt) der Chapada do Araripe, Brasilien. *Palaeontographica. Abteilung A* 187: 105–182.

——. 1987a. New crested pterosaurs from the Lower Cretaceous of Brazil. *Mitteilungen der Bayerischen Staatssammlung für Paläontologie und Historische Geologie* 27: 175–186.

——. 1987b. Die Flughaut von *Pterodactylus* (Reptilia, Pterosauria) am Beispiel des Weiner Exemplares von *Pterodactylus kochi* (Wagner). *Annalen des Naturhistorischen Museums in Wein* 88: 149–162.

——. 1988. Terrestrial locomotion in pterosaurs. *Historical Biology* 1: 3–16.

——. 1991a. *The Illustrated Encyclopaedia of Pterosaurs*. London, Salamander Books.

——. 1991b. Weitere pterosaurierfunde aus der Santana-Formation (Apt) der Chapada do Araripe, Brasilien [Additional pterosaur remains from the Santana Formation (Aptian) of the Chapada do Araripe, Brazil]. *Palaeontographica Abteilung A* 215: 43–101.

——. 2003. A Late Triassic pterosaur from the Northern Calcareous Alps (Tyrol, Austria). In *Evolution and Palaeobiology of Pterosaurs*, edited by E. Buffetaut and J. M. Mazin, 5–22. Geological Society Special Publication 217. London, Geological Society.

——. 2008. A short history of pterosaur research. *Zitteliana* B28: 7–19.

Wellnhofer, P., and E. Buffetaut. 1999. Pterosaur remains from the Cretaceous of Morocco. *Palaontologische Zeitschrift* 73: 133–142.

Wellnhofer, P., and A.W.A. Kellner. 1991. The skull of *Tapejara wellnhoferi* Kellner (Reptilia, Pterosauria) from the Lower Cretaceous Santana Formation of the Araripe Basin, Northeastern Brazil. *Mitteilungen der Bayerischen Staatssammlung für Paläontologie und Historische Geologie* 31: 89–106.

Wellnhofer, P., and B. W. Vahldiek. 1986. Ein Flugsaurier-Rest aus dem Posidonienschiefer (Unter-Toarcium) von Schandelah bei Braunschweig. *Paläontologische Zeitschrift* 60: 329–340.

Wild, R. 1971. *Dorygnathus mistelgauensis* n. sp., ein neuer Flugsaurier aus fem Lias Epsilon von Mistelgau (Fränkischer Jura). *Geologisches Blätter, NO-Bayern* 21: 178–195.

——. 1978. Die Flugsaurier (Reptilia, Pterosauria) aus der Oberen Trias von Cene bei Bergamo, Italien. *Bollettino Società Paleontologica Italiana* 17: 176–256.

——. 1983. Über den Ursprung der Flugsaurier. In *Erwin Rutte-Festschrift. , Weltenburger Akademie*, 231–238. Kelheim/Weltenburg.

——. 1984a. Flugsaurier aus der Obertrias von Italien. *Naturwissenschaften* 71: 1–11.

——. 1984b. A new pterosaur (Reptilia, Pterosauria) from the Upper Triassic (Norian) of Friuli, Italy. *Gortania – Atti Museo Friulano di Storia Naturale* 5: 45–62.

——. 1994. A juvenile specimen of *Eudimorphodon ranzii* Zambelli (Reptilia, Pterosauria) from the Upper Triassic (Norian) of Bergamo. *Rivista del Museo Civico di Scienze Naturali 'E. caffi' di Bergamo* 16: 95–120.

Williston, S. W. 1897. Restoration of *Ornithostoma* (*Pteranodon*). *Kansas University Quarterly* 6: 35–51.

——. 1902a. On the skull of *Nyctodactylus*, an Upper Cretaceous pterodactyl. *Journal of Geology* 10: 520–531.

——. 1902b. On the skeleton of *Nyctodactylus*, with restoration. *American Journal of Anatomy* 1: 297–305.

——. 1903. On the osteology of *Nyctosaurus* (*Nyctodactylus*). With notes on American pterosaurs. *Field Columbian Museum*

Publications, Geological Series 2: 125–163.

Wilkinson, M. T. 2008. Three dimensional geometry of a pterosaur wing skeleton, and its implications for aerial and terrestrial locomotion. *Zoological Journal of Linnaean Society* 154: 27–69.

Wilkinson, M. T., D. M. Unwin, and C. P. Ellington. 2006. High-lift function of the pteroid bone and forewing of pterosaurs. *Proceedings of the Royal Society B* 273: 119–126.

Wiman, C. 1925. Über *Pterodactylus* Westmani und andere Flugsaurier. *Bulletin of the Geological Institute of the University of Uppsala* 20: 1–38.

Witmer, L. M. 1997. The evolution of the antorbital cavity of archosaurs: A study in soft-tissue reconstruction in the fossil record with an analysis of the function of pneumaticity. *Journal of Vertebrate Paleontology* 17: 1–73.

Witmer, L. M., S. Chatterjee, J. Franzosa, and T. Rowe. 2003. Neuroanatomy of flying reptiles and implications for flight, posture and behaviour. *Nature* 425: 950–953.

Witton, M. P. 2007. Titans of the skies: azhdarchid pterosaurs. *Geology Today* 23: 33–38.

———. 2008a. A new approach to determining pterosaur body mass and its implications for pterosaur flight. *Zitteliana* B28: 143–159.

———. 2008b. The palaeoecology and diversity of pterosaurs. PhD thesis, University of Portsmouth, U.K.

———. 2008c. A new azhdarchoid pterosaur from the Crato Formation (Lower Cretaceous, Aptian?) of Brazil. *Palaeontology* 51: 1289–1300.

———. 2009. A new species of *Tupuxuara* (Thalassodromidae, Azhdarchoidea) from the Lower Cretaceous Santana Formation of Brazil, with a note on the nomenclature of Thalassodromidae. *Cretaceous Research* 30: 1293–1300.

———. 2010. *Pteranodon* and beyond: The history of giant pterosaurs from 1870 onward. In *Dinosaurs and Other Extinct Saurians: A Historical Perspective*, edited by R.T.J. Moody, E. Buffetaut, E. Naish, and D. M. Martill, 313–323. Geological Society Special Publication 310. London, Geological Society.

———. 2011. The pectoral girdle of *Dimorphodon macronyx* (Pterosauria, Dimorphodontidae) and the terrestrial abilities of non-pterodactyloid pterosaurs. Abstract. In *Programme and Abstracts,* Symposium of Vertebrate Palaeontology and Comparative Anatomy, 59th Annual Meeting, 2011, 22. Lyme Regis, U.K.

———. 2012. New insights into the skull of *Istiodactylus latidens* (Ornithocheiroidea, Pterodactyloidea). *PLoS ONE* 7: e33170. http://www.plosone.org/article/info%3Adoi%2F10.1371%2Fjournal.pone.0033170.

Witton, M. P., and M. B. Habib. 2010. On the size and flight diversity of giant pterosaurs, the use of birds as pterosaur analogues and comments on pterosaur flightlessness. *PLoS ONE* 5: e13982. http://

www.plosone.org/article/info%3Adoi%2F10.1371%2Fjournal.pone.0013982.

Witton, M. P., D. M. Martill, and M. Green. 2009. On pterodactyloid diversity in the British Wealden (Lower Cretaceous) and a reappraisal of *"Palaeornis" cliftii* Mantell, 1844. *Cretaceous Research* 30: 676–686.

Witton, M. P., D. M. Martill, and R. F. Loveridge. 2010. Clipping the wings of giant pterosaurs: Comments on wingspan estimations and diversity. *Acta Geoscientica Sinica* 31(1): 79–81.

Witton, M. P. and D. Naish. 2008. A reappraisal of azhdarchid pterosaur functional morphology and paleoecology. *PLoS ONE* 3: e2271. http://www.plosone.org/article/info%3Adoi%2F10.1371%2Fjournal.pone.0002271.

Wolff, E.D.S., S. W. Salisbury, J. R. Horner, and D. J. Varricchio. 2009. Common avian infection plagued the tyrant dinosaurs. *PLoS ONE* 4: e7288. http://www.plosone.org/article/info%3Adoi%2F10.1371%2Fjournal.pone.0007288.

Wourms, M. K., and F. E. Wasserman. 1985. Bird predation on Lepidoptera and the reliability of beak-marks in determining predation pressure. *Journal of the Lepidopterists' Society* 39: 239–261.

Wright, J. L., D. M. Unwin, M. G. Lockley, and E. C. Rainforth. 1997. Pterosaur tracks from the Purbeck Limestone Formation of Dorset, England. *Proceedings of the Royal Society* 108: 39–48.

Xing, L., J. Wu, Y. Ly, J. Lü, and Q. Ji. 2009. Aerodynamic characteristics of the crest with membrane attachment on Cretaceous pterodactyloid *Nyctosaurus. Acta Geologica Sinica* 83: 25–32.

Young, C. C. 1964. On a new pterosaurian from Sinkiang, China. *Vertebrate Palasiatica* 8: 221–225.

———. 1973. Pterosaurian fauna from Wuerho, Sinkiang. *Reports of Paleontological Expedition to Sinkiang II.* 18–34. Nanjing, Kexue Chubanshe.

Zambelli, R. 1973. *Eudimorphodon ranzii* gen. nov., sp. nov., uno Pterosauro Triassico (nota preliminare). *Rendiconti Istituto Lombardo Accademia B* 107: 27–32.

Zhang, J., D. Li, M. Li, M. G. Lockley, and Z. Bai. 2006. Diverse dinosaur-, pterosaur-, and bird-track assemblages from the Hakou Formation, Lower Cretaceous of Gansu Province, northwest China. *Cretaceous Research* 27: 44–55.

Zheng, X. T., L. H. Hou, X. Xu, and Z. Dong. 2009. An Early Cretaceous heterodontosaurid dinosaur with filamentous integumentary structures. *Nature* 458: 333–336.

Zusi, R. L. 1962. *Structural Adaptations of the Head and Neck in the Black Skimmer*, Rynchops nigra *Linnaeus*. Publications of the Nuttal Ornithological Club 3. Cambridge, MA, Nuttal Ornithological Club.

Zweers, G., F. de Long, H. Berkhoudt, and J. C. Vanden Berge. 1995. Filter feeding in flamingos (*Phoenicopterus ruber*). *The Condor* 97: 297–324.

索　引

acetabulum, 髋臼, 30, 35*

aerial hawking, 空中猎食, 19, 56, 61−62; 84−86; in anurognathids, 在蛙嘴翼龙科中, 86, 110, 111−112; in azhdarchids, 在神龙翼龙科中, 257; in dimorphodontids, 在双型齿翼龙中, 103; in scaphognathines, 在掘颌翼龙亚科中, 134; in wukongopterids, 在悟空翼龙科中, 141−142

Aetodactylus, 鹰翼龙, 154, 157

Africa, 非洲, 259

Agadirichnus, 阿加迪尔足迹, 68

Age of Enlightenment, 启蒙时代, 7; air sacs, 气囊, 39, 41。*See also* Skelton pneumaticity, 也见具气孔构造的骨骼

aktinofibrils, 肌动纤维, 52, 53。*See also* wing membrane, 也见翼膜

Alanqa saharica, 撒哈拉不死鸟翼龙, 246, 248, 251; wingspan, 翼展, 249

albatross, as analogues of pterosaurs, 信天翁, 与翼龙类比, 132, 179, 255−256

Alberta, 阿尔伯塔州, 247

Amniota, 羊膜动物, 13

anapsid, 无孔类, 14

ancestry, of pterosaurs, 翼龙的祖先, 12−22

Angustinaripterus longicephalus, 长头狭鼻翼龙, 125, 127

Anhanguera blittersdorfi, 比氏古魔翼龙, 156

Anhanguera cuvieri, 居氏古魔翼龙, 152, 155

Anhanguera santanae, 桑塔纳古魔翼龙, 11; endocast, 颅腔凸模, 11, 44; flight, 飞行, 62; hindlimb anatomy of, 后肢解剖特征, 36; terrestrial locomotion, 陆地运动, 66, 67

Anhanguera, 古魔翼龙, 153, 154−155, 158, 162, 163; wing shape, 翅膀形状, 61

Anhangueridae, 古魔翼龙科, 152

Ankle, 踝骨。*See* tarsals, 参见跗骨

Anning, Mary, 玛丽·安宁, 98

Antarctica, 南极洲, 259

antorbital fenestra, 眶前孔, 23, 26; use in reptile phylogeny, 在爬行动物系统发育中的应用, 17

antungual sesamoid, 爪后籽骨, 100, 101, 119, 122, 130, 133

Anurognathidae, 蛙嘴翼龙科, 92, 104−112, 106, 140, 148, 261; as denizens of continental environments, 陆地环境的居民, 104; flight, 飞行, 110; osteology, 骨学, 107−109; paleoecology, 古生态学, 110, 111−112; position within Pterosauria, 在翼龙目中的位置, 105; resting posture, 休憩姿势, 110−111; soft tissues, 软组织, 109−110; terrestrial competence, 陆生能力, 110; wingspans, 翼展, 107−108

Anurognathus ammoni, 阿氏蛙嘴翼龙, 104, 105, 106, 107; anatomy, 解剖学, 108, 109, 110; diet, 饮食, 86; flight, 飞行 62, 110; muscle preservation, 肌肉保存, 44; wing shape, 翅膀形状, 61; wingspan, 翼展, 107

Aralazhdarcho bostobensis, 博斯托贝咸海神龙翼龙, 246, 248

Arambourgiania philadelphiae, 费氏阿氏翼龙, 244, 246, 254; wingspan, 翼展, 250−251

Araripe Group, 阿拉里皮群, 234

"*Araripesaurus*", "阿拉里皮翼龙", 155

Archaeoistiodactylus linglongtaensis, 玲珑塔古帆翼龙, 137, 138

Archaeopterodactyloidea, 古翼手龙下目, 185

Archaeopteryx, 始祖鸟, 5, 86

Archegetes neuropterum, 脉始蛉, 84−86

Archosauria, 主龙类, 14, 16, 18

Archosauriformes, 主龙型类, 14−15, 18

Archosauromorpha, 主龙形态类, 15

Argentina, 阿根廷, 187, 205; fossil of, 化石, 188

Arthaber, G. von, G. 冯·阿尔萨贝尔, 154, 155

arthritis, 关节炎, 87

arthrology: of acetabulum, 关节学：髋臼, 35, 69, 121−122; of ankle, 踝骨, 36; of knee, 膝盖, 35; cervical vertebrae, 颈椎, 28−29, 178, 241; of elbow, 肘部, 32−33; of glenoid, 关节盂, 31, 69, 71, 122, 162; of wing finger, 翼指, 35; of wrist, 腕部, 33−34, 162

Arthurdactylus conandoylei, 柯氏阿瑟翼龙, 154, 157

aspect ratio: definition, 长宽比：定义, 61; of flying vertebrates, 飞行脊椎动物, 62

Asphidorhynchus, 剑鼻鱼, 88, 133−134

"*Aurorazhdarcho primordius*", "原始黎明神龙翼龙", 186

Aussiedraco, 澳洲翼龙, 154, 157

Australia, 澳大利亚, 157, 259

Austria, 奥地利, 116

Austriadactylus cristatus, 脊冠奥地利翼龙, 115, 116; anatomy, 解剖学, 116−119; flight, 飞行, 121; wingspan, 翼展, 116

Avemetatarsalia, 鸟跖类。*See* Ornithodira, 参见鸟颈类主龙

Azhdarchidae, 神龙翼龙科, 77, 92, 158, 179, 195, 228, 232, 234, 241−242, 244−258, 259, 260, 261, 262−263; anatomy, 解剖学, 249−255; as denizens of continental environments, 陆地环境的居民, 58, 248−249, 256; flight, 飞行, 57, 255−256; osteology, 骨学, 251−255; pneumaticity, 气孔构造, 254; size, 体型, 244, 249−251; terrestrial competence, 陆生能力, 65, 69, 256−257; paleoecology, 古生态学, 243, 257−258; wingspans, 翼展, 249−251

Azhdarcho lancicollis, 长颈神龙翼龙, 246, 248, 251; wingspan, 翼展, 249

Azhdarchoidea, 神龙翼龙超科, 92, 170, 186, 214−215, 208, 216−258; characteristics of, 特征, 216

background extinction, 环境灭绝, 262−263

Bactracognathus volans, 飞行蛙颌翼龙, 104, 106; flight, 飞行, 110; wingspan, 翼展, 107−108

Bakonydraco guinazui,** 加氏包科尼翼龙, 246, 247, 248, 251−252; wingspan, 翼展, 249

Barbosania, 巴博萨翼龙, 154, 155

bats, as pterosaur analogues, 蝙蝠, 与翼龙类比, 1, 3, 61−63, 150;

---

* 本索引页码为原书页码，参见本书页边所标。——编者

** 应为 *Bakonydraco galaczi*, 原文有误。——译者

flight, 飞行, 62; launch strategy, 起飞策略, 59–60

Bavaria, 巴伐利亚州, 104

Beaks, 喙。See rhamphothecae, 参见嘴鞘

Beipiaopterus chenianus, 陈氏北票翼龙, 185, 187, 197; embryo, 胚胎, 76

Bellubrunnus rothgaengeri, 罗氏布尔诺美丽翼龙, 125, 128, 129

Bennett, Christopher (Chris), 克里斯托弗（克里斯）·贝内特, 66–67, 81, 174

Bennettazhia oregonensis, 俄勒冈班尼特翼龙, 248

Big Bend National Park, 大本德国家公园, 244

birds: as catalyst for pterosaur extinction, 鸟类：翼龙灭绝的催化因素, 263; as pterosaur analogues, 与翼龙类比, 1, 3, 61–63; as pterosaur prey, 作为翼龙的猎物, 42, 43; flight, 飞行, 60, 62; launch strategy, 起飞策略, 59–60

blood vessels, cranial, 血管, 颅骨, 49, 117, 242; wing membranes, 翼膜, 52, 53, 132

body mass, of pterosaurs, 翼龙的身体质量, 56, 58–63, 100, 141

"*Bogolubovia orientalis*," "东方波氏翼龙", 248

bone histology, 骨骼组织学, 37–38, 77–78

bone strength, 骨骼强度, 38

bone walls, reinforced, 骨壁, 增强, 201, 204; function, 功能, 205, 209–210。See also expanded joints, 也见关节扩张

Boreopteridae, 北方翼龙科, 92, 143, 164–169, 179, 188, 261; anatomy, 解剖学, 166–167; locomotion, 运动, 167, 169; palaeoecology, 古生态学, 169; wingspans, 翼展, 166

Boreopterus cuiae, 崔氏北方翼龙, 164, 166; wingspan, 翼展, 166

bounding, 跳跃, 20, 70–71, 163

brachiopatagium, 臂膜, 52, 196–197; attachment site, 附着点, 54, 66

braincase, 脑壳。See endocast, 参见颅腔凸模

Brasileodactylus, 巴西翼手龙, 154, 155, 157–158

Brazil, 巴西, 8, 37, 52, 88, 95, 155, 175, 211, 216, 218–219, 227, 228, 230, 234, 237; fossils of, 化石, 48, 50, 156, 160, 218, 222, 226, 237, 239, 231

Britain, 英国, 68, 95, 125, 143, 152, 157, 186, 204, 211, 238; fossils of, 化石, 84, 146, 155, 194, 213

British Columbia, 不列颠哥伦比亚省, 146

Brown, Barnum, 巴纳姆·布朗, 127

Buckland, Reverend William, 牧师威廉·巴克兰, 98

burst fliers, 冲刺飞行者, 63, 101

Cacibupteryx caribensis, 加勒比天王翼龙, 125, 128, 130; wingspan, 翼展, 130

Cambridge Greensand, 剑桥绿砂岩组, 93, 152, 154–155, 157, 172, 211; fossils of, 化石, 6, 155, 214

Campylognathoidid, 曲颌形翼龙科, 115; anatomy, 解剖学, 116, 117–121; diet, 食性, 122; flight, 飞行, 121; terrestrial competence, 陆生能力, 121–122

"*Campylognathoides indicus*", "印度曲颌形翼龙", 113

Campylognathoides liasicus, 里阿斯曲颌形翼龙, 113, 115, 119; 翼展, 116

Campylognathoides zitteli, 奇氏曲颌形翼龙, 113; wingspan, 翼展, 116

"campylognathoidids", "曲颌形翼龙科", 92, 113–122, 183, 224, 242, 261; flight, 飞行, 121; definition, 定义, 113; osteology, 骨学, 116–121; paleoecology, 古生态学, 122; soft tissues, 软组织, 121; taxonomy of, 解剖学, 113; terrestrial competence, 陆生能力, 121–122; wingspans, 翼展, 116

"*Campylognathus*", "曲颌龙", 114, 132

Canada, 加拿大, 88, 143

Capillaria, 毛细线虫, 87

Carniadactylus rosenfieldi, 罗氏卡尼亚翼龙, 115, 116; anatomy, 解剖学, 116–119; flight, 飞行, 121; terrestrial competence, 陆生能力,

122; wingspan, 翼展, 116

carpus, anatomy of, 腕骨, 解剖学, 33–35

carrion, as food source for pterosaurs, 腐肉, 翼龙的食物来源, 122, 144, 150–151, 257

cassowary, 鹤鸵, 216

Cathayopterus grabaui, 葛氏契丹翼龙, 185, 187

caudal rods, 尾棒, 177, 178

caudal vertebrae, 尾椎, 177; anatomy of, 解剖学, 30, 31

Caulkicephalus, 捻船头翼龙, 154, 157–158

Caviramus filisurensis, 菲利苏尔孔颌翼龙, 114, 116, 117, 118, 119, 122

Caviramus schesaplanensis, 雪沙柏娜峰孔颌翼龙, 116

Caviramus, 孔颌翼龙, 115; anatomy, 解剖学, 116–121; diet, 食性, 122; flight, 飞行, 121; terrestrial competence, 陆生能力, 122; wingspan, 翼展, 116

Cearadactylus, 塞阿拉翼龙, 154, 155–158

cervical vertebrae, 颈椎, 29, 210, 214, 246, 253; anatomy of, 解剖学, 28–29; rib, 肋骨, 28, 31; use in reptile phylogeny, 在爬行动物系统发育中的使用, 17

Chalk, the, 白垩, 152, 211 fossils of, 化石, 155, 213

Changchengopterus pani, 潘氏长城翼龙, 135, 137; wingspan, 翼展, 138

"*Chang-e*", "嫦娥", 211

Chaoyangopteridae, 朝阳翼龙科 92, 216, 228–233, 244, 261; anatomy, 解剖学, 230–233; locomotion, 运动, 233; paleoecology, 古生态学, 233; wingspans, 翼展, 231

Chaoyangopterus zhangi, 张氏朝阳翼龙, 228, 230–231

Chevrons, 脉弧。See caudal vertebrae, 参见尾椎

chewing, 咀嚼, 28, 118, 122

Chile, 智利, 205

Chimera, 奇美拉（由不同动物部位拼合的嵌合体）, 107

China, 中国, 9, 106, 127, 128, 135, 145–146, 157, 164, 187, 201, 204–205, 211, 216, 219, 222, 227, 228, 230, 248, 259; fossils of, 化石, 8, 10, 50, 76, 140, 146, 167, 208, 225, 231, 247, 249

claws, anatomy of, 爪子, 解剖学, 35–36; sheaths, 爪鞘, 48, 109, 226

climbing, 攀爬 67, 71–72, 101–103, 227

Collini, Cosimo, 科西莫·科利尼, 6–7, 186

Coloborhynchus, 残喙翼龙, 154–155, 157–158; wingspan, 翼展, 157

Coloborhynchus clavirostris, 钥吻残喙翼龙, 155

Coloborhynchus spielbergi, 斯氏残喙翼龙, 156, 160

color, 颜色, 49, 50, 81, 128; of anurognathids, 蛙嘴翼龙科, 111

Colorado, 科罗拉多州, 128, 205

competitive displacement, 竞争替代, 263

computed tomography (CT), 计算机断层扫描, 10, 11

Conan Doyle, Arthur, 亚瑟·柯南·道尔, 157。See also Lost World, The, 也见《失落的世界》

continental soaring, 大陆上的翱翔, 62–63

Cookie Monster, 饼干怪兽, 110

Cope, Edward Drinker, 爱德华·德林克·柯普, 95, 172

Coracoid, 乌喙骨。See scapulocoracoid, 见肩胛乌喙骨

cranial crests: anatomy, 头骨脊：解剖学, 24, 26, 27; antler crests, 鹿角冠, 174–175, 178; as aerodynamic devices, 作为空气动力结构 79, 81, 179, 197, 226–227, 241; as thermoregulatory devices, 作为体温调节器官, 79, 81, 227, 242; as display devices, 作为展示结构, 79, 227, 242; discovery, 发现, 170; function, 功能, 79, 80, 81–82, 226–227, 242; growth, 生长, 79, 80, 175, 182, 210, 227, 242; soft tissues, 软组织, 24, 27, 48, 49, 50, 128, 131, 139, 196, 225–226; taxonomic use of, 分类学效用, 81, 183

Crato Formation, 克拉托组, 9, 82, 157, 218–220, 224–225, 230, 234, 237, 239; fossils of, 化石, 48, 50, 93, 226, 231

Crayssac, 克雷萨克市, 68

Cretaceous Period: duration of, 白垩纪：历时, 3, 93; extinction event of, 灭绝事件, 3, 175, 244, 259; and pterosaur record, 翼龙记录, 259, 261, 262。See also extinction, 也见灭绝

"Criorhynchus", "槌喙龙", 154

crossbills, as analogues of pterosaurs, 交嘴雀, 与翼龙类比, 200

crows, 乌鸦, 226

crows, as pterosaur analogues, 乌鸦, 与翼龙类比, 101, 134

Ctenochasma, 梳颌翼龙, 185; anatomy, 解剖学, 193–195; diet, 食性, 200; flight, 飞行, 62, 197; growth, 生长, 199; wing shape, 翅膀形状, 61

Ctenochasma elegans, 纤弱梳颌翼龙, 186, 187, 191, 194, 198

Ctenochasma porocristata, "孔脊梳颌翼龙", 186

Ctenochasma roemeri, 罗氏梳颌翼龙, 186

Ctenochasma taqueti, 塔氏梳颌翼龙, 186

Ctenochasmatidae, 梳颌翼龙科, 192, 185

Ctenochasmatoidea, 梳颌翼龙超科, 92, 127, 145, 156, 164, 166, 183–200, 214, 224, 251, 257, 261; diet, 食性, 199–200; flight, 197; growth, 生长, 197, 199; pneumaticity, 气孔构造, 189–190; osteology, 骨学, 188–195; soft tissues, 软组织, 195–197; taxonomy, 解剖学, 185; terrestrial competence, 陆生能力, 71, 197; wingspans, 翼展, 190–191

Cuba, 古巴, 127, 128

Cuspicephalus scarfi, 斯氏尖头翼龙, 137, 138; wingspan, 翼展, 138

Cuvier, Baron Georges, 乔治·居维叶男爵, 6–7, 13–14, 64, 186

Cycnorhamphus suevicus, 苏维鹅喙翼龙, 184, 185, 186–187, 193; anatomy, 解剖学, 189, 194–195; diet, 食性, 200; flight, 飞行, 197; wingspan, 翼展, 191

Cymatophlebia longialata, 长翅波脉蜓, 84–86

Daohugou beds, 道虎沟地层, 106

Darwinopterus, 达尔文翼龙, 135, 137

Darwinopterus linglongtaensis, 玲珑塔达尔文翼龙, 135

Darwinopterus modularis, 模块达尔文翼龙, 10, 135, 136, 138, 139, 140; reproduction, 繁殖, 135; sexual dimorphism, 性双型, 81, 82

Darwinopterus robustodens, 粗齿达尔文翼龙, 135–136, 140, 142

Dawndraco kanzai, 坎扎天空女神翼龙, 174

Dendrorhynchoides curvidentatus, 弯齿树翼龙, 106; anatomy, 解剖结构, 109; wingspan, 翼展, 107

dentition, multicusped, 齿列, 多尖的, 113, 116, 117–118; ontogeny, 个体发生学, 79; overview, 概述, 27–28; overgrown by jaw bones, 上下颌骨过度生长, 28, 207–208; replacement of, 替换, 27, 207–208

diapsid, 双孔亚纲, 14

digitigrady, 趾行类, 18, 67

Dimorphodon macronyx, 长爪双型齿翼龙, 7, 95–98, 120; anatomy, 解剖学, 99–101; climbing adaptations, 攀爬的适应特性, 72; diet, 食性, 96, 103; flight, 飞行, 62, 101, 103; terrestrial competence, 陆生能力, 66, 71; wing shape, 翅膀形状, 61; wingspan, 翼展, 99

"Dimorphodon weintraubi," 温氏双型齿翼龙," 97, 98

Dimorphodontidae, 双型齿翼龙科, 92, 95–103, 261; anatomy, 解剖学, 99–101; discovery, 发现, 95, 98–99; taxonomy, 分类学, 98; flight of, 飞行, 101, 102; paleoecology, 古生态学, 103; terrestrial competence, 陆生能力, 101–102; wingspans, 翼展, 99

dinosaurs, 恐龙, 1, 14, 17, 56, 78, 98, 170, 227, 248, 254, 259; as pterosaur predators, 翼龙猎食者, 75, 88, 89, 102, 151; as pterosaur prey, 作为翼龙的猎物, 235, 258

directional terms, 方位术语, 23

disease, 疾病, 87。See also pathologies, 也见病理

diversification rates, of pterosaurs, 多样性比例, 翼龙类, 263

diving, 潜水, 171, 182

Döderlein, Ludwig, 路德维希·多德莱恩, 104

Domeykodactylus ceciliae, 赛氏都迷科翼龙, 203, 205

dorsal vertebrae, anatomy of, 背椎, 解剖学, 29–30

Dorygnathus, 矛颌翼龙, 113, 125; anatomy, 解剖学, 128–132; endocast, 颅腔凸模, 131; wingspan, 翼展, 128–130

Dorygnathus banthensis, 巴斯矛颌翼龙, 125, 127

Dorygnathus mistelgauensis, 米斯特尔高矛颌翼龙, 125

Dorygnathus purdoni, 普氏矛颌翼龙, 125

dragonfly, 蜻蜓, 84–86

dromaeosaurs, 驰龙类, 88

Dsungaripteridae, 准噶尔翼龙科, 201, 205

Dsungaripteroidea, 准噶尔翼龙超科, 92, 185, 191, 201–210, 224, 254, 261; anatomy, 解剖学, 205–209; flight, 飞行, 209; terrestrial competence, 陆生能力, 69, 209–210; nomenclature of, 命名学, 201; palaeoecology, 古生态学, 210; pneumaticity, 气孔构造, 205, 208; wingspans, 翼展, 205

Dsungaripterus weii, 魏氏准噶尔翼龙, 8, 201, 202, 203, 204–205; anatomy, 解剖学, 205–208; diet, 食性, 210; flight, 飞行, 62, 209; skull, 头骨, 205–206, 208; terrestrial competence, 陆生能力, 209; wingspan, 翼展, 205; wing shape, 翅膀形状, 61

duck-billed pterosaurs, 鸭嘴翼龙, 143, 150

durophagy, 甲食性, 210

eggs, 蛋, 10, 74, 76–77, 135, 141, 157, 187, 197; as pterosaur prey, 作为翼龙类的猎物, 258

eggshell histology, 蛋壳的组织学, 74

Elanodactylus prolatus, 长指鸢翼龙, 185, 187, 195; wingspan, 翼展, 191

embryos, 胚胎, 74, 76–77, 157, 197, 219

endocast, 颅腔凸模, 11, 24, 42, 158, 163

Eoazhdarcho liaoxiensis, 辽西始神龙翼龙, 230, 233

Eopteranodon lii, 李氏始无齿翼龙, 230–231, 233

Eosipterus yangi, 杨氏东方翼龙, 185, 187

esophagus, 食道, 41, 42

Euctenochasmatia, 真梳颌翼龙类, 185

"Eudimorphodon" cromptonellus, 克氏"真双型齿翼龙", 115, 116

Eudimorphodon ranzii, 兰氏真双型齿翼龙, 71, 113, 115, 116, 118; anatomy, 解剖学, 116–119; flight, 飞行, 62, 121; gut content, 肠道内容物, 82; diet, 食性, 122; terrestrial competence, 陆生能力, 122; wing shape, 翅膀形状, 61; wingspan, 翼展, 116

Euparkeria capensis, 南非派克鳄, 15, 16

Europejara olcadesorum, 奥卡德斯欧洲古神翼龙, 218, 219, 221

evolution, of pterosaurs, 演化, 翼龙, 261,

evolutionary stasis, 演化停滞, 107, 263

excrement, 排泄物, 42

expanded joints, 关节扩张, 205, 209–210

extinction, 灭绝, 6–7, 175, 216, 244, 259–263

eye socket, 眼窝。See orbit, 参见眼眶

falcons, as analogues of pterosaurs, 猎鹰, 作为翼龙的类比, 110, 121

Faxinalipterus minima, 迷你法希纳尔翼龙, 95, 97

feathers, 羽毛, 51

feeding traces, 进食痕迹, 83–84, 85

Feilongus youngi, 杨氏飞龙, 164, 166, 185, 187–188, 192, 199; wingspan, 翼展, 191

femur, anatomy of, 股骨, 解剖学, 35, 36; of dsungaripteroids, 准噶尔翼龙超科, 8, 209

Fenghuangopterus lii, 李氏凤凰翼龙, 125, 128, 130, 135; wingspan, 翼展, 130

fibrolamellar bone, 纤维板层骨, 38, 77

fifth pedal digit, anatomy, 第Ⅴ趾, 解剖学, 36–37; early development and function, 早期发展和功能, 22; as membrane support, 作为翼膜的支撑, 54–55

filter feeding, 滤食, 42, 150, 199

fish, as pterosaur prey, 鱼, 作为翼龙的猎物, 1, 41, 42, 82, 83, 103, 122, 133–134, 150, 163, 169, 171, 182, 233, 257; as pterosaur predators, 作为翼龙捕食者, 87–88

flap-gliding, 鼓翼–滑翔, 60

flapping, 鼓翼。See powered flight, 参见动力飞行

flight muscle, use in launch, 飞行肌肉, 在起飞中的作用, 58–60

flight, 飞行, 2, 56–63, 101, 103, 121, 132–133, 140–141, 149–150, 160–162, 179–180, 197, 209, 215, 226, 241, 255–256; evolution of, 演化, 18–22, 56; research history, 调查历史, 9, 56, 62, 179; diversity of, 多样化, 62–63

flightless pterosaurs, 无法飞行的翼龙, 59–60, 179, 255

flocculus, 绒球, 42, 163

foot pads, 足垫, 47–49, 226, 256

footprints, 足迹。See trackways, 参见行迹

forelimb, anatomy of, 前肢解剖特征, 32, 33, 34; growth, 生长, 79

forgery, of fossils, 伪造, 化石, 106, 135, 156, 187–188

fossil record, quality of pterosaur, 化石记录, 翼龙质量, 259, 262–263

fossilization potential of pterosaur bone, 翼龙骨骼石化的可能性, 38

France, 法国, 68, 186–187, 205

frigatebirds, as analogues of pterosaurs, 军舰鸟, 与翼龙类比, 132, 160, 180, 182

frogmouths, as analogues of pterosaurs, 蟆口鸱, 与翼龙类比, 112

fur, 皮毛。See pycnofibers, 参见密集纤维

"Gallodactylus canjuerensis", "康瑞艾高卢翼龙", 187; See also Cycnorhamphus suevicus, 也见苏维鹅喙翼龙

gastralia, 腹膜肋, 30, 39

gastroliths, 胃石, 42, 199。See also Pterodaustro, 也见南方翼龙

geese, as analogues of pterosaurs, 鹅, 与翼龙类比, 255

Gegepterus changi, 张氏格格翼龙, 185, 187, 196, 199

Geosternbergia maiseyi, 迈氏乔斯坦伯格翼龙, 174

Geosternbergia sternbergi, 斯氏乔斯坦伯格翼龙, 174

Germanodactylus cristatus, 脊饰德国翼龙, 68, 201, 203, 205, 206, 255; growth, 生长, 210, 210; wingspan, 翼展 205

Germanodactylus rhamphastinus, 巨嘴德国翼龙, 201, 205; wingspan, 翼展, 205

Germanodactylus, 德国翼龙, 185, 201, 203, 204; anatomy, 解剖特征, 205, 207–209; Germany, 德国, 5, 7, 84, 88, 107, 114, 113, 123, 125, 127–128, 183, 186, 205; fossils of, 化石, 10, 53, 85, 115, 126, 127, 187, 194, 198, 203

giant pterosaurs, 巨大的翼龙, 58, 170, 177, 179, 228, 244, 249–251; flight, 飞行, 255–256; evolution of, 演化, 251; maximum size, 最大尺寸, 251; propensity to extinction, 灭绝倾向, 262; skulls, 头骨, 251–253; terrestrial locomotion, 陆生能力, 67, 69

giraffe, 长颈鹿, 250

gizzard, 砂囊, 42。See also gastroliths, 也见胃石

Gladocephaloideus jingangshanensis, 金刚山剑头翼龙, 185, 187

glenoid, anatomy, 关节盂, 解剖翼龙, 31

gliding flight, 滑翔飞行, 19, 22

Gnathosaurus macrurus, 长尾锥颌翼龙, 186

Gnathosaurus subulatus, 钻形锥颌翼龙, 186, 194

Gnathosaurus, 锥颌翼龙, 185; anatomy, 解剖学, 192–194; diet, 食性, 199–200

Greenland, 格陵兰岛, 116

griffins, 格里芬（狮鹫兽）, 13

ground hornbills, as analogues of pterosaurs, 地犀鸟, 与翼龙类比, 258

grouse, as pterosaur analogues, 松鸡, 与翼龙类比, 101

growth, 生长, 77–79, 80, 130, 132, 133–134, 163, 164, 166, 174, 181–182, 197, 199, 210, 219, 227; determinate, 受限, 78; allometry, 异速生长, 78

guano, 海鸟粪, 42

Guidraco, 鬼龙, 154, 157–158

gular pouches, 喉囊, 196

gulls, as pterosaur analogues, 鸥, 与翼龙类比, 106, 123, 132

gut content of pterosaurs: birds, 翼龙胃内容物：鸟, 42, 43; fish, 鱼, 41, 42, 82, 83, 122, 133, 182; plants, 植物, 82, 156

Gwawinapterus beardi, 皮氏乌鸦翼龙, 147

Haenamichnus, 全罗南道足迹, 256

Haenamichnus sp., 全罗南道足迹未定种, 65, 67, 68

Haenamichnus uhangrensis, 乌汉格全罗南道足迹, 256

hanging, from feet, 倒吊, 用脚, 8, 64, 72, 150

Haopterus gracilis, 秀丽郝氏翼龙, 145, 145; anatomy, 解剖学, 148–149

Harpactognathus gentryii, 金氏抓颌龙, 125, 128, 131; wingspan, 翼展, 130

Hatzegopteryx thambema, 怪物哈特兹哥翼龙, 245, 246, 247, 248, 250; anatomy, 解剖学, 251–253; wingspan, 翼展, 250–251

Headcrest, 脊冠。See cranial crest, 参见头骨脊

Herbstosaurus pigmaeus, 小赫伯斯翼龙, 203, 204

heterothermy, 异温性, 51

high speed wings, 高速的翅膀, 121

hindlimb, anatomy of, 后肢, 解剖学, 35–37

homeothermy, 恒温性, 51

Hongshanopterus lacustris, 湖泊红山翼龙, 145, 146, 148

Hooley, Reginald Walter, 雷吉·瓦尔特·胡雷, 145, 155, 211

horned dinosaurs, 有角恐龙, 253

Huanhepterus quingyangensis, 庆阳环河翼龙, 185, 187–188, 192, 195, 199; flight, 飞行, 62; wing shape, 翅膀形状61; wingspan, 翼展, 191

"Huaxiapterus", "华夏翼龙", 218, 219, 224–225; flight, 飞行, 62, 226

"Huaxiapterus" benxiensis, 本溪"华夏翼龙", 219, 220, 222, 255

"Huaxiapterus" corallatus, 克氏"华夏翼龙", 219, 220; wingspan, 翼展, 221

"Huaxiapterus" jii, 季氏"华夏翼龙"。See Sinopterus jii, 参见季氏中国翼龙

humerus, 肱骨, 79, 160, 213, 246; anatomy of, 解剖学, 32–33; deltopectoral crest, definition, 三角肌嵴, 定义, 32

Hungary, 匈牙利, 248; fossils of, 化石, 247

Hypothetical Pterosaur Ancestor (HyPtA), 假定的翼龙祖先（HyPtA）, 12, 19–22; HyPtA A, 20; HyPtA B, 20, 22; HyPtA C, 12, 22; HyPtA D, 21, 22

ilium, anatomy of, 肠骨, 解剖学, 30, 35

injuries, 伤害。See pathologies, 参见病理学

insects: development of insect flight, 昆虫：昆虫飞行的发展, 56; as pterosaur prey, 作为翼龙的猎物19, 56, 61–62, 84–86, 105, 110, 111–112, 122, 134, 142; role in evolution of pterosaur flight, 翼龙在飞行演化中的角色, 19, 56

integument, 外皮, 46–51

Irritator, 激龙, 75, 88

ischium, anatomy of, 坐骨, 解剖学, 30, 35

Istiodactylidae, 帆翼龙科, 91, 92, 138, 143–151, 152, 167, 179, 261; anatomy, 解剖学, 147–149; as denizens of continental environments, 陆地环境居民, 150; flight, 飞行, 91, 149–151; terrestrial competence, 陆生能力, 150; paleoecology, 古生态学, 151; pneumaticity, 气孔构造, 148; taxonomy, 分类学, 147; wingspans, 翼展, 147

Istiodactylus, 帆翼龙, 145; wing shape, 翅膀形状, 61

Istiodactylus latidens, 阔齿帆翼龙, 144, 145, 146, 147; anatomy, 解剖学, 147–148, 149; diet, 食性, 151; flight, 飞行, 149; terrestrial competence, 陆生能力, 150; wingspan, 翼展, 147

Istiodactylus sinensis, 中国帆翼龙, 146–147; wingspan, 翼展, 147

Italy, 意大利, 9, 18, 87, 95, 113, 116; fossils of, 115, 116

Japan, 日本, 205

"Javelina azhdarchid", "海沃利组神龙翼龙科", 247, 251, 238; wingspan, 翼展, 249

Javelina Formation, 海沃利组, 244, 246−248

jaw joint, 颌关节, 26

Jeholopterus ningchenensis, 宁城热河翼龙, 106−107; flight, 飞行, 110; soft-tissue anatomy, 软组织解剖学, 107, 110; wingspan, 翼展, 108

Jianchangopterus zhaoianus, 赵氏建昌翼龙, 125, 128, 130, 138

Jidapterus edentus, 无齿吉大翼龙, 230−231

Jiufotang Formation, 九佛堂组, 9, 145−147, 157, 211, 219, 228, 230, 233; fossils of, 化石, 93, 146, 147, 225, 231

Jordan, 约旦, 244; fossils of, 化石, 246

Jurassic Coast, 侏罗纪海岸, 98

Jurassic Period, duration, 侏罗纪, 历时, 3, 93; pterosaur record, 翼龙记录, 259, 261, 262

Kansas, 堪萨斯州, 1173; fossils of, 化石, 33, 34, 173, 174, 177

Kazakhstan, 哈萨克斯坦, 104, 128

Kellner, Alexander, 亚历山大·凯尔纳, 216

Kem Kem beds, 卡玛卡玛群, 219, 248

"Kem Kem tapejarid", "卡玛卡玛群的古神翼龙科", 219; wingspan, 翼展, 221

Kepodactylus insperatus, 意外花园翼龙, 203, 205

K/T extinction, 白垩纪−第三纪灭绝事件。See Cretaceous extinction, 参见白垩纪灭绝事件。

Kungpengopterus sinensis, 中国鲲鹏翼龙, 135, 137

lacewing, 草蛉颈翼目, 84−88

Lacusovagus magnificens, 巨大湖泯翼龙, 229, 230−231

Lagerstätten, 特异埋藏, 9, 39, 82, 93, 155;

Lagerstätten effect, 特异埋藏效应, 259

landing, 降落, 63−64, 209

Las Hoyas, 拉斯霍亚斯, 42, 82, 219; fossils of, 化石, 43

launch: bipedal, 起飞：两足起飞, 58−59, 64, 255; environmentally assisted, 环境的辅助, 58, 64; quadrupedal, 四足起飞, 22, 59−60, 101, 110, 121, 133, 141, 150, 167, 168, 179, 197, 209, 255; taxiing, 滑行, 59−60; See also water launch, 也见水中起飞

Lebanon, 黎巴嫩, 230

leks, 竞偶场, 81, 182

Liaoningopterus, 辽宁翼龙, 154, 157−158

Liaoxipterus brachyognathus, 短颌辽西翼龙, 145, 147

lines of Arrested Growth (LAGs), 生长线, 77−78

Loma del Pterodaustro, 南方翼龙之坡, 93, 187, 200

Lonchodectes, 枪嘴翼龙, 79, 211, 212, 213

Lonchodectes compressirostris, 压喙枪嘴翼龙, 211

Lonchodectes giganteus, 巨大枪嘴翼龙, 211, 213, 214

Lonchodectes machaerorhynchus, 剑喙枪嘴翼龙, 211, 214

Lonchodectes microdon, 小齿枪嘴翼龙, 211

Lonchodectes platystomus, 平口枪嘴翼龙, 211

Lonchodectes sagittirostris, 箭枪嘴翼龙, 211, 213, 214

Lonchodectidae, 枪嘴翼龙科, 92, 195, 211−215, 224, 261; anatomy, 解剖学, 214−215; classification, 分类, 213−214; palaeoecology, 古生态学, 215; wingspans, 翼展, 214

Lonchognathosaurus acutirostris, 尖嘴枪颌翼龙, 203, 205; wingspan, 翼展, 205

Longchengpterus zhoai, 赵氏龙城翼龙, 145, 146−147

Lophocratia, 冠饰翼龙类, 92, 143, 183; characterizing features of, 鲜明的特征, 183

Lost World, The (Conan Doyle), 《失落的世界》(柯南·道尔), 3, 157

Ludodactylus sibbicki, 席氏玩具翼龙, 154, 156, 157−158; with deadly

plant frond, (蕨类等的) 叶子, 82, 156

lungs, 肺, 39, 41

mammalian identification of pterosaurs, 关于翼龙是哺乳动物的鉴定, 13, 123

mandible, 下颌骨, 83, 115, 127, 140, 146, 188, 193, 194, 208, 210, 213, 222, 236, 237, 247; mandibular symphysis, 下颌联合体, 26; mandibular fenestra, 下颌开孔, 26, 27, 99, 117; overview of anatomy, 解剖学概述, 26−27

manus, 手部, 100, anatomy of, 解剖学, 32, 33, 34−35。See also wing metacarpal; wing finger, 也见翼掌骨; 翼指

manus-only trackways, 只有前足迹的行迹, 69−70

marine reptiles, 海洋爬行动物, 1, 14; as pterosaur predators, 作为翼龙捕食者, 88

Marsh, Othniel Charles, 奥斯尼尔·查尔斯·马什, 170, 172−173

mastiff bats, as analogues of pterosaurs, 大驯犬蝠, 与翼龙类比, 121

megapodes, 冢雉, 74

"*Mesadactylus ornithosphyos*", "鸟形买萨翼龙", 107, 185, 187

Mesozoic Era: duration, 中生代：历时, 1, 93; divisions of time, 时间划分, 90, 93

metabolism, 新陈代谢, 19, 29, 51

metacarpals, anatomy of, 掌骨, 解剖学, 32, 33, 34, 35

metatarsals, anatomy of, 跖骨, 解剖学, 36−37

meteorite impact, 陨石撞击, 3, 259

Mexico, 墨西哥, 68, 175, 256; fossils of, 化石, 84

Microtuban altivolans, 高飞小蛇怪翼龙, 230

migration, 迁徙, 197

modular evolution, 模块演化, 135

Mongolia, 蒙古, 88, 104, 106, 204

Monofenestrata, 单孔翼龙类, 92, 137, 139−140

Montana, 蒙大拿州, 247

Montanazhdarcho minor, 小蒙大拿神龙翼龙, 246, 248, 254; wingspan, 翼展, 248−249

"Moon Goddess", "月神", 211, 213−215

Morganopterus zhuiana, 朱氏摩根翼龙, 166, 185, 187−188, 192, 199; wingspan, 翼展, 190−191

Mörnsheim limestones, 默恩斯海姆组石灰岩, 201

Morocco, 摩洛哥, 68, 216, 219, 248; fossils of, 化石, 253

Morrison Formation, 莫里逊组, 107, 128, 145, 187, 205

Muppets, 布偶, 104, 108

Muscles, 肌肉。See myology, 参见肌肉学

Muzquizopteryx coahuilensis, 科阿韦拉穆兹奎茨翼龙, 172, 175, 178−179, wingspan, 翼展, 177

myology, 肌肉学, 43−46, 107, 109−110; of forelimbs, 前肢, 46, 47, 160; of hindlimbs, 后肢, 46, 48, 68−69, 148, 160, 162−163; of jaws, 颌部, 44−45, 117, 122, 151, 199, 243; of neck, 颈部, 45−46, 151, 169, 210, 226; of tail, 尾部, 46; of wing tissues, 翅膀组织, 52−53

Mythunga, 猎空翼龙, 154, 157

nasal septum, 鼻中隔, 225

nasoantorbital fenestra, 鼻眶前孔, 23, 26

Navajodactylus boerei, 伯氏纳瓦霍翼龙, 246, 248

Nemicolopterus crypticus, 隐居森林翼龙, 218, 219, 220, 224−225, 227; wingspan, 翼展, 219

Neoazhdarchia, 新神龙翼龙类, 92, 216, 228, 230−231, 234, 238, 240−241, 244, 251; characteristics of, 特征, 216

Nesodactylus hesperius, 黄昏岛翼龙, 125, 127−130

nests, 巢穴, 77, 141。See also reproductive strategy, 也见繁殖策略

New Mexico, 新墨西哥州, 248

niche partitioning, 生态位划分, 133, 181, 199, 210, 239, 243

nightjars, as analogues of pterosaurs, 夜鹰, 与翼龙类比, 111

Ningchengopterus liuae, 吕氏宁城翼龙, 185, 187, 197

Niobrara Chalk (Niobrara Formation), 尼奥布拉拉白垩（尼奥布拉拉组）, 9, 93, 170, 172, 174; fossils of, 化石, 33, 34, 173, 174, 177

Noripterus complicidens, 复齿湖翼龙, 201, 203, 204; anatomy, 解剖学, 205, 207–209; wingspan, 翼展, 205

Normanognathus wellnhoferi, 威氏诺曼底翼龙, 203, 205 206

North America, 北美洲, 7, 88, 170–171

notarium, 联合背椎, 30–31, 160; evolution of, 演化, 201

Nurhachius ignaciobritoi, 布氏努尔哈赤翼龙, 145–147; anatomy, 解剖学, 147–149; flight, 飞行, 62, 149; wingspan, 翼展, 147

Nusplingen Limestone, 努斯普林根石灰岩, 183, 186

Nyctosauridae, 夜翼龙科, 171, 174–175, 177–182, 228, 248, 259, 261; wing shape, 翅膀形状, 150

Nyctosaurus, 夜翼龙, 172, 174–175, 177, 226; anatomy, 解剖学, 176, 177–179; crest function, 脊冠功能, 81; diet, 食性, 182; flight, 飞行, 62, 180; growth, 生长, 181–182; terrestrial competence, 陆生能力, 180; wing shape, 翅膀形状, 61; wingspan, 翼展, 177

Nyctosaurus bonneri, 伯氏夜翼龙, 174

Nyctosaurus gracilis, 纤细夜翼龙, 174

"*Nyctosaurus lamegoi*", "拉氏夜翼龙", 172, 175; wingspan, 翼展, 177

Nyctosaurus nanus, 侏儒夜翼龙, 174

occipital face, anatomy, 枕骨面, 解剖学, 24, 26; occipital condyle, 枕骨髁, 26

olfactory bulbs, 嗅球, 43

omnivory, 杂食性, 122, 134, 227, 233, 258

open-billed storks, as analogues of pterosaurs, 钳嘴鹳, 与翼龙类比, 200

opisthotic processes, 外耳骨突, 204, 205, 210

optic lobe, 视神经叶, 42–43。See also visual acuity, 也见视觉敏锐度

orbit, anatomy, 眼眶, 解剖学, 23, 26; closed, 闭合, 148, 151, 205, 210

Oregon, 俄勒冈州, 248

"*Ornithocephalus*", "鸟头翼龙", 98, 186

Ornithocheiridae, 鸟掌翼龙科, 75, 92, 143, 152–163, 164, 179, 242, 256, 261; anatomy, 解剖学, 157–160; as denizens of marine settings, 作为海洋住民, 153; flight, 飞行, 160–162; paleoecology, 古生态学, 163; pneumaticity, 气孔构造, 158; taxonomic controversy of, 分类学争议, 152, 163; terrestrial competence, 陆生能力, 162–163; wing shapes, 翅膀形状, 150; wingspans, 翼展, 157

Ornithocheiroidea, 鸟掌翼龙科, 92, 143–182, 195, 211, 214, 241, 261; characterizing features of, 特征, 143, 148; wing shapes, 翅膀形状, 150

Ornithocheirus mesembrinus, 南方鸟掌翼龙, 73, 156, 159, 255

Ornithocheirus simus, 扁鼻鸟掌翼龙, 6, 155

Ornithocheirus, 鸟掌翼龙, 154–155, 158, 160, 162; wingspan, 翼展, 157

Ornithodesmus cluniculus, 小臀联鸟龙, 143, 145

"*Ornithodesmus*" *latidens*, 阔齿"联鸟龙", 143。See also *Istiodactylus latidens*, 也见阔齿帆翼龙

Ornithodira, 鸟颈类主龙, 17–18

ornithosaurs, 鸟龙类, 13

Ornithostoma sedgwicki, 塞氏鸟嘴翼龙, 172–173

ossified tendons, 肌腱骨化, 179–180

Owen, Sir Richard, 理查德·欧文爵士, 6, 98, 154, 173

Padian, Kevin, 凯文·帕迪安, 66, 102

palatal surface of jaw, 颌部腭面, 26, 239, 240

paleoecology, 古生态学, 74–89, 103, 111–112, 122, 133–134, 141–142, 150–151, 163, 169, 180–182, 197, 199–200, 210, 215, 227, 233, 242–243, 257–258

Parapsicephalus purdoni, 普氏双孔翼龙。See *Dorygnathus purdoni*, 参见普氏矛颌翼龙

parasites, 寄生虫, 87, 88

parrots, as pterosaur analogues, 鹦鹉, 与翼龙类比, 101, 226

pathologies, 病理学, 86–87, 174

peck marks, 喙部痕迹。See feeding traces, 参见进食痕迹

pectoral girdle, anatomy of 肩带, 解剖学, 30, 31–32; "bottom decker" configuration, "底层构造" 结构, 224; of ornithocheiroids, 鸟掌龙超科, 148, 160, 224, 241

pellet, gut regurgitate, 食团, 胃反刍物, 42, 82, 87–88

pelvic girdle, 腰带, 8, 160; anatomy of 解剖学, 30, 35; of ornithocheiroids, 鸟掌龙超科, 159, 160, 162–163

Pentaceratops sternbergi, 斯氏五角龙, 253

pes, 后足, 48, 100; anatomy of, 解剖学, 36–37; 36。See also fifth pedal digit, 也见第 V 趾

Peteinosaurus zambelli, 赞氏蓓天翼龙, 95, 97, 113; terrestrial competence, 陆生能力, 101–103; wingspan, 翼展, 99

petrels, as pterosaur analogues, 海燕, 与翼龙类比, 179

phalanges, 指（趾）骨, 100; anatomy of, 解剖学, 35–37,

"*Phobetor*" *parvus*, 娇小"惊恐翼龙", 203, 204, 205, 207; wingspan, 翼展, 205

Phosphatodraco mauritanicus, 毛里塔尼亚磷矿翼龙, 246, 248, 253; wingspan, 翼展, 249

phylogeny: of pterosaurs, 系统发育：翼龙, 90, 92, 106, 261, 262; of reptiles, 爬行动物, 15; of tetrapods, 四足总纲成员, 13

pigeons, as pterosaur analogues, 鸽子, 与翼龙类比, 101

plantigrady, 跖行类, 18, 68

Plataleorhynchus streptorophodon, 环齿匙喙翼龙, 185, 193, 194, 199

pneumatic foramina, 气孔, 32, 39。See also skeletal pneumaticity, 也见具气孔构造的骨骼

pneumaticity, 气孔构造。See skeletal pneumaticity, 参见具气孔构造的骨骼

Posidonienschiefer, 波塞冬油页岩, 93, 113, 125; fossils of, 115, 127

postacetabular process, 髋臼后突, 30, 35。See also ilium, 也见髂骨

posture: of head, 姿势：头, 26, 43; of limbs, 四肢, 66–71, 98, 121–122, 133, 162, 256

potoos, as analogues of pterosaurs, 林鸱, 与翼龙类比, 112

powered flight, 动力飞行, 19, 22, 60

preacetabular process, 前髋臼突, 30, 35, 46。See also ilium, 也见髂骨

Prejanopterus curvirostra, 居氏普雷哈诺翼龙, 211

premaxillary ridge, 前颌骨脊, 240–241

Preondactylus buffarinii, 布氏沛温翼龙, 95, 97, 120, 137; anatomy, 解剖学 97, 99–101; flight, 飞行, 62, 101, 121; terrestrial capacity, 陆生能力, 101–103; wingshape, 翅膀形状, 61; wingspan, 翼展, 99

prepubes, 前耻骨, 30, 35; use in respiration, 在呼吸中的作用, 39

probing, foraging strategy, 探寻, 觅食策略, 83, 199, 210, 257

"prolacertiforms", "原蜥形类"。See protorosaurs, 参见原龙类

propatagium, 前膜, 52, 54, 140–141; importance to flight, 飞行的重要性, 54。See also pteroid, 也见翼骨

protopterosaur, 原翼龙类, 18–19, 56

"*Protopterosaurus*", "原翼龙", 18–19

protorosaurs, 原龙类, 14–15, 17–18

Pteraichnus saltwashensis, 盐洗翼龙足迹, 67

Pteraichnus, 翼龙足迹, 64–68, 84

Pteranodon, 无齿翼龙, 172–174, 195, 224, 243, 254; anatomy, 解剖学, 177–179; diet, 食性, 182; flight, 飞行, 62, 179–180; growth, 生长, 180–182; gut content, 胃内容物, 82, 83; pathologies, 病理, 86, 87; as prey for *Squalicorax*, 作为鸦鲨的猎物, 88; pulmonary system, 肺部系统, 41; research history, 发现史, 62; sexual dimorphism, 性双型, 81, 141, 177, 180–182; terrestrial competence, 陆生能力, 180; trunk anatomy, 躯干解剖学, 30; wrist and hand anatomy, 腕部和手部解剖学, 33, 34; wing membrane distribution, 翼膜分布, 52; wing shape, 翅膀形状 61; wingspan, 翼展, 177

Pteranodon longiceps, 长头无齿翼龙, 8, 173, 175, 178; forelimb myology, 前肢肌学, 47; hindlimb myology, 后肢肌学, 48; launching 起飞, 60; neck myology, 颈部肌学, 45; sexual dimorphism, 性双型, 80; skeletal anatomy, 骨骼解剖学, 25; terrestrial locomotion, 陆地运动, 66

Pteranodon sternbergi, 斯氏无齿翼龙, 171, 173, 178, 181

Pteranodontia, 无齿翼龙类, 92, 143, 152, 158, 170—182, 241—242; discovery of, 发现, 172—173; anatomy, 解剖学, 177—179; as denizens of marine settings, 作为海洋环境居民, 179; diet, 食性, 182; flight, 飞行, 179—180; pneumaticity, 气孔构造, 178; sexual dimorphism, 性双型, 80, 81, 171, 177, 180—182; terrestrial competence, 陆生能力, 180; wingspans, 翼展, 177

Pteranodontidae, 无齿翼龙科, 171, 172—174, 177—182, 261; wing shape, 翅膀形状, 150

Pteranodontoidea, 无齿翼龙超科, 143

Ptero-dactyle, 翼指龙, 186

Pterodactyloidea, 翼手龙亚目, 92—94, 135, 139, 143, 183, 201

Pterodactylus, 翼手龙, 98; 114, 137, 145, 162, 172, 183, 185, 198, 201; diet, 食性, 199; flight, 飞行 62, 197; gut content, 胃内容物, 82; osteology, 骨学, 191—192, 195; sexual dimorphism, 性双型, 199; soft tissues, 软组织, 49, 195—197; wing shape, 翅膀形状, 61; wingspan, 翼展, 191

Pterodactylus antiquus, 古老翼手龙, 4, 5, 186, 190, 255; caudal vertebrae, 尾椎, 31; discovery of, 发现, 5—6, 186; humerus, 肱骨, 79

Pterodactylus kochi, 寇氏翼手龙, 186, 193, 196, 201; "Vienna" specimen, "维也纳"标本, 54, 196—197

"*Pterodactylus*" *longicollum*, 长颈"翼手龙", 185, 186

"*Pterodactylus*" *micronyx*, 小爪"翼手龙", 186

Pterodaustro guinazui, 吉氏南方翼龙, 185, 187, 188, 255; anatomy of, 解剖学, 192, 194—195; diet, 食性, 199, 200; embryo, 胚胎, 76; flight, 飞行, 62, 197; gastroliths, 胃石, 42, 199; growth, 生长, 78, 197, 199; pneumaticity, 气孔构造, 190; wing shape, 翅膀形状, 61; wingspan, 翼展, 191

pteroid: articulation of, 翼骨：连接, 33, 34—35; evolution of, 演化, 22, 34; orientation of, 方向, 34—35, 54

Pterorhynchus wellnhoferi, 威氏翼手喙龙, 50, 125, 128, 135; anatomy of, 解剖学, 130, 132; wingspan, 翼展, 130

pterosaur research, origin of, 翼龙的起源研究, 5, 183, 186

pubis, anatomy of, 耻骨, 解剖学, 30, 35

pulmonary system, 肺部系统, 37—38, 39, 41

Purbeck Limestone, 珀贝克石灰岩, 186—187

Purbeckopus pentadactylus, 五指珀贝克足迹, 68, 84

"*Puntanipterus globosus*", "球形鹿角翼龙", 187

pycnofibers, 密集纤维, 40, 51, 110, 128, 132, 196; evolution of, 演化, 20, 51

pygostyle, 尾综骨, 104, 109

Qinglongopterus guoi, 郭氏青龙翼龙, 125, 127, 135

Quetzalcoatlus, 风神翼龙, 62, 243, 247—248, 250, 255

Quetzalcoatlus northropi, 诺氏风神翼龙, 79, 245—246; wingspan, 翼展, 250—251

Quetzalcoatlus sp., 风神翼龙未定种, 29, 246—247, 253, 254, 257; anatomy, 解剖学, 249, 251—252; flight, 飞行, 62; jaw myology, 颌部肌学, 45; wingspan, 翼展, 249; wing shape, 翅膀形状, 61; radius, anatomy of, 桡骨, 解剖学, 32, 33, 34

"*Raeticodactylus filisurensis*", 费氏"莱提亚翼龙"。See *Caviramus filisurensis*, 参见菲利苏尔孔颌翼龙

raptors, 猛禽, 243

reproductive strategies, 繁殖策略, 74, 76—77, 141, 180—182。*See also* sexual maturity, 也见性成熟

reptilian identification of pterosaurs, 翼龙的爬行动物身份, 13—14

respiration, 呼吸, 39, 41

Rhabdopelix, 棒臀龙, 95

Rhamphocephalus, 喙头龙, 125; wingspan, 翼展, 128—130

Rhamphocephalus bucklandi, 巴克兰喙头龙, 127

Rhamphocephalus depressirostris, 扁吻喙头龙, 127

Rhamphorhynchidae, 喙嘴龙科, 92, 106, 123—134, 261; characterizing features, 特征, 128; flight, 飞行, 131—133; osteology, 骨学, 128—130; paleoecology, 古生态学, 133—134; palaeoenvironmental biases, 古生态环境偏差, 132; skeletal pneumaticity, 具气孔构造的骨骼, 129; research history, 研究史, 123, 125, 127—128; soft tissues, 软组织, 131—132; terrestrial competence, 陆生能力, 133; wingspans, 翼展, 128—129, 130

Rhamphorhynchinae, 喙嘴龙亚科, 123, 125, 127—134, 242, 261。*See also* hamphorhynchidae, 也见喙嘴龙科

"Rhamphorhynchoidea", "喙嘴龙亚目", 92

Rhamphorhynchus muensteri, 明氏喙嘴龙, 2, 11, 41, 42, 126; anatomy, 解剖学, 25, 29, 31, 33, 36, 48, 128—132; as prey, 作为猎物, 88, 133—134; "Darkwing" specimen, "暗翼"标本, 53; diet, 食性, 133; discovery of, 发现, 123, 125; endocast, 颅腔凸模, 44, 131; flight, 飞行, 62; growth, 生长, 78, 80, 130, 133—134; gut content, 胃内容物, 82, 83; sexual dimorphism, 性双型, 133; soft tissues, 软组织, 49, 52, 53, 131—132; wing shape, 翅膀形状, 61; wingspan, 翼展, 128—130; "Zittel wing" specimen, "奇特尔翅膀"标本, 53

rhamphothecae, 嘴鞘, 27, 49, 131, 196, 225

ribs, dorsal, anatomy of, 肋骨, 背面, 解剖学, 30, 31,

Romania, 罗马尼亚, 205, 248—249; fossils of, 化石, 246, 247

Russia, 俄罗斯, 157, 248

Rynchops, 剪嘴鸥, 133, 240, 242—243

sacral vertebrae, 荐骨, 160; anatomy of, 解剖学, 30; synsacrum, 综荐骨, 30

sail crests, 帆状脊冠, 178, 226

Santana Formation, 桑塔纳组, 9, 67, 82, 93, 155, 157, 216, 218, 234, 237, 241; fossils of, 化石, 37, 156, 160, 222, 237, 239

"*Santanadactylus*", "桑塔纳翼龙", 155

"*Santanadactylus*" *spixi*, 斯氏"桑塔纳翼龙", 237

"*Santanadactylus*" *pricei*, 皮氏"桑塔纳翼龙", 32

Saurichthys, 龙鱼, 88

Sauropsida, 蜥形纲, 14, 15

Saurornitholestes, 蜥鸟盗龙, 88, 89

scales, 鳞片, 47—48

Scanning Electron Microscope (SEM), 扫描电子显微镜, 10, 118

Scaphognathinae, 掘颌翼龙亚科, 123, 124, 125, 128, 130—134, 261。*See also* Rhamphorhorhinchidae, 也见喙嘴龙科

Scaphognathus crassirostris, 粗喙掘颌翼龙, 126, 128; anatomy, 解剖学, 130, 131; discovery of, 发现, 123, 125; growth, 生长, 134; wingspan, 翼展, 130

scapula, elongate, 肩胛骨, 加长, 195, 197, 224。*See also* scapulocoracoid, 也见肩胛乌喙骨

scapulocoracoid, 肩胛乌喙骨, 254; anatomy of, 解剖学, 30, 31—32。*See also* pectoral girdle, 也见肩带

scavenging, 食腐, 144, 150—151, 257

Scleromochlus taylori, 泰勒斯克列罗龙, 16, 17—18

sclerotic ring, 巩膜环, 24

seabirds, as pterosaur analogues, 海鸟, 与翼龙类比, 63, 133, 160

seed dispersal, 种子传播, 227

Seeley, Harry, 哈里·丝莱, 7, 13, 64, 143, 155, 172; *Dragons of the Air*, 《飞龙》, 7

semicircular canals, 半规管, 42—43

senses, 感官, 42—43

Sericipterus wucaiwanensis, 五彩湾丝绸翼龙, 125, 127; wingspan, 翼展, 129

sexual dimorphism, 性双型, 81, 139, 141, 171, 174, 177, 180−182

sexual maturity, 性成熟, 78

sexual selection, 性选择, 182

sharks, as pterosaur predators, 鲨鱼, 与翼龙类比, 88

Sharovipteryx mirabilis, 奇异沙洛维龙, 14, 16, 17

shellfish, as pterosaur prey, 贝类, 作为翼龙猎物, 210

Shenzhoupterus chaoyangensis, 朝阳神州翼龙, 230−232

Sinopterus, 中国翼龙, 218, 224, 225, 226, 227, 241; flight, 飞行, 62, 226; wing shape, 翅膀形状, 61; wingspan, 翼展, 221

Sinopterus dongi, 董氏中国翼龙, 219, 220, 222, 225

"*Sinopterus gui*", "谷氏中国翼龙", 219, 220

Sinopterus jii, 季氏中国翼龙, 219, 220, 225

Siroccopteryx, 西洛科风翼龙, 154, 157

skeletal pneumaticity, 具气孔构造的骨骼, 23, 37−38, 58, 100, 119, 129, 148, 158, 178, 189−190, 205, 241, 254; function, 功能, 37−38; skim feeding, 滤食, 122, 133, 163, 182, 242−243, 257。See also *Rynchops*, 也见剪嘴鸥

skin, 皮肤, 48

skulls, 头骨, 115, 127, 130, 140, 146, 167, 173, 174, 187, 188, 193, 194, 208, 210, 218, 220, 222, 231, 236, 237, 239, 240, 247; anatomy of, 解剖学, 23−24, 26; proportions in giant pterosaurs, 巨型翼龙的比例, 251−253

soaring flight, 滑翔飞行, 62, 121, 132, 149, 151, 160, 179−180, 255

social lives, 社交生活, 81−82, 258

Soemmerring, Samuel Thomas van, 萨缪尔·托马斯·冯·索默林, 64, 123

soft tissues, 软组织, 23−24, 39−55, 109−110, 125, 131−132, 195−197, 219, 225−226, 241

Solnhofen Limestone, 索伦霍芬石灰岩, 5, 9, 82, 84, 104, 107, 123, 128, 133, 183, 186, 201; fossils of, 10, 53, 85, 93, 107, 126, 187, 193, 196, 198, 203

songbirds, as analogues of pterosaurs, 鸣禽, 与翼龙类比, 142

Sordes pilosus, 多毛索德斯龙, 124, 125, 128; anatomy, 解剖学, 130, 132; flight, 飞行, 62; growth, 生长, 134; wing shape, 翅膀形状, 61

South America, 南美洲, 42

South Dakota, 南达科他州, 173

fossils of, 化石, 256

Spain, 西班牙, 42, 68, 146, 211, 216, 219; fossils of, 化石, 43

species diversity: of birds through time, 物种多样性：历史上的鸟类, 262, 263; of pterosaurs, 翼龙, 3, 94; of pterosaurs through time, 历史上的翼龙, 259, 262−263

spinosaurs, 棘龙类, 75, 88, 235

Spinosaurus aegyptiacus, 埃及棘龙, 253

spongiose bone, 海绵状骨结构, 37, 38

spoonbills, as analogues of pterosaurs, 篦鹭, 与翼龙类比, 199

sprawling, 爬行。See posture, 参见姿势

Squalicorax, 鸦鲨, 88

Squamata, 有鳞目, 14, 17

sternum, 胸骨, 173; anatomy of, 解剖学, 30, 31−32; orientation, 方位, 32

Stokes, William Lee, 威廉·李·斯托克斯, 64

stomach, 胃, 41−42

Stonesfield Slate, 司东费尔德板岩组, 125, 127, 138, 141, 186

"Stonesfield wukongopterid", "司东费尔德板岩组悟空翼龙科", 137, 138

storks, as analogues of pterosaurs, 鹳鸟, 与翼龙类比, 243, 258

Strashila incredibilis (pterosaur parasite), 惊人恐怖虫（翼龙寄生虫）, 88

Stratigraphic column of the Mesozoic, 中生代地层柱, 93

supraneural plate, 神经棘板, 160; anatomy of, 解剖学, 30

sutures, definition, 骨缝, 定义, 23

swans, 天鹅, 255

swifts, as analogues of pterosaurs, 雨燕, 与翼龙类比, 110, 111

swimming, 游泳, 6−7, 72, 73, 103, 163, 169, 171, 179, 210, 256, 257

Switzcrland, 瑞士, 116

synapsid, 合弓纲, 14

syncarpals, proximal and distal: anatomy of, 愈合腕骨, 近端和远端：解剖学, 33−34; articulation with pteroid, 与翼骨连接, 34

tactile-feeding, 触觉捕食, 199−200

tail vanes, 尾翼, 52, 132

takeoff, 起跳。See launch, 参见起飞

Tanzania, 坦桑尼亚, 205

Tapejara wellnhoferi, 威氏古神翼龙, 216, 218−219; anatomy, 解剖学, 220−221, 222, 224; wingspan, 翼展, 221

Tapejaridae, 古神翼龙科, 48, 92, 148, 216−227, 228, 231, 233, 234, 261; classification, 分类, 216; flight, 飞行, 226; osteology, 骨学, 220−225; pneumaticity, 气孔构造, 224; soft tissues, 软组织, 225−226; terrestrial competence, 陆生能力, 227; palaeoecology, 古生态学, 227

tarsals, anatomy of, 跗骨, 解剖学, 36

teeth, 牙齿。See dentition, 见齿列

temporal fenestra: definition, 颞孔：定义, 24; use in reptile phylogeny, 在爬行动物系统发育中的应用, 14

Tendaguripterus recki, 雷氏敦达古鲁翼龙, 203, 205

terns, as analogues of pterosaurs, 燕鸥, 与翼龙类比, 160

terrestrial foraging, 陆地觅食, 227, 233, 243, 256−258

terrestrial locomotion, 陆地运动, 64−72, 101−103, 110−111, 121−122, 133, 141, 150, 162−163, 162, 169, 180; 197, 209−210, 215, 227, 233, 241, 256−257; bipedal, 双足, 64, 66−69, 102, 180; folding of wing, 折叠翅膀, 70; gait, 步态, 65, 68−70, 68; quadrupedal, 四足的, 64, 67−62; running, 奔跑, 69, 162; walk cycle, 行走模式, 69, See also trackways, 也见行迹; manus-only trackways, 只有前足迹的行迹

terrestrial stalkers, 陆地潜行者, 258

Testudines, 龟鳖类, 14

Tetrapoda, 四足总纲成员, 13

Texas, 得克萨斯州, 157, 238, 244; fossils of, 化石, 246, 247, 253, 254

Thalassodromeus sethi, 塞氏掠海翼龙, 81, 85, 235, 236, 237, 240; anatomy, 解剖学, 239−241; crest function, 脊冠功能, 242; etymology, 词源, 237; foraging habits, 觅食习惯, 242−243; wingspan, 翼展, 239

Thalassodromidae, 掠海翼龙科, 92, 216, 228, 230−231, 234−243, 236, 254, 261; anatomy, 解剖学, 239−241; flight, 飞行, 241; foraging strategies, 觅食策略, 242−243; growth, 生长, 242; soft tissue, 软组织, 241; terrestrial competence, 陆生能力, 241; wingspan, 翼展, 239

Throat, 喉咙。See esophagus, 参见食道

Tiaojishan Formation, 髫髻山组, 93, 128, 135, 141; fossils of, 化石, 10, 50, 146

tibiotarsus, anatomy of, 胫跗骨, 解剖学, 35−36

tinamous, as pterosaur analogues, 鹍形类, 与翼龙类比, 101

Tischlinger, Helmut, 赫尔穆特·蒂斯彻林格尔, 39。See also ultraviolet (UV) light fossil photography, 也见紫外线下的化石照片

Titanopterygiidae, 泰坦翼龙科, 248

Titanopteryx, 泰坦翼龙。See *Arambourgiania*, 参见阿氏翼龙

Toothlessness, 无齿。See beaks, 参见喙

trabeculae, 骨小梁, 37, 38

trackways, caiman, 行迹, 凯门鳄, 66

trackways, pterosaur, 行迹, 翼龙, 63, 64, 65, 66−72, 84, 255, 256; models of, 模型, 67−68; in space, 空间, 68; tail drags, 尾部拖曳,

83-84; in time, 时间, 70-71。See also footprints; Pteraichnus, 也见足迹；翼龙足迹

trailing edge structure, 后缘结构, 53, 121, 132

Triassic Period: duration, 三叠纪：历时, 3, 93; pterosaur record, 翼龙记录, 259, 261, 262

Trichomonas, 毛滴虫, 87

"Tropeognathus", "脊颌翼龙", 155

Tulugu Group, 吐谷鲁群, 204

Tupandactylus, 雷神翼龙, 218, 219, 222; wingspan, 翼展, 221

Tupandactylus imperator, 皇帝雷神翼龙, 217, 218-219, 224-225; size, 体型, 221

Tupandactylus navigans, 帆冠雷神翼龙, 40, 49, 50, 218, 219, 222, 225

Tupuxuara, 妖精翼龙, 234, 236, 247; anatomy, 解剖学, 239-241; foraging habits, 觅食习惯, 243; wingspan, 翼展, 239

Tupuxuara deliradamus, 疯狂钻石妖精翼龙, 80, 234, 236

Tupuxuara leonardii, 莱氏妖精翼龙, 79, 234, 236, 238, 239, 240, 241, 255; anatomy, 解剖学, 238-239

Tupuxuara longicristatus, 长冠妖精翼龙, 234, 236, 237, 239, 241-242

Uktenadactylus, 乌克提纳翼龙, 154, 157

ulna, anatomy of, 尺骨, 解剖学, 32, 33, 34

ultraviolet (UV) light fossil photography, 紫外线下的化石照片, 10, 11, 39, 43, 107, 183, 187, 196

United States of America, 美国, 68, 95, 173; discovery of American pterosaurs, 美洲翼龙的发现, 170, 172-173

Unwin, David, 戴维·安文, 154, 211

Unwindia trigonus, 三角安文翼龙, 211, 213, 214

uropatagium, 尾膜, 52, 54-55, 121, 128, 133, 196-197

Utah, 犹他州, 67, 73, 84

Uzbekistan, 乌兹别克斯坦, 248

Velociraptor, 伶盗龙, 88

vertebral column, 脊柱, 8, 160, 210, 213, 246, 253;

anatomy of, 解剖学, 28-31

Vertebrata, 脊柱动物, 13

visual acuity, 视觉敏锐度, 42-43; of anurognathids, 蛙嘴翼龙科, 111; of azhdarchids, 神龙翼龙科, 258; of boreopterids, 北方翼龙科, 169, of ornithocheirids, 鹅掌翼龙科, 163

Volgadraco bogolubovi, 波氏伏尔加翼龙, 246, 248

Vomit, 呕吐物。See pellet, 参见食团

vultures, as pterosaur analogues, 秃鹫, 与翼龙类比, 150-151

wading, 涉水, 71, 183, 197, 199-200, 210, 257

water launch, 水中起飞, 60, 150, 160-162, 167, 179-180, 182, 226, 256-257。See also launch, 也见起飞

Wealden, 威尔登地区, 143, 146, 157, 211; fossils of, 化石, 146, 213

webbing, between digits, 蹼, 足趾之间, 48, 196, 226

weight, of pterosaurs, 翼龙的体重。 See body mass, 参见身体质量

Wellnhofer, Peter, 彼得·韦尔恩霍费尔, 5, 7, 67, 183; Encyclopedia of Pterosaurs,《翼龙百科全书》, 9; Pterosaur Handbook,《翼龙手册》, 9

Western Interior Seaway, 西部内陆海道, 88, 170, 179, 181

Wild, Rupert, 鲁伯特·怀尔德, 18, 116

Williston, Samuel, 萨缪尔·威利斯顿, 174

wing finger: anatomy of, 翼指：解剖学, 32, 33, 35; evolution of, 演化, 22, 32

wing loading: definition, 翼载荷：定义, 61; of flying vertebrates, 飞行脊椎动物, 62

wing membranes, 翼膜, 51-55, 107, 109, 121, 125, 128, 132, 196-197, 226, 241; anchorage to wing bones, 附着在翼骨上, 53; distribution of, 分布, 52, 54-55; evolution of, 演化, 22; fossils, 化石, 11; histology, 组织学, 52-53; structural fibers, 结构纤维, 17, 52, 53, 70, 132

wing metacarpal: anatomy of, 翼掌骨：解剖学, 32, 33, 34, 35; evolution of, 演化, 22

wing shapes, 翅膀形状, 61, 150

wingspan, 翼展, 130

woodpeckers, as pterosaur analogues, 啄木鸟, 与翼龙类比, 101

wrist, 腕部。See carpus, 参见腕骨

Wukongopteridae, 悟空翼龙科, 92, 127-128, 135-142, 183, 191, 261; anatomy, 解剖学, 138-140; evolution of, 演化, 137; flight, 飞行, 140-141; paleoecology, 古生态学, 141-142; sexual dimorphism, 性双型, 139, 141; terrestrial competence, 陆生能力, 141; wingspans, 翼展, 138

Wukongopterus lii, 李氏悟空翼龙, 135, 137, 140,

Wyoming, 怀俄明州, 65, 73, 173

Yixian Formation, 义县组, 9, 76, 93, 106, 145, 157, 164, 166, 167, 187, 228, 230, 233

Yixianopterus, 义县翼龙, 154, 157

Young, Chung-Chien, 杨钟健, 8, 204

Zhejiangopterus linhaiensis, 临海浙江翼龙, 246, 247, 248, 249; anatomy, 解剖学, 249, 254-255; flight, 飞行, 62; wingspan, 翼展, 249

Zhenyuanopterus longirostris, 长吻振元翼龙, 164, 165, 166-167, 168, 195